U0553504

当代德国哲学前沿丛书

庞学铨 主编

心理学和精神病学中的现象学

〔美〕赫伯特·斯皮格尔伯格 著

徐献军 译

Phenomenology in Psychology and Psychiatry

Herbert Spiegelberg

商务印书馆
The Commercial Press

Herbert Spiegelberg

PHENOMENOLOGY IN PSYCHOLOGY AND PSYCHIATRY

A Historical Introduction

Copyright © 1972 by Northwestern University Press.

本书根据美国西北大学出版社 1972 版译出

国家社会科学基金重大项目
"当代德语哲学的译介与研究"成果

中译者序

本书作者斯皮格尔伯格（Herbert Spiegelberg，1904—1990）是一位致力于在美国推动现象学运动传播的哲学家。他于 1904 年出生于法国斯特拉斯堡，曾就读于德国海德堡大学、弗莱堡大学与慕尼黑大学，并在这些地方遇到了胡塞尔等现象学家。1928 年，他在慕尼黑大学获得哲学博士学位，导师就是现象学家普凡德尔。1938 年，他移民到美国，并先后任教于斯沃斯莫尔学院与劳伦斯大学。1953—1956 年间得到美国洛克菲勒基金会的资助，而开始准备其里程碑式著作《现象学运动》（第一版发表于 1960 年）。1963 年，他调任美国华盛顿大学教授。1981 年，华盛顿大学设立了现象学系列讲座以表彰他的成就。

《心理学和精神病学中的现象学》一书出版于 1972 年。但在 1962 年时，斯皮格尔伯格就有了写作这本书的打算，因为他发现《现象学运动》的缺点在于："它没有阐释现象学对哲学以外领域的影响。如果没有这种阐释，有抱负的运动以及现象学的影响就不能得到充分的评价。"（正文，第 1 页）另外，他认为特别紧迫的任务是：阐明现象学对于心理学与精神病学的影响，因为这两个学科与现象学的关系是最密切的。事实上，他在《现象学运动》的第一版序言中就说："这本论述现象学运动的著作，将只包括现象学哲学。原来的计划是想增加现象学对于诸如心理学、精神病理学，甚至精神病学等非哲学研究之影响的全面评述……本书的叙述仍然是不完整的。只要在这样的论述中完全没有提到（或只是偶然提到）赫尔曼·韦尔、精神病理学家雅斯贝尔斯、宾斯旺格、施特劳斯与闵可夫斯基的名字，这个描述就遗漏了一些很重要的部分。……此刻，我所能做的就是坦率地承认这个缺点。"[①] 因此，心理学与精神病学中的现象学，就是现象学运动的重要环节，而且任何全面评述现象学运动的著作，都不能忽视那些现象学心理学家与现象学精神病学家。

《心理学和精神病学中的现象学》是专为心理学与精神病学专业的学生们写的一部现象学导论，其意图是向他们呈现心理学与精神病学中的现象学进路。斯皮格尔伯格认为，现象学运动不只是一种哲学运动，也是心理学与精神病学运动，或者说是心理学与精神病学探索新的发展道路的努力。另外，从更为广义的角度来说，心理学与精神病学也是一种哲学形态，或者说是现象学实践。《心理学和精神病学中的现象学》这本书，横跨了现象学、心理学、精神病学三大领域。事实上，其中任何一个领域的广度与深度，都是让人望而生畏的。因此，这本书没有涉及这些领域的所有方面，而是考察了这些领域的交叉地带：即现象学心理学与现象学精神病学。

事实上，主要的现象学家们都有心理学方面的著作或思想。

[①] Herbert Spiegelberg, *The Phenomenological Movement: A Historical Introduction*, 2d ed., The Hague: Nijhoff, 1965, pp. xxx–xxxi.

以交互主体性、构建性、动态性等概念为基础，在反思和批判欧洲中心主义的同时，表现出了积极而宽容地对待异质文化的对话姿态，试图建立一种多元的求同存异的跨文化哲学形态。④欧陆人本哲学与英美分析哲学彼此影响、交互汇通。哲学家们关注并吸收分析哲学的话题内容和分析方法，在现象学、生存论、认知科学、科学哲学等领域提出全新的视点、问题和理论。⑤对传统哲学史的当代诠释。哲学家们继承德国哲学研究的传统，从哲学史资源出发，阐发和建构自己的哲学思想，并对传统哲学广泛而深入地进行具有当代意义的诠释，使历史文本的解释更丰富、思想史研究的视野更广阔。

近年来，汉语学界对当代德国哲学家及其著作和思想开始有所关注，翻译出版了一些译著和研究论著。但总的来看，关注不多，翻译很少，出版有点散乱，研究几乎还是空白。因此，选择具有代表性的当代德国哲学家的非哲学史或文本研究类的原创性著作进行集中译介，为汉语学界系统整体地了解当代德国哲学的发展和趋势提供综合的资料基础乃至讨论平台，是本丛书的基本旨趣。丛书原则上每个哲学家选译一本，少数影响较大的哲学家可略增加，同时选用了若干在已有中译本基础上重新修订的译本。在选择书目时，除了考虑哲学家本身的思想影响力和发展潜力之外，还充分考虑汉语学界的接受和熟悉程度，比如伽达默尔、哈贝马斯、马尔库塞等虽属当代德国哲学范围，但他们已为汉语学界所熟悉，因而不包括在本丛书译介的范围内。

参与本丛书译事的同仁朋友，无论是年轻学者还是资深专家，其认真负责的态度令我敬佩，亦深表感谢。但由于多人参与，再加原著语言表达的差异，译文风格和术语译法上难以做到规范统一，也肯定存在错讹之处，祈望学术界同仁和读者批评指正。

　　本丛书是国家社会科学基金重大项目"当代德语哲学的译介与研究"的成果。项目组主要成员王俊教授做了许多联络组织工作，商务印书馆学术出版中心为丛书的编辑出版付出了大量辛勤劳动。承蒙商务印书馆的大力支持，丛书将在完成项目的基础上，继续选题，开放出版。欢迎对当代德国哲学有兴趣的学界朋友积极关注和参与，共同做好这件有意义的译事。

庞学铨

2017 年 7 月 20 日

于西子湖畔浙大

当代德国哲学前沿丛书
总序

　　自改革开放以来，我国的现代外国哲学研究大致经历了三个阶段：20世纪70年代末到80年代末的十年间，相对集中地翻译出版现代外国哲学名著、重要哲学家的主要或代表性著作；80年代末到90年代中期，开始进入对各种哲学思潮进行认真反思和批判性研究的阶段；此后，现代外国哲学研究进入了一个新的阶段，对许多重要哲学家及其思想的研究取得了丰硕成果。与此同时，对现代德国哲学也给予了充分的关注。从尼采、叔本华的意志哲学，到胡塞尔、海德格尔的现象学、伽达默尔的诠释学，再到法兰克福学派的社会批判理论，翻译和研究都十分活跃，特别是对他们重要著作的高质量翻译，如正在陆续出版的《尼采文集》《胡塞尔文集》《海德格尔文集》等，为我们准确地理解和研究他们的思想提供了可靠的资料基础，极大地推进了汉语学界对现代德国哲学研究的深入。

　　不过我们也注意到，汉语学界对现代德国哲学的译介和研究，主要集中于为数不多的著名哲学家身上，在时间跨度上，除了像伽达默尔、哈贝马斯这样极少数的几位当代德国哲学家外，其他人的哲学活动大都在20世纪中期以前。因而可以说，我们在致力于现代德国著名哲学家的著作翻译和思想研究的同时，在某种程度上忽视乃至误判了当代德国哲学的新进展。这里所说的"当代"，既指代20世纪中叶以后，也标识这样一个时代：自然科学和技术的巨大发展深刻地改变了世界和人们的生活，哲学必须面对发生了极大变化的生活世界的新现象、新现实；全球化的深入发展带来的文化和价值冲突以及多元框架下的跨文化对话成为人们日益关注的实践与理论问题。承担了这种时代使命的当代德国哲学，聚焦的问题、探讨的内容和理论的形态也便必然与之前的哲学有了很大不同，呈现出多元化的状况与趋势，出现了许多具有创新活力的哲学家和原创性的新理论、新思想，推进了当代哲学的研究，其中不少哲学家及其思想也已产生了重要的国际影响。这是哲学的"转型"而不是它的"衰落"，更不是它的"终结"。当代德国哲学依然是世界哲学的高地。

当代德国哲学的"转型"，在研究领域上突出表现在从基础深厚、影响广泛的观念哲学、现象学、存在哲学、诠释学传统转向主要由以下五个方面组成的多元状态。①实践哲学成为哲学研究的核心领域。尤其是政治哲学、伦理学和社会哲学的研究，涉及广泛，成果丰硕，并由此产生了诸如法和国家哲学、社会批判理论、生命伦理学、伦理哲学、生态哲学等许多新的学科分支和研究方向。②现象学发展呈现出不同的面貌。现象学与人文科学、社会科学和艺术科学等密切合作，促进了生活现象学、身体哲学、认知哲学、艺术哲学、哲学治疗学等领域的新发展。③文化与跨文化哲学成为关注重点之一。哲学家们例如，布伦塔诺著有《经验立场的心理学》，斯图普夫著有《声音心理学》，胡塞尔做了"现象学心理学"的讲座（《胡塞尔全集》第9卷），普凡德尔著有《心理学导论》，舍勒著有《论同情感、爱与恨的现象学及理论》；海德格尔的《存在与时间》探索了一些具有深刻存在意义的心理现象，如畏惧（Furcht）、焦虑（Angst）和操心（Sorge）；萨特发表了《情绪理论概要》《恶心》等心理学研究著作。因此，现象学运动本身就包含了心理学的研究。尽管早期胡塞尔提出了对心理主义的反对，但这不意味着他也反对心理学。"在《欧洲科学的危机与先验论现象学》的最后部分，他认为现象学心理学与先验论现象学本身是一致的，而且先验论现象学注定要吸纳现象学心理学；换言之，在纯粹心理学与作为哲学的现象学之间，只有程度上的差异，而没有类型上的差异。因此，胡塞尔似乎回到了原点。一开始哲学被转化为了心理学，而现在心理学成为了先验论现象学。"（本书，第39页）

与胡塞尔同时代的心理学大师主要有冯特、屈尔佩、李普斯、穆勒、铁钦那、斯特恩、弗洛伊德等人。他们每个人对于现象学的态度都是不同的。但总体上，他们与现象学的关系不如后来的心理学家那么紧密。"鉴于在胡塞尔的同时代，心理学学派的领袖们对胡塞尔缺乏共鸣，所以胡塞尔对第二代心理学学派的影响就更加值得注意了。人们可以把这种影响归于新一代的典型反叛；新一代的心理学家们要向外寻求启示与支持，以便反对大师。"（本书，第74页）第二代的心理学家们（如：哥廷根学派的杨施、凯茨、鲁宾，维尔茨堡学派的迈塞尔、布勒、阿赫、塞尔兹、米肖特，格式塔学派的韦特海默、科勒、考夫卡等），在寻找新的心理学进路的过程中，都或多或少地受到了现象学的启发，或者说有与现象学的一致性。此外，美国心理学家詹姆士、阿尔波特、斯耐格、罗杰斯、罗洛·梅等人的思想，也与现象学有一致之处。

在当代心理学中，认知科学是一个非常主导的方向，而认知科学大大拓展了心理学的研究对象和方法。行为主义认为人的心灵是一个黑箱，如果要揭示其内部进程，就很难避免回到内省主义。但是，认知科学在控制科学、信息科学、计算机科学和人工智能的帮助下，获得了打开心灵黑箱的工具。"机器和程序都不是黑箱：它们是经过设计的人工事实，包括硬件和软件，而我们能够打开它们并看到里面。"[1]认知科学甚至将心理学也整合到了自身的框架中。认知科学从二战末期发展至今，大致产生了两种研究范式：一种是无身认知，另一一种是具身认知。无身认知又包括了符号主义、计算主义、表征主义、认知主义和联结主义等密不可分的范式；它们的共同点是：在考虑认知活动或智能活动时，以表征为核心，而忽略身体在其中的关键作用。按照美国哲学家德雷福斯（Hubert Dreyfus）的看法，无身认知的思想可以追溯到胡塞尔。因为人工智能所追求的、非人脑的智能自主体，就是胡塞尔现象学中的先验自我或纯粹意识。具身认知则与胡塞尔的批判者——海德格尔及梅洛－庞蒂，有十分密切的关系。尤其是在 20 世纪 80 年代以来具身人工智能的兴起中，海德格尔的存在哲学与梅洛－庞蒂的身体现

---

① John Haugeland, *Mind Design II: Philosophy, Psychology, Artificial Intelligence*, Cambridge, Mass: MIT Press, 1997, p. 82.

象学起到了非常重要的作用。[①]

除此以外，现象学对于精神病学领域也有非常重要的影响。精神病理学家雅斯贝尔斯（Karl Jaspers）首先注意到现象学方法对于描述精神疾病体验的作用："在局限于医学专业很长一段时间以后，我在 1909 年通过阅读知道了胡塞尔。他的现象学提供了富有成效的方法，而我可以用现象学方法去描述患者对于精神疾病的经验。对我来说，关键在于：我看到胡塞尔的思想有多么特别。然后，我看到他克服了把所有问题归于它们的心理动机的心理主义。我最欣赏的是他从不停止地、阐明不被注意之假设的要求。我在胡塞尔那里，找到了对我已有思想的确证：回到事物本身去。在那个充满偏见、图式和惯例的时代，这就像是一场解放。"[②] 胡塞尔对雅斯贝尔斯的现象学精神病理学（phänomenologischer Psychopathologie）工作，作出了非常赞许的评价。舍勒则将精神病理学看作可以与现象学运动发生有效交互的学科。他说，现象学对于一些青年精神病学家（雅斯贝尔斯、施奈德、宾斯旺格和鲁梅克）的影响，是尤其让人兴奋的，而且精神病理学也有力地反作用于现象学哲学本身（开辟出了一种新的现象学进路）。舍勒还把精神病理学当作检验有关知觉、心灵和人类的各种哲学理论的工具。另外，现象学精神病理学运动的参与者还包括闵可夫斯基、宾斯旺格、斯特劳斯、冯·葛布萨特尔、亨利·艾伊、博斯、康拉德（Klaus

---

① 参见徐献军：《具身认知论——现象学在认知科学研究范式转型中的作用》，浙江大学出版社 2009 年版；徐献军：《现象学对于认知科学的意义》，浙江大学出版社 2016 年版。

② Karl Jaspers, "Mein Weg zur Philosophie", in ed. Karl Jaspers, *Rechenschaft und Ausblick*, München: Piper, 1958, p. 386.

Conrad)、马图塞克（Paul Matussek）、卡庭（John Cutting）等。
这里限于篇幅，难以备述。在 20 世纪 50 年代，现象学精神病
理学运动达到了高峰①，并且一直延续到了 70 年代。其中一个
表现就是：很多现象学描述，构成了英国卓越的精神病学家约
翰·温（John Wing）极有影响的现症检查法的基础；国际疾病
分类的早期文本，也采纳了类似于现象学的解释。但是自那以后，
现象学传统基本上被主流的精神病学忽视了。②

　　这种变化源于自然科学方法论的过度膨胀，使得精神病理
学由横跨自然科学与人文科学的综合科学，变为了以神经科学
为主导的纯粹自然科学。神经科学的飞速发展（分子生物学以
及神经成像，分别可以用基因或脑功能来解释心灵），使研究
者乐观地宣称："我们现在可以安全地预测：我们将能成功地
理解脑如何运作以及失常……神经科学现在已经弄清：心智就
根植于脑"。③另外，当代心智哲学也起到了推波助澜的作用。
例如，心智哲学家丹尼特（Daniel Dennett）就主张：个体的有
意识体验与人脑机能之间没有直接联系。因此"生物精神病学家、
神经科学家、心智哲学家以及消除论唯物主义者们，欣喜地宣
告通过理解主观体验来理解精神生命的进路已经过时了。……
意识是脑活动的副产品，而脑是符号操控机器或信息处理器。

---

① A. L. Mishara, "On Wolfgang Blankenburg, Common Sense, and Schizophrenia", *Philosophy, Psychiatry, & Psychology*, 8(4), 2001, p. 317.

② G. Owen and R. Harland, "Editor's Introduction: Theme Issue on Phenomenology and Psychiatry for the 21st Century. Taking Phenomenology Seriously", *Schizophrenia Bulletin*, 33(1), 2007, p. 105.

③ Donatella Marazziti and Giovanni B. Cassano, "Neuroscience: Where is it Heading?", *Biological Psychiatry*, 41(2), 1997, p. 127.

根据这种思想，精神疾病之谜很快就能通过可定位的脑异常和递质失衡来得到解释。没有必要绞尽脑汁去探寻主观性，并沉溺于精神病理学的细枝末节。"①

然而，上述乐观主义者们面临着以下问题。首先，被努力排斥的主观性，往往以另外的形式回归。例如，神经科学将人本身还原为潜个体的神经机制，但这些机制又成为了能够进行知觉、学习、记忆的一个个独立的生命体；换言之，还原所得到的基本单位，又成为了人格化的个体。其次，神经科学所依赖的自然科学式的意识概念，严重脱离了实际。自然科学把意识当作类似于客观物体的东西，因此可以像研究一块石头一样地来研究意识。然而，在现象学看来，意识的最大特性在于其自我超越性。意识不是一种静态的研究对象，而是一种积极地建构自身、超越自身、与世界动态联系的过程。因此，用与意识相关联的精神事件、脑状态或神经活动来解释意识，就如同用钢琴的构造来解释贝多芬的交响乐一样，是不合理的。

近20年来，以施密茨（Hermann Schmitz）、帕纳斯（Josef Parnas）、萨斯（Louis Sass）、福克斯（Thomas Fuchs）、米谢拉（Aaron Mishara）等为代表的现象学精神病理学派，经历了一场非常显著的复兴，在当代哲学与精神病理学中都产生了很大的影响："现象学取向有助于深入挖掘传统精神疾病研究，行为描述或常识性症候群描述的肤浅层面，从而为理解各种精神疾病表现出的异常行为与意识体验，提供一种丰富的、更具经验基础的理论取向。这为当代精神病学摆脱操作主义者

---

① Thomas Fuchs, "The Challenge of Neuroscience: Psychiatry and Phenomenology Today", *Psychopathology*, 35(6), 2002, pp. 320-321.

（operationalist）的困境提供了契机。"①欧美现象学与精神病理学之间的交互建构关联日趋紧密，两大领域间兴起了立场鲜明、观点新颖的对话，其工作重心及取得的成就主要集中在如下方面。

首先，现象学与精神病理学的交互关系研究实现了建制化。1989 年，致力将哲学研究应用于精神病学理论与实践的"哲学与精神病学促进会"（AAPP）在美国成立，同时开始出版《哲学、精神病学和心理学》杂志（*Philosophy, Psychiatry and Psychology*）。研究者们发现，精神病学不仅从哲学中汲取了理论与方法，而且自身也成为了一种哲学。精神病学的理论与实践，对哲学有关心灵、知识与主体性的假设，既构成了挑战，又起到了丰富的作用。1992 年在德国基尔成立的新现象学学会（GNP），也致力于创造让现象学与精神病学、心理治疗进行对话的平台。新现象学家施密茨更是积极地参加与精神病学家们的讨论，而他的三个核心概念"现象、情境与身体性"，已经成为当代德国精神病学中的一个新式研究框架。②

其次，在现象学的有力影响下，一部分精神病理学家反思与批判了生物学精神病理学的哲学预设及其衍生出来的精神疾病理论。生物学精神病理学的哲学基础是笛卡尔式的心物二元论，而在《精神疾病诊断及统计手册》（DSM）中，这种二元论进一步发展为物理主义与大脑中心还原主义。现象学对上述

---

① Louis Sass, Josef Parnas and Dan Zahavi, "Phenomenological Psychopathology and Schizophrenia: Contemporary Approaches and Misunderstandings", *Philosophy, Psychiatry, & Psychology*, 18(1), 2011, p. 1.

② Dirk Schmoll/Andreas Kuhlmann (Hg.), *Symptom und Phänomen*, Freiburg/München: Verlag Karl Alber, 2005.

传统哲学的批判，使精神病理学家获得了新的、破除心物二元的、非还原主义的哲学基础，而这大大推进了对精神疾病本质与发生的认识。

再次，现象学概念成为有关精神疾病的神经生理研究的先导。胡塞尔现象学中的核心概念"主体间性"（Intersubjektivität），被发展为精神疾病的交互主体性紊乱理论。来自德国马克思·普朗克精神病学研究所的希尔巴赫（Leonhard Schilbach）等人，就在这种思想的启发下，在精神分裂的神经生理机制研究中取得了重大的进展——患者的"精神化网络"和"镜像神经元系统"（它们是与主体间性相关的两种神经生理机制），相比健康人有着明显的联通性衰减。[1]

最后，现象学成为精神疾病解释的一个新框架。萨斯与帕纳斯根据胡塞尔和亨利对意识及自我的分析，将精神分裂解释为意识与自我经验的紊乱，即自我存在萎缩与反思过度[2]；海德堡大学哲学教授福克斯在胡塞尔所揭示的意识的经验结构的基础上，将精神分裂、身体缺陷恐惧、神经性厌食、情感障碍、抑郁症、边缘性人格障碍、自闭症等精神疾病，解释为具身性、时间性和主体间性等维度的紊乱。[3]

总体上，在当代国外现象学与精神病理学的对话中，形成

---

[1] Leonhard Schilbach, Birgit Derntl, Andre Aleman, et al., "Differential Patterns of Dysconnectivity in Mirror Neuron and Mentalizing Networks in Schizophrenia", *Schizophrenia Bulletin*, 2016, doi:10.1093/schbul/sbw015.

[2] Louis Sass and Josef Parnas, "Schizophrenia, Consciousness, and the Self", *Schizophrenia Bulletin*, 29（3）, 2003, pp. 427-444.

[3] Thomas Fuchs, "Phenomenology and Psychopathology", in ed. S. Gallagher and D. Schmicking, *Handbook of Phenomenology and Cognitive Science*, Springer, 2010, pp. 547-573.

了哲学家、精神病理学家与心理学家积极参与、热烈互动的局面，而这种对话对当代现象学的发展形成了相当重大的影响。现象学日益成为了一种公共哲学体系；相应地，哲学对于具体科学的影响也得到了非常大的重视。然而，我们也不能过高地估计现象学对于心理学及精神病学的影响。正如斯皮格尔伯格所说，现象学本身并不包含发生这种影响的绝对性规定。如果说在过去现象学对于心理学及精神病学的影响，主要是通过一些对现象学有兴趣的心理学家及精神病学家的来实现的，那么在未来，除了心理学家及精神病学家，还需要有现象学研究者们更为积极的参与。相比国外，中国目前的心理学及精神病学界，对现象学的知晓程度仍然是非常低的。因此，中国现象学运动对于心理学及精神病学的影响，可能更多地要由现象学研究者们去实现。另外值得注意的是，这种影响是双向的，换言之，现象学与心理学及精神病学之间的关系是相互澄明的，即它们能够在共同问题的不同视角与方法论切换中，建立起互惠的关系。这种互惠关系尤其有助于心理学及精神病学摆脱狭隘的实证主义或还原主义的局限性。

斯皮格尔伯格本人就是现象学运动中的重要成员，因此书中的许多材料是第一手的。更为重要的是，在他写作这本书的时候，书中涉及的一些重要人物（如雅斯贝尔斯、宾斯旺格等）仍然在世，并且向斯皮格尔伯格提供了一些未公开出版的资料与个人的想法。因此，这本书在资料方面的独特优势，是今天的研究者很难企及的。

译者从 2013 年开始接触现象学精神病理学方面的研究，尤其是德国海德堡大学精神病学系福克斯教授的论文《神经科学的挑战：今天的精神病学与现象学》，从而对现象学精神病理学产生了十分浓厚的兴趣。"如果精神疾病的系统观是成立的，那么我们就不能离开对精神疾病的第一人称体验。因为，主观体验不只是潜'真实'过程的附带图景，而是机体与环境的系统互动的本质部分。……在探索人类与其世界的意义关系断裂时，还有比他的主观体验本身更好的出发点吗？……如果不探索主观性的现象学，我们就不能确认相关联的潜个体机制。如果没有对认知神经科学想要解释什么的恰当方法论描述，认知神经科学就不能知道它的主题是什么。除非我们能够克服心理治疗中客观主义的、还原主义的认知论，否则经验研究就存在严重障碍。"①译者从 2015 年开始翻译本书的部分内容。一开始译者没有打算将这本书全部译出，而只想把其中有关现象学与精神病学关系的部分（如雅斯贝尔斯、宾斯旺格、闵可夫斯基等章节）译出，作为自己研究的参考。来自导师庞学铨教授的支持，使译者下了翻译这本书的决心。在庞学铨教授主持的国家社会科学基金重大项目"当代德语哲学译介与研究"（13 & ZD069）中，这本书是唯一的非德语著作。庞学铨教授认为这本书反映了当代德语哲学（主要是现象学）的重大影响，因此是值得翻译出版的。本书的翻译出版，得到了商务印书馆学术中心的大力支持，在此深表感谢。

本书论述的范围非常广泛，涉及非常繁杂的各家学说。由于时间与精力的限制，译者无法一一查证相关的原著语境，因

---

① Thomas Fuchs, "The Challenge of Neuroscience: Psychiatry and Phenomenology Today", *Psychopathology*, 35(6), 2002, pp. 322–323.

此在翻译过程中,不可避免地加入一些个人的推测和理解。另外,限于译者的水平,译文中难免有不当或错误之处,敬请读者批评指正。

徐献军

同济大学人文学院心理学系

2018 年 7 月 26 日

献 给

埃尔多拉·哈斯克尔·斯皮格尔伯格

行动中的心理学家，治疗的标兵
哲学现象学家
必不可少的人

目　录

第二部分　对现象学心理学和精神病学中
领军人物的研究

序 言

> 撰写历史总是一件可疑的事情。即使人们带着最大的诚
> 意，也有陷入不诚实的危险。实际上，不管是谁来撰写历史，
> 他都会强调一些事，而讳言一些事。

歌德：《颜色论》，导言

十年前，当我暂停对于现象学运动史的希望渺茫的介绍工
作时，我意识到它最大的缺点在于：它没有阐释现象学对哲学
以外领域的影响。如果没有这种阐释，有抱负的运动以及现象
学的影响就不能得到充分评价。然而，要对受现象学影响的所
有领域做出有意义的调查，在目前来讲，不是一个人的时间以
及背景知识所能承担的。幸运的是，这项浩大的工程还不是非
常紧迫。然而，我开始意识到：我工作的不完整性在一个领域
中表现得特别严重，即心理学领域，以及它的相邻领域——精
神病理学和精神病学。因此，我对之前著作的序言进行了补充：
"在这个时候，我所能做的就是坦率地承认这个缺点，并期待
有人，如果不是我本人，能够填补这个鸿沟。"然而，据我所知，
尚未有人接受这项挑战。我也无权指望某人会这么做，尤其是

按照我的要求去做。实际上，索尼曼（Ulrich Sonnemann）和
泰米涅卡（Anna-Teresa Tymieniecka）的两本书分别讨论了这
个领域，并且有较短的章节和独立的文章。但是，这两本书的
广度和质量都没有达到我的预期。① 因此，我越来越明白，我必

---

① 索尼曼的《存在与治疗：现象学心理学与存在分析导论》（Ulrich Sonnemann,
*Existence and Therapy: An Introduction to Phenomenological Psychology and
Existential Analysis*, New York: Grune & Stratton, 1954, p. xi.）试图从勾勒胡塞尔
现象学开始，通过对海德格尔实存主义的简要概括，到达宾斯旺格的治疗概念。
尽管这项计划很有意义，并且作者总体上做得比大多数竞争者更好，他的计划
执行还有很多呈现和表达的空间。作者本人也宣称"对运动的详细历史分析""对
于它的介绍来说太间接了"（p. x）。泰米涅卡的《当代思潮中的现象学与科
学 》（Anna-Teresa Tymieniecka, *Phenomenology and Science in Contemporary
Thought*, New York: Noonday Press, 1962, Vol. XXII.）范围更广泛，选取了胡塞尔、
雅斯贝尔斯和海德格尔的基本思想，并试图说明他们在科学中的应用。心理学
和精神病学在胡塞尔和海德格尔部分（雅斯贝尔斯不是单独的一部分）尤其突
出，并且有简短的案例。另外，这本书的目标不是历史的（p. xvii），并且不
幸的是，很多历史信息和参考资料即便不是错误的，也是误导性的。
　　在规模更大的书中的有关章节，例如艾伦伯格（Henry F. Ellenberger）的
《精神病学现象学与存在分析的临床导言》（ "Clinical Introduction to Psychiatric
Phenomenology and Existential Analysis", in *Existence*, ed. Rollo May, Ernest Angel,
Henri F. Ellenberger, pp. 92-126.）横跨了这个领域，然而较少哲学基础，且没
有历史陈述。莱因哈特（Kurt F. Reinhardt）的《实存主义者的反叛》（Kurt F.
Reinhardt, *The Existentialist Revolt*, New York: Ungar, 1960, pp. 244-267.）的第 2 版
附录，除了改述罗洛·梅的文本，还增加了一些有关基督教心理学家的东西。
　　非常有帮助的是期刊上的一些论文。其中一篇是范·卡姆的《欧洲心理学
中的第三力量及其中精神治疗理论中的表现》（Adrian Van Kaam, "The Third
Force in European Psychology—Its Expression in a Theory of Psychotherapy",
Psychosynthesis Research Foundation, Greenville, Del., 1960.）。另一篇更详细的
论文是范·卡姆的《存在现象学对于西欧心理学文献的影响》（ "The Impact
of Existential Phenomenology on the Psychological Literature of Western Europe",
Review of Existential Psychology and Psychiatry, I [1961], pp. 63-92.）。斯特拉
塞尔早期曾经发表了一个审慎的调查《欧洲心理学中的现象学潮流》（Stephan
Strasser, "Phenomenological Trends in European Psychology", *Philosophy and
Phenomenological Research*, XVII [1957], pp. 18-34.）。在这之后，他又发表了《现
象学与心理学》（ "Phenomenologies and Psychologies", *Review of Existential
Psychology and Psychiatry*, V [1965], pp. 80-105.）。在这篇论文里，他区分了
现象学的四个阶段，但没有详细探讨这四个阶段在心理学中是如何反映的。

须接受我自己的挑战。这种意识，帮助我克服了我最初的不情愿，而接受了另一项其范围不能明显预见的宏大历史工作。

首先，我希望这项任务中的一部分是由心理学和精神病学中的历史学者来承担的。但是他们的大多数论述不能让我满意。例如，默菲的《现代心理学导言》（Gardner Murphy, *Historical Introduction to Modern Psychology*, New York: Harcourt, 1929.） 甚至没有提到现象学。弗鲁格尔的《心理学百年》（J. C. Flugel, *A Hundred Years of Psychology: 1833—1933*, New York: Basic Books, 1964.）只提到"胡塞尔现象学"是格式塔心理学的背景；皮尔斯伯里的《心理学史》（W. B. Pillsbury, *The History of Psychology*, New York: W. W. Norton and Co., 1929.）只谈到了布伦塔诺心理学对"胡塞尔的哲学学派"的影响。济尔布格的《医学心理学史》（Gregory Zilboorg, *A History of Medical Psychology*, New York: W. W. Norton and Co., 1941.）没有谈及现象学精神病学。

最近在心理学和精神病学领域中引起我注意的是米西亚克和塞克斯顿的《心理学史：概观》（Henryk Misiak and Virginia Stout Sexton, *History of Psychology: An Overview*, New York: Grunne & Stratton, 1966.）。这部著作包含两个篇幅较长的章节："现象学心理学"（《心理学史：概观》，第 27 页）以及"实存主义与心理学"（同上书，第 28 页）。这种对大量材料的有益收集和编排，曾经节省了我很多的精力，但进一步的审查表明：这种教材带有一些必要和非必要的局限性，因此还有更多的第一手研究工作要做。将现象学与实存主义区分开来的尝试是不切实际的，并且经常是误导性的。另外，按照他们的计划，作者略过了精神病理学和精神病学。

幸运的是，波林名不副实的经典《实验心理学史》（Edwin G. Boring, *A History of Experimental Psychology*, 2d ed, New York: Appleton-Century-Crofts, 1929.），从现象学（他认为现象学是德国科学的特点）与客观及行为心理学相较量的角度，介绍了现代心理学的历史。然而，这种解释表明，波林对现象学的理解比任何其他人都更为宽泛，因为他说：即使是如穆勒（Johannes Müller）和韦伯（Ernst Heinrich Weber）这样的生理学家也是现象学家。实际上，波林仅仅是把现象学定义为"以尽可能少的科学偏见，对直接体验的描述"（《实验心理学史》，第18页），并且认为，布伦塔诺和斯图普夫没有资格列入现象学家。然而，在波林的这种意义上，现象学运动也不能列入现象学的目录；波林把现象学运动放在了有关格式塔理论的章节中心，并将现象学运动视为格式塔理论的"鼻祖"。胡塞尔只在斯图普夫的部分被提及（同上书，第367页及以下）。因此，尽管波林的谨慎并且总是可靠的陈述为本书提供了一个优秀的背景，但它至少有三个缺点：

1. 它有意回避讨论哲学背景以及心理学发展的哲学源头；

xxii　　2. 在它所涉及的时间跨度内，它只在格式塔心理学中讨论现象学心理学；实际上，它过度估计了格式塔心理学与现象学心理学的联系；

3. 它以早期胡塞尔结尾，而忽视了现象学精神病学的整个发展。

因此，我大部分的工作还是要回到最初的源头去。当然，我一开始就明白，这项跨学科工作的要求是艰巨的，并且我对于心理学和精神病学还不够精通。为了不做成半拉子工程，我需要准备、帮助和时间。我特别需要的是源文献，尤其是活的源头；幸运的是，本书涉及的很多人仍然在世。我于1961—1962年在慕尼黑大学担任富布莱特学者期间，得到了收集这些资料的机会；这使得我可以去访问最早将现象学引入精神病学的一些关键见证者；我深深地感激这些人。因此，我刚回到美国时，就拥有了绝大多数资料。然而，我也意识到我的这项新任务规模庞大，尽管直到现在我也无法摆脱它。我得到了新的资料，并且这些资料所提供的展望和洞见，需要得到记录和交流。我从调查对象那里得到的帮助，使我必须去维护他们对我的信任。

然而，在回到之前在美国劳伦斯学院的教职之后，我无法摒弃这种信任。在调到美国华盛顿大学之后，我至少有了更好的图书馆条件。但直到得到来自美国国立精神健康研究所的资助以后，我才有了一年中的半个学期，加上两个学期的全时休假，来开始本书的实际写作。如果没有这样的支持，这本书是无法写成的。

在这些条件下，我还是要提一下有关原始文献的来源，因为它们是通过非常规形式获得的。比较明智的是：本书的第二部分以对个体现象学精神病理学家的研究开始，而这是将我自己沉浸到最有挑战性的资料（把这些资料当作是决定最恰当的进路以及发展合理假设的检验案例）中的最好方式。第一步的研究涉及如雅斯贝尔斯和宾斯旺格这样的关键人物，而后来在探寻现象学的指导性影响时，又涉及了更年轻的人物。在呈现这些"临床"案例时，我使用了我早期著作中发展出来的模式：我总是从确定正在研究的思想家在现象学运动中的地位开始；

xxiii

然后，我讨论了他们的基本关注点和现象学概念；最后，我增加了他们的思想在具体问题中的应用案例。然而，在当前这本书中，我没有尝试对思想家们（尤其是他们的科学贡献）进行结论性的评价。我尝试呈现的是：冷静地估计现象学哲学在他们事业中的地位。我主要的工作是去理解、促进理解和尽可能地唤醒理解。

接下来，我要转向第一部分中更为包罗广泛的任务。在这部分中，我想要全面地展示现象学对于普通心理学和精神病学以及对于两个学科更专业领域的贡献。我首要的期望是：探索研究的传统分支，并标记它们受现象学影响的每一个点。但这还没有达到我的期望。因为在整理和评价主要的贡献者和团体的发现之前，我还需要有关他们的更可靠的信息。因此，我决定主要围绕个体以及学派来编排资料。我还认为，尤其是对于我过去著作没有特别兴趣的人，我应该首先概述一下主要现象学家本身在心理学中所做的工作。承接这些导论部分的是第一部分的主体：陈述心理学家和精神病学家用现象学所做的工作，依据他们的主要领域来进行编排，但主要强调的是每个研究者或研究团体的解释和应用。

只有在完成这些具体研究之后，我才觉得要尝试对我的发现做一个更广泛的解释，并撰写一个系统的导论。我不希望带着任何前理解模式或假设进入一个对我来说如此之新的领域。我希望我的这些想法能在与资料的交互中具体化。我只从问题出发。在至少有一些答案之后，我有信心提出站得住脚的解释。这些解释会体现在以下导论中。现在只有在我有了明确的聚焦点和某种程度的统一性后，我才开始修订和重写这本书的主体。

　　如果我的进路是合理的，那么我希望我的努力可以作为类似事业的模板，而且进一步的研究会表明：现象学的影响超出了哲学和心理学（从数学到宗教研究）。我会驱除任何对于这个事实的怀疑，即我不能完成我的进路。在从事元现象学（历史的和方法论的）15 年之后，我想把这件工作交给其他在专业领域中更有资质的人。我自己未来的打算是：更加直接地做现象学。

　　最后，我要重复我在过去只有部分成功的著作序言中曾说过的话：这本书的宗旨不是撰写历史，更不要说是清晰的历史。我是一个历史怀疑主义者，所以我不相信我们能写出清晰的历史，尤其是有关刚刚过去时间的历史。但是，这种信念不妨碍我们努力去获得一种进入历史而非封锁历史的视角。我想要提供一个导论，实际上是现象学的导论（在它应当只通过表象将历史给予我们的意义上，而这或多或少是充足的）。我认为，最高的历史德性是自我批判式的谦逊。不存在众所周知的历史可以有一天告诉我们，它是如何真正发生的并且它的成就或过错是什么。因此，我们最好摒弃所有这样的最终性借口——它仅仅以这个事实为基础：即我们不必害怕那些被坟墓所平息的抗议。

　　在这方面，为鲜活的过去撰写历史的努力更公平，尽管也更有风险。但是它也包括这个问题：当历史学家得到可靠的信息时，他们在多大程度上被迫迁就那些还活着的人的情感？这些历史伦理带来的问题困扰着我。为了活着的见证者，我可以让一些表达变得温和一些。但是，我至少确信：我没有搁置根本的证据。然而，我估计有一天，由于出现了新的证据，我的一些评价可能而且应该得到修正。我希望我的证据至少是相关的。

xxv　　我还要感谢我在写作本书时得到的帮助。如果没有这些巨大的帮助和鼓励，我就不能完成本书。

正如我已经提到的，我受到的最具体支持来自美国国立精神健康研究所，而它拨给华盛顿大学三笔资助（MH 7788）使我有一年时间不用上课。我还要感谢富布莱特委员会，因为它资助我在1961—1962年为本书收集了主要的新资料。

接下来，我还要感谢个人的支持，尤其是本书第二部分中提供信息的人们。这项工程最大的回报就是他们个人的接受和信任。

把最终文本组合起来的直接支持来自我的同事：华盛顿大学心理学系的罗森茨威格（Saul Rosenzweig）和波士顿大学社会学系的帕斯塔斯（George Psathas）。我要感谢他们对于本书第一部分的批判性阅读以及详细的建设性建议。

菲尔德斯坦（Janice Feldstein）女士远远超出了文字编辑的常规职责，是她帮助我使手稿（尤其是参考文献）得以成形。华盛顿大学的菲利普·波斯特（Philip Bossert）和简·波斯特（Jane Bossert）帮助我进行了有效的校正。

最后，这本书的序言要公开它的奉献者。埃尔多拉·哈斯克尔·斯皮格尔伯格（Eldora Haskell Spiegelberg）是一位主要信奉罗杰斯心理疗法的校园心理学家，而不只是她丈夫愚行的通常婚姻受害者。她使我保持了与行动中心理学的联系。向她这样同情现象学的人提供一部明晰且内容翔实的著作，对我来说是一个特殊的挑战。她在相关主题和文字方面都是我忠实的顾问。最后，她是这本书终稿的第一个批判者。如果这本书对于他人是有帮助的，那么他们也应该感谢那些在行动领域中主要致力于和平及自由的人。

导　言

> 尽管基本哲学态度对科学来说是必不可少的，
> 但这个事实不意味着人们必须停留在哲学中。
>
> 雅斯贝尔斯：《普通精神病理学》

[1] 任务目标：论现象学和实存主义

这本书面临的一个主要威胁是：它没有天然的边界。因此，我首先需要明确我的宣称。但我也想提供一些规划的理由。我写作本书的主要目的是：用简短与可靠的方式向当代心理学和精神病学专业的学生展现他们领域中主要的现象学哲学潮流。当然，本书涉足的领域仅仅是一个包含了整个现象学哲学的庞大领域的一部分。我没有必要重复我在过去著作①中已经提供的信息。

因此，尽管我不想用大量的注释来打扰耐心的读者，但读者们应该知道的是：如果要完整地解读这本书的情境，就要去读我对哲学现象学的整个导论（《现象学运动》）。如果不想

①　Spiegelberg, *The Phenomenological Movement: A Historical Introduction*, 2d ed., The Hague: Nijhoff, 1965.

读那本书，也可以读我关于现象学的论文（首先发表于《不列颠百科全书》1966 年版）。

然而，即使是在这本书中，我还是要让读者获得我之前研究想要促进的对整个现象学的有效理解。也许，关于现象学与实存主义的关系，某种简化也是必要的，尤其是在盎格鲁－美国世界，二者即便没有融合在一起，也已经形影不离了。我尽力想让二者至少是有区分的，即使只是为了使我的工作合理化。对于按照编年次序的主要姓名和事件，读者可以参见本书第14—15 页上的图表。

现象学源于一种比感觉式（sensation-bound）的实证主义所能允许的要更为一般地发展广泛体验概念的努力。现象学的格言"回到实事本身"（to the things）要求：离开概念和理论，转向实事在其主观充实性（subjective fullness）中的直接呈现。现象学的主要先驱布伦塔诺提出了描述心理学或描述心理诊断（psychognostics）的思想。胡塞尔首先重申了数学和逻辑学对抗单纯归纳心理学的力量，然后发展出了新的基础科学概念——它作为其他研究的支撑点，以对纯粹意识结构的直观考查为基础，并以对我们自然和科学世界的实在信念的特殊悬搁（所谓的现象学还原）为条件；现象学建构依据意向行为和意向内容而得到详细的研究（"先验现象学"，transcendental phenomenology）。以普凡德尔和舍勒为代表的、年代较早的现象学运动，特别强调探索本质结构以及现象当中与现象之间的本质联系。海德格尔在对实存意义的追寻中，尝试提出了一种扩大的阐释现象学，把揭示人类实存的意义作为他目标的第一步。

在 这 个 阶 段，现 象 学 开 始 与 实 存 哲 学（philosophy of

existence）融合；实存哲学的根源可以追溯到克尔凯郭尔以及更远，并且得到了雅斯贝尔斯的哲学支持。然而，雅斯贝尔斯反对哲学中的现象学，因为这种现象学有科学的意图。实存哲学的主要关注点是实质的，而不是方法论的。然而在法国，现象学与实存哲学在马塞尔尤其是在萨特那里发生了融合。他们对现象学与实存哲学的综合，促使人们采纳了"实存主义"（existentialism）这个术语。现象学实存主义作为以现象学为基础的人类实存哲学，在梅洛－庞蒂那里得到了最有说服力的表达。

对这些发展的研究，不能提供一个统一的现象学概念。一开始人们会看到各种各样没有共同特性的、分散的现象学家。尽管如此，我还是努力去标出现象学的本质特征。描述现象学（descriptive phenomenology）就是以鲜活和系统的方式，去直观、分析和描述直接体验数据的努力。本质现象学（eidetic phenomenology）是在对直接经验数据进行想象变换的基础上，探索直接体验数据的本质结构。表象现象学（phenomenology of appearances）特别注意现象呈现的不同视角和模式。建构现象学（constitutional phenomenology）考察的是现象在我们意识中的显现方式。阐释现象学（hermeneutic phenomenology）尝试解释现象的意义，尤其是人类此在（Dasein）的意义。

尽管在心理学和精神病学中，现象学和实存主义不是同一的，但二者自 20 世纪 40 年代以来的紧密联合，还是会促使我简要地给出解释，即在与"现象学"的联系中，我是怎样使用更加时髦的"实存主义"这个术语的。实存主义是现象学运动开始很久之前的实存思考的结果，而它的基本定义和中心主题是"实存"（existence）。克尔凯郭尔在新的意义上，以比过

xxix

去更有限的方式、白话及哲学式地来使用这个术语，表达了个体去体验其在世界中实存的方式。这种对于被忽视现象与关键现象的关注，没有让实存主义成为任何特定的进路。克尔凯郭尔显然不是"科学的"，尤其不是在黑格尔意义上的"科学"，而且雅斯贝尔斯摒弃了所有的客观化，包括归属于胡塞尔现象学的客观化。因此，新的现象学实存主义不同于原始实存主义的地方在于：新的现象学实存主义坚持，现象学的方式可以通达实存，并且实存可以作为本质结构中的现象而得到研究。在这个过程中，现象学方法在阐释而非描述的方向中，经历了进一步的发展，而这导致了一些方向论的差异。

实存主义者的现象学（existentialist phenomenology），或者出于对主题的强调，最好是说"现象学实存主义"，不同于现象学心理学。非实存的现象学心理学也是有的，因为"心理的"

xxxii

与"实存的"是不一样的。非实存现象的主要例子可以在诸如触觉或味觉这样的知觉领域现象学中找到，即使这些知觉也有实存意义。

这本书与之前类似的书一样，主要宗旨是提供帮助。我只是邀请读者，但不期待读者从头到尾地研究这本书。我希望自己能够提供一个有普遍主题的连贯故事。但是，我不会弄巧成拙而且自大地认为，许多读者会告诉潜在的读者：他们在有权对这本书进行评判之前，必须读完书中的每一个字。每个读者都可以自由地阅读他在特定时间可以消化的部分。我甚至希望当读者走向禁区时，我能够向他们呈现足够的景观。

在尝试满足读者对我的期待时，我首先要讨论我标题中的名词。我是从宽泛的意义上来理解"现象学"这个词的；现象学就是由胡塞尔最初的合作者团体及其继承者们倡导的进路，而且这些人把"回到实事本身"的格言解释为忠实地描述直观所获得的东西，包括特定现象及其本质结构。这种宽泛意义不同于研究这些现象显现方式的严格意义，以及胡塞尔现象学还原（即对直接给予之实在信念的"加括号"或悬搁，而它将走向"先验现象学"）所指的最严格意义。另一方面，我所指的现象学不是最广义上的现象学：它包括了所有不论与现象学运动是否无关，但有意或无意采纳了上述一个或其他技术的人。更具体地说，我的计划是揭示 1910 年左右胡塞尔在理智的时间框架内所倡导运动中的角色。除了胡塞尔本人，这个运动还包括他最初的合作者：普凡德尔、莱纳赫、盖格尔、舍勒以及他们的继承者，海德格尔与法国的现象学家。但我排除了诸如迈农及其格莱茨学派这样有影响的人物，尽管他们走在类似的道路上，并且经常与广义上成熟的现象学是并行的，同时也不排除他们富于启发性的思想。

如果我把本书的框架扩展得更宽，并且收录诸如詹姆士这样的现象学运动的先行者和启示者的话，那么这不仅会使这个方案变得难以处理，而且会削弱我的这项尝试：即尽可能清晰地说明具体的哲学运动是怎么影响诸如心理学这样的研究领域的。然而，如果我走到另一个极端：把现象学的范围窄化为胡塞尔的、最严格意义上的现象学，那么就会使我的努力稀释为细流——考虑到胡塞尔持续增长的、否定他之前甚至之后以及圈内外追随者的纯化倾向。这还会排掉一些最有创造性的解释，并导致对胡塞尔的误解。然而，尽管本书会在广义上来解释现象学，但还是会特别注意最严格意义上的现象学。

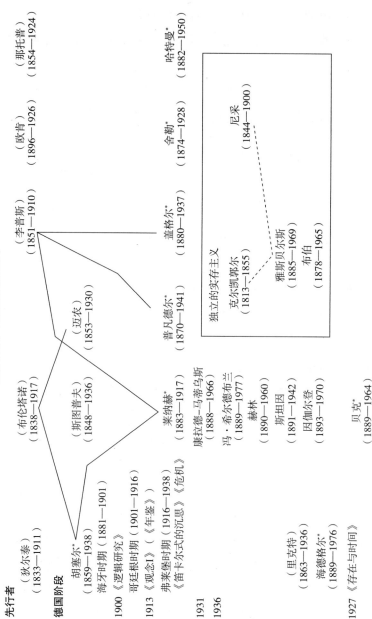

现象学哲学中的主要潮流编年①

xxx

先行者

（狄尔泰）（1833—1911）　（布伦塔诺）（1838—1917）　（那托普）（1854—1924）

（欧肯*）（1896—1926）

（李普斯）（1851—1910）

（哈特曼*）（1882—1950）

德国阶段

胡塞尔*（1859—1938）
海牙时期（1881—1901）

斯图普夫（1848—1936）

迈农（1853—1930）

1900 《逻辑研究》
哥廷根时期（1901—1916）

1913 《观念I》（《年鉴》）

弗莱堡时期（1916—1938）《危机》
《笛卡尔式的沉思》

莱纳赫*（1883—1917）

普凡德尔*（1870—1941）

盖格尔*（1880—1937）

舍勒*（1874—1928）

1931

1936

康拉德-马蒂乌斯（1888—1966）
冯·希尔德布兰（1889—1977）
赫林（1890—1960）
斯坦因（1891—1942）
因伽尔登（1893—1970）

（里克特）（1863—1936）

海德格尔*（1889—1976）

1927 《存在与时间》

贝克*（1889—1964）

独立的实存主义

尼采（1844—1900）
克尔凯郭尔（1813—1855）
雅斯贝尔斯（1885—1969）
布伯（1878—1965）

xxxi

法国阶段

马塞尔
（1889—1973）

1927 《形而上学杂志》
萨特
（1905—1980）

1943 《实存与虚无》
梅洛-庞蒂
（1908—1961）

1945 《知觉现象学》
利科
（1913—2005）

1950 《意志哲学》
杜夫海纳
（1910—1995）

1953 《审美经验现象学》

"二战"后其他的主要代表

德国
芬克
（1905—1975）
伽达默尔
（1900—2002）
库恩
（1899— ）
兰德格雷贝
（1902—1991）
洛维特
（1897—1973）
莱纳
（1896—1963）

法国-比利时
贝格尔
（1896—1960）
德瓦伦斯
（1911—1981）
范·布雷达
（1911— ）

意大利
佩奇
（1911— ）

美国
凯伦斯
（1901—1973）
古尔维什
（1901—1973）
舒茨
（1899—1959）
蒂利希
（1886—1965）
怀尔德
（1902—1972）

① 星号表示胡塞尔现象学年鉴（1913—1930）的编辑。实线表示师生关系；虚线表示影响，括号表示先行者。

　　我觉得没有必要陈述我对标题中"心理学"这个词的解释。我认为对于心理学本质的任何哲学表达，都有尚未解决的（如果不是不可解决的）问题，而且我只是想这样来理解"心理学"：我会考察今天以"心理学"之名而进行的经验领域的研究。我保留对以下这个问题的看法：人们是否可以在有机体行为的意义上来充分定义"心理学"领域中的研究——这个定义如果没有提出"行为主义"（对它的现象学重释，是当前方法论争论中最重要的问题之一）的意义问题，那么就直接提出了"有机体"和"行为"的意义问题。

　　为了这本书的目的，我还必须解释我是怎么来定义"精神病学"这个术语的。首先，尽管我必须使标题简单一些，但读者应该明白：我想包含精神病理学（或异常心理学）在内——它是对异常心理现象的研究。我不想把精神病理学（psychopathology）与精神病学（psychiatry）的区分最小化——欧洲传统很重视这种区分。然而，二者之间的联系是很紧密的。胡塞尔在《逻辑研究》第 1 卷区分了实践逻辑与理论逻辑，而这种区分使人们可以理解：作为技术的实践逻辑依赖理论逻辑。就此而言，尽管我使用了更流行的术语"精神病学"，相比精神病理学研究的治疗意义，我还是要更强调精神病理学的基础，并且我强调的当然不是精神病理学的"实践"。

xxxiv　　然而，更重要的是去揭示：在现象学的视域中，心理学和"精神病理学"之间的区分有了新的表现。这实际上是本书将心理学和"精神病理学"这两个领域联系在一起的最好理由（这两个领域都庞大得无法用一个人的精力去应付）。在现象学进入之前，把正常心理学和异常心理学划分为有时候甚至不在同一校园内的两个学科，是会引起不安和怀疑的。这里不讨论：为什么在心理领域中对正常心理学和异常心理学研究的划分，比在躯体领域中要更宽广。现象学没有打破这些边界。弗洛伊德的精神分析（psychoanalysis）可能起了主要的作用。总体上，最初主要是基于医学方面的原因。然而，现象学对于所有正常现象和异常现象都有不偏不倚的兴趣，并且无假设地面对诸如正常和异常二分的问题；现象学会加速这种潮流，因为它不仅把正常和异常的分离还原为谱带的对立，而且有助于揭示正常和异常的共同根源。现象学精神病理学家尤其在不承认正常和异常的整体区分的程度上，侵入了现象学心理学的领域。绝大多数现象学精神病理学家显然觉得：他们必须建构自己的心理学。即便这不完全适用于雅斯贝尔斯，也适用于宾斯旺格和他大多数的追随者。

　　我渴望指出这一点，因为我预计人们会对我将本书分为两部分而产生误解。首先，第一部分只涉及心理学家，而第二部分只涉及经过选择的精神病理学家和精神病学家。然而，如果人们更仔细地看第二部分的部分内容，那么他们就会发现：尤其是在临近结尾处，有若干临床心理学家被列入精神病学家。尽管第二部分中的引人注目的人物确实是原来带有医学背景的精神病理学家，但第二部分的目的（如它的标题所表明的）是深入研究将现象学引入心理学和精神病学的关键人物。这个事实不是偶然的：精神病学家呼唤超越心理学家的强化研究。因为（尤其是在临床领域中）精神病学家需要新的、只有从精神分析和现象学出发的新式心理学才能提供的基础。在这些情况下，我不想主张心理学和精神病学的分离，因为这种分离甚至

xxxv

在现象学进入这个领域之前就消退了，并且在现象学的新视域中变得更加昙花一现。

接下来，我应该解释一下：由看似中性的介词"在……中"（in）所暗示的现象学与心理学－精神病学之间的关系。主要的意义是：现象学哲学不仅从外部影响到了心理学和精神病学，而且侵入了心理学和精神病学，并且坚实地植根于它们内部。我想要尽可能具体地探寻现象学对于心理学和精神病学的渗透。有时候人们可以通过文献来进行探寻，至少是在那些在意引用的科学家那里。然而，引用不是可靠的尺度，并且会由于各种相关和不相关的原因而陷入困顿。另外，有的学者、哲学家和科学家否定甚至鄙视这种"学习"装饰。在某种意义上，这甚至是好的现象学，因为它面向实事本身，并且没有（或者至少不是主要地）面向文字来源。在诸如现象学这样的例子里，在第一个渗透时期过后，（现象学对于心理学和精神病学的）影响变得如此普遍，以致现象学成了心理学和精神病学的组成部分，尽管不幸的是，现象学也经常被稀释和曲解。现象学"存在"的真正尺度是其在（心理学和精神病学）研究进程中的积极角色。因此，我们不仅要去寻找借用（或盗用），而且要去寻找以对现象学输入的增加和修正为形式的、对现象学启发的创造性使用。简而言之，我的计划是去考查：现象学哲学在多大程度上成为心理学和精神病学中的一种动力，而不是作为外部的入侵者。

本书的另一特征是值得强调的：它不是一本否定的著作，不是任何明确或不明确的论文。我说的不是现象学运动或 20 世纪的心理学。这种模棱两可性超越了风格。因为我不想承诺：

当前的陈述是详尽无遗的，不论作为入侵者的现象学运动，还是作为被入侵者的心理学和精神病学。由于我在背景、时间和爱好上的局限性，我不可能提供详尽无遗的陈述。我甚至怀疑我有这样的愿望。我相信人们需要的不只是一本入门手册，而是在主导主题和潮流深度上的研究。填补鸿沟并追踪较小的发展，是相对容易和更有意义的。但是一个像我们这样枝繁叶茂的领域，最好是不要有太多的变种和分支，因为它们甚至会干扰这个领域的成长。如果我可以更浓缩地描述一些更成熟的结构，并使这种研究保持开放，那么这就够了。我想要提供的确实不只是武断的选择和散乱的例证。但是例证的代表性不能阻碍人们对于较少为人所知的人物及研究的好奇心。我的知识最好是这样的：我总是试图去揭示，我们在哪里可以期待发现较少为人所知的人物及研究。我的整个目标就是简化对不断生长中的研究边界的把握，并最终简化对现象本身的把握。

　　为了阐明我的这个心理学与精神病学中的现象学导论中的严重鸿沟是什么，我想以普莱辛那（Helmuth Plessner）为例。普莱辛那的核心关注是哲学人类学，而值得注意的是：这个含糊定义的领域包括了现象学心理学和精神病理学（尤其是在普莱辛那这里）。在承认这种疏漏的同时，我想要为自己进行一些辩解：

　　1. 普莱辛那的主要基础是哲学，而不是心理学或任何科学；他本身更适合放在我的《现象学运动》那本书中，或者最多是放在本书的第一章中，因为这一章评估了哲学家们对于心理学和精神病学领域的贡献。

　　2. 尽管在 1914 年时，普莱辛那是胡塞尔在哥廷根大学的学生，并且他还与科隆大学的舍勒保持着联系，但是显然他不仅把胡塞尔现象学而且把整个现象学的思想都严重地误解为哲学了。他顶多认为现象学描述在人类学哲学的开端是重要的，但现象学描述需要得到狄尔泰式阐释的补充。

3. 普莱辛那著述中，尤其是他的论有机体生命和人的层次的书，他对于笑和哭的研究，① 还有他关于有机体生命之位置性（被其他环境所环绕和点燃）以及人的古怪性的其他研究，有很多值得现象学家注意的启发性思想。但是，我们还是很不清楚，这些发现距离作为现象学观察和描述的基础有多远。尤其是在对作为人类行为之局限性的笑与器的重要研究中，人们不知道对主观体验中真实进程的具体描述是什么，而只知道这些行为形式的条件和意义。

对于现象学在普莱辛那人类学中地位的讨论，我想建议读者们去读显然得到普莱辛那本人赞许的哈默（Felix Hammer）的研究。②

[2] 现象学的影响：现象学的本质和变种

接下来，我直接的目标是描绘：哲学现象学在尝试确定它在多大程度上可以满足真正的需要时，是怎么"渗透到"心理

---

① Helmuth Plessner, Die *Stufen des Organischen und der Mensch: Einleitung in die Philosophische Anthropologie*, Berlin and New York: Walter de Gruyter, 1928; Helmuth Plessner, *Lachen und Weinen. Eine Untersuchung nach den Grenzen menschlichen Verhaltens*, Burn und Munchen: Francke Verlag, 1942.

② Felix Hammer, *Die exzentrische Position des Menschen*, Bonn: Bouvier & Co., 1967, pp. 42–53, 141–153.

学和精神病学中的。这种渗透是以"影响"之名进行的。然而，我承认：我对于这个过于简化的术语很不满意，因为这个术语扩展到了所有的历史和人类情境及研究，而最终才是现象学关注。在影响者与被影响者之间的确切关系是什么呢？这种影响是怎么被体验到的，尤其是在它的接受者方面？因此，我完全不能从对于这种关系的本质和变型的方法论讨论中获得很多东西。① 在目前这种情况下，特别重要的是：更清晰地认识有关可能和事实关系的变化。这就是我为什么要在这里，插入对这些关系的更一般反思的原因。

我想从最语源学的观察入手。英语词"影响"（influence）及其在其他语言中的对应词，显然是一个隐喻。在这个隐喻中 xxxviii 的是：某种从上至下的流动。在我这看来，这个隐喻的重要意义是它指出了这个事实：如果没有准备接受的容器（水流可以降入其中的河床），如果这不是乡间洪水的结果，那么就没有什么东西可以流到某种东西中。如果没有等待的河床，就不会有流入，或者换一个隐喻来说，如果没有为种子而准备的土壤，那么就不会有植物的生长。在这种意义上，单方面的影响是不存在的。影响或多或少地取决于接受者的积极合作。雅斯贝尔斯如果没有"发现"克尔凯郭尔，就会不受到他的影响；如果雅斯贝尔斯没有去寻找类似克尔凯郭尔这样的启发者，那么雅斯贝尔斯就不会发现克尔凯郭尔。

然而，在这种一般框架内，存在着各种各样的可能变种。

---

① 对于聚焦于接受问题的"影响"研究，参见：D. Shakov and D. Rapaport, *The Influence of Freud on American Psychology*, New York: International Publishers, 1964, pp. 7ff.

本书显然无法充分研究这些变种。这样的研究必须确定影响与原因的一般关系，并且更确切地说，必须确定影响与人类动机的关系。但是，即使不讨论和阐释这些更加广泛的问题，我认为必须更具体地区分当前研究不得不考虑和分析的主要影响类型：我将从相当表层的影响类型开始。

A. 非亲身影响和亲身影响

至少就其影响的接受者必须是个体而言，在智识历史上的所有"影响"当然都是亲身的。但是影响的源头可以是非亲身的：源头可能是思想或著作。通常，承认影响的接受者所给出的证词是这种影响的主要证据。接受者可能会发生判断错误，甚至称赞诸如学术炫耀或讨好这样的不相关因素。因此，单纯的脚注引用不应该被作为影响的充分证据。事实上，有时候，影响的接受者在进行回顾时，会改变他们对于这些影响的估计，有时候会将影响最小化（例如雅斯贝尔斯关于胡塞尔对他影响的评估），有时候会将影响进行修正（例如：凯茨［David Katz］关于胡塞尔对他影响的评估）。

在亲身影响的情形中（当一个人有意识地尝试去影响另一个人，正如在说服、建议以及某些宣传和教导中），事情就会变得更加复杂。其次，我们也必须知道影响者的意图，因为影响者实际上可能是在没有意识到影响，或者不是出于有意的情况下，施加了影响。再次，我们还必须知道意图和结果之间的实际相符或不相符。在不相符的意义上，胡塞尔只有很小的影响。但是，胡塞尔的影响在他没有预见到，并且从来没有想到的意义上，是非常大的。海德格尔对新教神学的影响也不是有意的。

但是海德格尔确实想要改变对文本的解释（正如在荷尔德林那里），尽管效果很有限。本书主要涉及的是源自思想和个体的更一般的、非亲身的影响。

B. 直接影响和间接影响

不是所有的影响都是直接从一个人到另一个人，或从思想到一个人。例如，苏格拉底对后世的巨大影响是间接的。有时候，人们甚至无法充分地确定这种间接影响的源头。然而，间接影响是存在的。现象学的很多影响是间接的，尤其是在现象学开始渗入时代精神以后。这样的影响可以通过不太为人所知或从不为人所知的渠道进行。思想家可能在根本上，或出于疏忽，没有赞扬他们的先行者或同时代人，而且思想可能是从总体环境中获得的。这些情况在物理学中被称为潜移默化（通过我们心灵的"可渗透薄膜"渗入）。

C. 影响程度

在对现象学影响的研究中，影响程度可以降序的方式来进行编排：从完全影响到部分影响，再到没有影响。

1. 完全影响。我所指的完全影响是接受者完全认可的情况。接受者从影响源头那里接收一种思想；接受者不仅坚持它，而且接受它，并且把它当作自己的思想（甚至亲身去普及它）。明显的例子是融合到了接受者的思维方式中。当然，这样的影响会被扭曲，不仅因为情境不同，而且因为误解和误用。在接受者看来，这可能只是虹吸操作——他把来自源头的等流接受到了他自己的头脑中。

2.部分影响。对于部分影响，我将其理解为那些没有完全地传输到接受者身上的影响，尽管这些影响对于接受者还是有实质的，甚至决定性的影响；它们至少留下了痕迹。然而，部分影响的不完整性不是所有的，因为还存在正面和创造性的方面。在这里，我想要区分以下部分影响的类型（它们主要取决于它们发生影响的发展阶段）：

（a）激励。在这种情况下，影响点燃或释放了接受者中的运动，而且它很快就不同于激励，并且只归功于它的起点。学术概念或"意向"这个术语释放所有探索的方式，以及对胡塞尔的新发现，可能就是明确的证据。这样的激励甚至有可能是否定性的，在这样的意义上，它激发了导致辩证反论和相反运动，并逆转了推动潮流的反对意见。对超然于动物的人来说，激励对于进步和退步都是一种最有力的力量。

（b）强化。一种特殊的重要情况是，影响遇到了进行中的平行发展，于是影响通过增加新的动力来修正它的方向。影响的强化也可以作为一开始的催化因素，而不进入发展的主流。我们要看到，在很多探索中的心理学潮流中，现象学哲学是怎样经常作为强化者甚至作为临时代替者的。

还存在相互加强的情况——影响对于它的源头有反作用。在两个意气相投的运动相互鼓励时，这样的交互会导致渐次强化。这样的关系甚至会达到与物理学和化学中"共振"相似的东西——在"共振"中，两个物体上的同频率振动，会导致二者振动的加强。

（c）证实。两种发展之间的平行或会聚，只有在回顾中才能被发现。在这种情况下，当然不会有对事件实际过程的任何影响。但是一旦人们发现了这种平行，它还是会作为在通过稳定去鼓励独立发展的字面意义上的确证。更重要的是，这些平行可以作为提供相关（如果不是决定性的）合理证据的历史控制实验。在我看来，这就是在美国现象学心理学的草根发展中所发生的事情。美国现象学心理学对"现象学"这个词的接受，是在几乎完全忽视原初的哲学现象学的情况下进行的。当然，在发现之后，还是存在着有成效发展和交互的空间。

[3] 主题

我认为，区分这些"影响"类型，对于充分和冷静地评价任何思想、人和运动在历史上的地位是非常重要的，尤其是在诸如现象学这样流动和非教条的运动中。人们不能也不应该根据一定的借用和引用数量，去衡量现象学的影响。也许，现象学的主要价值在于"部分影响"，对独立运动的推动和加强。因为现象学要求我们不要面向仍是间接的字面的和个体的来源，而要面向作为所有现象学洞见的直接来源的"实事本身"和现象。在与心理学和精神病学的关系中，提供这样的启示是现象学最重要的任务。实际上，20世纪的现象学对于心理学和精神病学的影响，要大于对哲学中任何其他运动的影响；唯一能与现象学竞争的是卡西尔（Ernst Cassirer），而他本人与现象学有极密切的联系。然而，本书的目的是不是探讨与现象学相匹敌的思想。要进行这样的探讨，我们就要事先充分地调查其他运动的影响，如实证主义、自然主义、实用主义和新康德主义。我唯一的关注点是提供现象学对于心理学及精神病学发展特殊

xlii

贡献的具体证据，并将它交由后来人去做比较评价。在我看来，目前更重要的是说明哲学（任何的）仍然并且再次对科学（尤其是心理学和精神病学）有重要意义。在这个意义上，现象学只是一个例子。

更具体地说，我想要揭示的是，作为哲学的现象学在心理学和精神病学领域中有重要作用。通过取代狭窄的实证主义和自然主义的、有局限的方法论，现象学为新的现象和新的解释腾出了空间。现象学打破了行为主义狭窄的封套，而没有否定行为主义相对的价值。现象学促进了人们对于原子联想主义的克服。具体来说，现象学有助于革新知觉、情感和意志的心理学，并且促进如自我研究和社会心理学这样的专业领域。在精神病学中，现象学使得人们可以更为广泛和深入地去理解病理现象，并帮助人们展开新的治疗。

这本书的主要目的是具体地说明：现象学对于心理学和精神病的促进是怎么实现并且是以什么方式实现的。

[4] 进路

我们可以若干方式来阐释这些影响。一种方式是查看心理学和精神病学的图景，然后说明现象学在每个领域中的贡献。尽管那些想要评估现象学带给心理学和精神病理学整个图景贡献的人，会喜欢这种方式，但我不会采取这种方式。因为这种方式要求在测绘心理学和精神病学的整个领域之前，就通观这整个领域中的主要和次要分科。

另一种进路是要么从开始、要么从结束去探索影响的主要渠道。如果从开始来进行探索，那么现象学哲学中的主要人物必须是基础领袖，并且他们对于每个心理学家和精神病学家的影响都必须予以列举。这可能是为哲学家建立声誉的最好方式，而且我认为这是最严肃的方式。但我不同意这种方式的主要原因是，我怀疑它对于那些想要理解今天的心理学和精神病学研究的人没有什么用。另外，这种进路以大量有关最终阶段和影响的知识为前提，而这些知识超出我所认为的能够达到和应该达到的程度。我甚至必须承认，我自己在追踪它们影响的源流前，必须非常了解这些影响。

　　这就是我决定从结束来进行阐明的原因：从检查心理学和精神病学中的主要人物开始，然后回溯他们在现象学哲学中的源头。即使如此，在本书框架内，我不打算为这些人物作传。我所想做的，就是聚焦于心理学和精神病学主要人物工作中的现象学成分，并以他们思考和研究的一般模式为背景。当然，这意味着每个哲学家的影响会散落于整本书中。因此，任何想要了解现象学，尤其想要了解胡塞尔、舍勒或海德格尔对心理学及精神病学影响的人，都必须频繁地使用本书的索引。探讨这些哲学家的心理学工作的第一章也能够提供一些帮助。

　　另外，我希望目录所呈现的本书布局是不言而喻的。我要重复的是，本书的两个部分不对应于心理学和精神病学之间的破碎划分。因此，真正的划分是这样两个领域：一个是主要研究心理学家们的领域，另一个是主要研究精神病学家的领域。显然，这不是彻底的划分，这当然也不是好的划分。如果本书想要包罗广泛，那么这种编排当然是一种严重的缺点。但是这两个强调个体人物研究的部分可以表明，我想要研究的不只是个体人物，并且我知道这些人物所涉及领域的丰富性。正如我过去的著作（《现象学运动》），我这个导论的目的只是想要为人们廓清视野。提供一个干净利落的文明平原图景，这从现象学上来说是误导性的。像本书这样的概览必须不去掩盖从下而上的视角是多么混乱和含糊。

总体上，这不是一个为纯粹论者而讲的故事。当然，现象学运动的创始人胡塞尔就已经摒弃了绝大多数纯粹论，而且他越来越发现：整个现象学运动是他的以先验现象学为基础的、严格科学的、根本方案的退化。然而，我们有充分理由在更广泛的视角中去看这种"退化"，而不通过稀释胡塞尔意图去除空话和伪装的纯粹性。从西方世界智识发展的情境来看，新的胡塞尔意义上的现象学，实际上只是一个有古老基础的、更广泛潮流的分支。在此基础上，我所指的基础是由伽利略开始的、与压制数学上不可处理的质性与主观世界的抽象科学潮流相反的运动。它的第一个里程碑是"拯救现象"（不同于柏拉图的意义）和恢复质性体验的完全广度及深度的反运动，即歌德所著的与牛顿相对的《颜色论》。作为这种方向中的第一个努力，它比反对所有科学的、浪漫主义的反科学起义更为有效。[①] 黑格尔的《精神现象学》就是属于这个潮流的、恢复历史的、具体普遍及"有色"宣称的努力。赫林（Ewald Hering）在其光学理论的意义上，反对赫尔姆霍茨（Hermann von Helmholtz）的物理主义理论，并强调先于解释的现象学描述的必要性，尽管他没有使用"现象学"这个名称。实证主义（如果它没有被虚无主义所控

xliv

---

① A. N. Whitehead, *Science and Modern World*, chap. V, "The Romantic Reaction", New York: Macmillan, 1925.

制的话）甚至也有现象学方面，而且马赫（Ernst Mach）和玻尔兹曼（Ludwig Boltzmann）也使用了"现象学"这个术语（胡塞尔不知道这个事情）。从这个视角来看，胡塞尔的现象学（它采纳了之前就已存在的术语，并且利用了直接先行者布伦塔诺和斯图普夫的努力），只是这个更广阔但较少被宣称的运动的一部分。胡塞尔也尝试将所有现象范围与严格科学的理性进行调和。

的确，胡塞尔的现象学在其彻底性与"纯粹性"上，不同于那些前现象学家。但是，如果说"纯粹性"有什么的话，那么就应该去纯化其不纯粹的期待和不完美的竞争性，并向更一贯的现象学发展提供最可能的准备。本书能够并且应该说明：哲学现象学当中有多少元素已经运用于对心理学和精神病学的塑造中。我们没有理由认为这种过程已经结束，尤其是由于（源自现象学的）新成分有助于解决经验科学中一些老的和新的"危机"。

也许，还有人对于非正统的现象学持更自由的态度：的确，现象学始终要"面向实事本身"，而人们期待现象学能够做比它的草创者更多的事情。在这种情况下，我们绝不用惊讶于现象学会独立和反复地在不同的时间和地方出现。毕竟，胡塞尔自己的现象学宣称它是"由下而上的东西"。①

这个观察不意味着现象学应该仔细地把自己与传统（包括它自己的传统）相隔离，以便与"实事本身"专门交流。让现象学独立地去探索现象，这当然是好的，然而如果可以控制，

---

① Spiegelberg, *Phenomenological Movement*, p. Ⅲ n.

那么显而易见的是，最终现象学甚至最好是发展成合作性事业，并且那种在一个发现上的交互和共同检查，甚至会促进一个人本身的考察。我认为，正是在这种意义上，哲学现象学对心理学和精神病学中的"草根现象学"（grassroots phenomenology）的意义，不论是对于它本身，还是对于那些与做现象学利益攸关的那些人来说，都是值得探索和记录的。

第一部分

现象学对心理学和精神病学的贡献：一般方向

第1章 现象学哲学中的现象学心理学

[1] 导论

本章的主要作用是对读者予以提醒。这里以缩略形式整合在一起的大部分材料，来自我之前著作中的有关章节。读者最好参考一下"心理学"和"现象学"主题下的索引。然而，本章的主要目的是：说明现象学家的一般哲学基础与他们的具体心理学研究之间的关系。因此，现象学对于心理学的整个贡献还是零散的。当前这个概要的作用是把主要的成果整合在一起，以作为接下来章节中新材料的背景。那些只是寻找初步指导的人，没有必要去读额外的书。尽管我在本书的着重点是不一样的，但我还是要遵循我在之前著作中对主要人物的选择和排序。

本章要回答的重要问题是：现象学家的哲学思想，是否以及在多大程度上影响了他们的现象学研究。在尝试回答这个问题时，人们必须注意，在欧洲大学的学术建制中，哲学和心理学联系得如此紧密，以致心理学不只是哲学的一个分支。例如，冯特（Wilhelm Wundt）和屈尔佩（Oswald Külpe）就把哲学和心理学这两个领域统一在了一个人身上，并且他们甚至对心理学以外的哲学也做出了贡献。因此，他们在心理学上的兴趣不只是哲学家对心理学系的亲身入侵。我们很难在单个现象学家身上把哲学与心理学区分开。我将从现象学的主要先驱者开始。

[2] 布伦塔诺（1838—1917）

心理学在布伦塔诺（Franz Brentano）的革新哲学中居于核心地位：心理学要为他的新哲学的所有分支（包括伦理学）提供科学的基础。但是布伦塔诺的"经验立场"心理学，不全部都是现象学，除此之外，他的词汇表中基本上没有现象学这个术语。只有他的"描述心理学"称得上是现象学——它不同于提供因果解释的"发生现象学"。然而，布伦塔诺本人从来没有超越描述心理学的范围。描述心理学主要探索一般结构；普通体验无法揭示这种一般结构，但是明确超越普通体验的观念直观（ideale Anschauung）可以揭示这种一般结构。这就是萌芽状态的现象学。

因此，对布伦塔诺现象学的完全阐释，必须包括他《经验立场的心理学》[①]中的第 1 卷以及第 2 版第 2 卷的大部分（只排除了他对普通心理学的开放反思）；另外还有克劳斯（Oskar Kraus）所编辑的一些在他去世以后出版的资料。但是，本章的

[①] Franz Brentano, *Psychologie von empirischen Standpunkt*, 3 vols., Leipzig: Meiner, 1924-1928.

目的不是进行重述。

相反，我只想提一些描述心理学的最原初特征：

（1）新的现象，"意向性"，或者更好的表达是，对于对象的指向，是心理现象与物理现象相比最重要的差别特征。在知觉、想象、判断、意愿等活动中，对于对象的指向有质的差异。

（2）新的活动（act），作为我们自身活动的、自然觉知的内知觉，"自明的"甚至绝对可靠的活动。

（3）新的现象秩序，心理现象分为基本的三组——表征、判断以及"爱"和"恨"的感情。后两组心理现象与第一组心理现象的区别在于，它们摇摆于正面和负面的两极之间。

显然，这些特征只是例子，并且只是得到了规定，而没有得到描述和评价。但是这些特征在布伦塔诺学派的内部和外部都有特别的影响。

我们可以在斯图普夫的著作以及迈农（Alexius Meinong）的格拉兹学派的著述中见到布伦塔诺的影响。尽管布伦塔诺心理学的成就（例如意向性）没有被明确地提及，但是像艾伦菲尔斯（Christian von Ehrenfels）的格式塔质（Gestaltqualitäten）这样的描述发现，是布伦塔诺精神现象进路的相应发展。

布伦塔诺的心理学应该归功于哲学什么呢？在他的心理学兴趣之下是他对以科学为基础的新哲学的关注。他期待心理学会提供这样的基础。他发现已有的联想主义心理学不能满足这样的需要，因此他尝试让新的心理学以不受实证主义约束的数据描述为起点。显然，这不意味着任何对于哲学的借鉴，而意味着相反的东西，即哲学以心理学为基础。但是，新的心理学是生成中的现象学。现象学心理学在布伦塔诺这里得到了决定性的推动，因为布伦塔诺强调的是描述而不是解释。我们还不能充分地认识到他的影响。但是，他的部分工作确实是成熟现象学的基石。

[3] 斯图普夫（1848—1936）

斯图普夫（Carl Stumpf）主要由于他对"声音心理学"的先驱性贡献而为人所知。但是在后来回顾自己的工作（即"心理学"）时，斯图普夫很不情愿地把它称为是现象学。我们在把斯图普夫的工作冠以现象学之名时，必须注意，斯图普夫在他的科学哲学中，把一种其他人不接受的、新的意义赋予了现象学：现象学探索的是我们体验的内容，而不是使体验内容被体验到的"功能"或活动（他所谓的狭义"心理学"）。这些现象学是先于哲学与科学的前科学（Vorwissenschaften）之一。

6 然而，斯图普夫术语的有限性不意味着他的研究脱离了本书所指的广义现象学范围。

只有一个情况会让我们犹豫，即斯图普夫的现象学在很大程度上是实验性的。那些把现象学当作与体验相对之前科学的人，会认为现象学更加是反实验的。因此，我们必须注意斯图普夫实验的本质与目的。这些实验的目的不是用统计学的方式确立物理刺激与心理反应之间的关联，而是以一种在主体间基础上让它们的重复与检查成为可能的方式，去辨析与探索诸如言外之意、融合等主观现象。这种系统探索的方法就是刺激的实验变换。斯图普夫在他经典的但又不完整的《声音心理学》（*Tonpsychlogie*）中，通过这种方式确定了大量有关声音、声音的维度、声音的统一、声音的差异、声音的融合及共鸣的基本事实。另外，他探索了其他感觉现象的特质，并把这些特质作为听觉与视觉的共同属性。

斯图普夫现象学研究的另一个例子涉及空间知觉。他"朴素"的空间观念理论，摒弃了"经验主义"（在"经验主义"看来，我们感觉世界的空间组织是逐渐习得的）。斯图普夫把空间知觉当作基本与非派生知觉的做法，与现象学进路相一致，而与联想主义分析相反。但是，这不意味着空间观念是内在的，或者说是康德意义上的先验形式。

这些具体例子可以作为对零碎进路的阐释。实际上，斯图普夫从来没有建构一个有关心理学或哲学的全面工作。但是，他在柏林科学院的工作表明，他不缺乏哲学深度与视角。在他的科学体系中，心理学与现象学有明确与特殊的地位。尽管我们很难找到斯图普夫哲学对他心理学的具体影响，但他的现象学概念源于他对于实在以及人类知识结构的全面认识。

斯图普夫对现象学心理学做出了重要的贡献。这不仅是因为他对于声音现象的描述，而且是因为他使用实验技术去改善现象学观察，并使现象学观察更为主体间化了。甚至更为重要的是这个事实：在斯图普夫这里，现象学第一次成为了心理学的一部分。我认为，斯图普夫在柏林科学院提出的对现象学的诉诸，与后来的格式塔主义者及其美国追随者对现象学的接纳有很大关系。同样重要的是，尽管斯图普夫与胡塞尔及其同盟之间有严重与日益增长的分歧，但斯图普夫始终支持胡塞尔的《逻辑研究》。这意味着，布伦塔诺与胡塞尔的现象学都对之后的心理学具有优先权。

[4] 胡塞尔（1859—1938）

　　显然，对胡塞尔（Edmund Husserl）在现象学与心理学之间关系中所起作用的评估，具有核心的重要性。但这很不容易。人们经常过于频繁地把胡塞尔对心理主义的批驳视为他对整个心理学的反对。《逻辑研究》第 1 卷（1900）是这种意见的主要证据；《作为严格科学的哲学》（1911）中的一些段落抨击了自然主义哲学，而这种也可以作为上述意见的依据。胡塞尔与他那个时代领军心理学家的关系，要么很糟糕，要么就没有，正如胡塞尔在 1914 年的德国哥廷根会议上对实验心理学所采取的态度那样。尽管胡塞尔没有跟上（心理学）文献与同步发展，但这没有阻碍心理学家越来越注意胡塞尔的工作。

　　这种悖论反映在胡塞尔对心理学的模棱两可的态度上。要理解这一点，我们必须勾勒出胡塞尔对心理学态度的发展。它开始于胡塞尔论数字概念的任教论文《心理学分析》（1887）。在尝试到他导师布伦塔诺的心理学中寻找算术哲学基础的第一阶段，胡塞尔明确地把自己当作一个描述心理学家。接下来，他的"纯粹逻辑"摆脱了心理学，并且反抗了心理主义，而这说明，他最大限度地远离了实际心理学（actual psychology）。但是，他在非心理学的现象学中探寻新逻辑基础的努力，使他回到了摒弃心理学的立场。直到 20 世纪，他对心理学的兴趣才再一次在特殊心理研究的意义上成为了他的主题。在 1925 年与 1928 年，他开了两门有关现象学心理学的讲座课程。在他为不列颠百科全书所准备的文章《现象学》中，第一部分是《纯粹

心理学》，接下去的是他在 1928 年所做的荷兰阿姆斯特丹讲座
"现象学心理学"。[①] 在最后一个阶段，《欧洲科学的危机与先
验论现象学》的最后一部分（第三部分）中，尤其是该书不完
整的 B 部分中，他把心理学看作新哲学的"方法"之一。实际
上，即使是在这最后的阶段，胡塞尔的态度也有发展。在弗莱
堡讲座中，胡塞尔想要通过以哲学为基础的纯粹心理学，为所
有的心理学打下一个坚实的基础。在阿姆斯特丹讲座中，他把
现象学心理学（以对纯粹心理现象的"现象学还原"为基础）
作为通向先验现象学（以比"心理学"更为彻底的还原为基础，
并且只是为了心理现象的纯粹化）的基石。在《欧洲科学的危
机与先验论现象学》的最后部分，他认为现象学心理学与先验
论现象学本身是一致的，而且先验论现象学注定要吸纳现象学
心理学；换言之，在纯粹心理学与作为哲学的现象学之间，只
有程度上的差异，而没有类型上的差异。因此，胡塞尔似乎回
到了原点。一开始哲学被转化为了心理学，而现在心理学成为
了先验论现象学。

　　也许，我们可以最好是依据意识在胡塞尔哲学中的地位，
去理解胡塞尔对心理学采取的模棱两可的态度。一方面，正如
他所认为的那样，意识是纯粹心理学的基本事实。如果把意识
作为纯粹心理学中的一个单纯事实，就会威胁到现象学，因为
现象学不会在不质疑任何事实的认识论可信性的情况下，就接
受任何事实。对这种"先验"现象学来说，纯粹心理学甚至会
包括（先验）心理主义。另一方面，现象学提供了对心理学意

----

① Edmund Husserl, *Phänomenologische Psychologie*, ed. Walter Biemel, *Husserliana* IX, Den Haag: Martinus Nijhoff, 1962, pp. 237-349.

识进行基本检查的机会，因此现象学对心理学有特殊的意义。

但是，心理学也能为现象学提供好的进阶石；心理学可以向现象学展示心理学的需要，并且至少可以与现象学共享这种需要，尽管二者的方式是不一样的。

比利时鲁汶的胡塞尔档案馆存有胡塞尔在 1927 年 6 月 28 日寄给布勒（Karl Bühler）的五页打字信件复本，以及回应布勒赠予他的《心理学危机》（*Die Krise der Psychologie*）的题赠。这里有几个值得注意的原因：

1. 胡塞尔说他带着最大的兴趣读了布勒的书。现存于胡塞尔档案馆的复本旁注证明了这一点。这个事实甚至表明，布勒的《心理学危机》是以胡塞尔的欧洲科学"危机"思想为出发点的著作之一；

2. 与此同时，胡塞尔确认，他的研究使他不可能因循心理学文献，因此这解释了为什么在他的著作中，在布伦塔诺与斯图普夫之后，他没有引用任何心理学家；①

3. 信件的大部分内容发展了这个宣称：纯粹现象学（它的主要宗旨是超越论哲学）同时可以用作经验心理学的先验基础（这是心理学家所忽视的）；

4. 胡塞尔建议心理学家回到对于生命世界的具体及鲜活的

---

① 我们绝不能忽视这个事实：胡塞尔知道心理学家对他工作的应用，例如维尔茨堡学派；胡塞尔甚至设想了心理学家应用现象学的方法。证据就是以下写于 1912 年前的来自《现象学和科学基础：纯粹现象学和现象学哲学的观念（第 3 卷）》（*Phaenomenologica* V, 32）的段落：

作为一个学术教师，我在很多年以来就讨论了提供例证直观的人工测量的可能性，并且采纳了维尔茨堡学派中有关思考的实验心理学的第一批研究。我认为维尔茨堡学派在与我一样的意义上探讨了方法论实验。

体验（*konkrete lebendige Erfahrung*），这是先天与先验论现象学的意义所在；

5. 信件表明，让胡塞尔感到失望的是这个事实：即使是如布勒这样应用了《逻辑研究》的心理学家，也没有考虑到胡塞尔自《纯粹现象学和现象学哲学的观念》以来的工作可能具有的意义。我们将在下文看到布勒（他在收到信不久就确实了拜访了胡塞尔）是否存在这样的问题。

然而，在当前的情境中，胡塞尔与心理学关系的最后一个阶段（以他将格式塔主义摒弃为另一种自然主义心理学形式为特征）对心理学家来说似乎只有较小的重要性（尤其是考虑到这个阶段的不完整性）。在这里，我将聚焦于胡塞尔与心理学关系的两个阶段：他早期工作的实际贡献，以及他最清晰和最广泛的心理学思想的潜在贡献(论现象学心理学的弗莱堡讲座)。

胡塞尔对于现象学心理学的最初贡献不总是冠以他的名字。这些贡献始于他的早期生涯（仍然属于他的布伦塔诺阶段）：为算术哲学寻找心理学基础。胡塞尔区分与讨论了对集体一致行为、计算行为、初级与高级算术运作行为的描述（尽管不是充分描述）。清晰的现象学陈述始于《逻辑研究》第 2 卷。胡塞尔分析了表意（signifying）（赋予意义与提供直观内容的）行为与各种抽象（孤立与一般化）。胡塞尔尤其揭示了整个意向性现象的本质结构与变换。在这么做时，胡塞尔很快超越了单纯逻辑行为，特别是在探索感性与非感性（范畴）直观时，因此他完全超越了布伦塔诺的先驱性辨析。胡塞尔甚至将他的现象学心理学范围扩展得更远。他的内时间意识讲座（发表于 1928 年，现在被增补为《胡塞尔全集》第 10 卷）提出了一种新的记忆图景，而且区分了滞留（retention）与回忆、前摄（protention）与期待。在《纯粹现象学与现象学哲学的观念》中，他用知觉研究以及各种信念维度（信念修正）（doxic modification）的研究，丰富了现象学心理学。他考虑了价值论与实践行为，尽管事实上他从来没有在著述中探索过非理论现象，但他超越了对非理论现象领域的封锁。他越来越强调本我（ego）的各种作用以及活动（《逻辑研究》第 2 卷［现象学卷］忽视了这些作用以及活动），而且他最终使用了"本我学"（egology）这个奇怪的标签。在胡塞尔后来的研究中，人们总能找到推进性的开始，尽管人们必须承认，具体的描述变得越来越少和越来越粗略了。值得注意的是，在兰德格雷贝（Ludwig Landgrebe）编辑的《经验与判断》（1939）中对前表达与表达体验的充分描述，属于早得多的阶段。

"现象学心理学"讲座（《胡塞尔全集》第 9 卷）、不列颠百科全书中的《现象学》全文（在 1929 年版的《不列颠百科全书》中，全文由 7000 个德语词缩减为了 4000 个英语词）以及阿姆斯特丹讲座中两个完整的第三部分，直到 1962 年才作为胡塞尔的遗作出版，因此还没有产生实际的影响。但是，在被译成英文之前，它们的内容是值得扼要介绍的，因为它们是胡塞尔现象学心理学思想的最持久发展。[①] 我们最好是通过海德格

①　对于胡塞尔现象学心理学概念与他的普通现象学以及经验心理学的关系，参见：Herbert Spiegelberg, *The Phenomenological Movement: A Historical Introduction*, The Hague: Martinus Nijhoff, 1965, pp. 149-152.

对于更为充分的解释与讨论，参见：Aron Gruwitsch, "Edmund Husserl's Conception of Phenomenological Psychology", *Review of Metaphysics*, XIX (1966), pp. 689-727.

尔在 1927 年 10 月 22 日写给胡塞尔的信中的一个段落（海德格尔当时在尝试帮助胡塞尔准备他在不列颠百科全书中的文章），来理解这些讲座的重要性（尽管它们在当时没有发表）。[①] 在这封信中，海德格尔指出，在那个时代的科学中，没有胡塞尔意义上的心理学。实际上，胡塞尔的宣称（脱离所有物理成分的心理学，是时代心理学的抱负）可能会作为一个有关当代心理学实际状态的陌生幻象而吸引人们。这些文本至少在最低限度上解释了，当胡塞尔说到纯粹心理学时，他指的是什么。即使如此，我们必须要注意到，这些讲座一开始没有包括现象学心理学体系。这些讲座大大超越了他的《纯粹现象学与现象学哲学的观念》，而配得上这个标题"对……的指导思想"。

从序言来看，胡塞尔所想的东西，是用于描述我们体验的内在结构的先验内在体验心理学，它类似于但十分不同于具备有限公理系统的纯粹几何学（《胡塞尔全集》第 9 卷，第 50 页）。这种心理学的目标是向经验心理学提供基础。讲座的实际内容包括了 45 个系统部分，其中最开始的 20 个部分涉及现象学的一般方法论问题。只有余下的 25 个部分专门讨论了心理学主题，但不是全面的涉及。然而，这些部分包括了有关心灵生命层次建构（Stufenaufbau des Seelischen）的一些非常有建议性的观念（自我中心的个体生命建立于被动的、非个体的生命之上）；在这里，胡塞尔也简短地提到了身体（Leib）的心灵化（Beseelung）（《现象学心理学》，§21）。接下来的内容是

① *Husserliana* IX, p. 601："您过去反复评价道，实际上，不存在任何纯粹心理学。"然后，海德格尔指出了胡塞尔自己著述中三个未详细说明的文件夹，它们的发表可以填补鸿沟。

知觉（胡塞尔的主题之一），而这部分是他早期思想的重要发展。再接下来的内容是回忆、幻觉和期待中的知觉修改。本我是所有心理体验的主体之极。但是，胡塞尔显然没有时间去讨论感情与实践生命。最后的回顾表明，这个讲座最多只是勾勒了现象学心理学可以做的事，以及必须以系统方式去做的事。

对于胡塞尔的情况，我们几乎不需要提出这样的问题：现象学心理学在多大程度上是哲学（尤其是纯粹现象学）的成果。尽管胡塞尔的现象学是"自下而上"发展起来的，但基本的解释模式显然是"自上而下"的。这种进路不仅表现在方法论的讨论中（即本质与先验方法论），而且表现在主体间性模式中（它对于胡塞尔所有的描述来说都是基本的）。实际上，胡塞尔从来没有尝试将这些模式施加在自在呈现的现象之上。但是，这些模式显然是结构考察的指导。

如果胡塞尔对现象学心理学做出了贡献，那么他的具体贡献是什么呢？人们必须警惕对他的具体贡献做出过高的估计。因为胡塞尔不仅没有完整地勾勒出他的现象学心理学，而且人们很难在随后的文献中找到他心理学洞见的具体痕迹。部分的原因可能是，这些分析过于直接地涉及了他工作中更为技术化的部分。还有可能是，胡塞尔本人（至少在他的发表著作中）基本忽视了心理学家的工作（包括詹姆士，胡塞尔曾经对詹姆士做出很高的评价，而詹姆士是一位现象学心理学家）。因此，对心理学发展有主要贡献的不是作为现象学心理学家的胡塞尔。作为哲学家的胡塞尔（他的作为意向性意识科学的普通现象学概念描述了意向性意识的本质结构）才为心理学的未来发展提供了主要动力。

[5] 普凡德尔（1870—1941）

除了他的副业逻辑学，让普凡德尔（Alexander Pfänder）闻名于世的主要是他的现象学心理学。实际上，在早期现象学小组的成员中，普凡德尔是唯一在这个领域中发表过专著的人。然而，尽管他在心理学上的主要工作要么明显要么默会地是现象学的，但这不意味着他真的发展出了现象学心理学体系。

实际上，普凡德尔的第一本著作《心理学导论》（*Einführung in die Psychologie*）先于现象学运动的开始以及他与胡塞尔的交往。在这本著作之后的是普凡德尔自己的《意志现象学》（1900年）——它先于胡塞尔的"现象学与知识论"研究（《逻辑研究》第 2 卷）。然而，我们必须认识到，普凡德尔早期现象学的所有意图，与布伦塔诺的描述心理学以及他自己的老师李普斯的分析心理学是一致的。因此，普凡德尔没有强调胡塞尔本质直观的需要与应用。普凡德尔后来的描述研究甚至没有契合胡塞尔的术语。胡塞尔所使用的术语对心理学现象描述的广度与深度来说是极大的丰富，并且透彻地掌握了心理学现象的本质结构、关系与变种。然而，对普凡德尔来说，更为知觉化的描述只是通向解释理解的另一个步骤。因此，普凡德尔最后以及最有抱负的工作《人类的心灵》（*Die Seele des Menschen*）意味着现象学描述的扩展，以及做出丰富动态描述的尝试。在这里，普凡德尔探索了总是痛苦地为他的解释寻找直观基础的原因与过程。

然而，在当前的情境中更有帮助的，是指出普凡德尔描述

14

现象学中一些更为典型和有效的片段。我选择这些片段时，我将会强调普凡德尔对心理实践生活的主要兴趣（这种兴趣在其理论功能上非常不同于胡塞尔的兴趣）。以下要点是值得特别注意的：

（1）在意志与更为一般的奋斗（striving）现象之间的区别，这种区别使采取立场成为了意志的中心立场；

（2）动机与因果以及类似现象的比较，这说明在严格意义上，动机之为动机，只是因为自我把动机当作决定的依据；

（3）对直接情绪（Gesinnungen）的研究，例如爱与仁慈，这种研究把直接情绪描述为用典型的情绪温度作用于对象的行为（承认与否认它们的权利）；这种研究还探索了如本真性、人工性、明确性等程度的一般心理现象维度；

（4）对人格结构中如质地、尺寸、流动、强直等特质的区分（特征学），在这些描述中，普凡德尔经常会使用大胆的隐喻；

（5）在普凡德尔的作为所有知识宣称基础的哲学中，知觉概念的扩展具有中心地位；普凡德尔的知识宣称包括：对理论对象与价值及理想要求的知觉、探索与扫描知觉之间的差异（扫描知觉即使有一些认识论价值，也是很少的）。

对这些心理学思想来说，现象学哲学有多大的意义呢？普凡德尔的心理学著述显然很少有明晰的胡塞尔现象学哲学痕迹。普凡德尔自己的现象学版本，在发表自己在现象学心理学上最有影响的论文时，仍然非常重要。然而，某些潜在的哲学概念默会地充斥着普凡德尔的心理学。然而，这些哲学概念没有形成学术假设，而只是成为了要在实际研究中得到检验的预期。一个特别好的例子是，他对于基本和体验本质的区分（基本本质就是某种"基本的"或"底层的"东西，或者说充分完成的形式或"理念"）。在我们的体验生命中，这些本质要么根本没有发展，要么只有非常不完整的发展。但是，这是我们对于生命实在（他们有如此不完善的本质）的完全知识的一部分。对普凡德尔来说，这些是只有现象学才能强化的概念。

普凡德尔现象学心理学的一些思想，对于宾斯旺格以及伽塞特（José Ortega y Gasset）有重要的影响。普凡德尔对于本真与虚假现象的描述，为后来的本真性与非本真性学说提供了基础。后来利科对普凡德尔的兴趣与致敬表明，普凡德尔在别的地方也产生了影响。①

[6]　盖格尔（1880—1937）

盖格尔（Moritz Geiger）和普凡德尔一样（他比普凡德尔小十岁）来自李普斯的学派；但是，盖格尔也曾在莱比锡大学拜师冯特，在哥廷根大学拜师胡塞尔。盖格尔甚至访问过美国，并在人生的最后四年定居于美国。盖格尔尽管没有普凡德尔的系统视域，但视野远比普凡德尔宽阔，而且在现象学心理学中占有重要地位。盖格尔对现象学心理学最卓越的贡献是对美学欣赏现象学的研究——这是美学心理学的最好例子之一，而且这是让盖格尔首先产生现象学兴趣的一个领域。他在探索"深度"隐喻时，做了一些有价值的区分，而这些区分使他进入了实存

---

① 可参见利科在 1971 年于慕尼黑写成的未发表论文《意志现象学与普通语言学进路》（Phénoménologie du vouloir et approche par le langage ordinaire）；利科请普凡德尔对意志的语言分析提供指导。

心理学。他还在同情（尤其是情绪同情）领域中做出卓越的工作。他还是第一个在现象学基础上提出无意识问题的人，尽管没有与精神分析相联系。

16　　现象学哲学只是间接地进入了这些心理学研究，但是盖格尔在他的方法论讨论中指出，对他来说，经验与实验研究的意义只在于作为基本现象学区分的基础。这种立场说明了他对不局限于对感觉数据的广义经验的认可，并且表明，他摒弃了实证"虚无–黄油"（nothing-butters）的还原主义以及否认一般本质的唯名主义。这种立场是早期现象学运动的共同基础，而盖格尔的具体研究包括了一些特别有效的应用。尽管盖格尔的具体研究是有限的，但它们不能被忽视。

[7] 舍勒 (1874—1928)

与其他现象学哲学家对现象学在心理学与精神病学中的传播作用相比，舍勒（Max Scheler）所起的作用是更直接与最深入的，尽管他从来没有写出现象学心理学，甚至没有对现象学心理学的系统计划。他在其令人眼花缭乱的道路上所确立的东西，是他对发展个体主义的哲学人类学的主要兴趣的附属物。值得注意的是，他对心理学的最初现象学贡献——《论自我错觉》和《论怨恨》，发表在了当时新创办的《病理心理学杂志》（*Zeitschrift für Pathopsychologie*）（1911 年第 1 卷；1912 年第 2 卷），并且他还确立了新运动与精神病学之间的初始联系。舍勒在 1913 年的经典著作《论同情感、爱与恨的现象学及理论》，包括了对弗洛伊德精神分析的首个现象学分析（他既否定弗洛伊德，又同情弗洛伊德）。① 但是，他对现象学与精神分析这两个领域的主要建设性贡献散落于他的主要著作，并且没有形成如当前狭窄框架这样的系统总结。我在这里所能做的就是挑选出他最有影响的描述（基本按照发表的顺序）。

　　舍勒在现象学上最早和最重要的贡献是情绪领域。这个领域对他有特别的重要性，因为情绪在人与价值世界的关系中占据核心地位。对舍勒来说，有关我们情绪生命的、更为独特的现象学，不仅是为了其本身的现象学的成果，而且是将情绪从 17 传统的总体与绝望主体性的负担中解放出来的方式。舍勒想要说明的是：情绪甚至包含了将不同情绪以及作为情绪意向所指的价值相联系的本质结构；因此，情绪遵循意义的先天规律。为了说明这一点，舍勒首先说明了以纯粹同情为基础的伦理学的不充分性——这种现象学研究不仅揭示了所涉现象的多种多样性，而且揭示了同情的第二本质。在这个方面，同情基本上不同于作为趋向价值的本质与基础行为的爱。在有关伦理学的核心工作中，舍勒甚至提供了更为详细和实证的情绪现象学——尤其区分了非意向与意向情绪（即有对象指向的情绪，而它打开了真正价值认知的可能性）。另外，舍勒探索了这些情绪的不同层次——纯粹感性的层次、生命层次、纯粹心理的层次、精神的层次，所有这些层次与价值都有不同的关系。

　　尽管舍勒最坚实的工作以情绪现象学为中心，但他的兴趣

① Max Scheler, *Zur Phänomenologie und Theorie der Sympathiege Fühle und von Liebe und Hass*, Halle: Niemeyer, 1913; 2d ed., Bonn: Friedrich Cohen, 1923. 英译本：Peter Heath, *The Nature of Sympathy*, Conn.: Archon Books, 1954.
　　有关舍勒对弗洛伊德的兴趣，参见：Lou Andreas-Salomé, *In der Schule bei Freud*, Zurich: Niehans, 1958, pp. 197–203.

逐渐扩展到了整个心理学。对他来说，最重要的是行动与人格理论——人格存在实际上是行动的统一体，而它是不可客观化的。因此，人格存在的现象描述产生了特殊的问题。

舍勒的先驱性现象学工作的另一个例子是宗教哲学。在这里，现象学心理学的特别任务是对宗教活动的探索；在其中，舍勒提到了祈求、感恩、敬畏等（尽管不是很详细）。

最后，舍勒在知觉领域中特别关注的是：他尝试让现象学成为与胡塞尔与日俱增的唯心主义相对的实在主义。在这里，舍勒特别注意的是抵抗（resistance）体验（正如我们的实在知觉所展现的）。我们绝不能忽视的是，舍勒提出对其他自我的直接知觉理论与任何以有关推测或同情的知识理论相反。

类似的现象学研究也散落在很多地方，有一些是在独立的
18 文章中。那些论怨恨与痛苦的研究可以用作案例。在精神病理学领域，论社会保险金神经症（Rentenhysterie）的文章表明了他心理学与精神病理学兴趣的最小范围。

舍勒的现象学心理学显然是以某种（有时候是误导性的）哲学前判断为指导的。但是，这些前判断也帮助他找到了可以进行先驱性阐释的新现象。因此，如果没有意向性概念，他很难发展出他的新情绪理论。他的情绪理论先天地打开了我们心理现象及其指称中结构关系的整个问题。这显然是具有哲学基础的现象学心理学。

舍勒是现象学心理学最大的推动者，尽管他不总是现象学心理学最有说服力的发言人。相比早期的现象学家（包括胡塞尔），舍勒的名字更频繁地出现在了心理学与精神病理学文献中。这可能是因为他比其他现象学家更明确地注意到了经验心

理学家的工作。例如，如果没有舍勒，就不会有兰德斯贝格（Paul-Ludwig Landsberg）、普莱辛那（Helmuth Plessner）、亨格施坦堡（Wilhelm Hengstenberg）。在精神病理学家中，施奈德（Kurt Schneider）、鲁梅克（H. C. Rümke）、席尔德（Paul Schilder）、冯·葛布萨特尔（V. E. von Gebsattel），至少都曾经受到舍勒思想的影响。生物学方向的心理学家和哲学家瓦茨塞克（Vitor von Weizsäcker）与拜坦迪耶克（F. J. J. Buytendijk）也是如此。

[8] 海德格尔（1889—1976）

海德格尔（Martin Heidegger）对心理学与精神病学的影响非常不同于舍勒。海德格尔对心理学与精神病学的影响不是出于有意的。实际上，海德格尔的博士论文是对心理主义的批判。在《存在与时间》（§10）的开头，海德格尔将他的此在分析学区别于心理学、人类学与生物学；他认为，心理学与其他学科一样，忽视了它们的存在论基础。对海德格尔来说，心理学尤其无法探索心理现象的基本存在模式。海德格尔感兴趣的就是心理现象的基本存在模式。事实上，后来海德格尔对如博斯（Medard Boss）与弗兰克（Viktor Frankl）这样的实存主义精神病学家的共鸣以致自发兴趣，也不能说明他有任何心理学抱负（更不要说精神病学抱负）。

因此，海德格尔对心理学与精神病学的影响，实际上是计划之外的副效应（部分以他对核心人物的误解为基础）。他在心理学与精神病学中的地位基本上类似于他在法国实存主义产

19

生中的作用；法国实存主义主要出于对《存在与时间》的误解而把他作为奠基者。实际上，海德格尔没有成功地用存在论为人类实存的此在分析进行奠基，而这使得《存在与时间》中的实存部分成为了他方案中唯一"起作用的"部分。在这些条件下，我们不必惊讶于在他的第一批解释者那里，实存研究很快发展为了实存主义。类似地，我们也无须惊讶于心理学、人类学以及其他人类科学都应用了对它们来说令人激动又足以有成效的东西，而不用等待《存在与时间》的错误成就（它会铺就存在应对基石——存在本身的意义）。不管这种新的应用在海德格尔自己的事业中是多么无意的，这种应用的影响都是不容否定的，即使海德格尔会不承认这种应用，尤其是宾斯旺格的此在分析。

　　海德格尔的现象学存在论包含了与现象学心理学直接相关的成分，而这很明显地表现在《存在与时间》一些部分的标题中，如畏惧（Furcht）、焦虑（Angst）和操心（Sorge）。但海德格尔使用了何种现象学呢？我们必须认识到，海德格尔的现象学版本在若干方面不同于胡塞尔的现象学（正如海德格尔近来所明确表达的）。[①] 尽管海德格尔也把现象学当作面向事物的直接路径，但他不认为胡塞尔的现象学是"独特的哲学立场"，即先验唯心主义。他在《存在与时间》中甚至忽视了描述现象学，而代之以他现在所说的"阐释现象学"——阐释现象学的主要功能是解释或揭示不同于粗俗现象学的现象意义（经常是隐藏

---

① 　William J. Richardson, *Heidegger: Through Phenomenolgy to Thought*, The Hague: Nijhoff, 1963, p. xv.
　　Martin Heidegger, *Zur Sache des Denkens*, Tübingen: Niemeyer. 1969, pp. 69f.

的意义）。因此，海德格尔对现象学心理学的贡献显然不是直 20
接的描述，而是与狄尔泰（Wilhelm Dilthey）所追求的阐释学
相类似的解释（海德格尔经常对狄尔泰致以谨慎的敬意）。

　　海德格尔对通常心理现象的最显而易见的解释，就出现在
他把此在视为在世界中的存在时（《存在与时间》预备性的第
一部分）。海德格尔把对现身情态（Befindlichkeit）的分析，
尤其是对情绪（Stimmungen）形式的分析，作为此在之存在方
式的最明显线索。在这个情境中，海德格尔还探索了畏惧。他
特别注意日常此在的沉沦（Verfallen）方式，例如，他探讨了
作为此在逃逸指针的好奇（Neugier）。然后，他分析了焦虑；
他认为焦虑不同于畏惧，因为焦虑没有明确的对象，并且涉及
此在的基本特征（操心）。在《什么是形而上学？》中，海德
格尔甚至更充分地将焦虑解释为对虚无的脱离。人们在考虑这
些经常是令人困惑（如果不是令人吃惊的话）的解释时，必须
注意海德格尔没有遵循在其整体性中的普通现象解释，而是试
图确定普通现象的"意义"；更具体地说，海德格尔是要确定
普通现象与此在相关联的方式、结构。这种有限与有偏见的分析，
可以把握整体现象中的重要部分，但我们不能把这种分析误解
为是无所不包的分析。

　　在《存在与时间》的第二部分"基本分析"中，海德格尔
引入了更为心理学化的主题，但是他基本上将这些主题与如良
心及其召唤这样的伦理主题相联系。在后来的著作中，这样的
心理学主题变得更加稀少了。他对思（在沉思的意义）或宁静
（Gelassenheit）的新解释与一些心理学主题有某种一致性。但
是，海德格尔可能是最后一个宣称这些解释是心理学解释的人，

而这没有排除这种可能性：其他人会这么做。我们必须总是认识到：海德格尔对这些心理学现象感兴趣的唯一原因是，这些现象揭示了存在，表达了存在中的"澄明"，正如海德格尔经常把人的生存（Ek-sistence）描述为"跨入"存在。

21　　考虑到这些相对简短与几乎是偶然的讨论，海德格尔对心理学家，尤其是精神病学家的影响是相当令人吃惊的。对熟悉心理学主题的孤立分析也无法解释这一点。我们必须注意的是，海德格尔对人类实存模式的分析，不能独立于对人类整个实存的分析。因此，海德格尔的存在论洞见，不可避免地与有关人的存在洞见（包括人的心理学结构）相联系。我们只需要一个段落就能阐明这些方面。

　　海德格尔现象学对于心理学和精神病学的真正启发，源于这种高度原创的、广泛的存在分析。海德格尔通过引入存在、此在、世界、时间和死亡等主题，将人及其心理放到了心理学从来没有考虑过的广阔宇宙背景中。现在凸显出来的东西是：对人（正常或异常）的真正理解，只有在把人与最广阔的环境相联系时才有可能。人怎么将自身与存在相关联呢？人的世界是什么？人在世界中的位置是什么？人如何去体验时间呢？海德格尔的现象学阐释学提供了让人类深层心理显现的视域。在这种视域中，人的存在最终是由人与其他存在，以及存在及其基本特征的关系来决定的。因此，海德格尔的新存在论最终革新了心理学与精神病学。

[9] 哈特曼（1882—1950）

　　无疑，哲学家哈特曼（Nicolai Hartmann）不是现象学运动的一员。但是，他与现象学运动的关系是如此紧密，并且他在哲学史上是如此重要，所以我们不能忽视他，即便我们必须考虑到他思想的心理学意义。然而，尽管他有百科全书式的兴趣，并且建立了一个新的体系，他对心理学的兴趣是相对较少的。他在现象学伦理学中（例如他对价值意义及其变种的阐释）偶然讨论了心理学问题；他还在批判存在论中介绍了能够让我们能通达超验实在（transcendent reality）的"情感‐超验活动"群组。[①] 但这些内容没有组合为现象学心理学，并且对非哲学的心理学家们也没有很多影响。

　　然而，在哈特曼的存在论中有一个更一般的思想，对非哲学的心理学家产生了很大影响。他的存在论主张有一种让实在具有分层结构的"普遍"规律。高层以低层为基础（低层提供了高层的必要条件）；然而，高层在其新颖性上相对于低层是保持自治的。[②] 哈特曼甚至认为，这种基本的"范畴规律"得到了其现象学意义上的"现象"证实（第四章，第 14—17 页）。现在，哈特曼本人只将这种规律应用于心理现象与精神现象之间的关系上。但是，他没有宣称心理本身有一种罗特哈克（Erich Rothacker）和莱希（Philip Lersch）的层级理论所主张的层级结构。莱希特别欣赏哈特曼的层级概念。

22

---

①　Nicolai Hartmann, *Zur Grundlegung der Ontologie*, Berlin: de Gruyter, 1935, pp. 177f.

②　Nicolai Hartmann, *Das Problem des geistigen Seins*, Berlin: de Gruyter, 1933, pp. 15f.

[10] 马塞尔（1889—1973）

　　相比绝大多数德国现象学家，法国现象学家对心理学有更大的兴趣。部分的原因是法国现象学对人类实存的新颖强调。舍勒是第一个对法国有真正影响的现象学家，而法国现象学家们对舍勒的兴趣也集中在了他的心理学和人类学著述上。

　　在法国哲学家中，马塞尔（Gabriel Marcel）是第一个做原创现象学的人。然而，他最终的兴趣显然不是心理学，而是"形而上学"，以及更为特殊的"存在论奥秘"与人对其的参与。在这种参与形式中的是如承诺、希望、信仰这样的存在行为。被我们以不同的方式去体验这种"奥秘"的主要焦点（身体）。这种"情境"引发了马塞尔的日记式反思——它经常对心理学现象进行新颖与令人注目的阐释。然而，阐释这些心理学现象的论文也不是彻底的现象学分析，而主要是存在分析。然而，我们不能低估这些第一手现象学的影响。

23

　　马塞尔的初期现象学心理学遵照的是他的秘密目标以及潜在的存在"形而上学"概念。他对存在心理学的贡献是对其还没有看到的现象的先驱性兴趣，而且他的贡献现在正发散出新的光芒。

[11] 萨特（1905—1980）

　　萨特（Jean-Paul Sartre）在现象学心理学中有特别大的重要性。从学术上来说，至少就他发表的专著而言（他有两本论想象的书，一个论情绪的书），这种重要性甚至超过了他在一般哲学上的工作。然而，即使在这些主题的选择中，人们也会发现他潜在哲学兴趣的表现（主要是对自由的兴趣；他在对现象的想象中，发现自由是特别明显的，而对自由的主要威胁是激情）。

萨特在柏林通过阅读胡塞尔、舍勒与海德格尔，与雅斯贝尔斯以及精神分析学家一起学习了现象学。在萨特对想象与情绪现象的探索中，现象学向他提供了比他之前的学术训练更为自信的工具，而且使他能够区分在现象学上确定的东西与仅仅在体验中是可能的东西。他在《情绪理论概要》的序言中，对心理学、现象学以及现象学心理学之间的关系进行了最清晰的反思；他首先尝试说明单纯经验心理学无法阐明人类存在，然后，他认为胡塞尔与海德格尔式的现象学是能够将意义赋予人类存在事实之现象学心理学的基础。这本短小的著作只是现象学理论的一个范例，而不是充分展开。他对现象学理论更为完善的阐释，是他论想象的第二本书（第一本书只是批判性与程序性的）。第二本书实际上包含了现象学与经验心理学。这本书有四个部分，而其中第一部分对确定性的东西，进行了现象学描述（主要是想象的"意向性"结构）。

萨特对现象学心理学的兴趣，没有止步于他的第一本心理学专著。他的更为哲学化的著作以及文学作品中，都有对心理学的关注。我们应该要举一些案例。

在《存在与虚无》中，对自欺（bad faith）的描述是特别值得关注的。"自欺"这种现象在萨特的实存精神分析中，拥有与弗洛伊德的无意识以及压抑机制一样的地位。实存精神分析，作为一种通过回溯人的基本选择，而对人的行为（尤其是人的神经症行为）进行"破译"的尝试，是萨特现象学心理学中最原创与最有抱负的部分。然而，这种新的精神分析发展，没有采用弗洛伊德的进路，尽管萨特在他对让·热内、福楼拜、波德莱尔的案例研究，以及《反犹分子》中，对他的精神分析方法进行了大量的解释。他在社会现象学对注视（gaze）的研究，既有原创性，也有局限性。他对身体意识、社会态度（爱、冷漠）以及受虐狂（作为一种与他们的自由相抗争的方式）的研究，也是如此。尽管他有相对详细的、有偏见的、对于非本真行为模式的研究，但是仅仅有本真选择可能性的暗示（更不用说对它们的现象学描述了）。

萨特有强烈的偏见，而这种偏见的一个典型案例是他对"恶心"（nausea）的解释。他对"恶心"的主要描述，出现在日记式的同名著作《恶心》中；这本书实际上是萨特第一本取得成功的主要作品。与《恶心》这本书相比，《存在与虚无》中对"恶心"这种体验的解释是苍白与次要的。如果人们把萨特对"恶心"的分析，与十卷本胡塞尔年鉴中柯尔奈（Aurel Kolnai）卓越但被忽视的《厌恶》（Der Ekel）相比较，人们就会发现：（1）萨特所关注的是非常特殊的"恶心"，即对存在的反应（在这种意义上，是存在论上的"恶心"）。即使在萨特在他的"物质精神分析"中将"恶心"与诸如"黏滞"这样的特殊物质相联系时，显然他的兴趣不在于探索"恶心"现象本身；（2）萨特没有对"恶心"现象的结构进行详细的分析与描述。他的主要关注点是在其偶然性与压倒性的扩散性上，作为对存在之反应的"恶心"。因此，萨特的现象学心理学服务于他的更为宽泛的存在论与实存人类学（他后来试图把它们与马克思主义相适应）目的。萨特的主要功绩是他对相对未被关注现象的新探索，而这些与他的前理解的存在论图式是相适应的。

萨特的现象学心理学，主要受到了胡塞尔纯粹现象学的启发。但是，这不意味着萨特始终依赖胡塞尔的纯粹现象学。萨特在应用与理论上都太原创了，而不遵从于任何传统。萨特最重要的贡献是他在法国对于本土现象学心理学的推动。他的实存主义精神分析从来不是治疗事业，并且没有很多追随者。但是，这种实存主义精神分析间接地强化了法国与其他国家的潮流（仅就它们对实存主义精神分析的反对而言）。

[12] 梅洛－庞蒂（1908—1961）

在心理学中有最高地位和记录的法国现象学家，显然是梅洛－庞蒂（Maurice Merleau-Ponty）。这不仅是因为他发表于1945 年的《知觉现象学》，而且是因为他在法国索邦大学的第一个教职是在心理学，尤其是儿童心理学上的。[①]

然而，梅洛－庞蒂对心理学的贡献，与萨特有根本的不同。梅洛－庞蒂的贡献不是像萨特那样，确认被忽视的现象，而是专注于如知觉或感觉这样的熟悉现象。新的东西是他对于这些熟悉现象的现象学解释。

在这种意义上，他的第一个贡献是突破了狭隘的行为主义

① 来自梅洛－庞蒂索邦大学课程（*Les Cours de Sorbonne*）中的讲座《儿童与他人的关系》。Maurice Merleau-Ponty, *The Primacy of Perception*, ed. James M. Edie, trans. William Cobb, Evanston, Ⅲ.: Northwestern University Press, 1964. 后来，他的学生发现还有另外五个这样的讲座发表在了下面这个地方：Maurice Merleau-Ponty, "Les Cours de Sorbonne", *Bulletin de psychologie*, ⅩⅧ (1964), pp. 109–336.

26　局限，而对行为概念做出现象学再解释。在他看来，行为是包括外在与内在现象、意识与运动、不可分割的格式塔或形式。外在与内在现象、意识与运动，是同一现象的两个方面。

　　他最大的著作《知觉现象学》，也是他最有抱负的著作。然而，这本著作更多的是哲学性的，而不是现象学心理学性的，因为其中的基础是知觉。"回到现象"是梅洛－庞蒂摆脱通常的知觉与感觉心理学的路径，而这使得他第一个去考虑现象场（其中最重要的探索主题是知觉身体与世界）。他主要把知觉作为我们与世界相关联的方式。最后，他把知觉解释为我们将自身托付给某种体验"感觉"（它将本身呈现给我们）解释的存在行为。

　　在梅洛－庞蒂的其他著作中，当然有大量偶然的现象学观察。但是，我们很难把这些观察与它们的情境相分离。梅洛－庞蒂显然不希望把这些观察增加到现象学的"图景书"中，正如胡塞尔称它们为零碎现象学那样。他最大的贡献是按照自己的理解对现象进行了新的实存解释。

　　梅洛－庞蒂与萨特之间的一个重要差异是他们对于精神分析与弗洛伊德的态度。萨特认为精神分析是对现象学与实存哲学的严重挑战，所以他认为弗洛伊德的理论是机械与猜想的，而不是现象学的。萨特所能接受的是弗洛伊德的一个背叛者施特克尔（Wilhelm Stekel）的精神分析。梅洛－庞蒂对弗洛伊德持更加同情的态度。正如梅洛－庞蒂在资深的弗洛伊德主义精神分析学家以及法国精神分析学会主席海斯纳德著作的序言中所说的，[①] 如果人们深入与恰当地去理解现象学与精神分析，那

---

① Anglo Louis Hesnard, *L'Œuvre de Freud et son importance pour le monde moderne*, Paris: Payot, 1960, Préface, pp. 5-10.

么现象学与精神分析是一致的（而不需要合并）。

现象学哲学在梅洛－庞蒂心理学中的地位，显然是普遍性 27
的。因此，他对感觉与知觉的研究，确证了体验世界是有意义
的（尽管是有限的意义）。他的第一个关注点是简单与纯粹的"回
到现象"。这没有阻止他以晚期胡塞尔的方式，在"功能意向性"
（*fungierende Intentionalität*）中去探索现象的源泉。

与萨特的心理学研究相比，梅洛－庞蒂的心理学研究更多
地出现在于非哲学的心理学家中。但是，梅洛－庞蒂在心理学
中没有直接的追随者，也没有形成"学派"。

[13] 保罗·利科（1913—2005）

利科（Paul Ricœur）的仍未完成的代表作《意志哲学》
（*Philosophie de la volonté*），有意志现象学的基础，尤其是
第 1 卷——对互惠关系中实践行为的志愿与非志愿因素的描述
研究。[①] 这本书实际上代表了描述现象学的复兴，而且部分地以
利科所欣赏的普凡德尔的工作为基础。但是，利科也大大扩展
了普凡德尔的工作，因为利科对意志的研究，是一个最终意义
在形而上学与宗教哲学的更大方案的一部分。另外，利科不满
足于描述现象学，但他把这种新进路作为了探索直接描述不可
通达的现象方面的阐释学。因此，扩展现象学的可能性与需要，
促使利科去探索现象学视角中精神分析对阐释学方法的使用。
利科在这么做时坚持认为：人们必须严肃地对待弗洛伊德的精

---

① Paul Ricœur, *Freedom and Nature: The Voluntary and Involuntary*, trans. Erazim V. Kohak. Evanstion, Ⅲ.: Norsthwestern University Press, 1966.

神分析，而不能稀释它，正如许多新弗洛伊德主义者所做的
那样。

28 　利科论弗洛伊德的专著式论文①主要尝试对弗洛伊德的事业
进行哲学的解释。但是，他最终的目的是用他自己的哲学去阐
明阐释学的观念。现象学是在认识论上对弗洛伊德勇敢事业进
行辩护的方法之一。在检查将现象学纳入科学方法论的类似尝
试之后，利科得出这样的结论：只有胡塞尔及其追随者（如梅洛－
庞蒂、德·瓦伦斯）的现象学，才能容纳弗洛伊德的无意识概念。
但是，利科没有抹杀这个事实：弗洛伊德的最终目的与方法完
全不同于胡塞尔。因此，尽管现象学能够为精神分析提供基础，
但现象学不能支持精神分析。精神分析必须从别的地方寻找支
持（如黑格尔的现象学）。

　　除了意志领域，利科也对"情绪"（sentiment）、尊敬（respect）
和同情（sympathy），进行了现象学的关注。但是，这样的心
理学研究通常是在对人的哲学（最终是宗教哲学）的更广泛兴
趣中进行的。

　　利科的最终目标是超现象学的（transphenomenlogical）。
但是，他研究现象的方法，以对经典现象学（尤其是科利非常
熟悉的胡塞尔现象学）的坚实知识与应用为基础。然而，马塞
尔的哲学，在最终目标上甚至有可能更为依赖胡塞尔现象学。
迄今为止，利科对心理学的贡献在哲学圈外还没有很大影响。
但是，有证据表明，他对海德堡学派的一些精神病学家（如艾
伊与冯·拜耶）有影响。

---

① 　Paul Ricœur, *De l'interpretation: Essai sur Freud*, Paris: Editions du Seuil, 1965.

[14] 评价

　　显然，迄今为止对心理学与精神病学有兴趣的哲学现象学家很少进行合作。相应地，他们的心理学工作在总体上是零碎的。我们最多只能从分散的地方去把结果收拢在一起。很少有人致力于一个全面的"现象学心理学"体系。尽管古尔维什与斯特劳斯近来的文集采用了"现象学心理学"这个标题，但他们没有打算建立一个全面的"现象学心理学体系"。

　　然而，我们还是有可能将独立的哲学现象学发现组织成一个模式，而它有助于确定他们的工作中是否有任何统一的线索。接下来的这个序列包含了这个考察的概要。主题排列按照的是历史次序，以及在特定领域最重要的哲学家姓名。①

　　知觉与感觉：胡塞尔、谢普、普凡德尔、舍勒、梅洛－庞蒂

　　想象：考夫曼、芬克、萨特

　　感情：普凡德尔、盖格尔、舍勒、海德格尔、利科

　　意志：普凡德尔、莱那、利科

　　自我：胡塞尔、普凡德尔、奥斯特莱希

　　人格：普凡德尔

　　身体意识：胡塞尔、普凡德尔、舍勒、萨特、马塞尔、萨特、梅洛－庞蒂

　　社会心理学：莱那赫、舍勒

---

① 这些现象学家的进一步信息，可以在《现象学运动》一书中找到。

异常心理学：舍勒

价值心理学：舍勒、冯·希尔德布兰、普凡德尔、哈特曼

艺术心理学：盖格尔、因伽尔登、杜夫雷

宗教心理学：舍勒、斯塔文哈根

尽管这样的编排有实际用处，但不能确定现象学心理学的整体。因为上述哲学家的发现以个体研究为基础，而没有相互关系以及交叉检验（即使有也很少）。这些哲学家不是都很熟悉他们去应用现象学方法的领域。有时候，他们对于专家的唯一优势在于他们的哲学背景。然而，我认为他们所看到与描述的东西不是没有心理学价值的，而且应该在真正的现象学心理学体系中获得一个位置。正如我们所见，他们的发现缺乏源于主体与鲜活体验的、对于经验与实验研究有重要价值的广度与深度。我们没有理由认为现象学不能获得这种广度与深度；但事实上，直到现在这种广度与深度也没有被达到过。

30　　因此，我们有必要去倾听那些试图将一些现象学技术应用到他们学科中的专业心理学家的意见。毕竟，我们没有理由认为只有受过训练的哲学家才能实践现象学；世上没有现象学执照这么一个东西。因此，下一章将会探索那些有意识地在他们自己领域中应用现象学的心理学家所取得的成就。

第2章 心理学主要流派中的现象学

[1] 导论观察

在之前的章节中，主角都是对心理学有或多或少的兴趣但通常没有坚实地立足于实验领域的哲学家。因此，我们不必惊讶的是：他们将现象学应用于心理学的努力，对职业心理学家没有产生很大的影响。更为重要的是要去确定，在心理学家亲自来进行这种应用时，现象学能为心理学提供什么以及如何提供。

在探讨这个问题时，我要再一次申明：我不想做一个百科全书式的研究。我要做的是聚焦于受到哲学现象学显著影响的主要学派。但是，考虑到这些学派本身从来没有严格地建立起来，所以我们没有理由忽略一些相邻的旁观者。

即使如此，我的任务范围仍然是令人生畏的，尤其是对于那些本身不是心理学家的人来说。幸运的是，有关19世纪的背景以及大多数生平和自传资料，我都可以使用波林的《实验心理学史》。[①] 正如我在导言中所说的，我的目标是非常有限的，

---

① Edwin G. Boring, *A History of Experimental Psychology*, 2d ed, New York: Appleton-Century-Crofts, 1929. 参见本书第3页。

即确定这些学派在多大程度上受到了现象学哲学（尤其是胡塞尔哲学）的影响。

在波林所描述的图景中，心理学在 19 世纪将其由哲学的扶手索（如果不是束缚的话）中摆脱了出来。有足够的证据表明这似乎是正确的。但是，这最终是不对的。心理学得到这种解放的真正原因，在本质上是哲学的。心理学在起点上独立于哲学的要求，不是因为非经验进路的事实失败，而是因为哲学在根本上不能为实际现象提供解释与理解。这些原因甚至适用于新的实证主义阶段。

但是，现在发生了一些新的事情。在心理学的周围，出现了新的哲学动力，而且新的哲学渗透很快就开始了。完整地描述这些渗透的历史（包括实证主义、实用主义、逻辑原子主义、现象学和实存主义），将是一项浩大的工程。在这方面，我想说明：现象学的贡献只是哲学对心理学产生持续（尽管有变化）影响的表现。我不想为这些单边以及有时候双边的影响提供系统的辩护。只有在本书中检验这种假设时，我才会说：即使是在今天，科学心理学仍然需要心理学哲学，提供对其基本概念与假设的分类（与其他科学提供的基本概念与假设分类相联系）。然而，心理学也会将哲学用于作为"科学想象"生活基础的指导思想或框架。我认为，在现象学哲学中，哲学的主要意义是提供新的"框架"。这些"框架"以对直接体验的探索与使用为基础，而这开辟了新的经验研究道路，并且可以提供更有意义的解释。

[2] 初始情境

A. 胡塞尔在心理学上的同辈

我将从简单地讨论新的哲学现象学与其周边心理学的早期关系入手。胡塞尔现象学在德国哥廷根大学的早期显然没有建立起与领军性心理学学派的热诚与有成效的关系。柏林的斯图普夫（在哈勒大学与胡塞尔共事时开始，他就是胡塞尔的好朋友与支持者）与胡塞尔保持着友谊，尽管他对胡塞尔新工作的兴趣下降了。斯图普夫可能也让他的心理学学生们注意到了胡塞尔的《逻辑研究》。更重要的是，斯图普夫让他的同事狄尔泰（Wilhelm Dilthey）对胡塞尔产生了重要的兴趣。狄尔泰热切地希望胡塞尔的现象学可以帮助他发展出新的针对精神科学的心理学，直到胡塞尔对历史主义的批判使他疏远了胡塞尔。胡塞尔与其他主要心理学学派的关系是冷淡与糟糕的。胡塞尔对心理主义的批判破坏了这种气氛。当胡塞尔在一次学术会议上（1914 年哥廷根的实验心理学会议）与心理学家们会面时，他没有改善他们的关系。在这个会议上，胡塞尔坚称："纯粹现象学既不是描述心理学，也不是任何其他的心理学。"[1]

当时实验心理学的领军人物冯特（Wilhelm Wundt，1832—1920），是胡塞尔在心理学家中的主要反对者。这并不让人特别感到惊讶，因为胡塞尔在他的《逻辑研究》（§23）的第 1 卷

---

[1]　Edmund Husserl, *Bericht über den 6 Kongress für experimentelle Psychologie in Göttingen von 15–18 April*, 1914 (Leipzig, 1914), p. 144.

中批评说：冯特是心理主义的主要代表人物之一，而冯特的反击是将胡塞尔现象学列为经院哲学（Scholastik）。①

　　除了冯特，李普斯（Theodor Lipps，1851—1914）也是胡塞尔在批判心理主义时的主要对象。但是李普斯不同于他的学生们，而越来越感觉到他自己的分析与描述心理学，与胡塞尔的现象学有很多共同之处，并且承认他自己对逻辑的心理学解释至少是有误导性的。然而，李普斯的心理学最多只是胡塞尔现象学的一个平行者，而且边缘性的影响是：胡塞尔采纳了李普斯的核心概念"移情"（empathy），并且对这个概念做出大幅度的修正。总体上，这种交互没有超出对彼此发现的部分相互证实的意义。

34　　屈尔佩（Oswald Külpe，1862—1915）最初在冯特的实验室里接受训练，但他在维尔茨堡大学创立出了自己独立的实验学派。这个学派与莱比锡学派相反，也关注思考与意愿的问题，并且对胡塞尔的思考现象学没有直接的兴趣。没有决定性的证据表明（尽管至少有详细的证据），将胡塞尔的思想介绍给屈尔佩的只是屈尔佩的学生迈塞尔（August Messer）和布勒（Karl Bühler）。但是，即便屈尔佩特别强调他们二人的差异，例如，屈尔佩反对胡塞尔将无意象的思想解释为特殊的非感性直观。②屈尔佩最终也把他自己的作为实在科学（Realwissenschaft）的

① Wilhelm Wundt, *Psychologismus und Logizismus. Kleine Schriften*, Leipzig: Kroner, 1910-1921, I (1910), p. 613.
② Oswald Külpe, *Die Realisierung*, Leipzig: Hirzel, 1912, I, p. 129.
　　还可参见胡塞尔对屈尔佩误解的反驳：Edmund Husserl, *Ideen zu einer reinen Phänomenologie und phänomenologischen Philosophie. Erstes Buch: Allgemeine Einführung in die reine Phänomenologie*, Halle: Niemeyer, 1913, §3n.

描述现象学区别于胡塞尔的本质科学。[1] 另外，作为"批判实在论者"的屈尔佩在他的哲学著作中赞扬现象学的重要性时，总是表达了以现象学的方法论不完美性及其对实在的不充足性为基础的保留。[2]

在胡塞尔任教的哥廷根大学，穆勒（Georg Elias Müller，1850—1935）是在德国排名第二的实验室的主任。穆勒将他的研究扩展到了冯特的心理生理学领域之外，尤其是扩展到了对于记忆的研究上。但是，穆勒至少也是当时德国心理学家中的哲学家（如果不是最反哲学的）。所有的证据都表明，穆勒对胡塞尔的关系远远没有达到热情的程度。胡塞尔当时是一个只有相对不固定职位的大学老师，因为他当时的教职是由普鲁士教育部长阿尔特霍夫（Friedrich Althoff）为他设置的，而这遭到了胡塞尔同事们的反对。我甚至从凯茨（David Katz）的妻子罗莎·凯茨（Rosa Katz）博士的一封信中了解到：穆勒常常说胡塞尔的哲学就是书面化的吹毛求疵。穆勒有关记忆的里程碑式三卷本著作（发表于胡塞尔哥廷根时代的末期）有时候很接近胡塞尔的一些主题，但穆勒从来没有提到胡塞尔的名字，尽管第 2 卷中至少有一个论"现象学给予性"的部分（§68）。[3]

这里最好还要提一下哲学现象学与胡塞尔时代两个伟大心理学家的关系。我们不应该把铁钦那（Edward Bradford

35

---

[1] Oswald Külpe, *Vorlesung über Psychologie*, Leipzig: Hirzel, 1920, p. 21.

[2] Oswald Külpe, *Die Philosophie der Gegenwart in Deutschland*, 7th ed., Leipzig: Teubner, 1920, pp. 130ff.

[3] Georg Elias Müller, "Zur Analyse der Gedächtnistätigkeit und des Vorstellungsverlaufs", Part II, in *Zeitschrift für Psychologie und Physiologie der Sinnesorgane*, Ergänzungsband, IX (1917), pp. 252–259.

Tichener）和斯特恩（William Stern）解释为是发育完全的影响例子，而应该把他们解释为至少单边的认识与部分的汇合。但在讨论这两个心理学家之前，我想提一下更让令人吃惊的有关胡塞尔的口述证词。这段证词来自英美统计智力研究的先驱者斯皮尔曼（C. E. Spearman）自传中对他在 1906 年访问哥廷根大学的描述。在阐述穆勒的教导给他留下的印象以后，斯皮尔曼说了以下这段有关胡塞尔的话：

> 在哥廷根的同一所大学，我有幸参加了胡塞尔的讲座。胡塞尔是一个与穆勒同样伟大的人。但是他们看待世界的方式是不同的。实际上，他们二人唯一的共同点是：他们不能互相欣赏！对穆勒来说，胡塞尔的精致分析像是中世纪的复兴（实际上，这些分析基本都是精致的，但这不是胡塞尔的缺点）。对胡塞尔来说，穆勒通过实验来处理心理学问题的尝试，就像用叉子去解鞋带一样。然而，胡塞尔自己的程序（正如他自己向我描述的）与最好的实验主义者的区别仅仅在于：在处理同样的问题时，胡塞尔只把他自己作为实验被试。[①]

我首先想讨论铁钦那的情况。他是在美国康奈尔大学工作的英国心理学家。在波林看来，铁钦那实际上是德国心理学传统（尤其是屈尔佩）在美国的代表。铁钦那与现象学的关系显然有两个方面，甚至可能有两个阶段。第一个也是唯一有文献

---

① Carl Murchison ed., *History of Psychology in Autobiography*, 3 vols., New York: Russell and Russell, 1930, I, p. 305.

记载的方面，体现在了他对活动心理学（act psychology）的批判语境中——从对布伦塔诺的批判开始，他认为布伦塔诺与他自己的反哲学立场（主要以马赫与阿芬那留斯的实证主义为基础）不相协调。铁钦那不仅检查了斯图普夫与李普斯的活动心理学版本，而且检查了胡塞尔的版本。实际上，在波林看来，铁钦那认为：他花了一年少一天的时间去理解胡塞尔；他现在理解了胡塞尔，而"胡塞尔什么也没有"。[①] 我们可以铁钦那死后出版的《系统心理学》中找到这项研究的成果；其中五页包含很多对于《作为严格科学的哲学》《逻辑研究》以及《纯粹现象学与现象学哲学的观念》的脚注。这五页首次发表于1922年的一篇论文，而且没有呈现如此完整的陈述，尽管它们把胡塞尔的现象学作为纯粹哲学，而与描述心理学无关。[②]

　　然而，对胡塞尔哲学现象学与所有其他活动心理学的摒弃，并不意味着：铁钦那摒弃了所有形式的现象学。在波林看来，尽管铁钦那晚年摒弃了"维尔茨堡的现象学"，但他

　　　　受到德国"最新"心理学（格式塔学派的知觉理论，以及实验现象学的新方法）的很大影响；然而，现在铁钦那乐于让他的学生们尝试现象学化。他总是将有限与严格的反省报告与现象学的自由报告相区分，但是显然他对新方法有很大的信仰。由于他从来没有发表有关这个主题的

① Edwin G. Boring, *A History of Experimental Psychology*, 2d ed., New York: Appleton-Century-Crofts, 1929, p. 420.

② Edward Bradford Tichener, *Systematic Psychology*, London: Macmillan, 1929, pp. 213ff; Edward Bradford Tichener, "Functional Psychology and the Psychology of Act: II", *American Journal of Psychology*, XXXIII (1922), pp. 54ff.

著述，而且来自他实验室、得到他认可的论文都非常专业，所以这有助于我们去猜测铁钦那的意图。[①]

人们可能会期待在论系统心理学方法的未写完的第四章中了解到更多的东西。波林认为：这可能会是对格式塔主义者的未展开的现象学继续。我们至少可以在来自美国康奈尔大学实验室的爱德蒙兹（E. M. Edmonds）和史密斯（M. E. Smith）的论文《音乐间隔的现象学描述》中，找到铁钦那现象学的一个例子。[②] 这篇论文所展现的描述是朴素的；因为它采取了不容易获得的"现象学态度"（《音乐间隔的现象学描述》，第290页），并且反对"分析态度"。对于这种"现象学描述"的主要模型，作者引注了普拉特（C. C. Pratt）第一个研究《黑白复合物的一些特质》[③]；这个研究也谈到了"现象学描述"，而且把斯图普夫的声调现象学作为背景。

37　　我们还应该讨论现象学运动与它在当时德国的一个主要代表斯特恩（William Stern，1871—1938）心理学的关系。斯特恩也是人格主义（personalism）哲学的创立者。他对阿尔波特人格心理学的影响，为现象学开启了更多的新渠道。

初看起来，将斯特恩与现象学相联系的努力是牵强的。斯特恩与胡塞尔或其他现象学家的联系非常少（如果有的话）。

① Edwin G. Boring, *A History of Experimental Psychology*, 2d ed., New York: Appleton-Century-Crofts, 1929, p. 416.
② E. M. Edmonds and M. E. Smith, "The Phenomenological Description of Musical Intervals", *American Journal of Psychology*, XXXIV (1923), pp. 287–291.
③ C. C. Pratt, "Some Qualities of Bitonal Complexes", *American Journal of Psychology*, XXXII (1921), pp. 490–518.

尽管斯特恩总是对现象学持同情态度，但他的主要心理学著述很少提及现象学。[①] 然而，尽管在斯特恩同情性解释中，描述心理学是心理学中的第一任务，但这种解释区分了胡塞尔、舍勒、海德格尔及普凡德尔的"现象学描述"，以及他们对于本质的一般描述（《人格基础上的普通心理学》，第 16 页；英译本第 10 页及以下），并且赞扬说：胡塞尔的现象学启发了思维心理学的维尔茨堡学派（同上书，第 368 页；英译本第 271 页及以下）。甚至还有进一步的证据表明：斯特恩最初心理学研究（主要是他 1926 年的自传）中的反省性非常接近于现象学进路。因此，在提到他对变化统觉与特殊当下的描述工作以及他未发表的任教论文时，他说：

> 今天，我感到遗憾的是：相当多的手稿都没有发表；在我看来，这些手稿是今天所谓的"现象学描述"的最早尝试之一，而且尽管它们是不完善的，但它们值得为后来的现象学工作者所注意。[②]

实际上，斯特恩可能从来都不知道这两个研究在当时胡塞尔的早期现象学研究中起到了非常大的作用；胡塞尔的《内时

[①] William Stern, *Allgemeine Psychologie auf personalistischer Grundlage*, The Hague: Nijhoff, 1935.
英译本：*General Psychology from the Personalistic Viewpoint*, New York: Macmillan, 1938.

[②] William Stern, *Die Philosophie der Gegenwart in Selbstdarstellungen*, ed. R. Schmidt, Leipzig: Meiner, 1927, VI, pp. 129–184.
英译本：*History of Psychology in Autobiography*, I, pp. 335–388.

间意识现象学》，引用并讨论了斯特恩的工作，尤其是他的当下时间（Präsenzzeit）概念，虽然不是最终的结论，但明显是自布伦塔诺与迈农以来，对于内时间意识这个主题的最重要贡献。[①]

尽管斯特恩与胡塞尔的这种契合甚至影响，表明二者确实有密切的关系，但真正具有历史重要性的关系证据只有在后来才出现，即在斯特恩的人格主义（personalism）（尽管有其独立根源）与现象学相互支持时。

B. "第二代"

鉴于在胡塞尔的同时代，心理学学派的领袖对胡塞尔缺乏共鸣，所以胡塞尔对第二代心理学学派的影响就更加值得注意了。人们可以把这种影响归于新一代的典型反叛；新一代的心理学家向外寻求启示与支持，以便反对大师。但是，这种变化甚至还有更积极的原因。毕竟，所有德国的实验心理学仍然是意识心理学，因此在最广义上是现象学。他们的支持者在胡塞尔现象学以外，还能在哪找到这种进路的哲学支持呢？

的确，现象学对莱比锡的冯特大本营只有很小的直接渗透。冯特的继承者沃什（Wilhelm Wirth）最初是李普斯的学生，同时也是普凡德尔的朋友。沃什继续反对胡塞尔。只有在克鲁格（Felix Krüger）的新莱比锡学派（整体心理学，Ganzheitspsychologie）中，情况才大为改观。

胡塞尔在李普斯的学生们中有更为直接的影响。在这里，

[①] Edmund Husserl, *Phänomenologie des inneren Zeitbewusstseins, Husserliana* X, ed. Rudolf Boehm, Haag: Martinus Nijhoff, 1966, pp. 20, 21, 59, 196, 213, 220, 232, 405ff.

对大师心理主义的反叛为胡塞尔的影响提供了基础。在这片"沙漠"中，普凡德尔与盖格尔（舍勒也于 1907 年加入）对心理学有特别的兴趣。但是他们也是哲学家，而我在上述章节以及我之前的书中讨论了他们的贡献。

因此，更令人感兴趣的是介于冯特与李普斯之间的学派。在这些学派中，现象学较少有全面性影响，但与具体与原创的研究有更多的联系。

在这里，我将略过如迈农（Alexius Meinong）的格拉兹学派（Graz school）这样的独立圈子；迈农的学生韦塔塞克（Stefan Witasek）、贝努西（Vittorio Benussi）以及可能是最有影响的冯·艾伦费尔斯（Christian von Ehrenfels）经常追随与胡塞尔相并行的课程，但有意保持独立性。迈农与胡塞尔的这种相似性，是由于迈农之前也由布伦塔诺出发，并强调互相独立性；因为胡塞尔不同意迈农的对象理论（每个对象都避免对其他对象的指称）。[①] 但这没有妨碍他们的相知，即使是在所有书面赞誉关系中断后。另外值得注意的是：迈农晚年的学生海德尔（Fritz Heider）自来到美国后，对现象学产生了很大的兴趣。[②]

本章最重要的案例材料是维尔茨堡学派的屈尔佩、哥廷根学派的穆勒，以及法兰克福与柏林的格式塔学派（它没有单独

---

① Herbert Spiegelberg, *The Phenomenological Movement*, 2 vols, The Hague: Nijhoff, 1965, I, pp. 98ff.

　　在我写作更早的著作时，齐硕姆（Roderick M. Chisholm）向我出示了迈农 1917 年打字稿的缩微胶卷，而其中有对胡塞尔《纯粹现象学与现象学哲学的观念》的详细批判。

② Fritz Heider, *The Psychology of Interpersonal Relations*, New York: Wiley, 1958; *On Perception and Event Structure and the Psychological Environment*, New York: International Universities Press, 1959, pp. 85ff, 81–82.

的领袖）。我将从哥廷根学派开始，尽管从时间上来说，维尔茨堡学派是第一个表现出胡塞尔影响的学派。当然，胡塞尔的影响在哥廷根要更为直接。在哥廷根学派这里，现象学的启发催生了更为原创的工作，并且产生了更为持久的影响，尤其是凯茨（David Katz）的工作。将格式塔心理学放在最后讨论的原因是更为明显的：它最晚出现，并且它与现象学的联系更精细，尤其是在一开始的时候。

这里值得一提的是一个一般的观察，因为它影响到了希特勒之后的整个现象学史。人们可以称之为迁徙对于移民心理学的熔炉效应。在新的环境中，在如格式塔心理学与现象学这样的学派之间的差异变得不太重要的，而它们的共同点（实际上是它们的互补本质）变得清晰起来。因此，我们要看到，格式塔主义者把现象学作为他们的基本方法，而现象学家（如古尔维什）在他们的知觉理论中采纳了格式塔原则。格式塔主义者的超然态度甚至竞争态度，让位于同情的相互支持态度。这显然有合并的危险，正如"第三种力量"这样的标签所所表现的那样。自发的汇聚，不同于由外在条件而导致的不相称混合的压缩。

[3] 哥廷根精神分析中的现象学

今天，我们不可能再次体验在胡塞尔现象学未展开时代的哥廷根心理学的理智氛围。显而易见的是，大多数的胡塞尔同事都排斥他，而胡塞尔对新一代的学生（尤其是 1910 年左右，哥廷根哲学学会所组织起来的学生）产生了越来越大的影响。

但我们必须要知道：这个小组不是"正统的"。具体来说，这些学生没有遵从胡塞尔的日益形成的先验现象学，及其对"还原"与初期唯心主义的强调。对这个小组来说，胡塞尔主要是一个对传统理论的解放者；胡塞尔邀请学生们直接面向"实事本身"，并如他们所见的那样去进行描述。我们还必须知道：当时他们唯一可读到的胡塞尔著作是《逻辑研究》。

　　这个受到胡塞尔启发但不由他来指导的小组，不局限于哲学家。它包括数学家、历史学家、神学家，尤其是心理学家。事实上，在学术上与哲学不相分离的心理学，尽管与哲学分属不同的系科，但它是与哲学最相邻的学科。因此，胡塞尔的学生们不会不看穆勒的心理学。至少在某种程度上，穆勒的学生们必须了解胡塞尔的课程内容。胡塞尔的一些学生还作为被试参加了哥廷根实验室；实验室报告中有以下名字：霍夫曼（Heinrich Hofmann）、赫林（Jean Hering）、科雷（Alexandre Koyre）。因此，这并不让人惊讶：胡塞尔的一些思想开始影响到穆勒的学生和助手。由于当时穆勒的实验室是实验心理学家最好的训练地之一，所以穆勒的学生和助手们作为新的现象学心理学的可能承载者，而具有特殊的重要性。按照时间顺序来说，接受了新思想的最重要人物可能是：杨施、凯茨和鲁宾（Edgar Rubin）。

41

　　这种影响不总是那么容易追溯的。与我们在维尔茨堡学派中观察到的情况相反，这种影响很少来自于文字渠道。因为哥廷根的心理学家可以将胡塞尔及其追随者本人作为他们的信息与启示来源。凯茨尤其参加了胡塞尔的讲座与讨论会，而其他心理学家显然也在某种程度上这么做。然而，根据赫林的说法，他们没有参加哥廷根哲学学会的活动。尽管现在我们无法确定这一点，但是哥廷根心理学家与胡塞尔没有很多个人联系；人们可能会猜测：胡塞尔与穆勒之间的紧张关系与这种情况有关。更值得注意的是：胡塞尔的影响没有停止心理学实验室。显然，对哥廷根心理学家来说，胡塞尔主要是推动者，而且在一定程度上是催化剂，而不是他们现象学冒险事业的源头。

A. 杨施（1883—1940）

胡塞尔影响的第一个明确轨迹出现在杨施（Erich Jaensch）的早期著述中。杨施后来的声望，源于他对人格的本质意象与本质类型的研究。然而，没有证据表明，这种发现与杨施早期的现象学兴趣相关，除非人们能看到现象学对于直观的兴趣与本质人格的图画意象特征之间的近似性。

但是，有具体证据表明：杨施早期曾亲近胡塞尔；这也得到了胡塞尔女儿艾莉（Mrs. Jakob Rosenberg）所提供的、现存于比利时卢汶胡塞尔档案馆的 1906—1922 年间杨施写给胡塞尔十封信的证实。这些信表明：杨施不仅参加了胡塞尔的一些讲座，而且注册了胡塞尔在 1905—1906 学年冬学期的研讨会（这段时间是胡塞尔现象学发展的关键期之一）。尽管杨施在 1909 年将他有关知觉的博士论文寄给胡塞尔时，没有说明现象学对于他实验工作的任何意义，但他确实计划在第二本将出的有关空间知觉的书中阐明：他确信现象学对于心理学有普遍的意义。"这个学科中的大多数错误，是主要由生理学家们来进行研究，而对于在显现中直接给予东西的纯粹现象学描述，从来没有进行充分的关注……"（1909 年 12 月 31 日，致胡塞尔的信）。

　　杨施作为斯特拉斯堡大学讲师的任教资格论文，明显有受到胡塞尔启发的印迹。[①] 最后的脚注（《论空间知觉》，第 486 页及以下）质疑了整个实验研究并说："只有优先进行基本功能的详细现象学研究，才能成功地解释这种现象"；现象学的要求，对于"更复杂的现象"来说甚至更为迫切。在这种联系中，杨施提到了那些宣称这种知识对于胡塞尔《逻辑研究》第一卷来说是不可能的人。更为重要的是：杨施本人不仅认为深度印象现象学是对其进行解释的前提，而且提出了他所谓的"虚空现象学"（第六章）。在 1917 年 12 月 29 日，杨施宣布要做胡塞尔研究：他想说明"所有心理学的第一个字母与最后一个字母（起点与终点），意向活动从错误标记的感觉生理学到宗教哲学的整个范围。"但是，这些研究没有实现。因为在 1922 年 1 月 1 日的最后一封信中，杨施仅仅承认他受到了盖格尔将心理学与现象学相联系方式的促进与引导。

　　然而，杨施后来的著作中，尤其是在他最后畸变为种族主义的、超自然和病理偏离的人格类型理论（使他原来的学生凯茨与鲁宾都受了骗），没有受到现象学影响的迹象。

B. 凯茨（1889—1953）

　　凯茨（David Katz）是受胡塞尔影响最深与最持久的哥廷根心理学家。他在发展胡塞尔的思想时也是最原创的。这种原创性使得我们相对难以确定胡塞尔在他工作中的确切及根本作用。

43

---

① Erich Jaensch, "Über die Wahrnehmung des Raumes: Eine experimentell-psychologische Untersuchung nebst Anwendung auf Ästhetik und Erkenntnislehre", *Zeitschrift für Psychologie*, Supplement, VI (1911).

凯茨对胡塞尔现象学的介绍

如果要评价胡塞尔对凯茨的影响，那么我们可以从凯茨自己的证词开始。这些证词似乎没有得到充分的注意。由于当凯茨回顾他哥廷根学术生涯的早期时，它已经发生了一些变化，所以凯茨提供的主要证据是值得记录的。

令人吃惊的是，凯茨在论颜色的经典著作第 1 版中很少提到胡塞尔。在这里，他对胡塞尔的唯一引用是书中第二部分的一小段：他对颜色的显现模式做出了新的区分：[1]

> 我认为，我在某种程度上受到了胡塞尔教授讲座与研讨会的影响；而胡塞尔教授远比迄今为止的传统更为强调颜色现象。这种分析对于颜色心理学来说不是全新的，而这可以得到经常引用的赫林讨论的证实。胡塞尔教授对我的影响，更多的是在一般现象学态度的采纳上，而不是在具体分析上；胡塞尔教授在他的讨论与研讨会中，没有提出我这里所进行的颜色类型分析。[2]

---

[1] David Katz, "Die Erscheinungsweisen der Farben und ihre Beeinflussung duch die individuelle Erfahrung", *Zeitschrift für Psychologie:Ergäzungsband*, VIII (1911), p. 30.

[2] 胡塞尔对颜色显现现象学的兴趣，见于：Edmund Husserl, *Ideen zu einer reinen Phänomenologie und phänomenologischen Philosophie. Erstes Buch: Allgemeine Einführung in die reine Phänomenologie*, Halle: Niemeyer, 1913, §41; Edmund Husserl, *Ideen zu einer reinen Phänomenologie und phänomenologische Philosophie. Erstes Buch: Allgemeine Einführung in die reine Phänomenologie*, Husserliana III, ed. Karl Schuhmann, Den Haag: Martinus Nijhoff, 1950, p. 93.

凯茨在论颜色的经典著作第 2 版中（1930），用序言第一段中的两句话替换了对胡塞尔影响的承认：

> 我的方法是对现象的无偏见描述（"现象学方法"是通用的）。我对胡塞尔现象学的介绍，是在我作为学生参加现代现象学哲学奠基者的讲座时，而我要对胡塞尔致以诚恳的感谢。[①]

在他后来的著述中，凯茨甚至越来越提倡现象学方法。因此他的论格式塔心理学的著作[②]中专门有论"现象学方法"的章节；在这一章中，他说："对当代心理学的把握，必然要求对现象学方法的理解。"（《格式塔心理学》，第 24 页；英译本第 18 页）他还说："格式塔心理学的批判，针对的是旧的心理学，而格式塔心理学本身的立场，利益于现象学方法。"他把赫林作为现象学方法在心理学中的第一个实践者。"哲学家胡塞尔（1901—1902）对现象学方法进行了系统的使用，并对之进行了扩展。"凯茨指的显然是《逻辑研究》中的胡塞尔，而非晚期著作中的纯粹现象学家。

但凯茨在他的自传中，表达了胡塞尔留给他的最深印象：

> 对我来主说，当时（即凯茨的学生时代）胡塞尔所提

[①] 见第 x 页。不幸的是，凯茨的这些话在节略的英译本中被删去了。Robert B. Macleod and G. W. Fox, *The World of Colour*, London: Kegan Paul, Trench, Truber, 1935, pp. 11-28.

[②] David Katz, *Gestaltpsychologie*, Basel: Schwabe, 1944; 2d ed., 1948. 英译本：Robert Tyson, *Gestalt Psychology*, New York: Ronald Press, 1950.

倡的现象学，是哲学与心理学之间的最重要联结。胡塞尔的现象学方法，对我在心理学中的程序以及态度所产生的影响，大过我所有除了穆勒以外的学术教师。①

在这个语境中，凯茨还提到了他与舍勒的友谊。他说舍勒是"另一个对心理学持同情态度的哲学家"，并且在当时属于哥廷根圈子。他补充说："对于我在论颜色和触觉的两本书中的分析，胡塞尔与舍勒有强烈的兴趣。"不幸的是，现在我们无法知道，这是否意味着胡塞尔与舍勒确实为凯茨写了题词。

人们会想，在凯茨的回顾中，胡塞尔的作用是否没有增加，除非人们考虑到，凯茨将他对胡塞尔的致敬温和化了，以便不冒犯他在心理学中的导师穆勒。显然，凯茨以拖延的方式，承认了胡塞尔对心理学的重要性。最后，他毫无疑问地确认了这个事实：他不仅认可现象学，而且认可胡塞尔在现代心理学发展，尤其是他自己研究中的决定性作用。在感谢他在穆勒实验
45 室受到的实验训练的情况下，凯茨和杨施一样，认为心理学"需要心理学化，如它可能的那样矛盾"。穆勒对知觉的处理，纯粹是在心理物理意义上的："几乎专门的从生理立场出发……得到反思观念的补充……心理学问题只是被轻微的触及……在这个如此丰富、吸引人的领域中的心理学缺乏，以及在这个领域文献核心理学数据的缺乏，让我感到深深的担忧，并且这也是我开始颜色研究的原因之一。"（《自传中的心理学史》，

---

① Edwin G. Boring et al. ed., *History of Psychology in Autobilography*, New York: Russell and Russell ,1952,Ⅳ, p. 194.

第 189 页）现象学方法是凯茨对这种心理学缺位的根本解释。胡塞尔是现象学方法的主要实践者。

　　然而，在接受凯茨的自我解释以及他对现象学的致敬之后，人们必须知道他的现象学概念及其在他研究中的实际地位。

凯茨的现象学概念

　　显然，凯茨认为他的现象学概念与胡塞尔是一致的。但是，他参考了赫林——赫林作为生理学家从来没有使用现象学这个概念，而且胡塞尔也不太注意赫林（例如《胡塞尔全集》第 4 卷，第 302 页）；这说明凯茨有他自己的特殊视角。

　　他对胡塞尔方法的第一个明确表达，出现在了他论颜色这本书的第 2 版序言中；他说到了"现象学的无偏见描述"。他没有引用胡塞尔自己的话，甚至没有引用《逻辑研究》中的话，更不要说《纯粹现象学与现象学哲学的观念》中的话了。1937 年，在他的比较心理学研究中，[①]凯茨将现象学方法作为"提供最大可能自由的方法"，介绍到了动物心理学——动物心理学的目标是在心理学上如其所是地描述动物的有意义行为（《人与动物》，第 46 页）。"我们将这种进路称为'现象学方法'。"这听起来像是对现象学这个术语的再定义。实际上，凯茨在这里不仅"不以先入为主的观念去看待动物"，而且"在最自然的条件下去设身处地于动物的情境中"。作为这种方法的例子，凯茨提到了科勒对黑猩猩的观察以及冯·弗里希（Kurt

---

① David Katz, *Mensch und Tier*, Zurich: Gonzett und Huber, 1948, chap. Ⅲ.
英译本：Hannah Steinberg and Arthur Summerfield, *Animals and Men*, New York: Longmans, Green, 1937.

46 　von Frisch）对蜜蜂语言的研究；科勒与冯·弗里希没有采纳现象学，至少没有在这种语境中采纳现象学。但即使是在这种对现象学的扩展用法中，凯茨仍然宣称，对现象的无偏见描述是基本的东西。

与这第一个对现象学的明晰讨论相比，凯茨《格式塔心理学》中有关现象学方法的特殊章节看起来更为有限与保守。在这里，他将现象学方法定义为对现象进行单纯的、如其所是的和无偏见的描述（《格式塔心理学》，第 24 页，英译本第 22 页）。现象"可以将其本身如其所是地呈现出来"（同上书，第 24 页，英译本第 18 页）。凯茨用混淆了物理原因知识与它们所表达感觉的"刺激错误"，来解释对现象学方法的需要。

凯茨没有介绍胡塞尔以及其他现象学哲学家的完全成熟的现象学方法。然而，凯茨在他的自传中至少多走了一步；在他对胡塞尔现象学的陈述中，他不仅提到了现象学中的本质洞察（Wesenseinsichten），而且提到了与心理学相关的本质洞察，例如："颜色的不以单纯实际体验或统计为基础的几何安排"。①但是，凯茨没有提到胡塞尔的作为现象学还原的纯粹或先验现象学的特征。

尽管凯茨对现象学方法的解释，没有提到所有现象学家（尤其是胡塞尔）的特征，但这不能说明凯茨在实践中回避了他们。要确定凯茨有没有进行这种回避，就要去考察在他实践中的现象学。

---

① Edwin G. Boring ed., *History of Psychology in Autobilgraphy*, New York: Russell and Russell, 1952, Ⅳ, 195.

凯茨的现象学实践

　　凯茨对现象学心理学的主要和最原创贡献是他论颜色与触觉的两本书。为了确定这两本书所体现的那种现象学，人们可以从它们的标题和内容目录入手，然后去考察实际文本的一些方面。

　　论颜色这本书的 1911 年版与 1930 年版非常不一样。第一个标题读起来有点拗口：《颜色的显现模式及其通过个体体验发生的修改》。第二个标题是《颜色世界的结构》；这个标题与凯茨在 1925 年的第二本书《触觉世界的结构》相平行。人们可能会去猜想这种标题变化的意义。凯茨本人在第 2 版序言中只是说：他删除了第一个标题中第二部分（通过个体体验发生的修改）；他在第 2 版中认为"通过个体体验发生的修改"是错误的，因为他的研究结果表明，个体因素是相对不重要的。这也说明：只有那些普遍（如果不是本质）特征决定了颜色现象的结构。但是，凯茨没有解释为什么他用"结构"替代了"显现模式"，用"颜色世界"替代了"颜色"。在没有过多强调这些替代项的情况下，人们可以把它们当作凯茨发展中现象学的一些特征。

　　凯茨对显现模式（Erscheinungsweise）这个术语的使用（即使没有在标题中，但至少在第 2 版文本中），首先让我们想到了胡塞尔提出的先例以及同义词——给予方式（Gegebenheitsweise）；这使得凯茨甚至更接近胡塞尔的体验意向结构（所有东西都在不同的视角模式中显现）。然而，人们必须意识到：这不是凯茨的主要关注点。对凯茨来说，不同颜色显现模式的主要例子是显色（Flächenfarbe）与表色（Oberflächenfarbe）。它们是不同环境

47

中的颜色，而不是同一颜色的不同显现模式。它们有共同的物料（Materie）。但在它们各自的环境中，它们改变了个性。因此，更为合适的是将它们称为同一颜色的不同表现或"化现"。因此，凯茨对《颜色世界》标题的改变，不能说明他在探索显现模式时，摒弃了胡塞尔的现象学概念。

更为重要的是，他将"世界"这个术语引入了有关颜色与触觉两本书的标题。论触觉这本书的序言，特别谈到了"可触世界的几乎不可穷尽的丰富性"以及独特触觉构成的令人惊讶的巨大领域（它在某些方面甚至超过了早期著作中所揭示的颜色显现模式）。因此，"世界"这个术语的功能主要是为了强调感觉场中的现象丰富性；前现象学的心理学，在根本上忽视了这种现象学的丰富性。

48

最后，凯茨本人没有解释为什么要引入"结构"（Aufbau）这个术语（英译本忽视了这个术语）。这可能是因为他的兴趣在于颜色世界元素之间的关系，而不是按照歌德式的颜色理论，对所有的世界内容进行完全的解释。

当然，更为重要的是这本书的实际内容。初看起来，这本书的第一版目录不会让人怀疑：这是迄今为止现象学心理学研究中最重要的著作。但这本书几乎没有提到"现象学"这个词。只有在§2承认胡塞尔的段落过后，凯茨才说到了他自己的、新式的"对颜色现象的无前提性现象学分析"，并且仅仅以赫林的研究为前驱（《论颜色》，第30页）。在回顾中，人们几乎会产生这样的印象：凯茨不想在取得成果之前就宣传他的现象学。相反，第2版不仅在第一部分（光线的现象学与虚空）展现了"现象学"这个术语，而且开始以对现象学方法的明确倡导，来开始新的序言（他由于第 1 版的成功而相信了现象学）。尤其是在 §7 中，凯茨用现象学来区分作为不同现象的光度与光线。

论触觉这本书，不仅明确地在它的标题中展示了"现象学"这个术语，而且更为详细地讨论了作为显现方式的触觉现象；在论触觉这本书的第 1 版中，颜色现象不太突出。

然而，对凯茨现象学的决定性检验是它在实际文本中的地位。如果我们不看这些文本的内容，那么我们就不能详细地分析它们。任何节略都会使我们不能正确地看待它们。从现象学上来说，开始的部分总是最清晰的，因为在后来的部分中，凯茨越来越喜欢去探索现象对于超现象因素的因果依赖。

论颜色这本书的第一部分，介绍了对于现象的全新区分：从对显色（没有确切的三维空间位置）与表色的区分开始（显色与表色都在空间客体的表面）。在这两种颜色类型之后的是散布于明确空间的颜色。凯茨区分了透明色、反射色、光泽、透光率、白热等不同现象。凯茨认为，通过使用特殊的"还原"方法（通过多孔板筛去看它们）（显然不是胡塞尔的现象学还原），它们可以被转换为显色。但这不是赋予显色以现象优先性的理由。

所有这些现象区分都是十分原创的，并且对颜色现象学有重要的贡献。凯茨没有尝试将这些新的区分与胡塞尔的著作相联系，同时也没有这样做的明确理由。但是，在凯茨与胡塞尔概念之间可能存在着平行，而这表明胡塞尔对凯茨有某种推动，尤其是在凯茨对显色与表色的区分当中。在这里，我指的是胡塞尔"意向性"意义上的知觉解释："感觉数据"是

"意向"客体的属性。因此，在他的《纯粹现象学与现象学哲学观念》（§41）中，胡塞尔讨论了颜色以持续视角颜色阴影（Farbenabschattungen）显现的方式。这些颜色阴影被发挥客观化功能的解释所"激活"，并导致了我们称之为初始颜色显现的东西。显然，胡塞尔的术语没有明确指向任何诸如显色的东西。但是我认为，显色与表色的整个关系图景，与胡塞尔对颜色及其视角阴影的区分相关。凯茨把显色"还原为"表色，正如他通常把视角阴影解释为客体的属性那样。如果凯茨从来没有参考作为所有感知觉基本结构的"意向性"，他就不会区分这两种类型的颜色。

凯茨论触觉世界的主要著作，在若干部分（不只是在现象学）上，甚至比论颜色世界的著作更为值得有选择的翻译。尽管在总体上，凯茨遵循着他早期著作中的程序，并且以平行方式来进行组织，但他的发现有额外的意义。例如，他的发现使得人们去重审过去将触觉数据作为"低级感觉"的评价。凯茨的现象学不仅揭示了触觉有令人惊讶的多种多样性，而且揭示了这个事实：触觉根本不是不连贯的、杂乱无章的东西。触觉的内容及秩序，构成了凯茨意义上的"世界"。因此，凯茨反对将触觉归为如味觉和嗅觉这样的"低级感觉"。事实上，凯茨出于认知价值的考虑，而主张触觉优先于视觉与听觉；因为触觉更为不可或缺，如果是说它不是变化多端的话。然而，凯茨不否认，就"多样性"而言，触觉世界次于颜色世界；触觉世界的基本质料（它由压力数据构成）是"单调的"。只有在这种单调数据组织起来时，它的显现模式才有多种多样性。在这方面，触觉世界完全可与颜色世界相匹敌。

例如，在第二章中对"触觉现象"的研究，揭示了与颜色世界中显色与表色现象相同的差异。一些触觉现象有空间深度（如空气）。一些触觉感受质在我们可以通透它们的意义上，是透明的。因此，我们可以摸透一只手套，但我们也能摸透整个组织层（正如在临床叩诊法中那样）。然后，凯茨考察了诸如坚硬和光滑这样的表面感受质模式；他探寻了自然与人工质料的触觉差异、触觉场的连续与不连续性，并指出了触觉构成中数字与基础的特定差异。值得注意的是，记忆中的触觉数据，类似于记忆中的颜色。这说明凯茨倾向于胡塞尔的建构或发生现象学。

这本书最长的一部分，详细报告了对触觉功能的实验与测量。但是，在确定了量化关系时，这一部分详细地考察质的关系，并指出了触觉数据与其他感觉数据（如温度感）的关系。最后，这一部分整合了凯茨对振动感的研究结果；他把振动感作为在触觉与听觉之间的新感觉。振动感甚至解释了凯茨与里夫斯（Geza Révész）所深入研究的、聋人的音乐欣赏力。

值得注意的是：颜色与触觉现象的平行性；凯茨大量地运用这种平行性来进行比较，但他没有将二者合并起来。二者的差异在于：颜色现象有更大的"客观性"（观看的主体不是有意识介入的），而触觉现象是"两极的"，因为触觉主体与客体都在实际体验中占据显著的位置。显然，这说明了这本书现象学内容的丰富性。我希望上述例子可以让一些读者更仔细地去读原著。

哲学现象学对凯茨的作用

在上述例子以及凯茨自己证词的基础上，我们可以推断出现象学哲学对于他的精神病学有什么样的意义呢？

不可否认的是，现象学哲学对他的精神病学产生了影响，尽管主要的影响是延迟产生的。但是，这种影响有多么根本呢？这种影响的痕迹不太显著，尤其是在颜色这本书的英文缩译本中不太显著，或者说，即使从凯茨其他著述中所包含的具体研究来看，也不太显著。凯茨是否误解了胡塞尔与舍勒对他现象学的意义了呢？显然，我们无法判断：如果凯茨没有接触到胡塞尔及其圈子的影响，那么他的现象学是否还能发展出来以及会往哪个方向发展。凯茨在颜色现象研究上得到的启发以及他对更好描述的追求，显然来自于赫林，尽管他在赫林的颜色现象研究发现了区分的不足。这就是赫林"现象学"中需要解释的地方。

当然，在如凯茨这样原创与开放的观察者这里，他的洞见不需要通过外在影响来得到解释。原因可能是这样的：凯茨像许多在实证主义贫乏阶段之后致力于丰富心理学领域的新心理学家一样，需要新的方法来为他的实践提供辩护。这就是现象学可以做的比其他哲学家更好的地方。现象学也鼓励转向具体的实验，因为哲学现象学家甚至从他们自己的角度出发进行现象描述，而不考虑可能的非法入侵。另外，活跃的交流（尤其是与如舍勒这样的人的交流），对凯茨自己的研究产生了令人振奋的影响。胡塞尔现象学的一些特定思想（如知觉的意向性理论），可能对凯茨的显质与表质区分产生了较远的影响。然而，这种影响最多是证实，而不是创始。凯茨的现象学心理学，实际上受益于胡塞尔现象学的一般概念，而不只是他自己后来的角度。胡塞尔现象学支持了凯茨的现象学心理学；在这种意义上，胡塞尔现象学是凯茨现象学心理学的一个推进器，而且可能是一般的推动力（通过由胡塞尔的讲座到穆勒实验室的渗透）。

在宣称现象学对凯茨的这种影响时，我们当然不能忽视他在心理学中非常广泛的兴趣以及活动。因此，他越来越靠近格式塔心理学，尽管不是没有保留；在强调格式塔心理学的现象学基础时，他宣称：他自己的现象学提供了反对原子论的证据，并且"整体性"是心理现象的本质特征。他还受到了斯特恩与卡西尔的影响。但是，与这种开放性不相矛盾的是，凯茨本人显然认为对现象学与"现象学阐明"的基本方法论诉求，是所有其他心理学研究的基础，并且在"所有心理学价值中是最高的"。[1]

C. 鲁宾（1886—1951）

《视知觉图像》[2] 区分了图像与基础的显著区分以及它们的可逆本质；这本书的丹麦作者初看起来与现象学是无关的。鲁宾（Edgar Rubin）在这本书中从来没有明确提及现象学，而且胡塞尔的名字在这本书中只出现了一次（《视知觉图像》，第201 页）；事实上，他对胡塞尔报以怀疑的态度，尽管他引用了胡塞尔的《逻辑研究》。然而，鲁宾的朋友凯茨在他的纪念

53

---

[1]　David Katz, *Gestaltpsychologie*, Basel: Schwabe, 1944; 2d ed., 1948, p. 83.
　　英译本：Robert Tyson, *Gestalt Psychology*, New York: Ronald Press, 1950, p. 84.
[2]　Edger Rubin, *Visuell wahrgenommene Figuren*, Copenhagen: Glydendalske Bokhandel, 1915.
　　德译本：*Visuell wahrgenommene Figuren*, Copenhagen: Glydendalske, 1921. 下述页码指的是德译本页码。

文章中说：除了缪勒"对鲁宾思想的影响"，鲁宾"和其他实验心理学家一样，深受现象学观点的影响。当时，在胡塞尔思想的影响下，哥廷根大学的科学气氛中充满了现象学观点。鲁宾的主要著作就表现了现象学的观点"。①

如果从现象学的角度来看鲁宾的工作，那么人们还会发现：他把视知觉图像看作是体验图像，即鲜活体验的部分。②他还告诉我们，不要把这些现象属性归属于"客观世界"（《视知觉图像》，第 xi 页），即我们从物理科学中知道的东西。在这种联系中，值得注意的是，鲁宾没有把图像知觉当作缪勒所强调的注意，而是把图像知觉当作体验。

鲁宾对心理学的最著名贡献是对图像与基础现象及其心理学条件的详细研究。事实上，格式塔心理学比现象学更多地运用了他的发现。然而，鲁宾的书不局限于这些现象。在《视知觉图像》的第 2 版中值得注意的是：对平面图像（轮廓和描边）的观察，尤其值得注意的是，他对于在两个不同颜色的平面图像转换中没有宽度和颜色的、我们可以"跟随"的轮廓现象的解释。在里，"纯粹自我"甚至被乞求为是使轮廓往前走的存在，而这种描述方式显然是哥廷根的现象学化风格。（同上书，第 153 页）

鲁宾显然不只是胡塞尔现象学的追随者。然而，与凯茨的证词十分不同的是，鲁宾的实际研究表明，他创造性与批判性地吸收了新进路（现象学）的精神。

---

① David Katz, "Edgar Rubin", *Psychological Review*, LVIII (1951), p. 87.

② Edger Rubin, *Visuell wahrgenommene Figuren*, Copenhagen: Glydendalske, 1921, p. ix.

D. 里夫斯（1878—1955）

非常多才多艺和有魄力的匈牙利心理学家里夫斯（Géza
Révész）的范围，显然比现象学广泛得多。但在哥廷根求学期间，
他对现象学的兴趣足以使他将第一部著述命名为《感觉次序的
现象学》。① 他也参加了胡塞尔的讲座。然而，他对现象学的最
终坚持是合格的。因此，在他最有抱负的著作——两卷本的《触
觉的形式世界》②（这个题目类似于他的朋友凯茨的著作）中，
他对现象学进路的讨论是高度批判性的。实际上，他没有将现
象学的重要性最小化：

> 在近来的心理学史中，我不知道有能在重要性与成效
> 上与现象学进路相匹敌的方法论思想……我们由这种洞见
> 而获得的重要进展，充分证明了布伦塔诺、赫林、胡塞尔、
> 屈尔佩和李普斯所采取的进路（《触觉的形式世界》第 1 卷，
> 第 75 页）。

但是，里夫斯强调人们要小心现象学进路的主观性，尤其
是在未受训练的、专制的和"摒弃了实验变量的"现象学家手
中的主观性（同上）；在这种情况下，他提到了凯茨十分称赞
的沙普以及雷耶德克（Herbert Leyendecker）（这二人都是胡
塞尔的学生，并且是"引以为戒的"例子）。然而，里夫斯的

54

---

① Géza Révész, *Phänomenologie der Empfindungsreihen*, Budapest: Atheneum, 1907.
Géza Révész, "Bibliography of Works and Papers", *Acta psychologica*, XII (1956),
pp. 208-215.
② Géza Révész, *Die Formenwelt des Tastsinnes*, 2 vols., The Hague: Nijhoff, 1937.

杰作中包含着若干现象学部分，例如在听觉空间研究，以及视觉与触觉印象的异质性讨论中，他尤其注意凯茨的工作（《触觉的形式世界》第 1 卷，第 65 页）。

因此，现象学在里夫斯心理学工作的创始中起着重要的作用，但里夫斯对现象学的忠诚不能与凯茨相比。

E. 沙普（1884—1969）

如果要全面地理解哥廷根现象学心理学家与胡塞尔圈子的关系，我们就必须仔细地检查胡塞尔的两个学生的工作。沙普（Wilhelm Schapp）与霍夫曼是心理学与现象学的中介者，而他的博士论文讨论的主要是心理现象。二者当中，只有霍夫曼是凯茨的密友。但是，正如霍夫普所指出的，当他与凯茨发现，他们正在从事同样的主题时，他们决定在对话中避开这个主题。然而，霍夫曼是凯茨主要的实验被试之一。在哲学上比霍夫曼更有创造性的沙普（尤其是在他的后期著作中），显然没有与霍夫曼一样保持与哥廷根心理实验室的紧密关系。然而，凯茨在关于颜色的著作的第 2 版中提到：沙普有关知觉现象学的博士论文，是对颜色现象之认知价值的明晰讨论。沙普对触觉的一些观察，也在凯茨论触觉的书中被提到了。

沙普的博士论文① 作为对具体现象学的最原创和最有成效的阐释之一，甚至在哥廷根以外都有很大影响。然而，尽管沙普高度评价了胡塞尔的发现，他在他的博士论文中很少提到胡塞尔，并且他的思考与写作风格明显不同于胡塞尔。沙普的学术主要是他自己的"回到实事本身"，以及尽可能鲜活地（主要是第一人称视角）报

---

① Wilhelm Schapp, *Beiträge zur Phänomenologischer der Wahrnehmung*, Göttingen: Kaestner, 1910; 2d ed., Erlangen: Palm and Enke, 1925.

告他的发现。如他所说的："我只希望：我没有写下我自己没有看到的任何东西。"因此，他的博士论文很少有对专业文献的引用，尽管它也提到了由柏拉图到黑格尔的伟大哲学家。

沙普在这大约 160 页的非同寻常丰富和生动的研究中，主要讨论了我们日常体验事物的世界在知觉中被给予的方式。第一部分研究了世界的呈现方式（主要通过颜色、声音和触觉），以及这些方式之间的关系。在最后一部分，沙普探索了被呈现东西的问题，即事物的空间世界。沙普渴望说明的东西不只是：这些感觉直接将它们的特质（颜色、声音和压力）传递给我们，而且是：通过这些感觉，我们看到而不只是推断出如坚硬、弹性和流动等的特质。第二部分详细探讨了这种特质（如颜色）如何以及在何种条件下向我们揭示了事物的世界，并分析了照明、光泽和色差在这种过程中的作用。尽管所有这些内容非常类似于凯茨稍晚之后的著作，但沙普的研究缺乏凯茨的实验支持。沙普增加了大量的认识论考虑。

F. 霍夫曼（1883—）

56

霍夫曼（Heinrich Hofmann）对感觉概念的研究，[①] 相比沙普要更接近胡塞尔与穆勒的著作。尽管霍夫曼宣称他独立于胡塞尔的进路，但霍夫曼承认，胡塞尔在 1904 年和 1907 年的讲座，非常类似于发源于给予性知觉模式的空间事物建构（霍夫曼称之为层次分析）（第 100 页）。霍夫曼的研究很少是因为它们对于伽塞特的影响而变得重要的。霍夫曼认为传统的感觉概念

---

① Heinrich Hofmann, "Untersuchungen über den Empfindungsbegriff", *Archiv für die gesamte Psychologie*, XXVI (1913), pp. 1–136.

是站不住脚的。他最后所使用的是他观看客体呈现的角度（他明确把这个概念归于胡塞尔）。他还经常赞同地提到凯茨论颜色的研究。

G. 回顾

当前这一章很难对受胡塞尔直接影响的哥廷根心理学进行重构，而且我们也不打算这么做。之前所有的例子都是想要说明，哥廷根的心理学与哲学现象学（尤其是胡塞尔早期的哲学现象学）有大量的联系。胡塞尔大多数的影响都在他没有参与的情况下发生。显然，若干探索中的年轻心理学家转向了胡塞尔，而不是说胡塞尔黏附于他们。人们可以通过画出以胡塞尔为中心的圆，去描述这些年轻心理学家与胡塞尔的紧密性。霍夫曼与沙普处于最里面的圆中，而凯茨是实验心理学家中的第一个圆；里夫斯处于最外面的圆中（中性和敌意）。

回顾我在这一章中所尝试提供的证据，我相信以下估计最大地描述了现象学心理学在胡塞尔所处的哥廷根大学的情况：实验心理学确实转向了更为描述的进路。这种影响不是有意的融合，也不是直接的借用或接管。在这个阶段，哲学现象学对心理学的影响主要是，作为催化剂，加强与促进了对心理现象的更为开放与直接的进路。

[4] 维尔茨堡学派中的现象学

就文献而言，胡塞尔的工作在维尔茨堡大学所获得的回应早于哥廷根大学。但文献中的引用不是证明影响的可靠证据，甚至不能表明影响的重要性。因此，胡塞尔在维尔茨堡心理学圈子思考中的地位是他的较远影响的第一个例子。因为没有证据表明胡塞尔曾经访问过维尔茨堡的心理学圈子，也没有迹象表明胡塞尔在当时与维尔茨堡的心理学家有重要的联系。然而，有迹象表明胡塞尔与维尔茨堡的心理学家之间有一些共同的认识和交互，而这使得这种关系值得我们去探索（尽管很难）。胡塞尔本人追求的是纯粹，而这个事实不利于他的工作在维尔茨堡获得回应（尽管他知道这一点［《现象学心理学》，第 9 页］），但我们也不能削弱他的历史重要性。

　　众所周知，维尔茨堡学派的主要目标是通过实验去探索"高级心理功能"，例如：思考、意愿（willing）（他们公开摒弃了冯特的反对意见）。这些实验使用的主要是受训观察者的关键反省。这些观察者所提供的是未被期待的事实：思考和意愿不一定或基本包括感觉意象。他们的方法和发现，都与主导的科学心理学原则背道而驰。现象学在方法与发现这两个方面，都能为维尔茨堡学派提供支持。

　　维尔茨堡学派最原创的工作来自屈尔佩的助手及学生，尽管这显然得到了屈尔佩的指导（屈尔佩经常担任被试）。1901年，梅耶（A. Mayer）和奥斯（I. Orth）发表了他们的联合研究。在这项研究中，被试描述了他们的思考（当时，胡塞尔的《逻辑研究》还没有广为人知）。情况同样如此的是：马贝（Karl Marbe）所做的更为重要的研究，第一次阐明了在重量比较判断中的反省（在这种判断中，没有感觉或意象的存在），而且马贝还把无意象的意识状态概念作为意识的新现象。新团队的英国成员瓦特（Henry J. Watt）在更辛苦的方法之外还提出，在

58

无意象或意象贫乏思考中起决定作用的因素是导致态度的任务。然而，胡塞尔甚至在 1905 年的时候就提出的有关非感性或"范畴"直观的观点，没有明显地出现在维尔茨堡学派中。至少瓦特从来没有提到胡塞尔的名字。[①] 阿赫（Narziss Ach）的第一本书《论意愿活动与思考》也没有提到胡塞尔的名字（参见本书第 104 页）。

A. 迈塞尔（1867—1937）

维尔茨堡学派中第一个引用胡塞尔的是迈塞尔（August Messer）。他对思考的实验研究（1906），至少在三处地方提到了如独特性、充实、生动性、感觉、意义这样的概念。[②] 我们可能没有办法弄清楚：在德国吉森大学受训的迈塞尔（当他在 1904—1905 年在屈尔佩手下从事实验工作前，他就开始在吉森大学担任教师了），是如何发现胡塞尔的。吉森大学靠近马堡大学（那托普在马堡大学开始传扬胡塞尔的名字），但这很难

---

① 令人困惑的是，胡塞尔在《纯粹现象学和现象学哲学的观念》（*Ideen zu einer reinen Phänomenologie und phänomenologischen Philosophie. Erstes Buch: Allgemeine Einführung in die reine Phänomenologie, Husserliana* III, ed. Karl Schuhmann, Den Haag: Martinus Nijhoff, 1950, p. 185.）中提到瓦特私下里在对李普斯的批判中吸收了他的思想；参见瓦特有关近来记忆与联想心理学工作的报告（Henry J. Watt, *Archiv für die gesamte Psychologie*, IX［1907］.）。"尽管我的名字没有被提到，但我认为瓦特对李普斯的批判，也是直接针对我的……。"胡塞尔的这个脚注也表明，当时他觉得他与李普斯有多接近，尽管他认为李普斯是他所批判的心理主义的主要代表。

② August Messer, "Experimentelle psychologische Untersuchungen über das Denken", *Archiv für die gesamte Psychologie*, VIII (1906), pp. 1-224. 尤其是第 8、112、149 页的脚注。波林只提到了迈塞尔对胡塞尔的一处引用，因而低估了胡塞尔对迈塞尔的影响。（Edwin G. Boring ed., *History of Psychology in Autobilgraphy*, New York: Russell and Russell, 1952, p. 408.）

成为充分的解释。但非常有可能的是，当布勒从柏林前往维尔茨堡时，向迈塞尔讲到了胡塞尔，而这先于迈塞尔在 1906 年担任大学讲师与屈尔佩的助手。

比首次引用更为重要的是胡塞尔对迈塞尔的有关感觉与思考的重要著作（1908）的影响。这本书的导言包括了以下特别的语句：

> 另一个在这些问题上非常值得注意的非心理学工作，就是胡塞尔的《逻辑研究》。这本书包括了很多对思考心理学来说有重要意义的东西，另外，这本书在思考的心理学与逻辑学进程之间，做了很多通常很难进行的区分。① 59

实际上，这本书的整个结构以胡塞尔有关意向与意向活动的思想为基础。因此，在意义指称意义上的意向性，首先在知觉中，然后在思考、抽象和判断中被追溯到了。胡塞尔的非感性直观思想，也在迈塞尔对思考的解释部分中起着重要作用。这本书在结尾处驳斥了所有的心理主义。因此，正如迈塞尔在自传中所说的，② 胡塞尔向他提供了克服联想主义者感觉主义的哲学工具，而他自己的实验工作提供了经验证实。

然而，迈塞尔对胡塞尔《逻辑研究》的整体接受，不意味着他接受了胡塞尔在《纯粹现象学与现象学哲学的观念》中的

---

① August Messer, *Empfindung und Denken*, Leipzig: Quelle and Meyer, 1908, p. 7.
② Schmidt, *Die Philosophie der Gegenwart in Selbstdarstellungen*, Vol. Ⅲ (1924), pp. 147-178.（尤其是第 157 页）

纯粹现象学。因此，当胡塞尔在 1911 年发表《作为严格科学的哲学》时，迈塞尔在一篇题为《胡塞尔现象学与心理学的关系》[1] 的文章中回应道：他反对胡塞尔对所有实验心理学的驳斥（这不是十分的公平，因为胡塞尔至少把斯图普夫作为一个例外）。显然，迈塞尔认为维尔茨堡学派的实验工作应当得到更好的注意，并且能够与胡塞尔的程序相协调。[2] 另外，这篇文章仍然强烈主张将胡塞尔现象学作为纯粹心理学和哲学。[3] 这不能说明迈塞尔在现象学中看到了哲学的最终见解。因此，60 在他对当代哲学的考察中，[4] 迈塞尔在屈尔佩"批判实在论"的精简话语之前，就接受了胡塞尔的现象学。但迈塞尔仍然怀疑胡塞尔的本质直观，并且显然没有走向胡塞尔最后的先验唯心主义。

对迈塞尔来说，胡塞尔《逻辑研究》中的现象学摆脱了感觉主义的狭隘牢笼。这种现象学还帮助迈塞尔对心理学中最重要的高级功能（思考）进行了结构化的描述。这种现象学对迈塞尔来说，不只是强化与证实。在迈塞尔对他自己发现的解释中，现象学提供了积极的成分。

---

[1] August Messer, "Husserl's Phänomenologie in iheren Verhältnis zur Psychologie", *Archiv für die gesamte Psychologie*, XXII (1911), pp. 117–129.

[2] 迈塞尔按照这种精神，也赞同哥廷根大学的凯茨与沙普所做的心理学工作，而且他特别赞许凯茨的实验程序。August Messer, "Die experimentelle Psychologie im Jahre 1911", *Jahrbücher für Philosophie*, I (1913), p. 269.

[3] 这没有让胡塞尔感到满足。因此在《纯粹现象学与现象学哲学的观念》（§79，最后一个注）中，胡塞尔抱怨说：迈塞尔完全误解了他，并且不能代表他，因为迈塞尔没有认识到现象学作为本质学说的特殊本质。

[4] August Messer, *Die Hauptrichtungen der Philosophie der Gegenwart*, Munich: Reinhardt, 1916.

B. 布勒（1879—1963）

　　布勒（Karl Bühler）对胡塞尔工作的引用比迈塞尔晚了一年，[①]但这个事实不能说明迈塞尔比布勒更早发现了胡塞尔。不管怎么说，布勒对胡塞尔的第一次引注远不只是一个脚注。因为布勒在他文章开头处（第298—299页）用整整一段话来评价胡塞尔进路在与他的先行者相比时的成效性，并且布勒还在这篇文章中多次谈到了胡塞尔。布勒还特别承认了他对《逻辑研究》视角与观点的采纳。

　　我们现在无法知道布勒与胡塞尔及其工作发生联系的实际环境。布勒经由柏林大学到达维尔茨堡大学，而这个事实说明他不太可能是由斯图普夫那里得知胡塞尔的。韦莱克（Albert Wellek）说，布勒曾与斯图普夫在柏林大学共事过。布勒和波林一样，也是在维尔茨堡大学宣扬胡塞尔的人之一。波林说，屈尔佩是通过布勒得知胡塞尔的。关于布勒与胡塞尔的私人关系，（布勒的妻子）夏洛特·布勒（我要感谢她提供了这个信息）说，布勒"确实与胡塞尔有私人联系。"但是，由于夏洛特·布勒只是在他们离开维尔茨堡大学很久以后才认识布勒的，所以她不能确定后来布勒是否去拜访过胡塞尔，或者说他们是否见过面。但不管怎么说，这些私人交往很难产生大量的成果。就二人的通信而言，现存的只有1927年6月28日胡塞尔寄给布勒的信件复本。这封信提到，布勒到弗莱堡时没有见到胡塞尔，而胡塞尔邀请布勒再去一次。然而除了迈塞尔以外，布勒是维

61

[①]　Karl Bühler, "Tatsachen und Probleme zu einer Psychologie der Denkvorgänge", *Archiv für die gesamte Psychologie*, Ⅸ (1907), pp. 297-365, and Ⅻ (1908), pp. 1-23.

尔茨堡与哥廷学派之间最直接的纽带。

然而，值得注意的是，胡塞尔思想在布勒心理学中的地位。任何想要确定这种地位的努力，都必须考虑到这个事实：布勒的举动远远超出了维尔茨堡学派的最初兴趣，例如，布勒进入到了格式塔现象、发展心理学和语言理论的领域。如果要考察现象学对布勒的意义，就必须研究他工作的所有方面。

在目前的语境中，布勒对思考心理学的兴趣（正如维尔茨堡学派所探索的）是最相关的。在这里，布勒赞誉了胡塞尔的"先验方法"；通过这种方法，我们可以从我们有关理念逻辑规范的知识中，推导出与它们相关联的、有关我们思考进程的东西。但是，尽管布勒推荐了这种方法（他在其中看到了与康德进路的分离，而他认为这是"特别有成效的"），他本人想要在直接的实验方法中确立这种关联。布勒让他的被试尝试去理解一些非常困难的引用，而他发现在这么做时，他的被试没有意象，而只有"思考"，因此布勒试图去分析这些思考的积极特征。他在区分规则意识、关系和"意向"时吸收了胡塞尔《逻辑研究》对它们结构的分析，而且这些分析为他提供了解释实验结果的哲学背景。

在布勒离开维尔茨堡大学，以及维尔茨堡学派成为历史以后，他发表了一本论颜色的书，作为一本更大的但未完成的论知觉本质的书的一部分。[①] 从标题来看，这本书涉及与凯茨论颜色的书一样的现象。实际上，凯茨与赫林及赫尔姆霍茨一样，为这种新颖研究提供了出发点。布勒反复称他自己的新研究是

① Karl Bühler, *Die Erscheinungsweisen der Farben in Handbuch der Psychologie*, Vol.1, Jena: Fischer, 1922.

现象学研究。但是，对胡塞尔的明确引注只有一次，而且没有特别地使用胡塞尔的任何洞见。描述工作与实验研究是契合的。

后来，布勒转向了语言理论。在这里，他再一次地从对胡塞尔《逻辑研究》中的语义学研究的讨论出发。[①]另外，在这本书中，胡塞尔的思想得到了最频繁和最大的考虑。布勒甚至对胡塞尔在《形式与先验逻辑》（1929）和《笛卡尔式的沉思》（1931）中论语言的思想采取了同情的态度。然而，这没有阻碍他反驳"尊敬的作者"（《语言理论》，第 10 页），并发展出对胡塞尔图式所区分的语言的两种功能（即表达和呈现，第三种功能是呼吁）构成补充的新理论。[②]

那么，胡塞尔现象学在布勒心理学中的地位是什么呢？1927 年，布勒发表了一个纲领性著作《心理学中的危机》。这是一个在当时德国引起很多讨论的主题。他甚至寄了一本给胡塞尔。这本书引起了胡塞尔很大的兴趣（上述胡塞尔的信中提到了）。对布勒来说，心理学中的危机就是体验心理、行为主义与作为精神科学的三种相互竞争心理学之间的冲突。事实上，布勒在这种危机中只看到了将这种三个心理学的实在方面，综合到一起的发展和转换迹象。现象学的名字，没有出现在这种新的综合中。但是，在指出意义概念对于他的新综合的重要性时，

---

① Karl Bühler, *Sprachtheorie*, Jena: Fischer, 1934; 2d ed., 1965.

② 另有证据表明：布勒在 20 世纪 30 年代仍保持着对胡塞尔现象学的兴趣。因此，在他的《语言理论》的第 2 版序言中，编辑者坎茨（Friedrich Kainz）提到了这个事实：尽管布勒本人不想与胡塞尔现象学靠得太近，但他的维也纳研究所接纳了"大量胡塞尔的研究"（第 xi 页）。对此，布勒本人在书中也提到了，而且布勒说：他自己的一个学生对胡塞尔现象学在语言理论中的发展进行了批判性的研究，而这个研究会在不久以后发表（第 xxx、232 页）。

布勒特别地提到了他对胡塞尔"语义学"的坚持。因此，人们可以说，现象学仍然是新心理学的基础部分（如现象学对意识体验的揭示，尽管现象学的重要性不局限于意识体验这个方面）。我们没有理由认为，在布勒的最后阶段（尤其是他在美国的阶段），当他转向更加宽泛的格式塔问题时，他完全改变了对现象学的这种看法。

C. 阿赫（1871—1946）

迈塞尔与布勒不是维尔茨堡学派中唯一知道早期胡塞尔现象学的人。阿赫（Narziss Ach）与塞尔兹（Otto Selz）的研究中都出现了早期胡塞尔的思想，尽管在塞尔兹那里，胡塞尔只占据次要的地位。

阿赫主要通过新的实验方法，去研究意愿活动。尽管在他的第一本论意愿与思考的书中，[1] 他只在与"现象"同义的意义上使用了"现象学"这个术语（第106、199、215页）。在他的第二本书中，[2] 他更为显著地说到了他的"现象学"成果，并且他总是试图去描述意愿活动的现象学方面；他在这么做时使用了胡塞尔的术语（如"要素"），尤其引用了《逻辑研究》。但是，这种借用很难说是非常实质的参考。

D. 塞尔兹（1881—1944）

显然，胡塞尔对塞尔兹的影响更小。塞尔兹写出了维尔茨

---

[1] Narziss Ach, *Über die Willenstätigkeit und das Denken*, Göttingen: Vandenhoeck und Ruprecht, 1905.

[2] Narziss Ach, *Über die Willenstätigkeit und das Temperament*, Leipzig: Quelle und Meyer, 1910.

堡学派中最具实质性的、有关思考心理学的著作。①事实上，塞
尔兹在这本书中反复引用胡塞尔以作为他的思想支撑。但是，
胡塞尔在塞尔兹这里的影响大大小于在塞尔兹之前的人。

E. 米肖特（1881—1965）

现在该介绍一下德国以外的第一位现象学心理学家、比利
时人米肖特（Albert Michotte）的工作了。尽管他的工作是在
维尔茨堡学派以外发展起来的，并且他在比利时的鲁汶建立了
他自己的学派，但正如他在自传中所说，他是在维尔茨堡"发
现了布伦塔诺、马赫、迈农、胡塞尔、斯图普夫、冯·艾伦菲
尔斯以及其他人工作的"。②米肖特与胡塞尔之间的中介者是屈
尔佩。在 1904 年于德国吉森大学举行的实验心理学会议，屈
尔佩遇到了米肖特（与迈塞尔），并在三年后的莱比锡将米肖
特引到了维尔茨堡大学。在米肖特待在维尔茨堡期间（1907—
1908），迈塞尔与布勒已经发表了他们的论文，但是布勒在维
尔茨堡大学仍然是一个讲师。

然而，这不意味着米肖特立即作为维尔茨堡学派的一员参
加到了现象学中，而他也没有被胡塞尔所吸引。米肖特主要是
一个实验心理学家，并且是其中最原创学者之一。但是，他是
一个独特的实验主义者：他对体验进行了新的应用（如应用于
哲学）。但是，他对现象学哲学保持着带有敬意的距离。1953 年，

64

---

① Otto Selz, *Die Gesetze des geordneten Denkverlaufs*, Vol.1, Stuttgart: Spemann, 1913; Vol.II, Bonn: Cohen, 1922.
② Edwin G. Boring ed., *History of Psychology in Autobilgraphy*, New York: Russell and Russell, IV (1952), pp. 227ff.

当我获准参观在他实验室中的一些知觉实验时，我尤其明显地认识到了他对现象学哲学的这种态度。米肖特的实验室与鲁汶大学的哲学研究所就在同一幢楼，而建立于 1939 年的胡塞尔档案馆也在这幢楼。当时，米肖特对他自己现象学心理学与他楼上的胡塞尔档案馆所研究的现象学之间的可能关系，产生了极大的困惑。事实上，据我所知，米肖特的著述从来没有引用胡塞尔，尽管他们经常提到格式塔主义者、凯茨与鲁宾。

米肖特没有宣称用实验方法解决了哲学问题。他想做的是：在没有宣称现象反映了最终实在的情况下，揭示现象的无可争议的证据。在这么做时，他可能比他自己能意识到的更为现象学化。就他对现象学的特殊解释而言，他认为只有他在 1939 年（胡塞尔著作就在这一年运到了鲁汶）以后的工作，才是现象学。[1]

> 在我的生涯中，1939 年是一个转折点，并且标志着一个阶段的开始：我使用实验的方法，去解决现象学的某些基本问题、因果性问题、永久性问题和我们体验实在的问题。（《自传中的心理学史》，第 227 页）

65

但是，他补充说，这种现象学工作是"他毕生研究与思考的成果"（同上书，第 235 页）。

米肖特所指的现象学是什么呢？据我所知，他从来没有对现象学下过书面上的定义。但是，很显然：现象学对他来说意味着彻底的探索（尽可能用实验技术，去探索在主体具体体验

---

[1]　Edwin G. Boring ed., *History of Psychology in Autobilgraphy*, New York: Russell and Russell, 1952, pp. 213-236ff（尤其是第 215、227、235 页）。

中的现象）。当然，这种解释与诸如斯图普夫那样的实验学派成员的现象学没什么不同。但是，米肖特也明确取消了所有认识论抱负，尤其是在他《因果性知觉》的第 2 版本序言，中。① 因此，在知觉领域，他只关注因果性印象，而非对因果性的确证认知。这不意味着他认为他的现象学发现与认识论问题是无关的。实际上，米肖特相当明确地说：如果没有他对哲学问题的兴趣没有休谟对因果性知觉的否定所带来的挑战以及曼·德·比朗（Maine de Biran）的确证，他就不会进行这样的研究。在米肖特的工作中，实验的作用只是具体地说明休谟的主张是多么无事实根据，因为休谟的主张仅仅以缺乏准确性（尤其是缺乏在心理学研究中必不可缺的工作谨慎）的肤浅观察或粗糙体验为基础（《因果性知觉》，第 252 页；英译本第 255—256 页）。他的做法是去探寻因果性、物质性或持久性等印象生成的条件。根据米肖特的解释，无可置疑的是：我们确实在明晰和可描述的直接因果影响的印象，而不用管它们最终的有效性可能是什么样的，尤其是在如屈尔佩或米肖特这样的新学院主义传统中的批判实在论者们看来。

　　米肖特导入因果印象的方法，首先是质疑这些印象在确立现实因果中的相关性。因为他仅使用了如点和线这样的人工视觉模式，而没有使用任何它们之间的因果联系。他引证了他的一个哲学家同事的话："结果，你是从幻象出发，以便证明因果印象的实在，并解释其客观性。（同上书，第 226 页；英译 66

---

① Albert Michotte, *La Perception de la causalite*, Louvain: Nauwelaerts, 1954, p. v.
　英译本：T. R. and Elaine Miles, *Perception of Causality*, London: Methuen, 1963.
　英译本包括了作者在附录中的一个重要的新章节。

本第 228 页)"但是，他承认说：得到证明的客观性只是现象主体间性。现在，这种现象无论如何都在切除所有唯名论怀疑主义方面变得如此的有形化。对米肖特来说，他对刺激的不同安排不仅说明了展现了因果印象，而且区分了若干不同的独特类型。具体来说，他详细地把因果印象解释为：（1）发动（lancement）——与对两个运动（两种正在运动客体部分汇合了）的知觉相联系的明晰格式塔；（2）夹带（entraînement）：两个客体协调运动。它们有很多子部分（释放、排放、自我运动等等）。这些子部分的共同点是：由药剂到患者的运动传播现象。这种传播包括了尤其为休谟的朴素因果观所忽视的成效印象（《因果性知觉》，第 218 页及以下；英译本第 221 页及以下）。因此，知觉可以把"产生"印象直接给予我们，而不只是依从印象，正如在释放效果当中那样。然而，米肖特认为，"质的因果性"（一种质引发另一种质）不允许类似的知觉。当我们不运动时，在这里能看到的一切都是质的延续。

米肖特其他的"现象学"实验，为三个哲学问题的解决提供了相关数据：

（1）动物运动（正如可以人工产生的特殊特征所呈现的），导致了目的性（"意向性"）或目的论的现象印象；

（2）变动印象中的现象延续性；

（3）显性实在。

米肖特宣称他的主要结论是：感觉体验比人们所能想象的远为丰富。显然，米肖特打造了新的基础，并且不仅说明了新的现象，而且通过实验技术使这些新的现象成为主体间认识的现象。现象世界的丰富及其它们的实验分析，都表明了现象学

的主要发展，甚至超越了实验范围。它们的哲学意义超越了米
肖特的实验室。

与此同时，更为哲学意义上的现象学，至少促进了米肖特
在维尔茨堡学派中得以开始研究的气氛。显然，甚至在 1939 年
以前，他的大多数有关作意现象的工作，都在最广义上是现象
学的。[①] 他在 1939 年以后所做的工作，不同于他在知觉范围的
问题选择之前所做的工作。米肖特把这种工作称为现象学，而
我们必须在他区分现象学与认识论的情境中来理解这个事实：
他想要避免所有不成熟的认识论宣称。这种显著的谦逊使得他
的发现具有了重大的意义。

[5] 格式塔心理学中的现象学

启发我们的不只是我们事业的新式推动力，还有大量的宽
慰（尽管我们正在逃离监狱）。

这所监狱就是当我们还是学生时，大学里所教授的心理学。[②]

上述两句话是科勒（Wolfgang Köhler）在 1959 年美国心理
学会的主席就职典礼上说的；这两句话非常像舍勒早期的狂热
宣言（新的现象学运动，是要将现代人从牢笼中解放出来）。

---

① 因此米肖特与普鲁姆（Prüm）论"志愿选择"（Le Choix Volontaire, *Archives de psychologie*, X [1911], pp. 113-320）的工作，经常使用"现象学"作为"描述"的同义语以及"阐释"的同义语，而其中甚至包含了一个被称为"志愿现象学"的部分。

② Wolfgang Köhler, "Gestalt Psychology Today", in *Documents of Gestalt Psychology*, ed. Mary Henle, Berkeley, Calif.: University of California Press, 1961, p. 4.

另外，舍勒不是科勒的朋友与亲属。[①] 十分清楚的是，格式塔心理学和现象学都立志于将现代人解放出来，去走出一条新式的实在道路。但我们不能过高估计二者的这种类似性。尤其是从美国的视角来看，有一种可理解的倾向过高地估计了二者的历史亲密性。例如，波林在他论格式塔心理学的章节中，将现象学仅仅误解为是格式塔心理学的先驱。格式塔心理学不仅有其他比现象学更近的先驱，而且现象学有若干非格式塔的传承者——哥廷根小组（波林在"先驱者"中提到了）与维尔茨堡学派的一些成员。

首先，现象学对于格式塔心理学的影响，是保持距离的一种行动。格式塔心理学的三巨头——韦特海默（Max Wertheimer）、考夫卡（Kurt Koffka）与科勒显然都见过胡塞尔，并且后来又偶然见到了其他主导性的现象学家。现象学在哥廷根、弗莱堡和慕尼黑的中心，不同于格式塔主义者们在法兰克福与柏林的中心，而且它们在边缘上也少有重合。只有在格式塔心理学的重心转移到美国以后——考夫卡在北汉普顿（史密斯学院）、韦特海默在纽约（新社会研究学校）、科勒在费城附近（斯沃斯莫尔学院），格式塔主义者才有可能与移民到美国的年轻现象学家进行更为直接但有限的交流。

同时必须被考虑到的是，这三个格式塔心理学的奠基者，对哲学都没有兴趣。只有在他们完全意识到他们发现的意义之后，他们才产生对哲学的兴趣。尤其是当他们不得不面对行为

---

① Wolfgang Köhler, "Vom Umsturz der Werte (1915)", in *Gesammelte Werke*, Vol. III, Bern: Francke, 1954, p. 339. 也可参见：Herbert Spiegelberg. *The Phenomenological Movement*, The Hague: Nijhoff, 1965, p. 240.

主义的挑战时，他们才感到他们的立场需要哲学基础。这种情况是在他们到美国后才发生的。在这个阶段，现象学为他们提供了一些必需的方法论支撑。

当然，格式塔心理学作为心理学领域中的一种新思想，不能认识到它发源的领域。甚至在格式塔心理学于 1911 年形成以前，在韦特海默于 1920 年左右发表他有关运动视觉的研究并取得承认时，当考夫卡对格式塔心理学做出第一个推动时，格式塔主义者就与现象学的先行者以及现象学在心理学中的第一批分支建立联系了。韦特海默在捷克的布拉格开始他的研究，并与赫林（Ewald Hering）（独立的视觉现象学家）以及艾伦菲尔斯（他不仅是格式塔质的发现者，而且反思了迈农所发展的布伦塔诺进路）。1901—1903 年间，韦特海默就在柏林，而当时斯图普夫正在发展他自己的现象学。韦特海默在屈尔佩的指导下，从维尔茨堡大学获得了哲学博士学位，因此韦特海默肯定没有受到源于迈塞尔与布勒的胡塞尔影响。考夫卡[①]在斯图普夫的指导下，在柏林大学开始他的研究。在考夫卡从吉森大学取得授课资格后，他必须通过迈塞尔吸收维尔茨堡学派的一些精神，正如他在"对 1909 年维尔茨堡的追忆"中在致谢屈尔佩时所说的那样。科勒在柏林进入了更广阔的现象学世界，而且他在斯图普夫的指导下获得了哲学博士学位。

然而，我们还必须意识到，在 1911 年时，胡塞尔的现象学已经成为了一般学术气氛的一部分，而且我们没有必要像在研究之前十年的维尔茨堡学派那样去追溯特定的影响。在 1911 年

---

① "他给了我进行科学思考的第一推动力。" Kurt Koffka, *Zur Analyse der Vorstellungen und ihrer Gesetze*, Leipzig: Quelle and Meyer, 1912, p. vi.

时，胡塞尔《逻辑研究》中的一般思想已经成为学术界的共同基础。然而，1913 年的《纯粹现象学与现象学哲学的观念》也转向了新的先验主义。这进一步解释了格式塔主义者背地里不再非常渴望与《逻辑研究》相一致的原因。①

格式塔主义者们逐渐接受现象学的细节是如此具有指导性，所以这些细节值得进一步考察。

A. 韦特海默（1880—1943）

人们普遍承认的是（尤其是他的合作者们），韦特海默作为年长者，是格式塔学派的奠基者。但韦特海默也是其中发表著述最少的人。他一生都没有出版完整的著作，而他的先驱性论文不能充分展现他的启发性影响。因此，我们不能指望在他的发表著述中找到他与哲学现象学的清晰关系或他受到现象学影响的任何证据。韦特海默也没有得到大量的引用。在某种意义上，他太过于现象学了，以至于不能从除了原初现象以外的文献出发。他唯一清晰提到胡塞尔现象学的地方是他死后出版的著作《创造性思考》（1935）。在这本书中，他认为现象学的特点就是"强调现象学还原中的本质"。但是，他只在一开始提出"思考理论的新概念及方向"的若干学派时提到了这种观点，而且单单这个事实不能说明韦特海默对于现象学的态度。然而，有详细的证据让我相信：韦特海默，尤其是在他的美国阶段，非常同情现象学哲学的一般目的。事实上，在他与卡恩

70

---

① 有关格式塔主义者的进一步资料，可参见：Solomon Asch, "Gestalt Theory", In *International Encyclopedia of the Social Science*, 1968, Ⅵ, pp. 158-175（尤其是第 170 页及以下）。

斯（Dorion Cairns）的对话中，他对于胡塞尔先验现象学中一些更为的深奥问题，表现出了浓厚的兴趣（1934 年 1 月，卡恩斯致胡塞尔的信）。如果要确定韦特海默的进路在多大程度上是真正现象学的，我们就必须去探索他的实际程序（从他在1912 年进行的对运动视觉的突破性研究开始）。这项研究从这个大胆的宣称开始：

> 一个人看到了运动；不是客体在运动；这个客体现在这里，而不是它之前所处的地方；因此这个人知道这个客体发生了运动……但是这个人看到了运动。这里的心理给予是什么呢？[①]

韦特海默认为，这种"清晰与独特的给予现象，是心理学之谜"（《运动视觉的实验研究》，第 6 页）。但是，必须要问的是："当人们看到运动时，在心理上被给予的是什么呢？……这些印象是由什么构成的呢？"对韦特海默来说，主要的任务是去描述与探索在清晰体验定义条件下的给予。结果就是：当 a 与 b 以某种速度连续出现时，人们就会错误地看到额外的运动现象。韦特海默将这种现象称为似动现象（Phi-phenomenon）。后来，他又区分了主要现象与中间现象。
　　我们不能把格式塔主义的现象概念等同于现象学的现象概念，尽管格式塔主义显然不同于实证主义。然而，让格式塔主

---

① Max Wertheimer, "Experimentelle Studien über das Sehen von Bewegung", *Zeitschrift für Psychologie*, LXI (1912), p. 162. 也在：Max Wertheimer, *Drei Abhandlungen zur Gestaltheorie*, Erlangen: Weltkreis, 1925, p. 2.

义具有说服力的是：像韦特海默这样的格式塔主义者乐于接受现象，即使现象在感觉经验主义者的还原主义世界里没有地位。格式塔主义的现象概念，至少是现象学现象概念的连襟。

71　　韦特海默的现象学进路本身也清晰地表现在了他对单纯"联结"（Undverbindungen）与本真格式塔的区分。他在格式塔学说第二个研究的开头引入了始于典型知觉情境陈述的区分："我正站在窗边，并看着房子、树和天空。现在，由于理论的原因，我可以报数并且说：'那里有……327 个亮点'。"这种报数显然不起什么作用，因为我们看到的是完整的形态，而不是元素。①

　　但是这种接受与描述不可还原现象的倾向性，不是格式塔理论与现象学的唯一共同特征。早在他研究运动视觉时，韦特海默提出了这个"先天命题：如果没有客体或者说没有看到某种东西的运动，运动就是不可理解的"。这与现象学的本质规律相同。

　　我们无法判断韦特海默在发展他的思想时，在多大程度上意识到了格式塔理论与现象学的这种平行性。但无可置疑的是，就他所知，格式塔理论与现象学对他的思想产生了强化的作用。

B. 考夫卡（1885—1941）

　　在原初的格式塔团队中，考夫卡是倡导与哲学阵营建立联系的人之一。他也是最强调格式塔心理学方法、即现象学方法的人。在他最系统的著作《格式塔心理学原理》（1935 年首次

---

① Max Wertheimer, "Untersuchungen zur Lehre von der Gestalt. II", *Psyshologische Forchung*, Ⅳ (1923), pp. 301f.

用英语出版）中，他把"现象学方法"作为第二章的特殊部分；在这里，他主张环境场概念是所有心理学解释的模型。[①] 在避开所有其他解释后，他称现象学是"对直接体验的最朴素与最充分描述"。但是，他也把现象学与内省进行了区分，他认为，内省是"对感觉属性，或其他系统但非体验的最终东西的直接体验分析"；科勒对内省的解释也是这样的。

考夫卡没有在这种语境下提到哲学现象学。他只把胡塞尔作为所有心理主义（《格式塔心理学原理》，第 570 页）不共戴天的敌人，而他认为格式塔心理学没有打算确立逻辑关系领域与按照这些关系组织的心理学事实之间的理智关系。他甚至没有提到胡塞尔在《逻辑研究》之后对现象学的发展。因此，考夫卡的现象学概念显然非常接近于斯图普夫的现象学概念（斯图普夫是他在柏林大学的第一位老师）。但这不意味着考夫卡只是斯图普夫的学生，正如考夫卡所急于澄清的那样。

如果想理解考夫卡与现象学的关系，那么我们最好从他的主要著作《格式塔心理学原理》出发。在这本书中，"原理"指的不仅是基本假设的汇总。它也表现了考夫卡的哲学意图。这种越来越清晰的意图，就是对否定人类生命数据中有意义关系的"实证主义"或"经验主义的"批评。考夫卡的目标是整合。在这种确立有意义关系的认识目标中，现象学是考夫卡的主要武器（尽管是有限的）。

在这个问题上，我们甚至只是快速地浏览一下考夫卡的学术发展也是有益的。在离开斯图普夫在柏林大学的实验室后，

---

① Kurt Koffka, *The Principles of Gestalt Psychology*, New York: Harcourt, Brace, 1935, p. 73.

考夫卡去了屈尔佩在维尔茨堡大学的学派。尽管他在维尔茨堡的工作促进了他的实验工作，但他在回顾时说：维尔茨堡学派的工作是不成功的，因为维尔茨堡学派只是引入了如决定性倾向这样的东西。直到 1911 年，考夫卡才与科勒一起加入了法兰克福的韦特海默（他也曾在维尔茨堡学习），由此考夫卡知道了新的格式塔原则。这种原则表征了能够支持失落联系（不仅可用于理解高级进程，而且可用于发现知觉中的意义）的积极现象。

然而，在考夫卡这里，人们会发现，他早在维尔茨堡时期就对胡塞尔产生了兴趣，例如，他的第一本书《对想象及其规律的分析》①（他把这本书题献给屈尔佩与维尔茨堡传统）。在这本书有关词语理解的最后一部分中，考夫卡插入了一个专门讨论胡塞尔的部分（《对想象及其规律的分析》，第 380—381 页）。在这里，他在仔细研究了《逻辑研究》中的一些段落之后，指出了比相似性更多的差异性。他最后的结论是：他自己的分析涉及的是实际体验，而胡塞尔的主要兴趣是本质研究中的"客体"与体验。

1913 年，考夫卡（他在吉森大学）使用"在一方面尽可能精确描述现象，另一方面寻找现象学之间规律性依赖以及客观过程（经验与刺激）的"程序，开始了他对"格式塔心理学与运动经验的贡献"。②但是，他立刻补充说："我们拒绝所有假定的意识以及未被注意到的感觉或活动，并在方法上考虑我们

---

① Kurt Koffka, *Zur Analyse der Vorstellungen und ihrer Gesetz*, Leipzig: Quelle and Meyer, 1912.

② Kurt Koffka, *Zeitschrift für Psychologie*, LXVII (1913), pp. 353-358.

对这些东西的特权。"（第 353 页）这种宣称标志着对稳定性原则的摒弃。

考夫卡是第一个，同时也是最大胆地以发表论著的形式，阐明新进路意义的塔式塔主义者。他对德苏瓦尔（Max Dessoir）哲学手册的贡献，[①] 是长达 100 页的与旧的联想主义相对的"新心理学"阐释。在这里，考夫卡抨击了联想主义教条，尤其是以刺激与现象的持续关联，以及刺激的不受注意的现象关联假设为基础的、刺激与现象的二元论。他介绍了以"现象学"（这个词的德文，在他这里只用了一次）为题的新答案，并说明现象学的基本功能是揭示关联（Undverbindungen）与格式塔之间的体验差异。这种现象学想要做的是：仔细地描述被观察现象中的联系，而不管刺激之间的关系。在这种意义上的格式塔心理学要研究的是格式塔本身，而要寻找的是格式塔的规律，例如完善格式塔的规律——这种形态显然与现象学的本质规律相关，而与混乱关联中单纯的偶然联系相对。

与此同时，在用英文写的第一篇文章中，考夫卡甚至更为明确地表达了这个立场：现象方面独立于物理方面。[②] 他把现象学作为内省与行为主义之间的第三条道路，并主张"在其环境（我们可以将之作为现象场）中的机体研究（包括意识）……我们不能设定在客观与现象世界之间的点对点关联"（《心理学》，第 155 页）。

74

---

① Kurt Koffka, "Psychologie", in *Die Philosophie in ihren Einzelgebieten*, ed. Max Dessoir, Berlin: A. G. Ullstein, 1925, pp. 497-608.
② Kurt Koffka, "Introspection and the Method of Psychology", *British Journal of Psychology*, XXV (1924), pp. 149-161.

　　然而，只有在考夫卡移民到美国之后，他才提出了对新概念的主要阐释。因此，他的《格式塔心理学原理》是对他的系统立场的最重要表述。他也尝试将这本书与美国主流的行为主义潮流相联系，并尝试将行为主义的精华融入格式塔心理学。对行为主义的格式塔解释的核心概念是行为环境概念；考夫卡将这个概念与他所谓的地理环境进行了比较。他的工作可能是对行为概念进行重审与深化的最重要努力之一，而且他的工作也表现在了正统的行为主义中。考夫卡继承了麦独孤（William McDougall）的思想，而把心理行为看作是与分子行为相对的显见（molar）行为。这种行为是与环境相关联的主要行为。但是这种环境就是测量科学的客观范畴中所描述的地理环境，而是人们必须在体验个体的意义上去描述行为环境。在这种意义上，行为环境与现象学环境是一致的。

　　考夫卡在其他地方也阐明了现象数据对于物理数据的优先性，并介绍了超越普遍格式塔数据的新现象。尤其重要的是他对作为中心之自我（"戏剧的英雄"）的介绍（第八章；他在这里讨论了活动）。对考夫卡来说，自我是行为场中不可或缺的部分。考夫卡对自我的很多描述是新颖与重要的，例如对自我复杂性、子系统以及易变性的强调。然而，尽管他没有说明与胡塞尔自我思想的直接联系，但二者之间的平行性是非常显著的。

　　但值得注意的是考夫卡与其他格式塔心理学家都不满意于单纯的描述。心理学必须超越给予功能概念的描述。新的现象只能通过描述获得；这个事实不能成为将现象还原为纯粹现象学数据的理由，而且未完成的任务是，确定现象与超现象（transphenomenal）物理世界之间的关系。正是在这一点上，格式塔心理学认识到了这个事实：在现象与刺激之间没有严格的一对一关联。人和动物在对相对而非绝对刺激做出行为反应时，"恒常原则"是不起作用的；这说明，现象远比之前人们所认为的那样更为独立于刺激。格式塔心理学过于现象学化，以至于提出了斯图普夫曾经建议的、未受注意的感觉和其他推断的幻象。只有一个假设是合理的：科勒的物理格式塔是它们心理对应的关联。这个假设只要求现象在它们的表面价值上得到采纳，并且要远比过去更为有意识地得到描述。正如古尔维什最为明确表达的那样，摒弃恒常原则意味着承认现象学的优先性与主要性。

作为格式塔主义者的考夫卡在接受现象学方法上所做的限定是最少的。但这不意味着他让自己附属于胡塞尔或其他现象学运动的成员，尽管从他的一些注释来看，他如盖格尔与舍勒这样的较少正统性成员保持着联系。他与这些成员的联系甚至比凯茨及鲁宾都更为紧密。

然而，从文字上来看，我们很难断定现象学方法指导了考夫卡的具体研究。但是，当他回顾自己的方法时，他认为现象学支持了他的方法论，尤其是在他与内省主义及行为主义的辩论中。

C. 科勒（1887—1967）

科勒是格式塔心理学三巨头中最年轻的成员，而他也是最为公开支持现象学哲学的人。他在 1941 年以后，加入了《哲学与现象学研究》的编委会。然而，他对这种支持的公布比考夫卡要慢得多。在他的经典研究《模仿心态》（1917）中，他当然没有理由引注现象学。在他的《静止与静态的物理格式塔》①一书中（涉及的是心理格式塔的物理对应），他只在提及韦特海默的出发点时提到了"现象学"这个术语（《静止与静态的物理格式塔》，第 177、185、187 页），而胡塞尔的著作只在无关科勒问题的脚注中出现（《静止与静态的物理格式塔》，第 58 页）。甚至是在 1929 年的批判式地讨论行为主义与对直接体验进行辩护的《格式塔心理学》中，科勒也没有诉诸现象学。

更引人注意的是，科勒对现象学的接受以及现象学这个名称，出现在了 1934—1935 年期间他所进行的詹姆士讲座中。当他永久性移民到美国后，这个讲座在 1938 年出版。②在这个讲座中，他认为现象学不仅是有价值的，而且有心理学事实的基础。然而，尽管科勒将胡塞尔作为现象学的主要代表，而没有提到其他人，但他对胡塞尔现象学的接受，有非常大的保留。他同意胡塞尔现象学的格言"回到实事本身"（这个格言与"自然主义"及经验主义对先于任何解释性假设的直接给予相对）。在他对这种现象学的概述中，他以显著同意的态度，提到了胡塞尔的超越单纯偶然事实联系的本质联系洞见。但他划定了最后的界线。他不相信本质世界与事实世界之间的严格区分，因此他摒弃了胡塞尔的"本质还原"。他甚至怀疑胡塞尔在他"现象学还原"基础上对事实世界的完全摒弃。与胡塞尔相反的是，他自己的现象学是向事实领域开放的。事实的本质则从没有被

---

① Wolfgang Köhler, *Die physichen Gestalten in Ruhe und im stationären Zustand*, Braunschweig: Vieweg, 1920.
② Wolfgang Köhler, *The Place of Value in a World of Facts*, New York: Liveright, 1938.

提到。①

　　然而，科勒对现象学讨论的延迟不意味着他不知道现象学；更重要的是，这不意味着他没有实践现象学。格式塔心理学在很多方面都是对实证主义心理学之狭隘性的一种反叛。格式塔心理学倡导对现象的开放进路，尤其是否定直接体验中的原子事件，优先于整体格式塔。②

　　在科勒与现象学的友谊中，最具里程碑意义的事件可能是他对不受注意感觉的摒弃，而这种摒弃实际是对他导师斯图普夫的背离。③斯图普夫主张不受注意的感觉是基本感觉逻辑所必须的。如果 a 确实等于 b 而且 b 等于 c，那么 a 怎么会不等于 c 呢？对斯图普夫来说，这证明了在设定相等之后的不受注意的、不相等的存在。科勒摒弃了这种推理。a 与 c 之间的，难道不能说明在没有任何新的物理刺激情况下，全新的不相等格式塔的存在呢？科勒宣称：假定感觉的引入，只是为了维护导致数据错误的恒常假设。对判断幻觉或错误的指责，可以防止"对主要幻觉原因的推理探索"。这种探索实际上走向了"与基本心理学假设相反的、对视觉领域的现象描述与理论讨论"（《论不受注意的感觉与判断错误》，第 70 页）。

　　然而，我们必须意识到的是，科勒的最终兴趣从来都不是

① 参见我的书评。Herbert Spiegelberg, "The Place of Value in a World of Facts by Wolfgang Köhler. Dynamics in Psychology by Wolfgang Köhler", *Philosophy and Phenomenological Research*, I (1941), pp. 377–386.

② Wolfgang Köhler, *Princetion Lectures, The Tasks of Gestalat Psychology*, Princeton, N. J.: Princeton University Press, 1969（尤其是第一章）。

③ Wolfgang Köhler. "Über unbemerke Empfindungen und Urteilstäuschungen", *Zeitschrift für Psychologie*, LXVI (1913), pp. 51–80.

现象学。他的第一个主要工作《物理格式塔》（1920）说明，他从一开始的真正兴趣点是让格式塔现象停泊在超现象本质上，即在最近的物理学领域所探讨的物理格式塔上。然而，即便是这本书也提到了现象学（主要是斯图普夫意义上的现象学），并将现象学作为格式塔事业不可或缺的基础（《物理格式塔》，第 189 页）。

《格式塔心理学》（1929）不仅是他系统介绍新进路的第一个努力，而且也是在现象学实际上还不为美国读者所知的时候，向他们介绍现象学的努力。这可以部分地解释这本先驱性的著作没有提到现象学这个术语的原因。科勒的这本书，面对的不是只是旧大陆的敌手——联想主义，而且面对着新的美国挑战——行为主义。在这么做时，科勒试图说明：格式塔进路基本上不同于人们所反对的内省（人们经常会将内省与现象学相混淆）。但这不意味着现象学的缺席。他的新进路中的关键术语是具有其"主观"与"客观"特征的"直接体验"，而且他把这种"直接体验"作为不可缺少的出发点。

78 科勒所描述的这种直接体验，显然是在我们日常生活中直接给予的体验。

在这里，我不能详述科勒现象学进路的成果。我们只须提到这个事实：现象学进路使科勒能够将价值作为直接体验的构成部分。这些价值以客观需要的知觉形式（韦特海默也讨论了这种知觉）被给予，而且不同于主观兴趣。另外，科勒认为这种现象的给予性是有力量的。在这种现象学的基础上，他相信，通过科学的推理，他可以在维护他的异质同形论时超越单纯的现象学。他的异质同形论认为，在力场（field of forces）中，

如价值这样的现象，在现象格式塔的客观对应中有它们的客观
关联（这种关联将主观现象锚定于"事实世界"中）。因此，
现象学对科勒来说，就是以自然哲学为根基的、有抱负的价值
哲学的基础。

哲学现象学对科勒心理学的发源以及他最后的哲学显然没
有直接的影响。在一开始的时候，他只是通过韦特海默以及他
自己在知觉与动物心理学中的实际发现去进行思考，而这使得
他越来越认识到现象的"自治"。显然，只有当他必须捍卫缺
乏方法论哲学的系统立场时，他才在现象学的一般原则中发现
了他最有价值的背景。人们可以说：在科勒这里，哲学现象学
主要起到了后期的奠基者作用（哲学现象学巩固了越来越需要
加固的结构）。但是，当科勒向现象学开放时，他带着他不甘
示弱的直率。正如他所说的："现象学是可以让所有概念能够
得到它们合理性的领域。"①

D. 古尔维什（1901—1973）

因此，格式塔心理学只是逐渐接近现象学并将现象学作为
它的哲学盟友的。在格式塔心理学对现象学的再次接触中，
起重要作用的是古尔维什（Aron Gurwitsch）与邓克（Karl
Duncker）。

古尔维什首先是一个数学家，然后才是哲学家；1928 年，
他在格式塔心理学的杂志《心理学研究》上发表了他在哥廷根

---

① Wolfgang Köhler, *The Place of Value in a World of Facts*, New York: Liveright, 1938,
p.102.

大学的博士论文。① 总体来说，这篇博士论文是以胡塞尔的《纯粹现象学与现象学哲学的观念》为基础的，但也确实努力地说明了现象学与诸如韦特海默、考夫卡和科勒这样的格式塔主义者思想之间的关系。古尔维什最重要的观点是：格式塔主义者对恒常原则的摒弃，促使他们走向了非常接近胡塞尔的立场，因为在他们看来，研究现象的本身，不需要考虑现象的客观刺激。在后来的著作中，古尔维什也尝试说明格式塔心理学如何推进了知觉现象学，尤其推进了对知觉现象建构的理解。②

E. 邓克（1903—1940）

邓克的主要领域是心理学，但他相比其他格式塔主义者在数学与现象学方面有更强的背景。他对"诱发运动"、创造性思想以及动机现象的研究，说明了他非同寻常的广度以及对现象学文献的彻底掌握（甚至超过了胡塞尔）。他还明确地准备了如"快乐现象学"、对象意识现象学这样的主题。在他的问题求解研究中，他具体说明了，解决问题的方法是如何以直接体验到的与可描述的、将问题材料重组为新洞察的模式为基础的。

---

① Aron Gurwitsch, "Phänomenologie der Thematik und des reinen Ich: Studien Über Beziehungen von Gestalt theorie und Phänomenologie", *Psychologischen Forschung*, XII (1929), pp. 1-102.
英译本：Aron Gurwitsch, *Phenomenology of Thematics and of the Pure Ego: Studies of the Relation between Gestalt Theory and Phenomenology, Studies in Phenomenology and Psychology*, Evanston, III.: Northwestern University Press, 1966, pp. 175-286.

② Aron Gurwitsch. "The Phenomenology of Perception: Perceptual Implications", In *An Invitation to Phenomenology*, ed. J. M. Edie, Chicago: Quadrangle, 1965, pp. 17-30.

邓克的早逝，中断了格式塔心理学与现象学之间最富成果的综合。

F. 莱文（1890—1947）

支持现象学的人不仅限于格式塔心理学家的内圈。尽管我们这里不会进行完整的考察，但在广义格式塔圈子中至少有两位成员是值得研究的，部分的原因是他们在美国的独立与长期重要的地位——莱文（Kurt Lewin）与海德（Fritz Heider）。

莱文像科勒一样，一开始也是斯图普夫的学生。他在对斯图普夫的悼文中表达了对斯图普夫的长久信赖。[①] 因此，莱文很早就接触到了前胡塞尔的现象学。在这方面，我们必须去读他最早的研究之一，以《战争景观》为题的"景观现象学"中的一章。这项极富描述性研究的要点是：战争景观（实际上就是第一次世界大战中的阵地战）局限于并且极化了为了前线与后方，而这与无限及非极化的和平景观形成了对比。[②]

莱文其他的德语著述也说明他对现象学有兴趣。因此，他对活动与感情现象学的重要研究，[③] 包括了论现象学概念化的部分（与条件‐发生概念化相对），但他只是为了提醒人们不要过分强调现象学。另一项对心理学实验与规律的研究，[④] 指出了

[①]　Kurt Lewin, "Carl Stumpf", *Psychological Review*, Ⅳ (1937), pp. 189‑194.

[②]　Kurt Lewin, "Kriegslandschaft", *Zeitschrift für angewandte Psychologie*, ⅩⅡ (1917), pp. 440‑447.

[③]　Kurt Lewin, "Die Sehrichtung monokularer und binokularer Objekte bei Bewegung und das Zustandekommen des Tiefeneffektes", *Psychologische Forschung*, Ⅶ (1925), pp. 307, 309.

[④]　Kurt Lewin, "Gesetz und Experiment in der Psychologie", *Symposium*, Ⅴ (1925), pp. 373‑421.

在类型规律与现象学逻辑意义上的"本质"之间的"某种相似性";他甚至提到了现象学悬搁(《心理学中的规律与实验》,第381页),以及胡塞尔的《纯粹现象学与现象学哲学的观念》(同上书,第391页)。

在这些条件下,让人困惑的是莱文后期(尤其是在他移居美国之后)著述中基本没有提到现象学。人们会怀疑现在他在现象学中只看到了他所不同意的胡塞尔现象学。另外,他对伽利略(与亚里士多德相反)的追随,可能导致他疏离了与伽利略的数学抽象相对的哲学。

但是,我们也有理由认为,莱文超越了单纯的现象学。因为他的主要兴趣显然是行动、意愿和需要的心理学,而这种心理学最终产生了对人格动力机制的研究。莱文认为现象学的描述目标不能帮助他完成这些任务。

这里无法探讨莱文的意愿心理学到个体动力理论,最终到群体动力学的发展(他有社会目标上的抱负)。然而,我们也应该注意到这个事实:他的场理论在许多方面,使他比他自己所能意识到的,更为接近胡塞尔晚期的生活世界现象学。因为当莱文将实践行为放到拓扑场情境中时,他看到,这种场不是科学的物理场,而是体验有机体的生命场。事实上,莱文有时候将这种场称为"现象"场。但他本人回避了与"现象学"的任何纠缠。他对"拓扑场"结构、领域、入口和边界以及自我与这种场之间关系的发展,走向了现象学的解释和方向。但是单纯的历史考察不能确定这种在他去世以后与现象学的"融合"。

G. 海德（1896—1988）

海德（Firtz Heider）是一位在到达美国以后越来越多地参与到德国格式塔心理学，并且在一定程度上参与到现象学中的欧洲心理学家。事实上，海德的学术生涯开始于迈农及其追随者的格拉茨学派，而他有关"事物与媒介"的博士论文主要反映了格拉茨学派的精神。海德从来没有接近现象学或格式塔心理学的中心。他的大陆学术生涯使他在德国汉堡大学接触到了斯特恩与卡西尔（他们二人当然也反映了新的现象学气氛）。

海德的主要兴趣点是知觉的所有方面。除了现象学对于知觉现象的解释，海德对现象学的其他部分没有兴趣。因此，他82不仅特别注意莱文工作中的现象学特征，而且还特别注意到了"普鲁斯特（Marcel Proust）工作中心理学环境的现象学描述"的现象学特征。[①]

但现象学在海德自己工作中变得最为显著的地方是《人际关系心理学》。因为他在一篇论"社会知觉与现象因果性"的论文中打下了一些基础，[②] 他不仅经常提到并且肯定了舍勒，甚至萨特、梅洛 - 庞蒂的工作（尽管胡塞尔的名字没有出现），而且他也知道舒茨的社会现象学以及邓克的现象学知觉研究。他把他自己的目标规定为"忠实地描述现象，并用现象去引导

---

① Firtz Heider, *On Perception and Event Structure and the Psychological Environment*, New York: International Universities Press, 1959, pp. 85ff.

② Firtz Heider, "Social Perception and Phenomenal Causality", *Psychological Review*, LI (1948), pp. 358-374.

对问题与程序的选择"。[1] 因此，他一开始研究的是主体间关系的常识心理学，而"不考虑它的假设和原则是否得到了科学的检验"（《论知觉、事件结构与心理学环境》，第 5 页），并且将它建立在"生命空间的主观环境之上"。现象描述总是作为出发点，尽管不是研究的终点。现象研究表明了一个侧面，但它不能揭示主体间行为的发生根源（同上书，第 298 页）。首先需要的是"前理论"，即有关行为的未被阐明的思考与直观的思考（同上书，第 195 页）。在讨论赖尔（Gilbert Ryle）通过普通语言的进路时，海德的目标变得尤其清晰：他说对词语与意义的分析只是手段，而终点必须是"阐明作为主体间行为基础的概念系统"。

显然，至关重要的是在纯粹描述中的社会生命世界的基本现象学。这些研究的具体性与谨慎性，表现出了所有第一手与非技术的现象学特征。

H. 希尔（1900—1961）

斯特恩的另一个学生希尔（Martin Scheerer）是海德在德国汉堡大学与后来美国堪萨斯大学的同事，并且是戈尔德斯坦在美国的亲密合作者。因此，希尔也是值得关注的。他的现象学兴趣首先表现于他论格式塔理论的德语著作。[2] 在这本书中，希尔通过追寻现象格式塔而开始了第一个方法论部分。除了其

[1] Firtz Heider, *On Perception and Event Structure and the Psychological Environment*, New York: International Universities Press, 1959, p. ix.

[2] Martin Scheere, *Die Lehre von der Gestalt: Ihre Methode und ihr psychologischer Gegenstand*, Berlin: de Gruyter, 1931.

他对于现象学的偶然引用，有关主观性方法的附录（对希尔，这是格式塔理论的整体部分之一）尤其表明希尔很熟悉现象学文献。

希尔后来对于现象学兴趣的来源是他有关"社会认知"的工作。他收录于林德（G. Lindzey）等人编辑的《社会心理学手册》中的论文，尤其表明了他对现象学兴趣的来源。[1]

[6]　"二战"后大陆心理学中的现象学

在这一点上，我将摒弃所有的历史托词。相反，我想给出的是某种类似于蛙眼视角中的当下大陆心理学，正如在我看来，它在文献资料与简短访谈基础上在一定距离以外向我所展现的那样。我所想做的是充分地表现欧洲心理学的当代场景（既不提出对它未来的期待，也不过分地匆匆略过它）。我的目标是帮助读者自己去进行分辨与观察。

在涉及大陆心理学时，我不想逐个国家进行统计。除了二手与三手信息以外，我没有办法扫描如意大利或波兰这些国家的文献，尽管从它们的活跃哲学气氛上来说，它们对现象学心理学的发展很可能是有兴趣的。因此，我这里的案例来自具有更多信息的传统领域。我的讨论将聚焦于德国，并扩展到瑞士与荷兰。

---

[1]　Martin Scheere, "Cognitive Theory", In *Handbook of Social Psychology*, ed. G. Lindzey and E. Aronson. Reading, Mass.: Addison-Wesley, 1959, pp. 91–142（尤其是第 122 页及以下）。

A. 德国心理学中的现象学

我们不太可能公平地描绘有关今天德国心理学中现象学状态的图景。在某种意义上，现象学是无处不在与无时不在的，尤其渗透了所有的教科书、专著和论文，而且这些文献或多或少地都镌刻着哲学资源的印迹。最近的德国百科全书《心理学手册》就是这种潮流的范例。《心理学手册》的计划是 12 卷，但已经扩展了超过 1000 页的额外半卷；《心理学手册》没有统一的概念，只有顶级心理学家的介绍（其中一些是德国以外的）。[1] "现象学"这个词是普遍存在的。但其中没有哪一部分被特别地标记为是现象学的。另外，第一册《普通心理学》的编者梅茨格（Wolfgang Metzger），在序言中探索了与大量的知觉研究相对的"知觉活动的系统现象学"（《普通心理学》，第 vii 页）。第一册《普通心理学》中也没有很多地方明确宣称是现象学的范例。我们只要简单地看一下有关领导性德国心理学家的代表性著作，就可以得出这个判断。

因此，梅茨格在 1940 年出版的格式塔主义《心理学》（已经出到了第 3 版［1957］，并且公开题献给格式塔心理学），在其布局中没有诉诸现象学，但把现象学作为处理直接给予心理学部分的基础构架。因此，梅茨格把歌德看作是与哲学现象学家们在同一层面上的模范现象学家。

对现象学更清晰的恳求出现在了韦莱克（Albert Wellek）

---

[1] K. Gottschaldt, P. Lersch, F. Sander and H. Thomae ed., *Handbuch der Psychologie*, 12 vols. (Göttingen: Verlag für Psychologie, 1960-).

的《整体性心理学与结构理论》①的末尾处；这是一个韦莱克首
先在第 14 届国际心理学会议（1954 年的蒙特利尔）上所做的
讲座——"意识与心理学中的现象学方法"。②在这里，韦莱克
在没有摒弃操作主义等其他方法的情况下，将现象学作为所有
心理学的本质成分（包括深度心理学与性格学）。但是，除了
论玩笑现象学的文章以外，③书中没有出现他对现象学进行维护
的一般内容。

　　莱希（Philip Lersch）在他论人格结构的有影响力文本中，④　85
将现象学作为普通心理学三大任务中的第二个（在"系统学与
分类"与"病因学"之间）。他把现象学等同于胡塞尔"原初"
意义上的描述心理学。但是，只有一部分人格结构描述是"现
象学"。

　　另一个典型是在托梅（Hans Thomae）《论人类决定》一书
中的现象学。⑤尽管这本书的意图是在困难决定的经验案例材料
基础上进行全面的心理学研究。这本书五章中的第二章与第三
章的标题是"决定的普通现象学"和"决定类型的现象学"。
在第一章对主要范例情境的探讨之后，论普通现象学的第二章
调查了典型的最初情境（再定向的努力与优柔寡断的结束）。
根据决定方法与特定社会情境的不同现象学讨论，托梅揭示了决

---

① Albert Wellek, *Ganzheitspsychologie und Strukturtheorie*, Bern: Francke, 1955.
② H. V. Bracken et al., *Perspective in Personality Theory*, New York: Basic Books, 1955, pp. 278-299.
③ Albert Wellek, "Zur Theorie und Phänomenologie des Witzes (1949)", in Gerd H. Fenchel and Albert Wellek, *Ganzheitspsychologie und Strukturtheorie*, Bern: Francke, 1955, pp. 151-180.
④ Philip Lersch, *Der Aufbau der Person*, 7th ed., Munich: Barth, 1956.
⑤ Hans Thomae, *Der Mensch in der Entscheidung*, Munich: Barth, 1960.

定类型中的本质差异。托梅完全在此基础上，去探索决定条件、决定对于生命及人格的最终意义问题（他认为这不是现象学的问题）。

在这里值得一提的是格劳曼与林肖顿编写的现象学心理学研究系列。① 然而，在古尔维什的著作《意识场》刚刚由法文译为德文出版的时候，现象学心理学研究系列的第一部分是格劳曼自己的著作。随后出版的是林肖顿对詹姆士现象学心理学的阐释性研究，② 以及梅洛－庞蒂《知觉现象学》的德文译本。

86　　格劳曼论视角现象学与心理学基础的著作③是当前纯粹现象学与经验心理学进行互动的指导性范例。在简短的导言之后，这本书的第一部分阐释了以视角（它是一种绘画的主观呈现形式）研究为基础的视角现象学，然后是对视角概念在哲学中地位的考察（从莱布尼茨开始：在他那里，视角的本质结构，就是视域的指称整体）。格劳曼的这种阐释是为了揭示：视角超越了它们本身，而达到了包含视角的、客体的复杂整体；反过来，客体就处于环绕不会筋疲力尽的观察者的视域中。继而产生的视角心理学的基础部分，涉及的是视角的适用范围以及动机特征。在第一个标题上，为格劳曼所特别注意的是我们觉知视角

① Carl Friedrich Graumann and Johannes Linschoten ed., *Phänomenologisch-psychologische Forschungen*, Berlin: de Gruyter, 1960.

② Johannes Linschoten, *Auf dem Wege zu einer phänomenologischen Psychologie: Die Psychologie vom William James*, Berlin: de Gruyter, 1961.
英译本：Amedeo Giorgi, *On the Way Toward a Phenomenological Psychology*, Pittsburgh, PA.: Duquesne University Press, 1968.

③ Carl Friedrich Graumann, *Grundlagen einer Phänomenologie und Psychologie der Perspektivität*, Berlin: de Gruyter, 1960.

给予性的模式（这种模式的特点是：直观性与非直观性）。因此，动机研究想要追寻的是这些视角建构的条件；在这里，格劳曼应用了大量桑德尔（Fritz Sander）莱比锡学派所谓的实际发生（Aktualgenese）（它研究的是格式塔现象在我们的知觉中得以确立的方式）。格劳曼在他的全部研究中都引用了现象学文献，尤其是胡塞尔的著作（包括《纯粹现象学与现象学哲学的观念》的第 2 卷）。格劳曼还频繁引用了美国的知觉研究文献，尤其是詹姆斯·吉卜森（James Gibson）和阿尔波特；这两个人都与格式塔 – 现象学进路有紧密接触，或者说对格式塔 – 现象学进路抱同情态度。

　　我们无法收集有关近来德国现象学心理学研究的更多范例。我认为以下范例是有希望的，并且是以胡塞尔的精神去探索现象的有意识努力：林肖顿的《现象学心理学研究》（第 23 页）、科贝尔的《论孤单：论孤单生活的起源、形态变迁和意义》（Gerhard Kölbel, *Über die Einsamkeit: Vom Ursprung, Gestaltwandel und Sinn des Einsamkeitserlebens.* Munich: Reinhardt, 1960.）。

B. 瑞士心理学中的现象学

　　在对现象学感兴趣的瑞士心理学哲学家中，以下人物是不可被忽视的：昆茨（Hans Kunz）和凯勒（Wilhelm Keller）。在表面上，这两位哲学家强调的主要是对于人的更充分的人类学理解。但在实现这个目标的进路中，他们或多或少地采纳了现象学程序，并频繁地引用了如舍勒、海德格尔与普凡德尔等人的现象学程序。

87

昆茨在他论想象的人类学意义的两卷本著作中，[①] 将自己的进路描述为现象学分析（对本质特征的描述，从来没有完全达到）。但是，他拒绝接受特定学派意义上的现象学。他的这种态度不只令人印象深刻，而且表明了"学派"的刺激性影响。昆茨还冷静地看到了现象学进路的局限。[②]

凯勒甚至在更为广泛的程度上探讨了人类学问题，但他的进路不同于昆茨。[③] 凯勒将他自己的"批判人类学"进路称为在现象学与深度心理学之间的"现象学"综合（《自我价值追求》［*Das Selbstwertstreben*］，第 28 页）。

C. 荷兰心理学中的现象学

现象学心理学在荷兰是在近年来才变得繁荣起来的。荷兰现象学心理学的奠基者与中心人物一直以来都是拜坦迪耶克。我在本书第二部分对他进行了更为充分的研究。荷兰现象学的特点呈现为丰富多彩的插图。那些对这种特点有兴趣并且非常通晓荷兰语的读者，可以通过阅读 1956 年出版的荷兰现象学心理学著作 [④] 而去了解荷兰现象学心理学。那些只掌握英文、法文

---

①   Hans Kunz, *Die anthropologische Bedeutung der Phantasie*, Basel: Verlag für Recht und Gesellschaft, 1946.

②   Hans Kunz, *Über den Sinn und die Grenzen des psychologischen Erkennens*, Stuttgart: Klett, 1957.

③   Wilhelm Keller, *Vom Wesen des Menschen*, Basel: Verlag für Recht und Gesellschaft, 1943.

     Wilhelm Keller, *Psychologie und Philosophie des Menschen*, Munich: Reinhardt, 1954.

     Wilhelm Keller, *Das Selbstwertstreben*, Munich: Reinhardt, 1963.

④   J. H. Van den Berg and J. Linschotten (ed.), *Persoon en Wereld*, Utrecht: Bijleveld, 1956.

和德文的读者，也可以从《情境：现象学心理学与精神病理学文集》这个非荷兰语的两卷本著作中获得类似信息。[①] 范·登伯格论握手与卧病在床（在宾馆里）的论文、范·雷纳普（D. J. Van Lennep）论驾驶心理学的论文、林肖顿论性的化身方法以及"道路与无限距离"的论文，都反映了这个学派的鲜活原创性品味。林肖顿有关入睡现象学的更为重要的研究也是如此。[②]

88

在荷兰现象学中，另一个重要人物是斯特拉塞尔（Stephan Strasser）。斯特拉塞尔出生于奥地利，并经由比利时鲁汶来到了荷兰奈梅亨大学。我在《现象学运动》一书提到了他更为哲学化的著作。他与现象学心理学有特别相关性的是论情感的著作，[③] 尽管他通过"形而上学哲学"超越了情感。

D. 英国心理学中的现象学

在这个对半个世纪的心理学进行考察的部分中，对欧洲大陆以外国家的忽略，会使人产生本书不包含欧洲大陆以外国家的印象。然而，本书第五章涉及了美国的心理学，所以说本书包含了欧洲大陆以外的国家。但就英国的情况来说，本书仍然留有显而易见的鸿沟（在英国精神病理学中，现象学仍然是有部分生疏性的）。

现在，除了杂志上的一些孤立论文，在英国心理学中并没

---

① J. H. Van den Berg, F. J. J. Buytendijk, M. Y. Langeveld and J. Linschoten ed., *Situation: Beiträge zur Phenomenologischer Psychologie und Psychopathologie*, Utrecht: Het Spectrum, 1954.

② Johannes Linschoten, *Über das Einschlafen. Psychologische Beiträge*, Ⅱ (1955), pp. 70–97, 266–298.

③ Stephan Strasser, *Das Gemüt*, Utrecht: Het Spectrum, 1956.

有出现现象学潮流的繁荣迹象。但是，在那些向现象学心理学靠拢并且错过哲学心理学之名的英国哲学家中，是发生了一些事情的。这个潮流的主要代表（如果说不是发起者的话）是赖尔的先驱著作《心的概念》。[①] 在 20 世纪，赖尔一开始是德国现象学哲学的狂热追随者，但他在 20 世纪 40 年代又强烈地摒弃了德国现象学哲学。[②]

在《心的概念》中，赖尔表面上只是分析了体现在我们关于心理现象的日常谈话概念。但事实上，这种研究要求如此多地考虑到作为这些概念指示的现象，因此赖尔本人有时候将他的著作称为"我的心灵现象学"。在这些条件下，这就是很有意义的——赖尔主编的《心灵》杂志发表了论文《现象学心理学》。这篇论文除了其他事项以外，还指出赖尔的概念分析与恰当的去神秘化后的胡塞尔现象学没有什么不同。[③]

但所有这些东西加起来都只是说明：这是英国哲学中的一种新兴趣（在与现象学的联系中使用心理学语言）。迄今为止，这种新兴趣没有产生实质性的心理学，或者说没有对英国的经验心理学产生显著影响。

E. 结论：过渡平衡

在本节的结尾部分，现象学心理学的情况是鼓舞人心的。在当代运动与学派的广泛语境中，现象学仍然是次要的潮流，

---

① Gilbert Ryle, *The Concept of Mind*, London: Hutchinson, 1949.

② 参见：Herbert Spielberg, *The Phenomenological Movement: A Historical Introduction*, 2d ed., The Hague: Nijhoff, 1965, p. 623.

③ D. C. S. Osterhuizen, "Phenomenological Psychology", *Mind*, LXXIX (1968), pp. 487–501.

即使是在严格行为主义的衰落之后。在新的"人本主义"心理学的狭义语境中，现象学所起的作用只是辅助性的（对现象学的援引，多于对现象学的实践）。即使是在现象学心理学之前显示了非凡生命力与创造性的若干领域中（如荷兰与瑞士），现象学心理学至少也可以说是发生了衰退。但对于现象学心理学的发展来说，让它成为一个没有规训的时尚，不是一件坏事。现象学心理学需要受到挑战，即使是受到批判性的反对。一旦更近来的趋向统计研究的潮流开始运行，那么对现象学理解的需要，就会变得更为迫切（对这种研究基本概念的审查以及对于研究结果的评价，都需要现象学理解）。

　　与此同时，对现象学的持续与重生的兴趣是充分的。这种兴趣的表现是：新的杂志《国际现象学心理学期刊》有来自德国、美国和比利时的编者，[1] 而且近来的导论性心理学文本宣称：现象学是基础。[2] 但这种导论不能替代新的实质性工作。

---

[1]　C. F. Graumann(Heidelberg), A. Giorgi(Duquesne University), and G. Thines (Belgium) ed., *International Journal of Phenomenological and Psychology*, Berlin: Springer.

[2]　A. Giorgi, *Psychology as a Human Science: A Phenomenologically Based Approach*, New York: Harper and Row, 1970.

第3章　精神病理学和精神病学中的现象学

　　这一章的序言是对本书导言（本书，第16页）的回顾：在现象学中，心理学和精神病学的整个区分丧失了它之前的意义，即便这种区分没有完全消失。因此，对异常现象的独立处理，只有在历史、实践和教学的基础上才有意义。这里不需要确定心理学和精神病学的区分是否会完全消失。重要的事情是，这本书中的材料，主要以学术传统为基础。①

　　另外，我还要提醒读者，这一章将忽视两个主要的参与者——雅斯贝尔斯和宾斯旺格。我们将在第二部分对他们进行独立的研究。这一章将只讨论他们在历史发展道路中的里程碑

---

① 法国精神病学、哲学家兰特利－劳拉（Georges Lantéri-Laura）的《现象学精神病学》（Georges Lantéri-Laura, *La Psychiatrie phénoménologique*, Paris: PUF, 1963），似乎承诺要更加统一地对待现象学精神病学。然而，这本书只是导论性地研究了黑格尔、胡塞尔、海德格尔、萨特、格式塔主义者和梅洛－庞蒂的现象学，以及他们的观点对于精神病学的意义。对书名承诺的践行，只能寄希望于该书序言中承诺的第二个研究。作者没有找到统一的现象学，而只找到了模糊的"现象学态度"，因此人们会想，他们是否还能期待对现象学态度成果的具体解释。

作用。我认为，这种决定是有争议的。但我希望，这种决定最
终会在整体图景中得到更大的合理性，并且能够更充分地对待　92
雅斯贝尔斯和宾斯旺格的工作和成就。

[1] 雅斯贝尔斯之前的精神病理学 [①]

　　如果人们要理解现象学在精神病理学和精神病学中的起源
和作用，就必须考虑到精神疾病概念的发展。人类很难把疾病
概念从解剖和生理领域，扩展到"内生"异常在没有任何可
追踪的躯体伴随的情况下出现的行为领域。即使是在今天，
我们仍然能看到沙茨《精神疾病奥秘》的健康休克（health
shock）。[②] 因此，不用惊讶的是：人们首先把精神疾病解释
为魔鬼附身的案例。当人们最摒弃终这种前科学概念时，真
正的问题是：如何将这些拒不服从的现象归入到可能的理解模
式。在略去所有中间的以及或多或少推测性的解释后，人们可
以理解最成功的解释：即科学神秘主义（例如，在细胞病理学
中）可能是解释精神异常的最好假设。这种进路源于格里辛格
（Wilhelm Griesinger）提出的莽撞假设——"精神疾病是脑的
疾病"。（然而，我们不应该把格里辛格归入粗糙唯物主义，

① 对于现象学在精神病学中前史的更详细讨论，参见施奈德的论文：Kurt
　　Schneider, "Die Phänmenologische Richtung in der Psychiatrie", *Philosophischer
　　Anzeiger*, Ⅳ [1926]，pp. 382-404. 那些想要花较少时间的观察者，如果要获取有
　　关 1900 年以来现象学精神病学发展的批判性报告，可以参见：Arthur Kronfeld,
　　"Über neuere pathopsychisch-phänomenologische Arbeiten", *Zentralblatt für die
　　gesamte Neurologie und Psychiatrie*, ⅩⅩⅧ [1922]，pp. 441-459.
② Thomas Szasz, *The Myth of Mental Illness*, New York: Haper and Row, 1961.

因为他自己的系统完全不是躯体的。）

真正的危机是，当时人们发现格里辛格的程序无法在早期启动，并且它也无法运行，只能等待脑病理学的发展，以便确定伴随着精神异常的解剖和生理变化。在这一点上，显然科学研究直接需要的是对现象的正确区分。第一个系统地和批判地承担现象区分工作的是克雷佩林（Emil Kräpelin，1865—1927）。他的分类基础只能在这个术语的最广义上来说是描述的，因为因果解释必须被放在次要地位。克雷佩林的主要考虑是预测性的。心理治疗甚至不得不进行等待。在使用大量的案例材料时，他聚焦于紊乱行为的更大模式。这种程序实际上就是现象学程序。克雷佩林不排除患者对于其主观症状的报告，但由于他曾经是冯特的学生，所以他的主要兴趣是各种症状的客观特征。正如雅斯贝尔斯所说的：

> "克雷佩林的基本视角是躯体的。他像大多数医生一样，认为躯体视角是唯一的医学视角。这种进路不仅是程序，而且是绝对程序。他著作中的心理学讨论部分地卓越的，并且成功地抗拒了他自己的意图。他把心理学讨论看作临时应急措施，直到实验、显微镜和试管让一切都变得在客观上可为人探索。"[①]

但雅斯贝尔斯不是第一个感觉到这种缺失以及需要克服它的人。实际上，在 1900 年和 1901 年，当胡塞尔的《逻辑研究》

---

① Karl Jaspers, *Allgemeine Psychopathologie*, 4th ed, Berlin: Springer, 1946, p. 711.

出现的时候，韦甘德特（Wilhelm Weygandt）在警告不要过高估计中央神经系统的研究时，强调了内在体验对于物质因素的优先性。1903 年，高普（Robert Gaupp）呼吁根本性地转向对精神病学不可缺少的内在体验研究，如果精神病学想要有真正进展的话。

但是第一个有组织地按照描述心理学来变革精神病理学的努力，来自于一个围绕在慕尼黑精神病学家斯派希特（Wilhelm Specht）周围的团体。这个团体创办了一个新的期刊，即《病理心理学杂志》（*Zeitschrift für Pathopsychologie*）（"病理心理学"是一个 1912 年形成的术语）；杂志的编辑包括了柏格森、闵斯特伯格（Hugo Münsterberg）（他不是现象学家）和屈尔佩。舍勒在这个杂志的第一期发表了论文。雅斯贝尔斯只在第二期发表了论文。斯派希特和闵斯特伯格认为，病理心理学与精神病理学的区分在于，病理心理学主要是心理学，而不是病理学；"病理学"只是应用于心理学的方法。但是由此发展出来的心理学也服务于精神病学家。它的基础是对病理现象的仔细检查 94 和分析。

斯派希特的纲领性论文只是稍微提到了"现象学"这个术语。他指的是胡塞尔的纲领性论文《作为严格科学的哲学》，并且他不认为新的心理学在科学上是不合理的。实际上，在两年前胡塞尔的《纯粹现象学和现象学哲学的观念》第 1 卷发表的时候，他接受了胡塞尔在自然态度和现象学态度之间的区分，并且赞同心理现象的现象学，应该先于实验心理学。斯派希特非常同情作为哲学的现象学，而这也源于他和普凡德尔及舍勒的持续交往。

哲学现象学渗透到心理病理学的更为直接证据是斯派希特的三重论文《论病理知觉幻想的现象学和形态学》。① 论文的开头是"现象学部分"——现象学值得称赞的地方是它凭借本身的条件而十分谨慎和具体。舍勒的工作是斯派希特的主要支柱之一。胡塞尔（《逻辑研究》）、布伦塔诺、莱纳赫（Adolf Reinach），尤其是夏普（Wilhelm Schapp）也出现在斯派希特所说的现象学中。因此，与斯派希特最初的程序相反，实际上给心理学提供新的洞见的是现象学，而非病理学。事实上，斯派希特主要的程序性论文《病理学方法在心理学中的价值以及基础病理心理学的精神病学必要性》，尝试说明了脑中心精神病理学的局限性（脑中心精神病理学把精神作为副现象的态度）；与脑中心精神病理学相对的是对于精神疾病的心理学进路。斯派希特还建议：只有这种病理心理学进路才能向精神病学提供恰当的基础。诸如"对患者爱的渗透"和"患者生命史的探索"这样的词语表明了治疗师所需要的以及传递给患者的洞见的基础。斯派希特认为精神分析是另外的、唯一不是脑中心的进路，但是由于精神分析的基本概念源于武断的建构，所以斯派希特最终不接受精神分析。

这就是我们理解雅斯贝尔斯的《普通精神病理学》的出现背景。在这本书中，现象学成为了主要的、尽管不是唯一的整体精神病理学方法。雅斯贝尔斯甚至没有提到"病理心理学"，而这可能是因为他的主要兴趣在于病理学，而不是心理学。更

95

---

① Wilhelm Specht, "Zur Phänomenologie und Morphologie der pathologischen Wahrnehmungstäuschungen", *Zeitschrift für Psychopathologie*, II (1914), pp. 1–35, 121–143, 481–569.

为相关的是这个事实：雅斯贝尔斯有意从正常现象出发（他把正常现象当作描述和理解病理现象的背景），而不是像病理学心理学家那样从病理现象出发。

在这种联系中，那个时候在标题中使用"现象学"这个词的、最有启发性和丰富性著作之一，是值得注意的——奥斯特莱希（Traugott Konstantin Oesterreich）所著的《自我基本问题中的自我现象学》（*Die Phänmenologie des Ich in ihren Grundproblemen*）（1910）。这本书的第一部分致力于正常"自我"的心理学，而第二部分特别地讨论了自我分裂的病理现象。然而，我们很难访认为这项工作已经阐明了哲学现象学对于精神病学的重要性。首先，"现象学"这个术语从来没有得到解释，而人们只能从这本书的标题中推测，它主张的是传统意义上的自我观察。的确，奥斯特莱希频繁地引用了胡塞尔的《逻辑研究》。但奥斯特莱希只是一般性地赞美了胡塞尔，而不同意胡塞尔的观点。更重要的是这个事实：奥斯特莱希从来没有诉诸胡塞尔现象学本身。在这些情况下，奥斯特莱希的工作只能代表描述心理学传统（它对精神病学有很重要的意义）中独立现象学的最后一个例子。但是，奥斯特莱希的工作没有阐明新的现象学哲学对于精神病理学的影响。[①]

[2] 雅斯贝尔斯的《普通精神病理学》的地位

在这一点以及现象学精神病理学与现象学哲学接触的道路

[①]　也可参见：Maria Oesterreich, *Traugott Konstantin Oesterreich*, Stutgart: Fromanns, 1954, pp. 61-78.

上，雅斯贝尔斯 1913 年的《普通精神病理学》是第一座里程碑。
雅斯贝尔斯不只是把精神病理学转变为了现象学事业。他的主
要目标是提供对精神病理学领域中所有现象的分析，并以不同
于精神病理学主要方法的清晰方法论为基础。正是在这个方法
论重组织的框架中，精神病理学的心理学部分明确脱离了它的
非心理学部分。在这个新的病理学中，雅斯贝尔斯也区分了对
患者体验到的主观现象的研究与对其他心理数据的研究。但这
本书给读者留下最深印象的还是，有关现象学的系统和详细部
分，引领着精神病理学。这个事实可以独自解释这个印象：雅
斯贝尔斯的精神病理学就是现象学。这个印象还有其他的原因，
包括他对哲学现象学家著作的引用。在任何情况下都不可否认
的是，这本书在现象学精神病理学的出现中，是一个决定性的
事件。我们将在这本书第二部分的第六章中，根据这本书与现
象学哲学的关系，去讨论这本书的意义。

　　在目前这个地方，我们必须注意到一个有雄心并且似乎平
行地将 20 世纪的精神病理学与现象学相联系的努力：柏林精神
病学家克隆菲尔德（Arthur Kronfeld）的工作——他曾经在海
德堡大学精神病专科医院工作，并且我们之前（本书，第 139 页）
提到过他在 1922 年有关精神病理学中现象学的重要批判报告。
初看起来，他的书《精神病学认识的本质》①（只有一卷）就像
是将胡塞尔现象学引入精神病学的宏大努力。因此这本书的目
录有以下标题："作为严格科学的一般精神病学导言"以及"现
象学基础与描述心理理论"（带有若干现象学子标题）。在第 1

---

① Arthur Kronfeld, *Das Wesen der psychiatrischen Erkenntnis*, Berlin: Springer, 1920.

卷的最后,克隆菲尔德概括了精神病学的现象学,尤其勾勒了"病理意向性"这个主题(《精神病学认识的本质》,第 412 页)。然而,在更仔细的观察后,我们发现克隆菲尔德摒弃了胡塞尔对本质的先验把握,而把描述现象学作为唯一的前科学(李普斯是主要的典范)。描述现象学就是要提供"在其存在模式中的纯粹心理描述"。在哲学上,克隆菲尔德把自己视为弗莱斯(Johann Jakob Fries)的追随者。弗莱斯是心理学导向的后康德主义哲学家,而且尼尔森(Leonard Nelson)认为弗莱斯是比胡塞尔年轻的、高度批判性的同事。因此,克隆菲尔德与胡塞尔现象学的联系在最好的情况下也是贫乏的。克隆菲尔德的这本书很少引用雅斯贝尔斯,而且他们也没有个人交往。

[3]　从雅斯贝尔斯到宾斯旺格

作为一个精神病理学家,雅斯贝尔斯没有建立一个学派。实际上,在写完他的经典著作后,他很快由精神病理学转向了心理学,而且他认为心理学是通向哲学的一站。在这个阶段,他成为了新的存在哲学的发言人,而这甚至影响到了《普通精神病理学》的后续版本。

这之后进入现象学精神病理学领域的人,没有一个不受到雅斯贝尔斯的影响。他的影响主要是对海德堡大学精神病专科医院的成员,在那里,他是一个领导性的成员。[①] 在这个精神病专科医院中,我将考察的第一成员是格劳斯;雅斯贝尔斯说格

---

① 参见雅斯贝尔斯在自传中的概述。Paul Schlipp ed., *The Philosophy of Karl Jaspers*, LaSalle, Ill: Open Court, 1957.

劳斯具有"对所有科学可能性的最开放头脑"。

A. 格劳斯（1889—1961）

格劳斯（Willy Mayer-Gross）对盎格鲁美国世界有特殊的意义，因为他是《医学精神病学》①手册的共同作者（另外还有遗传学者罗斯［Michael Roth］和机构精神科医师斯莱特［Eliot Slater］）；这本书的第 3 版已经成为这个领域的主要著作。这本书表面上只有非常少的现象学印迹。然而，这本书的导言在承认"现象学描述在今天大多数心理学流派中没有引起首要兴趣"的时候，主张"现象学描述在理解（即使不是对人的理解，也是对人易患疾病的理解）中有最重要的价值，并且现象学描述是作为治疗基础的必要诊断要素"。在 1960 年的第 2 版中，在主张"多维度进路"之前，"实存分析"被列为六种进路中的最后一种，而现象学不同于实存学派。"现象学是一种以雅斯贝尔斯工作为基础的实际进路，并且不同于实存主义，它不追求哲学的捷径。"（《医学精神病学》，第 30 页）格劳斯摒弃了以海德格尔的"悲观主义"为基础的实存主义，但没有摒弃"如宾斯旺格、冯·葛布萨特尔和斯特劳斯这样严肃的和人文的精神病学家"。然而，格劳斯对于宾斯旺格的现象学人类学和此在分析没有表现出特别的兴趣。

从这些克制的但仍然明显的对现象学进路的辩护来看，值得注意的是，格劳斯本人，尤其是在他于 1933 年迁往英国之前的海德堡阶段，对现象学精神病理学做出了重要的贡献，即便

---

① Willy Mayer-Gross, Eliot Slater and Martin Roth, *Clinical Psychiatry*. Baltimore, Md.: Williams and Wilkins, 1969.

后来他对这个领域中的其他部分更感兴趣。甚至更为重要的是
这个事实：在海德堡阶段，他也与哲学现象学保持着联系。

　　因此，格劳斯的第二个发表成果（刊载于斯派希特主编的
《病理心理学杂志》上）是《异常快乐感的现象学》。① 这篇
文章描述了两种快乐，并且使用了盖格尔（Moritz Geiger）提
出的正常感觉现象学。因此，在对快乐的狂喜和非狂喜的区分
中，格劳斯指出，狂喜和非狂喜都在盖格尔所说的"内向聚焦"
（Innenkonzentration）中被体验到，而狂喜呈现的是它如其所
是的本身，非狂喜具有辐射我们整个意识领域的倾向。

　　格劳斯的第一本书《糊涂的自我描述：梦一般的体验形式》②
涉及的是以自传陈述为基础的梦一般的糊涂状态。这些自传陈
述来自施奈德（Kurt Schneider）；这些陈述是对梦一般糊涂状
态的第一个现象学探索，并且甚至确定了新的症状情结（如不
完整性、坐立不安性、不确定性）。在这里，格劳斯试图超越
雅斯贝尔斯那里有关基本单元的单纯静态现象学，而走向对组
织单元的理解。在发展这种观念时，格劳斯反复引用了胡塞尔
的《逻辑研究》。他在描述梦一般的体验时，区分了活动和内容，
并指出，梦一般的体验，既没有充实（fulfillment），也没有结
束（closure）。

99

　　后来，格劳斯按照他的精神分裂工作所进行的现象学描述，
是不太直率和技术化的。但即使是在这里，现象学成分也是明

---

① Willy Mayer-Gross, "Zur Phänomenologie abnormer Glücksgefühle", *Zeitschrift
　 für Psychopathologie*, II (1914), pp. 588–601.

② Willy Mayer-Gross, *Selbstschilderungen der Verwirrtheit: Die oneiroide Erlebnisform*,
　 Berlin: Springer, 1924.

显的，即便他不太提及他对于现象学的兴趣。[①]

B. 格鲁勒（1880—1958）

在这里不能忽视的是在雅斯贝尔斯身边的另一个海德堡学派成员——格鲁勒（Hans W. Gruhle）。格鲁勒的基本方向是心理学。他的出发点是李普斯和斯图普夫，但他逐渐转到了韦特海默、考夫卡、科勒（Wolfgang Köhler）和戈尔德斯坦（Kurt Goldstein）的格式塔进路。作为海德堡团队中更有怀疑性成员之一，他首先对雅斯贝尔斯的现象学进路提出了强烈的质疑。然而，在他的以规范心理学为主题的主要著作《理解心理学》（1948）中，第一部分的标题是"现象学"。在这本书中，以及其他著作中，他甚至讨论了现象学对于精神病理学的应用，并且他认为，他所指的现象学与胡塞尔的本质直观没有关系。[②]

C. 施奈德（1887—1963）

现象学精神病学家施奈德（Kurt Schneider）一开始与海德堡大学精神病专科医院没有紧密联系，直到他在 1946 年接任了精神病专科医院主任一职。他的主要训练是在德国图宾根大学和科隆大学完成的，而且在来到海德堡大学之前，他曾在科隆大学和慕尼黑大学任教。施奈德在现象学精神病理学上的工作主要以舍勒的进路为基础（在舍勒 1921—1928 年间的科隆时期，

---

① Willy Mayer-Gross, "Die Klinik der Schizophrenie", in *Handbuch der Geisteskrankheiten*, ed. O. Bumke, Berlin: Springer, 1932.

② Hans W. Gruhle, "Die Psychologische Analyse eines Krankheitsbildes (Schizophrenie)", *Zeitschrift für die gesamte Neurologie und Psychiatrie*, CXXⅢ (1930), pp. 479-484.

他与舍勒有紧密联系，尽管他不是盲目地追随舍勒，尤其是在
他哲学的最后阶段）。然而，施奈德对情绪生活异常的早期研
究，基本上完全建立在舍勒的伦理学以及同情和爱的现象学之
上。施奈德的涉及内生抑郁的论文《情绪生命分层与抑郁状态
结构》，① 尤其以舍勒的伦理学以及同情及爱的现象学为基础。
在这里，施奈德应用了舍勒所区分的四种分层：感觉、生命、
心理、灵性（spiritual），然而他略去了最后一种；他还区分了"无
动机"的内生抑郁与纯粹反应的抑郁。他把"无动机"的内生
抑郁定位于生命层，而把纯粹反应的抑郁定位于心理层。通过
这种方式，他还区分了两种可以交互的悲伤（生命悲伤与心理
悲伤）。克隆菲尔德认为这是对现象学的第一次临床应用。②

　　在接下来更大的研究《病理心理学对爱与同情的现象学心理
学的贡献》③ 中，施奈德在舍勒早期工作的背景中探索了感情紊
乱，但是他也以普凡德尔和雅斯贝尔斯的一些区分为论据。对于
这里有特别意义的是，他最早考虑了作为对真正体验之描述研究
的现象学心理学与胡塞尔的普遍纯粹超越现象学之间的关系，并
且施奈德清醒地意识到了胡塞尔现象学应用于异常现象时的特殊
问题。但是，施奈德的主要贡献是具体地调查了舍勒所区分现象

100

① Kurt Schneider, "Die Schichtung des emotionalen Lebens und der Aufbau der Depressionzustände", *Zeitschrift für die gesamte Neurologie und Psychiatrie*, XLIX (1921), pp. 281-286.
② Arthur Kronfeld, "Über neure pathopsychische und phänomenologische Arbeiten", in Arthur Kronfeld, *Das Wesen der psychiatrischen Erkenntnis*, Berlin: Springer, 1920, p. 449.
③ Kurt Schneider, "Pathopsychologische Beiträge zur phänomenologische Psychologie von Liebe und Mitfühlen", *Zeitschrift für die gesamte Neurologie und Psychiatrie*, LXV (1921), pp. 109-140.

学的异常变异。施奈德确定了四种这样的变异：（1）爱与同情的弱化达到了崩溃点；（2）当爱与同情不再被体验为自己的感情时，它们所发生的异化（Entfremdung）；（3）由于沉浸在自己的感情中而无法吸收他人的感情；（4）以自身感情提升为基础的，对他人感情的激烈化。（对最后两个区分的解释似乎不同于在描述特征中的解释。）另一个简短的研究《颠倒的性与情爱的现象学心理学》[1]指出了理解性异常的"意向"和方向的独立性，并且尝试指出了男性态度与女性态度之间的现象学差异。

1962 年，施奈德在与我会谈时告诉我，他对舍勒的"不科学"现象学越来越不抱幻想了。施奈德有影响的著作《临床精神病学》（1966）[2]显然已经不再明确强调现象学。但是，现象学仍以隐含的方式存在于这本著作，尤其是论感情与驱动力的精神病理学的附录——它不仅提到了舍勒的现象学心理学，还提到了斯图普夫、普凡德尔，甚至尼古拉·哈特曼（Nicolai Hartmann）。然而，施奈德不在意宾斯旺格的现象学人类学。但是，海德格尔及其思想对精神病理学的可能的重要意义，给施奈德留极深的印象和很大的启发。因此，在一个有关抑郁与此在关系的简短研究[3]中（敬献给海德格尔的 60 岁生日），施奈德认为海德格尔使有关抑郁与此在关系的研究得以可能，并

---

[1] Kurt Schneider, "Bemerkung zu einer phänomenologische Psychologie der invertierten Sexualität und erotischen Liebe", *Zeitschrift für die gesamte Neurologie und Psychiatrie*, LXXI (1921), pp. 346–351.

[2] Kurt Schneider, *Klinische Psychiatrie*, 7th ed. Stuttgart: Thieme, 1966. 英译本：*Clinical Psychopathology*. 5th ed., New York: Grune and Stratton, 1959.

[3] Kurt Schneider, "Die Aufdeckung des Daseins durch die cyclothyme Depression", *Der Nervenarzt*, XXI (1950), pp. 193ff.

且指出循环性精神病的焦虑不只是精神病的症状,而且是人的基本焦虑(对于他的灵魂、他的身体和他的妻子)。然而,施奈德不同意对精神分裂症状的类似应用。

D. 冯·瓦茨塞克(1886—1957)

此处也记录了海德堡圈子中一个边缘性但有影响的人物:冯·瓦茨塞克(Viktor von Weizsäcker)。作为一个内科学专业的学生,他的主要理论兴趣在于感觉的生理学,而且他一般性地摒弃了胡塞尔和海德格尔形式中的现象学。但是,舍勒,尤其是舍勒关于生物哲学的后期思想,对他具有强烈的吸引力。

冯·瓦茨塞克的基本概念格式塔循环(Gestaltkreis)中的若干方面与现象学思想有很多的一致,并且至少与现象学思想有共鸣。格式塔循环(fromative cycle)观念本身源于这个观察:动物的知觉与运动之间存在着交互(尤其是在触觉中),而触觉不仅指引着其他知觉,反之其他知觉也指引进一步的触觉。对冯·瓦茨塞克来说,在更加一般性的层面上,这包含了由主体到客体生物学的(再)引介。在这里,冯·瓦茨塞克生物学胡塞尔现象学的接近,远胜于他由于奇怪的误解而对胡塞尔现象学的摒弃。

102

[4] 宾斯旺格与斯特劳斯的地位

20 世纪的现象学发生了一个新的转向。在哲学中,这种转向是由海德格尔以及他在《存在与时间》(1927)中的此在分析学发起的。在精神病理学中对海德格尔做出响应的是宾斯旺格、冯·葛布萨特尔和斯特劳斯的"新人类学"。这种新潮流的重要里程碑是 1930 年《神经科医生》（*Der Nervenarzt*）杂志的创立，因为这个杂志是新的现象学人类学的主阵地。

正如雅斯贝尔斯的情况一样，我把对宾斯旺格思想的详细研究保留在一个独立的专题性章节中。在目前这一节里，重要的事情是阐明宾斯旺格在现象学精神病理学中的地位。这里的决定性改变是，宾斯旺格打破了雅斯贝尔斯现象学的狭窄边界。雅斯贝尔斯认为现象学就是要去描述作为精神病患者特征的孤立主观现象，而把这些主观现象之间的关系交由另两种不同的进路去研究：狄尔泰式的理解和科学解释（在这种解释中，可理解性发生了中断）。对宾斯旺格来说，禁止现象学超出孤立现象的范围是不合理的，而且现象的孤立实际上是人为因素的结果。为什么现象学不应该去描述现象体验的连续要素之间的关系呢？获得这种理解的方法是通过对主观"生活史"的研究。但是，人们同样没有理由去精确地区分可理解的东西与只能因果解释的东西。因此，宾斯旺格敢于去抨击在雅斯贝尔斯看来根本就不可理解的东西。这种理解的主要工具就是海德格尔所开启的对人类此在的分析学，尽管海德格尔在哲学上的目标与人类此在本身的理解无关，更不要说精神病理体验。但是这没有阻止宾斯旺格发展出以海德格尔的在世界中存在的此在概念为基础的全面的人类实存人类学。

这种新的人类学（在以下研究意义上：在人与世界的关系中所体验到的、正常和异常整体性中的人的研究），是现象学精神病理学的主要任务。在这种新的事业中，宾斯旺格得到了三个独立的现象学精神病理学家的支持（相比海德格尔的概念，宾斯旺格更多地从事他自己的概念）：冯·葛布萨特尔、闵可夫斯基和斯特劳斯。冯·葛布萨特尔的主要哲学启发来自舍勒的哲学人类学。在斯特劳斯那里，新的方向源于他对巴甫洛夫把人当作反射机制的概念（笛卡尔的二元论就已经为这种错误概念提供了准备）的抗拒；因此，斯特劳斯的主要目标是恢复人类的整体性，而现象学是主要的恢复手段。在类似的意义上，还应该说及现象学精神病理学在法国的先驱闵可夫斯基，尽管他对人类学、甚至海德格尔都不太感兴趣。我们将会在第二部分详细研究宾斯旺格、冯·葛布萨特尔、闵可夫斯基和斯特劳斯这四个人。

　　在那些很早就发现了海德格尔此在分析学的精神病理学潜力的人当中，海德堡学派中的一个成员是必须提及的，即斯道希（Alfred Storch，1888—1962）。在 20 多岁时，斯道希就发表了对雅斯贝尔斯传统的现象学研究，然而，他实际上大大超越了雅斯贝尔斯。因此，斯道希写于 1923 年的第一个"现象学尝试"[1]回应了布劳勒（Eugen Bleuler）提出的号召：阐明现象学对于精神病学的重要性。斯道希的这篇论文，是最有理解力的研究之一，因为它研究了精神分裂患者的世界及其自我在其自身体验中的给予方式。在胡塞尔所发展出来的正常实在意识现象学的背景中，尤其是在康拉德－马蒂乌斯（Hedwig Conrad-Martius）早期工作的基础上，斯道希阐释了这些描述的成果，而他使用的方法是，说明意识及实在感在其对意识的依

104

---

[1]　Alfred Storch, "Bewußtseinsebenen und Wirklichkeitsbereiche in der Schizophrenie", *Zeitschrift für die gesamte Neurologie und Psychiatrie*, LXXXII (1923), pp. 321–341.

赖中，在精神疾病体验中发生变异的方式。然而，他进入精神分裂世界的主要努力是以海德格尔的作为在世界中存在的此在分析学为基础的。他也相信，近来人类学所呈现的古典思考的理解，能够治疗我们对于精神分裂世界的理解。[①] 在这种尝试中，斯道希没有使用荣格的指称框架。但是，斯道希确实同情地应用了弗洛伊德式的精神分析，尤其是其先驱性的心理治疗方法。

[5] 自宾斯旺格以来

宾斯旺格没有建立任何学派。他从来没有在任何大学任教。但是，他在康斯坦茨附近的克洛伊茨林根精神病专科医院具有理智与文化中心的气氛，而它所吸引的领军性思想家与产生的影响，都比任何大学"学院"多得多。实际上，大学本身受到了宾斯旺格越来越大的影响。大多数影响进到了德国。在苏黎世，克洛伊茨林根诊所仍然是瑞士精神病学的中心；布劳勒（精神分裂研究的权威以及宾斯旺格的老师），至少对现象学的非哲学方面感兴趣。[②] 宾斯旺格在 1927 年甚至获得了作为布劳斯继承人的机会。布劳勒的儿子和实际继承人——曼弗雷德·布劳勒（Manfred Bleuler）甚至对后期此在分析抱同情态度。受宾斯旺格影响最深的大学精神病学家可能是瑞士伯尔尼的韦尔

---

① Alfred Storch, "Die Wet der beginnenden Schizophrenie und die archaische Welt", in ed. W. von Baeyer and Bräutigam, *Wege zur Welt und Existenz des Geisteskranken*, Stuttgart: Hippokrates-Verlag, 1965, pp. 19ff.

② 参见布劳勒对宾斯旺格重要现象学报告的直接怀疑性回应：Eugen Bleuler, "Korreferat", *Schwizer Archiv für Neurologie und Psychiatrie*, XII (1923), pp. 330-331.

希（Jakob Wyrsch）。博斯（我们在下文有独立的一章研究他）
更加直接地转向了宾斯旺格。

　　宾斯旺格在瑞士追随者中最重要的一个可能是库恩（Roland
Kuhn，1912—2005）。库恩是闵斯特林根（图尔高）重要的
公共医院的主任助理；洛夏（Hermann Rorschach）于 1910—
1912 年间曾在这个医院提出了他的心理诊断测试的最初想法。
这个事实解释了库恩对洛夏研究的热切参与，尤其是他在《精
神病学和神经病学月刊》上发表的三篇文章中。[①] 通过介绍他对
有关墨迹的面具解释的原初贡献，库恩把他自己的方法确定为
是 "现象学" 方法，而它探索的是在解释的时候起作用的东西
是什么，解释是怎么确定的，以及解释意味着什么。库恩的这
种研究还首先引用了海德格尔与宾斯旺格的此在分析学。但是，
库恩没有宣称洛夏本身就是现象学的，尽管洛夏摆脱了早期弗
洛伊德的影响（洛夏过早去世而没有能够熟知现象学）。然而，
库恩看到了洛夏的进路、格式塔心理学和凯茨的颜色现象学之
间的相似性。库恩也发表了一些以宾斯旺格进路为基础的案例
研究，而其中一个研究在罗洛·梅等人编选的《存在》中被收
录为最后一部分。[②] 更近以来，库恩发表了对宾斯旺格意义上此

105

---

① Roland Kuhn, *Monatsschrift für Psychiatrie und Neurologie*, CIII (1940), pp. 39–
128; CVIII (1943), pp. 1–57; CIX (1944), pp. 168–270. 还可参见：Roland Kuhn, *Die
Maskendeutungen im Rorschachversuch*, 2d ed., Basel: Karger, 1954.

② Roland Kuhn, "Mordversuch eines depressiven Fetischisten und Sodomisten an
einer Dirne", *Monatsschrift für Psychiatrie und Neurologie*, CXVI (1948), pp. 66–
151. 英译本：Ernes Angel, "The Attempted Murder of a Prostitute", In *Existence*, ed.
Rollo May, Ernest Angel and Henri. F. Ellenberger, New York: Basic Books, 1958, pp.
365–425.

在分析学的阐释，例如在《当代精神病学》中的专题论文。[1] 另外，库恩对普凡德尔现象学心理学在精神病学中意义的兴趣也是值得注意的。同样值得注意的是库恩把化疗与心理治疗结合一起，并且他是最有效的抗抑郁药物（托法尼）的发明者之一。但他同时强调心理治疗的必要性。

　　在宾斯旺格自己的判断中（正如 1962 年他在与我的会谈中所表示的），对他工作最具创造性的发展是海德堡大学精神病专科医院。在 20 世纪 50 年代，这个诊所处在冯·拜耶（Walter von Baeyer）的指导下，而且有三个年轻人在独立且有想象力地实施着宾斯旺格式的人类学心理学：海夫那（Heinz Häfner）、基斯克（Karl Peter Kisker）和特伦巴赫（Hubert Tellenbach）。尽管他们的成果不是团队的成果，但其中有足够的共同性证明了他们的合作。这些人不仅吸收了非同寻常广泛的哲学背景，而且相比过去，更多地在他们的病理研究中对哲学现象学进行了更为强烈的应用。他们以几乎契合的方式，将哲学现象学进路应用到了心理病理、精神分裂和抑郁的研究中。他们特别注意通过这些异常的初始阶段，即整个紊乱的前场（Vorfeld）去理解它们。我至少会通过一些特殊的阐释来支持这些线索，而不会把他们的发现压缩为几个小段。

　　海夫那（1924—）现在在曼海姆大学，而他可能是与宾斯旺格最接近的人，正如宾斯旺格在给海夫那主要著作的序言中所表明的那样。[2] 就哲学方法论而言，海夫那本人非常明确地承认，

106

---

[1]　Roland Kuhn, "Daseinsanalyse und Psychiatrie", in *Psychiatrie der Gegenwart*, ed. H. W. Gruhle et al., Berlin: Speringer, 1963, I/II, pp. 853–902.

[2]　Heinz Häfner, *Psychopathen: Daseinsanalytische Untersuchungen zur Struktur und Verlaufsgestalt von Psychopathien*, Berlin: Springer, 1961.

胡塞尔的现象学提供了精神病理学洞见的实际基础（《精神变态者：精神变态的结构与发展形态的此在分析研究》，第 214 页）。海夫那尤其认为，胡塞尔现象学可以通过把我们带回前科学的生活世界、给所有有限的解释加上括号以及让我们掌握人类存在的本质结果，打开"精神病理学体验的视域"（同上书，第 12—30 页）。然而，在这一点上，海夫那想让我们由单纯的本质洞见回到对具体此在形式的经验分析真实性中（正如他的精神病理学案例材料所表明的那样）。换言之，胡塞尔为使用海德格尔和宾斯旺格模式的此在经验分析提供了基础。海夫那的主要研究领域是有争议的精神病理人格领域。值得一提的是他自己所提出的主要的分析退步，换言之，他称之为假象（Fassade）的、此在的精神病理形式的本质特征的发现，即精神变态者在对他自己与他人的关系中确立为存在风格的那种错误前沿（同上书，第 101 页）。

　　基斯克（1926—1997）现在汉诺威大学，而他用新的方式来使用现象学哲学，并深化了对精神分裂过程的理解。他的哲学基础受益于他在海德堡大学洛维特（Karl Löwith）门下的学习，另外还包括他对最终出版的《胡塞尔全集》的熟悉。但是，他也表现出了对盎格鲁－美国文献的不同寻常知识，尤其是对莱文（Kurt Lewin）在美国发表的著述。基斯克在施奈德那里 107 接受精神病学训练，但他的人类学研究主要是在冯·拜耶支持下进行的。

　　对基斯克来说，现象学精神病理学必然是一种哲学进路。这种进路的起点是：由对我们教条信念的先验还原（没有对胡塞尔超越唯心主义的承诺）和本质洞见（它使我们扩展了体验范围）而获得的生活世界。胡塞尔的进路使我们可以恰当地掌握研究的区域（区域存在论），而海德格尔的分析学提供了对这种区域的第一个理解模式。在精神病理学中，宾斯旺格引领了这种研究。然而，基斯克没有接受宾斯旺格对胡塞尔先验现象学的应用，尤其是在他近来对抑郁和躁狂的研究中。基斯克尝试去洞察精神分裂者的世界，而他的这种尝试，采取了对精神分裂者体验变异的经验研究形式。[1]这些变异及其突然的出现，开始于预备场（Vorfeld），而这说明，典型的去区分化或疏离，导致了这些作为隔离、合并和接合的阶段。所有这些情况都可和莱文的拓扑图表来标示，而且这种拓扑图表可以帮助人们理解精神病理情境的自治性。

特伦巴赫（1914—1994）把忧郁（melancholia）作为他现象学研究的主要领域，但是后来他也开始研究癫痫的现象学。他在德国基尔大学完成了哲学学业后，进入慕尼黑大学的医学和精神病学专业。他在现象学人类学中，可能最接近的是冯·葛布萨特尔，[2]并且他又通过冯·葛布萨特尔接近了海德格尔。特伦巴赫的目标是向我们说明忧郁世界的本质结果。他采取的方式是斯泽莱西指导下的、宾斯旺格所提供的经验现象学。

特伦巴赫对忧郁的探索，以对忧郁世界的空间性变异为起点（按照之前闵可夫斯基、冯·葛布萨特尔、斯特劳斯对忧郁

108

[1] Karl Peter Kisker, *Der Erlebniswandel des Schizophrenen: Ein psychopathologischer Beiträge zur Psychonomie schizophrener Grundsituationen*, Berlin: Springer, 1960.
[2] 参见冯·葛布萨特尔所做的序言：Hubert Tellenbach, *Die Melancholie*, Berlin: Springer, 1962.

世界的时间性变异所说的）。^①忧郁空间中的主要变异是深度的
丧失。后来，特伦巴赫探索了忧郁症中嘴部感觉（味觉和嗅觉）
的现象学。到目前为止，他的主要著作（不仅包括现象学的拓
扑学，而且包括对智力问题史的研究以及病理发生和临床讨论）
强调，忧郁的一般本质特征是圈禁（即忧郁症患者将自己圈禁
于边界之中）和保留（即忧郁症患者停留于他自己对自己的需
要之后）。特伦巴赫还做了有关忧郁预备场的有趣研究——极
端的"整齐倾向"是忧郁症发病前的征兆。

　　我们这里如果不讲到海德堡精神病专科医院的指导者冯·拜
耶（Walter von Baeyer，1904—1987），那么我们对于海德堡
精神病专科医院中人类学小组的最有现象学性工作的勾勒就是
不完整的。^②他自己对于精神病学的人类学贡献，比他在精神病
学中的其他工作更为狭窄且更少现象学性。总体上，布伯和宾
斯旺格对他的影响比胡塞尔和海德格尔对他的影响更为显著。
近来，他尤其感兴趣的是保罗·利科在自愿和不自愿上的工作。
对冯·拜耶来说，人类学不同于描述现象学，因为人类学是去
获得内生精神病理现象的最大理解性的全面努力。人类学要求
全面地理解精神病患者的存在方式，而不只是患者的主观体验。
在冯·拜耶具体的人类学研究中，遭遇（Begenung）概念是特
别有影响的，因为这个概念区分了不同的遭遇及其失败的类型，

---

① Hubert Tellenbach, "Die Räumlichkeit der Melancholischen", *Der Nevenarzt*, XXVII
(1956), pp. 12-18, 189-198.
② Victor Emil Gebsattel, "Festschrift", in *Jahrbuch für Psychologie, Psychotherapie und medizinische Anthropologie*, XII (1964).

尤其是医生与患者的遭遇。^①最近冯·拜耶与冯·拜耶-凯特
（Wanda von Baeyer-Katte）的联合工作，以现象学考虑为基础，
并渗透着现象学的思考。^②

109　　海德堡精神病专科医院也是心身医学相关发展的聚集地。
这些发展包括受到冯·瓦茨塞克（Viktor von Weizsäcker）启发
的对身体和社会关系现象学的贡献。其中领军性的人物是奥斯
伯格（Alfred Auersperg）、克里斯蒂安（H. Christian）和布劳
特甘姆（W. Bräutigam）。普鲁格（Herbert Plügge）的著作尽
管不是很多，但在我看来具有非同寻常的前途。^③因此，他关于
健康（和疾病）作为医学中负面领域的研究，大大超出了通常
的身体现象学，而达到了对于健康和疾病中特定身体部位和器
官的更加细致的经验陈述（尤其是在内科疾病和心脏病中）。
尽管普鲁格将自己视为一个自学成长的现象学家，但他特别欣
赏博尔诺（Otto Friedrich Bollnow，1903—1991）、冯·葛布
萨特尔、梅洛-庞蒂、萨特和斯泽莱西，但有时候他也会引用
胡塞尔和海德格尔。

　　值得注意的是，对现象学人类学表现出类似兴趣（尽管比
海德堡精神病专科医院要小一点）的是弗莱堡大学的精神病专
科医院，尤其是斯泽莱西在哲学系教授现象学期间。现象学也

---

① Walter von Baeyer, "Der Begriff der Begegnung in der Psychiatrie", *Der Nevenarzt*, XXVI (1955), pp. 369–376.

② Walter von Baeyer und Wanda von Baeyer-Katte, *Angst*, Frankfurt am Main: Suhrkamp, 1971.

③ Herbert Plügge, *Wohlbefinden und Missbefinden: Beiträge zu einer medizinischen Anthropologie*, Tübingen: Niemeyer, 1962; Herbert Plügge, *Vom Spielraum des Leibes*. Salzburg: Nihm, 1971.

是布兰肯伯格（Wolfgang Blankenburg，1928—2002）工作的
基础，而他现在去了海德堡大学。布兰肯伯格的第一个研究《对
妄想精神分裂患者的此在分析学研究》[1]以对老年患者的详细研
究为基础，并且是现象学此在分析的大胆尝试——他使用了哲
学概念去探索精神分裂世界的空间和时间紊乱。在这个研究中，
布兰肯伯格的目标是通过探索精神病患者世界的本质结构，去
扩展我们通常的理解框架。

　　布兰肯伯格工作中具有更大重要性的是，没有妄想的、青
春型精神分裂患者的自然自明性失落。[2]在这本书中，布兰肯伯
格以现象学概念（包括胡塞尔的悬搁）为基础，对精神分裂体
验的典型特征进行了现象学解释，而这种解释类似于胡塞尔对
自然世界的还原。布兰肯伯格的研究成果，也阐明了自明感与
它在困惑及怀疑中的失落之间的本质比例（精神分裂患者就丧
失了这种比例）。

　　还有两个与海德堡学派没有直接联系的精神病学家——法
兰克福大学的查特（Jürg Zutt，1893—1980）和库伦坎普夫
（Caspar Kulenkampff，1921—2002）；他们工作中的现象学
成分也是很值得注意的。查特只是偶然提及现象学。他的真正
关注点是人类学，或他所说的理解人类学。[3]查特认为，人类

110

---

[1]　Wolfgang Blankenburg, "Daseinsanalytische Studies über einen Fall paranoider
　　　Schizophrenie", *Schweizer Archiv für Neurologie und Psychiatrie*, LXXX (1958), pp.
　　　9–105.

[2]　Wolfgang Blankenburg, *Der Verlust der natürlichen Selbstverständlichkeit: Ein
　　　Beitrag zur Psychopathologie symptomarmer Schizophrenien*, Stuttgart: Enke, 1971.

[3]　Jürg Zutt, *Auf dem Wege zu einer anthropologischen Psychiatrie, Gesammelte
　　　Aufsätze*, Berlin: Springer, 1963; Jürg Zutt, "Versuch einer verstehenden
　　　Anthropologie", in *Psychiatrie der Gegenwart*, I/II, pp. 763–852.

学是一种必须克服心理学和躯体学二元化的人类研究。他通过
将人类学称为"理解人类学",而将它的任务规定为:透析正
常结构,在理解精神病学中探索异常,并将异常看作是正常的
紊乱。对他来说,这意味着,异常就是人类全面能力的缺损,
尤其是人类超越单纯身体达到精神层面能力的缺损——他遵循
瓜尔蒂尼(Romano Guardini)的观点,而把这种能力视为人
类的核心特征。然而,尽管他最系统的工作《理解人类学的尝
试》有很丰富的建议,但它不是一个全面的精神病学系统。现
象学这个名词没有在他的这个工作中出现,而只是非常少地在
他的预备研究中被提及。但是,就他引用了海德格尔、萨特或
宾斯旺格而言,现象学在他的工作中是存在的。更为重要的是,
查特的研究包含了非常值得注意的具体现象学观察。因此,值
得注意的是,他以及库伦坎普夫将萨特的注视现象学应用到了
精神病患者(尤其是精神分裂患者)世界的研究中。然而这不
意味着查特同意萨特把注视解释为对他人自由的攻击,而非
"人类最有启发性和美丽的表达"(《理解人类学的尝试》,
第809页)。

甚至更有原创性的是查特对于人类与他的鲜活身体相关联
的不同方式(支持和被支持)的兴趣。在这里,库伦坎普夫有
关立场与立场丧失现象的研究,在现象学和心理学上也是很有
启发性的。查特的在人类与空间关系(例如在海德格尔曾说过
的"栖居")中的此在秩序(Daseinsordnungen)概念以及诸
如此类的秩序概念,被证明是能够促进人类学理解的。

波什(Gerhard Bosch,1918—)是查特的学生,而他使用
"现象学人类学进路",并在对自闭症儿童进行的语言分析基

础上来研究自闭症儿童。① 这种进路旨在更好地理解自闭症儿童的世界建构，而且使用了胡塞尔的建构世界（尤其是社会世界）现象学以及宾斯旺格和查特更为专门的研究作为它的哲学框架。波什尤其描述了在遭遇他人和建构一个与他人共在的共同世界可能性上的自闭缺损。在图宾根大学，受训于高普（Robert Gaupp）和克雷奇默（Ernst Kretschmer）学派的文克勒（Walter Theoder Winkler），提出了"动态现象学"的观念，旨在研究先前"静态现象学"所忽视的病理现象。② 文克勒与海夫那一起提出了本我撤退（ego-anachoresis）概念，来解释精神分裂患者与体验中不可忍受部分的分离。

[6]　荷兰精神病学中的现象学

现象学对荷兰的精神病理学、精神病学以及心理学有显著的影响。尽管大量的文献只有那些懂荷兰语的人才能阅读，但还是有足够的译为德文和法文的代表性文献。

其中的领导性人物是荷兰乌特勒支大学的鲁梅克（Henricus Cornelius Rümke，1893—1968）。其他重要的人物有：卡普（E. A. D. E. Carp）、德容（Janse de Jonge）、范登·伯格（Jan Hendrik Vanden Berg）和范·德·霍斯特（L. Van der Horst）。

112

---

① Gerhard Bosch, *Der frühkindliche Autismus: Eine klinische und phänomenologisch-anthropolologische Untersuchung am Leitfaden der Sprache*, Berlin: Springer, 1962.

② Walter Theoder Winkler, "Dynamische Phänomenologie der Schizophrenien als Weg zur gezielten Psychotherapie", *Zeitschrift für Psychotherapie und Medizinische Psychologie*, Ⅶ (1957), pp. 192-204.

鲁梅克首先由于他有关快乐感的现象学专著而为人所知。[①]
这本专著使用了梅耶－格劳斯的早期研究，但又大大超越了梅
耶－格劳斯，因为鲁梅克将快乐的所有方面都解析为了一种
意识状态，并且特别注意体验快乐的方式，例如在快乐体验前
景和背景中的东西。对快乐感发生的现象学分析区分了"反应
快乐感"和"独立快乐感"，例如源于陶醉状态的快乐感。舍
勒认为鲁梅克的这种研究与他在《伦理学中的形式主义与质料
的价值伦理学》序言中的研究是一致的，尽管鲁梅克没有提到
舍勒。

鲁梅克越来越成为了现象学在精神病学中的代言人（甚至
在国际精神病学界也是如此），[②] 但他从没有宣称他垄断了这个
领域。在他的后期著作中，他积极地运用了宾斯旺格的人类学，
及其从闵可夫斯基到萨特的法国支流。然而，近来鲁梅克的晚
期论文集《处于危机中的繁荣的精神病学》（已经有了德文版）[③]
表明了他投入的范围。鲁梅克想要恢复精神病学中曾经（归功
于现象学、精神分析、心身医学等）的百花齐放（或多或少有
对抢救精神生活主观方面的兴趣），而他认为，如果这些繁荣
的革新、科学标准的失落以及尤其是放弃"客观性"要求的倾
向之间不能相互协调，那么就会产生危险。换言之，鲁梅克关

---

① Henricus Cornelius Rümke, *Zur Phänomenologie und Klinik des Glücksgefühles*, Berlin: Springer, 1924.

② Henricus Cornelius Rümke, "Phenomenological and Descriptive Aspects of Psychiatry", in *the Third World Congress of Psychiatry in Montreal*, I (1961), pp. 16-25.

③ Henricus Cornelius Rümke, *Eine bluhende Psychiatrie in Gefahr*, ed. and trans. by Walter von Baeyer, Berlin: Springer, 1967.

注的是如何把新的发展恰当地整合到"科学心理学"的框架中。

鲁梅克至少区分了三种现象学：雅斯贝尔斯的以同情为基础的现象学、胡塞尔的本质直观现象学、宾斯旺格的人类学现象学，而所有三种类型都想在理解现象的同时，超越对于现象的单纯描述。鲁梅克和宾斯旺格一样相信现象学甚至隐藏在精神分析中（《处于危机中的繁荣的精神病学》，第 47—48 页）。在主张把现象学与其他发展结合起来的时候，鲁梅克没有宣称现象学有任何特殊的确定性：现象学与所有经验研究一样，有单纯的概然性。但是，鲁梅克相信现象学是精神病学不可或缺的基础之一。

鲁梅克对现象学心理学与精神病理学的具体贡献，没有停留在他对快乐的研究上。他的具体贡献包括他对强迫现象的研究、对开放与封闭态度的更详细研究、在《情感联系的现象学方面》这一清晰标题下的尤其丰富的研究。他还有对于被忽视的原初现象的鉴别力，而其中的一个例证就是他对一个人对自己鼻子厌恶感的研究。

范登·伯格拥有"心理学和现象学精神病理学的教席"，而他通过最早在许多方面仍然是最简明的对现象学精神病学的导论，在盎格鲁－美国为人所知。① 尽管这本书阐明了现象学精神病学与精神分析之间的很多差异，但它没有深入哲学基础，除了最后简要的历史部分（短得不能让人真正理解哲学方面）。

后来，范登·伯格介绍了处理人类变化本质（metabletica）的"历史心理学"观念。这个概念初看起来似乎否定了现象学

---

① Jan Hendrik Vanden Berg, *The Phenomenological Approach to Psychiatry*, Springfield, Ill: Charles Thomas, 1955.

中持久本质的观念。实际上，范登·伯格在这项工作中甚至没有提到现象学的名字。然而，即使在萨特的现象学实存主义那里，人类也有由选择决定的本质，所以对范登·伯格来说，变化是人类现象学本质的一部分。[①]

对荷兰新精神病学做出最大贡献是范·德·霍斯特的两卷本著作《人类学精神病学》——另外还有四位荷兰精神病学家合作者：布恩（A. A. Boon）、布杰（Joh. Booij）、胡根霍尔兹（P. The. Hugenholtz）和范·德·劳夫（van der Leeuw）。[②]然而，这本书不是一个有计划的系统。第 1 卷探讨了"一般精神病学"的各方面，而第 2 卷（"特殊精神病学"）主要探讨了经由选择的"边缘精神病"（Randpsychosen），即处于精神分裂边缘的精神病。重点是人类学，而不是现象学。这种人类学与生物人类学形成了对比，并且旨在完整地把人看作"生存"存在。他们还经常把现象学作为主要的方法论基础，并且有时候会引用到布伦塔诺、胡塞尔、舍勒、海德格尔和宾斯旺格。

[7] 法国精神病学中的现象学：艾伊（1900—1977）

在法国精神病学中，现象学似乎正在上升，尽管我们不

---

① Jan Hendrik Vanden Berg, *Metabletica van de materie*, Nijkerk: Callenbach, 1968.
Jan Hendrik Vanden Berg, *Metabletica or Leer der Veranderingen*, Nijkerk: Callenbach, 1956.
英译本：Jan Hendrik Vanden Berg, *The Changing Nature of Man: Introduction to a Histrorical Psychology of Man*, New York: Delta Books, 1961.
② L. Van der Horst et al, *Anthropologische Psychiatrie*, Amsterdam: Van Holkema and Wagendorf, 1946.

能高估现象学目前的地位。以让内（Pierre Janet）、夏柯
（Jean-Martin Charcot）、伯恩海姆（Hippolyte Bernheim）
和巴宾斯基（Joseph Babinski）等为代表的法国精神病理学，
一直以来都很重视精神病理的主观方面，即使总是在医学的框
架内。在弗洛伊德那里，伴随精神分析而来的第一个重要变化
本身就源于夏柯与南西学派（Nancy School）。不久以后，现
象学通过闵可夫斯基在法国精神病学中获得了第一个立足点。
闵可夫斯基在一战期间离开了他的祖国波兰，并经由德国与瑞
士到法国定居。闵可夫斯基主要反映了舍勒的心理学思想。但
是，闵可夫斯基新现象学带给法国的是他对柏格森工作的现象
学解释。在第一阶段的重要事件是 1925 年精神病学进展小组
（L'Evolution psychiatrique）的成立以及 1929 年同名杂志的
创立。这个杂志作为新思想的集合点，主要的着重点是以它的
主编海斯纳德（Angelo Hesnard）为代表的精神分析（海斯纳
德之前的兴趣点是现象学）。但是，在法国现象学的自然化中，
最重要的人物是艾伊（Henry Ey）；他在二战以后，与闵可夫
斯基一起创办了《精神病学进展》杂志。闵可夫斯基是本书第   115
二部分独立研究的主题；而且我将在现象学对精神分析的渗透
中讨论到海斯纳德。在本章框架中，最适合讨论的是艾伊，因
为他的立足点是非精神分析的精神病学，而且他只是折中地接
受了精神分析。

　　然而，艾伊不只是一个折中主义者。他吸收其他进路（尤
其是现象学）的方式，表明他是新主题的创造性使用者。他在
现象学中所达到的程度表明，在法国精神病学中，他是对现象

学哲学运用得最彻底和最原创的人。[①]

艾伊自己对精神病学研究以及系统化的贡献，依靠的是他对哲学文献非同寻常的熟悉。他甚至很熟悉德文原著（尤其是胡塞尔与海德格尔的原著），尽管他通常把领军性的法国现象学作为他的指导。值得一提的是他对德国现象学家著作的兴趣，得到了他们的回应；在近来的一个当代精神病学手册[②]中，艾伊是唯一用法文写作有关一般概念和哲学基本问题的人；德国精神病学家基斯克将艾伊的《意识》译为了德文，并为之作序；《意识》的德文版被纳入了《现象学心理学研究》系列，而这个系列还有梅洛-庞蒂《知觉现象学》的德文版。

艾伊的重要性还在于他在法国与国际精神病学界的领导地位。作为博诺瓦尔（Bonnelval）精神病专科医院的主任，他把这个专科医院作为了一个主要的会议中心。他还是最近世界精神病学会议的常务秘书。

显然，他对于现象学的兴趣是逐渐发展出来的。因为他第一个有关"自闭症"概念的研究（1932）没有提到现象学，而116 他的主要目标是系统地发展和支持进化式的统一精神病理学理论——他称之为有机体-动力学（organo-dynamic）理论。这种理论的模板是受戈尔德斯坦影响很深的英国神经病学家杰克

---

① 我感到非常高兴的是，我作为一个局外人所做的估计，得到了著名的精神病学家基斯克的支持，正如他在给艾伊《意识》的一书的序言中所表达的。（Henry Ey, *Das Bewusstsein*, Berlin: de Gruyter, 1967, p. xxiv.）

② Henry Ey, "Esquisse d'une conception organi-dynamique de la structure, de la nosographie et de l'étiopathologenie des maladies mentales", in *Psychiatrie der Gegenwart*, I/II, pp. 720-762.
英译本：in E. Straus, M. Natanson and H. Ey, *Psychiatry and Philosophy*. New York: Springer, 1969, pp. 111-161.

森（Hughlings Jackson）的概念。艾伊通过将这种理论称为"有机体的"理论，并且想要提出具有基础结构与心理超结构的有机体等级结构；他通过将这种理论称为"动力学"理论，想要指出的是有机体建构和解构自身的进化过程。根据这种概念，精神疾病就是打破正常结构、缩减组织水平的"缺损"过程。在这些情况下，意识会下沉到潜意识和想象层面上，而我们最好是通过对梦和睡眠的研究去理解潜意识与想象。

　　这种概念本身没有暗示任何现象学。但是，为了掌握作为统一、特殊"反感"（counter-sense）之组织的精神疾病（既不同于由损伤机械地引起的单纯症状集合，也不同于对平均数的单纯统计偏离），现象学分析是必需的；尤其是为了探索患者与其他主体之间的主体间关系、患者在世界中的存在（此在）以及患者对于实在与非实在的感觉。①

　　现象学在艾伊工作中越来越重要的地位，可以追溯到他最有抱负的方案——从 1948 年开始迄今为止出了三卷的联系松散的精神病学研究。② 这些研究的目标是为"精神失常的自然史"打下基础。在第 1 卷的八个研究中，只有最后一个致力于"梦、精神病理学中的原发事实"的研究，表明其最初对催眠解除（hypnic dissolution）的研究有清晰的现象学痕迹。在这里，艾伊大胆地运用了斯特劳斯对想象的现象学研究，并且从以萨

① Henry Ey, "Deuxième thèse (phénoménologique)", in *Psychiatrie der Gegenwart*, I/II, pp. 734ff.
　英译本：in E. Straus, M. Natanson and H. Ey, *Psychiatry and Philosophy*, New York: Springer, 1969, pp. 128ff.
② Henry Ey, *Etudes psychiatriques*. Vol. I, Paris: Desclée de Brouwer, 1948; 2d ed., 1952. Vol. II, 1950; 2d ed., 1957. Vol. III, 1954; 2d ed., 1960.

特为基础的"现象学分析"开始来研究梦的结构，紧接着是动态结构研究，然后是解释理论的讨论。

现象学成分在1953年出版的第3卷、也是最大的一卷中（《精神病学研究》第3卷，共780页）变得更加明显。第3卷的八个研究涉及的是急性精神病的结构以及意识的"解构"。这些研究大多包含现象学和实存主义部分（尤其引用了胡塞尔和宾斯旺格）。有特别意义的是这些研究：躁狂（#21），抑郁（#22）、精神混乱和妄想精神病（#23）以及癫痫（#26）。但是，现象学的影响主要表现在对意识的结论性研究中（#27）。这个研究的开头是这么写的：

> 有些词让我们害怕。当然，即使是现在，我们也不能逃避这种恐惧：意识是异常精神生命的核心，正如意识是存在的中心那样；意识不是没有意义的词语，或机关里跑出来的魂魄（deus es machina），而是生命实在的基本精神结构……（《精神病学研究》第3卷，第653页）

为了应对这种"恐惧"，艾伊到现象学中去寻找帮助。在考查了有关急性精神病结构丧失的现象学发现之后，他以一些对于哲学问题的一般观察为基础找到了意识的一般结构。即使是在这里，艾伊再次确定，他的最终目标是重新解释意识与脑过程。但是，他首先注意的是哲学对于意识研究的贡献，并且用了一个长达若干页的脚注来引用胡塞尔和海德格尔的意识现象学（《精神病学研究》第3卷，第701页及以下）。

第一个有些犹豫的研究解释了艾伊在准备《精神病学研究》

的下一卷之前为什么会觉得必须写一本有关意识的独立著作；这本书是他最重要的贡献（至少是对现象学精神病理学来说）。[①]

《意识》这本书的四个部分，探讨的是一般的"意识存在"（être conscient）——在这本书的第 2 版中，艾伊有时候用"意识生成"（devenir conscient）来替换"意识存在"这个术语；此外还探讨了意识、自我与无意识的领域。无意识这个部分是最简短的，而且在这本书的第 2 版中得到了第五部分的补充。我不想缩略这个非常丰富的部分，我将聚焦于它的现象学特征。

《意识》这本书的的导论部分以表面上试图定义意识的章节开始。这一章直接引用了胡塞尔和萨特的概念。在将意识确定为意向性过程的同时，艾伊不仅引用了布伦塔诺与胡塞尔，而且引用了格式塔心理学与梅洛－庞蒂。在首先考察由动物形式到道德良心的意识层次以后，艾伊将意识存在定义为个体世界模式（《意识》，第 39 页），而它包括两个相互关联的维度：实际生命体验（le vécu）和处于中心的人格或自我。然后，艾伊把这种意识结构与四种哲学概念进行了简短的比较。詹姆士与柏格森各占 4 页，然后是 18 页的"现象学"。对胡塞尔的讨论占了 12 页，并根据利科与梅洛－庞蒂的解释，详细地探讨了先验现象学；在这里，艾伊确认，他非常珍惜将现象学与科学心理学需要联系在一起所带来的财富。海德格尔占据的篇幅较小（6 页），而在这里，德瓦伦斯（Alphonse de Waehlens）为艾伊提供了指导。在把哲学贡献考虑在内的情况下，艾伊宣布了他自己的进路："盛大的精神病理学道路"——重申了斯派

118

[①]　Henry Ey, *La Conscience*, Paris: PUF, 1963; 2d ed., 1968.

希特心理病理学未完成的承诺（参见本书第 140 页）。

相应地，这本书的第二部分以对"现象学精神病理学"的勾勒为开始——从睡眠和做梦中的意识解体，到精神混乱和幻想阶段，再到人格解体和躁狂－抑郁变形。在这种解构的基础上，艾伊援引胡塞尔与古尔维什，建立了"具有鲜活事实性的意识领域现象学"。因此，这个意识领域可以分为三个层次：（1）"垂直"觉醒维度的温床或基础设施；（2）让正常、觉醒主体可以进行特许运动的良好建构层次；（3）自由自我进行的选择组织层次。在这些现象学章节之后是 100 页对意识领域的神经生物学的探讨，而这部分试图确立神经生物学与现象学之间的异质同形（isomorphism）——这让人想起了科勒的类似努力。

这本书的第三部分转向了意识领域中心的人格或自我。艾伊再次从现象学精神病理学的章节开始，并描述了不断发展的自我解体：（1）从精神病理（特征病理）的变化出发；（2）从神经症（癔病）自我到疏离（自我变成了另一个自我）；（3）从与另一个自我相同一的精神分裂自我出发；（4）从痴呆自我（它在混乱中甚至丧失了世界）出发。紧随这一章的是有关正常自我及其自我结构的章节，而它批判性地回顾了有关人类起源的主要理论。然后，艾伊提出了他的人之为人的本我现象学，他在其中探索了本我的 "个体发生学"——本我是知识的主体、世界的建构者、人格的组成者、自治者，另外他还探索了"本我的动态结构"，包括身体、语言、理性、历史性。最后，他再次评论了自我以及意识领域之间的相互关系。在这些部分中，对其他现象学家的引用相对较少。然而，艾伊把萨特对于本我的讨论成了他的出发点，尽管他不同意萨特的本我"超越"。

119

在这本书的第四部分中，艾伊转向了无意识。他以意识为出发点，但这不意味着他摒弃了无意识概念。他也没有摒弃弗洛伊德的精神分析，尽管他有很多保留意见，以至于他说："我既是一个精神分析主义者，又不是一个精神分析主义者。"事实上，他在这一章中的讨论仅仅是初步的。总体上，他把无意识看作意识的反面以及在事实上不可或缺的配对。然而，艾伊援引了梅洛－庞蒂、利科和德瓦伦斯——他们在 1960 年参与了与精神分析主义者的"令人激动"但没有公开发表的辩论。显然，艾伊在他后来的《精神病学》中又回到了无意识这个主题。在某种程度上，艾伊在《意识》这本书中已经回到了无意识这个主题——他在第 2 版所增加的第五部分中，探讨了"意识生成"。但他的直接关注点是对幻觉的详细探索，而这种探索后来出现在了篇幅更大的一本书中。

尽管艾伊对现象学的运用与日俱增，但人们不能忽视这个事实：对他来说，现象学只是精神病学若干进路中的一种。因此，他有关精神病学的著述在导论的最后部分讨论了现象学，并且给予现象学以很高的评价；他还提醒人们注意忽视疾病"决定主义"的危险。然而，艾伊的研究体现了法国精神病学对哲学现象学的最持久应用。他对哲学现象学的所有解释可能不总是正确的，而且他最原创的分析也不是最终的。但是，他的工作加强了精神病理学中的现象学潮流，而他的影响甚至超出了法国的范围。

法国现象学精神病学中的另一个不同于精神分析的有趣发展，是比利时精神病学家蒂斯莫林斯（P. Desmounlins）的神经症与精神病研究——德瓦伦斯为它写了序言。[①] 从哲学上来说，

120

---

① P. Demounlins, *Névrose et psychose: Essai de psychopathologie phénoménologique*,
Louvain: Nauwelaerts, 1967.

这本书主要以萨特的现象学和实存主义概念为基础，同时整合了艾伊的思想，例如，蒂莫林斯把梦作为神经症与精神病基本差异的线索。

[8] 意大利精神病学中的现象学

人们可能对意大利现象学精神病理学有很大的期待，尤其是它对于现象学而不只是实存主义的、显著的和更新的考察。有明确的证据表明，宾斯旺格影响到了意大利松德里奥（Sondrio）精神病院的卡格内罗（Danilo Cargnello），而且卡格内罗是第一个完整写出宾斯旺格著述目录的人。卡格内罗还吸收了弗兰克的意义疗法。

这里短短的几句话仅仅是一个非常丰富的故事的一小部分。作为一种指示，我只能指出阿萨古里（Robert Assagioli）心理综合中的现象学成分。① 正如这本书的其他部分一样，我只希望其他更合适的人会来填补这个鸿沟。

[9] 西班牙语美洲精神病学中的现象学

尽管此刻我觉得自己无法探索这个领域，更不要说指导别人，但我至少必须提示一下，现象学，或者更确切地说，现象学实存主义在西班牙精神病学尤其是所谓的巴塞罗那学派中的地位。

121

---

① Robert Assagioli, *Psychosynthesis*, New York: Hobbs, Dorman, 1965.

这个领域中的领军性人物是萨罗（Ramon Sarro）、伊伯（J. J. Lopez-Ibor）、恩特阿尔格（P. Lain Entralgo）。一部很重要的著作是伊伯的《生命焦虑》（*Angustia vital*）（1952），而这本书主要受到了伽塞特、舍勒与海德格尔的启发。

在萨罗看来，尽管西班牙精神病学家们不熟悉胡塞尔现象学与海德格尔的存在论，但实存主义－人类学潮流在西班牙的大学里占据着主导地位。[1] 在拉丁美洲同样如此，但是没有产生卓越的创造性成果。[2]

[10] 英国精神病理学中的现象学：莱恩（1927—1989）

一直到最近，才有一点点证据表明，现象学影响到了英国的精神病学。正如我们已经看到的，梅耶－格劳斯（他的《医学精神病学》取得了非同寻常的成功）只是很谨慎地发出了对现象学的要求。然而，对雅斯贝尔斯的兴趣至少促使英国曼彻斯特大学的研究人员翻译了《普通精神病理学》。

由琼斯（Ernest Jones）介绍到英国精神病学中的外国思想，主要是精神分析，然后是实存主义。萨特式的实存主义催生了实存主义精神分析，而后者又根植于现象学精神病理学。

英国精神病学家、塔维斯托克人类关系研究所（Tavistock Institute）的莱恩（Ronald David Laing）也许对现象学进行了

[1]　Ramon Sarro, *Handbuch der Neurosenlehre und Psychotherapie*, ed. V. Frankl et al., Munich: Urand and Schwarzenberg, 1959, I, p. 138.

[2]　Teodoro Binder, "Nichtanalytische Therapie", in *Handbuch der Neurosenlehre und Psychotherapie*, ed. V. Frankl et al., Munich: Urand and Schwarzenberg, 1959, pp. 220-225.

最有前途的创造性吸收。他和导师库珀（D. G. Cooper）建立了一个现象学研究所。莱恩是多才多艺的，所以他还涉足文化政治学和意气风发的诗歌。

"我主要受益于实存主义传统。"[1] 莱恩明确地提到了克尔凯郭尔、雅斯贝尔斯、海德格尔、宾斯旺格与蒂利希（Paul Tillich）。但莱恩也引用了闵可夫斯基（莱恩的第一本书就使用了闵可夫斯基的格言）、梅洛－庞蒂、博斯和其他现象学实存主义者。然而，胡塞尔与舍勒的名字只在莱恩后来的主体间性研究中出现过。[2] 显然，莱恩对现象学哲学的主要兴趣集中在萨特身上；莱恩与库珀一起把萨特后期的思想运用到了一本专著中，而萨特自己为这本专著写了一个法文序言。在这个序言中，萨特不仅认为莱恩与库珀把他在 20 世纪 50 年代到 60 年代的工作精简为"非常清晰和非常有成效的思想阐释"（确实非常需要这样！），而且萨特也支持莱恩的精神疾病研究进路。[3] 但是，抛开这种慷慨的赞誉，莱恩正确地指出，他的研究不是"对任何已有哲学的直接应用"。

他的第一本书是对神志正常与疯癫的研究。他说他的主要目标是不同于生物体研究（即具有过程复杂性）的"人的科学"。[4] 这个目标要求"实存主义－现象学的陈述"。这种陈述必须去探索人对世界以及自身体验的本质，并将人所有的特定体验与

[1] Ronald David Laing, *The Divided Self*, Chicago: Quadrangle Books, 1960, p. 9.
[2] Ronald David Laing, *Interpersonal Perception, A Theory and a Method of Research*, New York: Springer, 1960.
Ronald David Laing, *The Politics of Experience*. New York: Pantheon Books, 1967.
[3] Ronald David Laing, *Reason and Violence*, New York: Humanities Press, 1964.
[4] Ronald David Laing, *The Divided Self*, Chicago: Quadrangle Books, 1960, p. 21.

他"在世界中的存在"相关联（主要是遵循海德格尔与宾斯旺格的精神）。但是，还要指出的是：莱恩将弗洛伊德视为"最伟大的精神病理学家"（《分裂的自我》，第 24 页），尽管他认为弗洛伊德的理论是需要被替代的。实际上，莱恩认为精神分析包含有效的"超现象学层面"，而且这种"超现象学层面"的有效性，取决于其超现象学基础的合理性。[①] 莱恩甚至承认精神疾病现象也要求现象学的超现象学扩展，并且精神病患者的世界只能由"现象学推理"（同上书，第 14 页）达到。在莱恩看来，弗洛伊德精神分析中更为严重的缺点是忽视了社会因素。因此，在很多时候，莱恩的社会现象学与沙利文（Harry Stack Sullivan）的主体间精神病学是相并行的。

然而，莱恩远远超越了单纯的理论考虑。在"尽可能直接地面向患者本身，并且把专门围绕精神病学和精神分析而进行的讨论（包括历史的、理论的以及实践的讨论）最小化"时，[②] 莱恩指出了精神病理学个体和主体间范围中的一些新的和重要的现象。因此，莱恩描述了他称之为"存在论不安"（ontological insecurity）的东西，并把这种描述作为理解精神分裂患者的基础；他把对这种这种不安事件的焦虑，描述为个体身份的"吞食"、"由逐渐渗入的世界导致的聚爆"或"石化"——他认为萨特的《存在与虚无》特别好地描述了这种情况。莱恩还认为，离身自我是具身自我发生的通常变异。精神分裂人格中的基本分裂，使自我疏离了它的身体（同上书，第 191 页）。

123

---

① Ronald David Laing, *The Self and Others*, Chicago: Quadrangle Books, 1962, pp. 14-16.

② Ronald David Laing, *The Divided Self*, Chicago: Quadrangle Books, 1960, p. 16.

　　但是，更为原创和有前途的是莱恩在自我与他人的主体间领域，尤其是两个自我的二价关系中的一些现象学观察。在这里，他特别注意了他在《主体间知觉》（*Interpersonal Perception*）中发展出来的自我角度的重要性。"主体间知觉"这个概念，显然受到了萨特的本己身体视角现象学的影响；莱恩在这个概念中不仅引入了自我的角度，而且介绍了其他的现象，如"元视角"（meta-perspectives）（即对他人个体视角的视角，例如对他人自我观的观点）、"元－元视角"（meta-metaperspectives）等的无限反复——有时候表现了几乎怪异的魅力以及语言的反复可能性。"主体间知觉"这个概念使莱恩拥有了高度细分的、探索主体间理解与误解的工具。"主体间知觉"这个概念尤其为莱恩提供了互惠视角螺旋（这个概念让我们想到舒茨的、作为关系基础的视角互惠性），但是莱恩的概念大大超越了舒茨的概念，因为莱恩增加了元视角以及对这些视角进行无限反思的可能性。在莱恩看来，互惠视角螺旋尤其会在不信任中发展，[1]而他甚至相信他们的研究能够帮助我们应对主体间误解。

　　莱恩与艾斯特森（Aaron Esterson）一起，在对精神分裂家庭的第一个案例研究系列中，有效地使用了上述进路。[2]他们的研究想要说明"精神分裂患者的体验与行为比大多数精神病学家所认为的要更为聪明"。实际上，他们相信"这些描述所体现和要求的观点转变，具有不亚于三百年前从鬼神学到临床观

[1] Ronald David Laing, Herbert Phillipson, A. Russell Lee, *Interpersonal Perception*, New York: Springer, 1966.

[2] Ronald David Laing and Aaron Esterson, *Sanity, Madness and Family*, New York:Basic Books, 1964.

点转变的历史意义。（《神志正常、疯癫与家庭》，第 13 页）"
这种转变事实上包括：以独立和联合深入访谈为基础的、家庭
成员的互惠视角研究，而它的成果是视角的并列；这说明，视
角冲突是文化冲突中所谓精神分裂的基础。然而，我们不应该
忽视他们而避免深入解释社会现象学的新数据，即使在其他领
域中，莱恩的观点是十分丰富的。

[11]　结论

我们再次想要说明，之前调查所得到的整体图景，不能为
彻底的宣称提供充分的基础。在当今精神病学的广阔语境中，
现象学只是许多思潮中的一个，并且它不是最强的一个，尤其
是在化学疗法成为革命性的精神病疗法的年代。然而，即使现
象学不是唯一得到应用的思潮，但现象学仍然是在精神病理学
中而不是在心理学中发展最迅速的一个思潮。当然，这个领域
中新的具体研究也没有消退。现象学哲学在精神病理学中得到
了比在其他领域（如社会学）中更多的应用。这不意味着现象
学可以提供理解现象的答案。但是，现象学提供了理解之前完
全无法理解的精神疾病的主要突破工具。

125

第4章 精神分析中的现象学

我们得解释一下为什么要用独立的一章来讨论现象学与精神分析的关系。人们一开始可以会问,为什么要把精神分析与精神病理学及精神病学区分开。尽管精神分析首先是精神病理学及精神病学中非常新颖和独特的进路,但是精神分析仍然只被看作是精神病理学及精神病学中的一个"学派",而不是一个完全独立的事业。然而,精神分析的发展显然大大超出了精神病理学及精神病学的范围:精神分析发展为了具有动态人格理论的、新型普通心理学。人们甚至可以认为精神分析是在正常和异常心理学之间新的纽带与桥梁。我没有做出上述如此大胆的论断,而我只是认为精神分析是完全不同于它的先行者的新进路。但这不意味着我把精神分析与受其深远影响心理学及精神病学的这两个领域割裂开来。

然而,还有理由可以解释为什么本书用独立的一章来讨论精神分析与现象学的关系。因为这种关系引发了一些特殊问题。基本问题是:初看起来,现象学与精神分析没有共同点,因为现象学被理解为是对直接给予意识的研究,而精神分析是以高度复杂的技术为基础并以建构假设为形式的对无意识的研究。

更糟糕的是，当现象学被解释为将宇宙规定为意识世界，而精神分析只将意识当作非理性力量的无力副产品时，二者似乎是 126 不一致的。因此，我们有必要按照利科研究弗洛伊德的方式，更仔细地调查二者之间的互惠关系。

但这只是问题的一部分，尽管这是问题出发的背景。至少同样和最终甚至更重要的是这个假设：意识与无意识精神生命都有目的或意义，并且必须在这些意义而不是生化原因上得到理解。对这些意义的承认，使得精神分析的实践成为了一种宽泛的精神主义（mentalism）和最终主义（finalism）。这种强调与精神分析（它作为治疗事业是宿命论的）的实践起源及最终目标紧密相联。实际上，精神分析努力把无意识转换为意识，并且将盲目的无意识力量重新定向到了更理性的渠道，所以在精神分析治疗中，意识具有优先地位。例如，后期弗洛伊德以及他的正统追随者们，给予本我及其功能以越来越大的重要性。

最后还有整个科学证实的问题。在试图证实有时候非常推测性的假设时，即使是精神分析也必须通过不可或缺的主体洞见证据来证实它的预测。一方面是为了治疗，另一方面是作为分析正确性的决定性检验，患者必须接受一开始他可能完全无法理解和接受的分析者解释。这意味着对意识的依赖。精神分析所增加的东西是：精神分析在实际发展中，不能不把意识作为探查无意识的起点与终点。

作为对意识本质结构之系统研究的现象学，在多大程度上能够在研究无意识时帮助精神分析呢？本章至少提供了一些历史答案。总体上，精神分析与现象学运动在德国很少有交流。

更加引人注目的是法国的情况：两者不仅进行了对话，而且似
127 乎接近于融合。到目前为止，现象学与精神分析之间关系的整
体图景，本身就是本书的一项任务。精神分析运动的支流，至
少与现象学运动的支流一样广阔和复杂。我想做的事，以及仍
然非常需要做的事是，阐明在精神分析与现象学的边缘开始接
触时，这两个独立运动之间的关系。

我将从一些经典精神分析学家对现象学态度的现存事实出
发，然后探讨一些更让人感兴趣的精神分析追随者。我还会提
供一些有关早期现象学对于精神分析回应的资料。这也是我们
讨论这两个进路最早遭遇中代表性人物的背景，我们将在第二
部分更详细地探讨席尔德与宾斯旺格。

[1] 弗洛伊德和现象学

精神分析与现象学这两个年轻的运动（它们几乎同时出现，
胡塞尔的《逻辑研究》发表于 1900—1901 年，而弗洛伊德的《梦
的解析》发表于 1901 年）经历了一些时间才发展到足以进行甚
至只是表面交流的程度。

人们必须知道，一开始，弗洛伊德就宣称他厌恶所有学术
意义上的哲学家——显然包括像胡塞尔这样一般被认为是反心
理主义者的哲学家。因此，人们会认为弗洛伊德所发表的任何
128 著述都不会提及胡塞尔。① 但不可忽视的是，弗洛伊德与两个当

---

① 然而，"现象学"这个术语在弗洛伊德的最后著作中出现了两次——1938 年
精神分析概要中的伦敦片断（Sigmund Freud, *Gesammelte Werke*, Frankfurt:
Fischer, 1960-1968, ⅩⅦ, pp. 78-79; 英译本：*Complete Works*, 24 vols, New York:

代哲学心理学家保持着联系，而这两个人对早期现象学有非常
重要的意义：布伦塔诺与李普斯。布伦塔诺是胡塞尔哲学觉醒
的先行者，而李普斯一开始是胡塞尔攻击心理主义时的一个对
象，后来成为了胡塞尔的支持者，并与胡塞尔建立了友谊。胡
塞尔还将李普斯的一些思想吸收到了现象学中。另外，李普斯
及其分析心理学，是大多数后来现象学运动的老师，如普凡德尔。

　　巴克莱（James R. Barclay）在回顾了梅兰（Philip Merlan）
所作的弗洛伊德年表中的一些事实后，谨慎地探讨了在 19 世
纪 70 年代早期，当弗洛伊德在奥地利维也利大学的医学专业
学习时，他与布伦塔诺的个人交往程度对精神分析的影响。[①]
但是，考虑到弗洛伊德显而易见的沉默，[②] 我们无法确认，巴
克莱找到的布伦塔诺与弗洛伊德心理学观点之间的八个一致是
布伦塔诺对弗洛伊德的直接或间接影响的后果。然而，我们可

Macmillan, 1964, XVIII, pp. 155-157.）。在这里，弗洛伊德提到"我们所观察到的
正常与异常现象的洞见"，即现象学，要求从动态学与经济学（力比多的量化
分布）出发去进行描述。被囊括到弗洛伊德所说的描述与发生分支（病因学）
中的现象学，并不比布伦塔诺的心理学更多。但是，描述分支显然是一个重要
的分支，因为弗洛伊德的现象学甚至包括了动态驱力与分配它们的经济学。
在接下去有关"心理质"的章节中，弗洛伊德也明确提到，他的心理现象学
（psychische Phänomenologie）不仅涉及意识，而且涉及各种无意识形式。
我要感谢梅特劳克斯博士（Alexandre Metraux）帮助鉴别了弗洛伊德著述中的
若干文句。

① James R. Barclay, "Franz Brentano and Sigmund Freud", *Journal of Existentialism*,
　V (1964), pp. 1-33.
② 巴克莱似乎忽略了弗洛伊德对布伦塔诺的（Aenigmatias, 1878）的引用；弗洛
　伊德在《玩笑及其与无意识的关系》的一个脚注中，增加了一个有关布伦塔
　诺姓名的当代双关语；（Sigmund Freud, *Gesammelte Werke*, Frankfurt: Fischer,
　1960-1968, VI, 31n; 英译本：*Complete Works*, 24 vols., New York: Macmillan, 1964,
　VIII, pp. 32n.）然而，弗洛伊德没有提到他与布伦塔诺之间的个人或思想联系，
　尤其是没有提到这个事实：他参加了布伦塔诺的五门课。

以确认布伦塔诺的意向性概念在弗洛伊德的思想中留有一些痕迹，所以我们不能忽视布伦塔诺在仔细研究了阿奎那（Thomas Aquinas）到冯·哈特曼（Eduard von Hartmann）关于无意识的哲学争论之后，认为整个无意识概念在科学上都是合理的。因此，如果弗洛伊德确实知晓布伦塔诺的《经验立场的心理学》,[1]那么我们就不必惊讶于弗洛伊德从不引用它。

对弗洛伊德来说，更加重要的是他从李普斯著作中受到的思想鼓励（如果不是个人的），尤其是李普斯的《心灵生命的基本事实》（1883）。琼斯（Ernest Jones）认为,[2]在李普斯的《心灵生命的基本事实》和《喜剧与幽默》（1898）中，弗洛伊德划出了这本书中的一个段落——无意识是意识的基础。因此，弗洛伊德在《玩笑及其与无意识的关系》中对李普斯作出了慷慨的赞誉：李普斯给了他"承担这项工作的勇气与能力"（《弗洛伊德全集》第 6 卷，第 5 页；英译本第 8 卷，第 1 页），因为他诉诸了无意识（《弗洛伊德全集》第 6 卷，第 164—165 页；英译本第 8 卷，第 147—148 页）。李普斯在《梦的解析》第 7 章中的角色甚至更为重要。在这里，在引入无意识概念时，弗洛伊德特别提到了李普斯在 1896 后的慕尼黑第三届国际会议上所做的报告(弗洛伊德应该没有参加这次会议)以及李普斯"强有力的陈述：无意识不是一个心理学的问题，而是心理学本身的问题"（《弗洛伊德全集》第 3 卷，第 616 页；英译本第 5 卷，第 611 页）。弗洛伊德在一封由奥地利奥塞（Aussee）发出的

[1] Franz Bretano, *Psychologie vom empirischen Standpunkt*. Leipzig: Duncker and Humblot, 1874; rev. ed. , Leipzip: Meiner, 1924, Book II, chapter 2.

[2] Ernest Jones, *Life and Work of Sigmund Freud*, New York: Basic Books, 1953, I, p. 149.

给弗里斯（Wilhelm Fliess）的信中（1898 年 8 月 26 日，第 94 和 95 号）说到，李普斯在《心灵生命的基本事实》中的研究，对他的基本理论建构有非常重要的意义，并且李普斯是"当代最好的哲学家"。

同样值得注意的是，直到 1938 年精神分析概要中的伦敦片断，弗洛伊德还提到了李普斯两次。[①] 确实，李普斯的无意识概念不能满足弗洛伊德的需要，尽管李普斯作为心理能量的动态的无意识概念与弗洛伊德的能量学显然是一致的。然而，我们必须知道，李普斯的潜意识理论更多是纲领而不是实际成就；李普斯所提出的心理学，主要涉及的是有意识以及前现象学意义上的描述而非解释。李普斯的这种缺陷在一定程度上导致了盖格尔深入的无意识研究——盖格尔是李普斯最早的学生之一——后来与胡塞尔产生了联系。[②]

所有的证据表明，尽管弗洛伊德必定通过如宾斯旺格与席尔德这样的朋友听闻了现象学与胡塞尔，但弗洛伊德没有在现象学中找到足够的、可以进行更多研究的东西。

130

[2] 荣格和现象学

对于荣格（Carl Gustav Jung）与现象学的关系来说，同样

---

① Sigmund Freud, *Gesammelte Werke*, Frankfurt: Fischer, 1960–1968, Ⅶ, p. 80, p. 147; 英译本：*Complete Works*, 24 vols, New York: Macmillan, 1964, ⅩⅩⅢ, p. 158, p. 286："德国哲学家李普斯最准确地宣告了：心理本身是无意识的，而无意识就是真正的心理。"

② Moritz Geiger, Fragment über das Unbewusste, *Jahrbuch für Philosophie und phänomenologische Forschung*, 4, 1921. 还可参见：Herbert Spiegelberg, *The Phenomenological Movement*, The Hague: Nijhoff, 1965, pp. 216ff.

没有证据表明荣格对作为哲学运动的现象学有任何深入的兴趣。尽管"现象学"这个术语确实出现在荣格大量的著述中，甚至出现在文章和更大著述的标题中。但是我不知道荣格曾经与现象学运动或现象学心理学家的成员有任何联系。实际上，荣格最有代表性的概念（如集体无意识）不太可能得到现象学的证实。

　　然而，荣格对现象学的反复引用是值得考察的。例如，在1928年的心理拓扑学讲座中（重印于他的《心理学类型》附录），他说到："心理现象学"（《心理学类型》，第573页）是他的心理拓扑学的基础。①这种现象学反过来建立在"临床现象学"或症状学的基础上。我们通过分析可以由这些症状，进到"现象"，即这些症状背后的"情结"。因此，心理现象学实际上是在显性症状基础上的无意识情结研究，而这种现象学与通常的现象学心理学概念几乎是不可调和的。

　　后来，在1936年的论文《论原型》中，荣格把他自己的立场与不以现象学为基础的"理论"进行了比较。他尤其指责弗洛伊德的理论是没有现象学基础的多余理论（"挂在空中的……缺乏一般现象学知识的"理论）。荣格在让内、詹姆士和弗洛诺伊（Theodore Flournay）那里找到了现象学基础。②1937年，他在美国耶鲁大学的论《心理学与宗教》的特里讲座（Terry Lectures）中，将他自己介绍为"坚持现象学立场的"经验主义者：

---

① Carl Gustav Jung, *Psychologische Typen*, Zurich: Rascher, 1960, Ⅵ, pp. 571ff.

② Carl Gustav Jung, "The Archetype and the Collective Unconsciousness", in *The Collected Works of C. G. Jung*, trans. R. F. C. Hull, Princeton, N. J.: Princeton University Press, 1959, Vol. Ⅸ, Part I, pp. 54−56.

> 我把注意力放在对现象的观察上，并且我回避任何形
> 而上学或哲学考察……我采取的方法论立场就是现象学立
> 场，而我关注的就是事件、体验，即事实。①

后面的段落明确地说明荣格的现象学与自然科学相一致，类似于涉及大象"现象"或人类的"现象学群组"的动物学。

荣格在 1945 年的讲座《论童话精神的现象学》（1948 年修订本）中表达了类似的立场；荣格一开始就强调了与"涉及实质问题"的科学相对的"现代心理学的根本现象学立场"。②这种现象学包括对事件的描述与排序以及对生命行为有序性的考察。这种现象学不排斥信念、确信和确定性体验，但缺少证明它们"科学有效性"的方法。

最后的段落表明荣格没有区分现象学与自然科学，并且他很接近现象学态度。但是，没有迹象表明他与现象学哲学有真正的联系。荣格对"现象学"这个术语的使用表明他仅把现象学当作表达工具，以应对现象学日益增长的知名度。③

[3] 阿德勒和现象学

阿德勒（Alfred Adler）对现象学有兴趣的证据就更少了。

---

① Carl Gustav Jung, *Zur Psychologie Westlicher und Östlicher Religion*, GW, XI, pp. 2-3; Eng. trans., XI, p. 5, 6.
② Carl Gustav Jung, *Collected Works*, Vol. IX, part I, pp. 207-254.
③ 在这种联系中，有意思的是英文版（Carl Gustav Jung, *Collected Works*, Vol. IX, part 2）用"自我现象学研究"取代了"符号史研究"这个子标题，而荣格也同意这么做。

但这仅仅是一个对寻找实践的新哲学框架没有兴趣的治疗学家
的中立立场。这种需要只是逐渐产生的。

因此，我们不必惊讶于在将个体心理学移植到美国后，阿
德勒的追随者不仅对其他心理学进路，而且对现象学表现出深
入的甚至与日俱增的兴趣。因此，自 1975 年以来，《个体心
理学杂志》在封面上宣称"致力于整体的、现象学的、领域理
论和社会导向的心理学进路以及相关领域"（尽管这些术语没
有得到解释）。然而，自 1959 年以来，有若干文章尝试阐明
阿德勒的观点与各种现象学实存主义者观点之间的联系。[1] 在
1961 年，《个体心理学杂志》刊登了"现象学人格概念"的专
题讨论会；美国心理学会在 1960 年组织了这个由帕特森（C. H.
Patterson）、基尔帕特里克（F. P. Kilpatrick）、卢钦斯、耶舍
尔与兰德曼（Ted Landsman）等参加的会议。[2]

[4] 弗洛伊德的追随者

A. 宾斯旺格和席尔德

总体上，弗洛伊德最忠实的追随者没有对现象学表现出比
他们导师更大的兴趣。然而，至少有两个弗洛伊德最忠实的追

[1] Wilson Van Dusen, "Adler and Existence Analysis, and The Ontology of Adlerian
    Psychodynamics", *Journal of Individual Psychology*, XV (1959), pp. 100−11, 143−156.
    Wilson Van Dusen and Heinz L. Ansbacher, "Adler and Binswanger on
    Schizophrenia", *Journal of Individual Psychology*, XVI (1960), pp. 77−80.
    Wilson Van Dusen and Heinz L. Ansbacher, "The Phenomenology of Schizophrenic
    Existence", *Journal of Individual Psychology*, XVII (1961), pp. 80−92.
[2] *Journal of Individual Psychology*, XVII (1961), pp. 4−38.

随者（宾斯旺格与席尔德）努力架构精神分析与现象学之间的联系。我们将在本书第二部分讨论这些努力的意义。

宾斯旺格与席尔德在多大程度上确立起了精神分析与现象学之间的友好关系了呢？我们远没有清晰的证据。在宾斯旺格这里，现象学逐渐取代和吸收了精神分析。在席尔德那里，对现象学的引用消失了，尤其是他在美国期间。建立精神分析与现象学之间稳固联系的任务，落到了这两个运动的法国和美国学者身上。

然而，弗洛伊德小圈子里的另两个成员费德（Paul Federn）与海因茨·哈特曼（Heinz Hartmann），至少对现象学有来得很晚的兴趣。这种情况是有特殊原因的。他们两个人都与本我（ego）在弗洛伊德的自我（id）、本我（ego）和超我（superego）理论中与日俱增的作用休戚相关——这种发展在弗洛伊德那里导致了《精神分析引论新编》第 31 讲末尾的著名宣称："自我在哪里，本我就在哪里。"安娜·弗洛伊德（Anna Freud）也认为本我在防御机制中占据主要地位。这种发展必然会导致对本我现象学（phenomenology of the ego）的兴趣。

B. 费德

费德（Paul Federn，1871—1950）属于弗洛伊德的紧密圈子。尽管费德通过将精神分析应用于神经病学以及精神病治疗而大大超越了弗洛伊德，但他总是相信自己与弗洛伊德是一致的，甚至在他的本我心理学发展中。只有在费德晚年待在美国时，他才意识到自己已经超越了导师的思想。① 费德显然知道现象学

___

① Eduardo Weiss, "Paul Federn", in *Psychoanalytic Pioneers*, ed. Franz Alexander et al., New York: Basic Books, 1966, p. 157.

运动，因为他引用了闵可夫斯基和席尔德的"本我心理学"——"最有勇气与直觉的思想"。[①]费德本人将他的本我心理学建立于三种本我定义的基础上——描述定义、现象学定义与形而上学定义。他认为"现象学"就是情感、认知和理解意义上的"主观描述"。他的自我现象学定义是："个体感觉到本我就是身体与精神生命在时间、空间和因果性上的持续或再现的延续性，而且个体把本我当作是一个统一体。"[②]

134 　　在费德那里，这种现象学描述的主要例子是 1949 年他在美国堪萨斯州托皮克市退伍军人医院所做的讲座。他说，"身体和精神本我、本我边界、本我情结和本我情感的现象学证据，使我们有了对于本我本质的新洞见"（《本我在梦中的觉醒》，第 213 页），而且他总强调这不只是理论或建构问题，而且是"现象学体验"的问题（同上书，第 221 页）。这些描述很少超越费德的主张，而且这些描述的原初性是值得进一步确认的。因此，他对于直生论（orthriogenesis）（自我通常的觉醒过程，收复了它在日常生活中的边界）的研究，是有关他现象学的特别典型案例（同上书，第 90—92、98 页）。费德有关精神病是本我病的思想，在施维（Gertrud Schwing）的工作中得到了治疗检验。[③]

---

① Paul Federn, *Ego-Psychology and the Psychoses*, New York: Basic Books, 1952, p. 222.

② Paul Federn, "The Awakening of the Ego in Dreams", in *Ego-Psychology and the Psychoses*, New York: Basic Books, 1952, p. 94.

③ Gertrud Schwing, *A Way to the Soul of the Mental Ill*, trans. Rudolf Ekstein and Bernard H. Hall, New York: International Universities Press, 1954.

C. 海因茨·哈特曼

在海因茨·哈特曼（Heinz Hartmann）的著述中，有大量
对于现象学甚至对于胡塞尔的引用。海因茨·哈特曼与席尔德
一起是精神分析本我概念的主要发起者。[1] 在海因茨·哈特曼的
德文著述中，他提到了狄尔泰的"现象学心理学"、胡塞尔《逻
辑研究》中的符号与信号理论，但他对这些理论没有表达出强
烈的兴趣。然而，在早期论精神分析基础的德文著作[2]（一个论
"理解与解释"的章节）中，他明确地把精神分析与现象学心
理学（主要是雅斯贝尔斯意义上的）相联系。为了避开"与胡
塞尔现象学的混淆"，他更喜欢"描述心理学"这个术语（《理
解与解释》，第 374 页）。根据雅斯贝尔斯现象学，"精神分
析认为：现象学研究只是完成精神分析任务的一个条件，尽管
是本质的条件"（同上）。这种观点正是雅斯贝尔斯所主张的：
"当现象学研究得到坚实地确立时，它们的研究结果可以应用
于精神分析研究。"

总体上，人们会把本我心理学的发展看作是从理论建构的
返回、由超我及自我回到体验描述层面。然而，安娜·弗洛伊
德与海因茨·哈特曼在他的《本我心理学与适应问题》（1939）
中都没有强调这个角度，正如席尔德与费德那样。

135

---

[1] Heinz Hartmann, "Zur Klinik und Psychologie der Amentia", *Archiv für die gesamte Neurologie und Psychiatrie*, XCII (1924), pp. 531-576.

[2] Heinz Hartmann, "Verstehen und Erklären", in *Die Grundlagen der Psychoanalyse*, Leipzig: Thieme, 1927.
英译本：in *Essays in Ego-Psychology*, New York: International Universities Press, 1964, pp. 369-403.

[5] 德国现象学

在胡塞尔方面，同样没有证据表明他对精神分析有严肃的
兴趣，直到非常晚的时候。[①]但是这种尽管很晚的证据，足以表
明他作为纯粹意识科学的现象学概念既不否认无意识也不否认
对无意识的兴趣。例如，在他最晚完成的著作之一《欧洲科学
的危机与先验现象学》中，在讨论现象学心理学的任务以及意
识视域中的意识时，胡塞尔不仅提到了未被注意背景意义上的
无意识，而且提到了无意识的深度意识意向性（然而，我们不
能确定这与谁的理论相一致），尤其提到了压抑的爱、卑微和
怨恨感是现象学心理学的合理主题，并且应该以现象学还原的
方法得到研究。[②]更清晰的文本来自芬克（Eugen Fink）为了完

[①]　然而，有一段传记证据表明，胡塞尔与荷兰精神分析主义者范·德·霍普
（Johannes Van der Hoop）有私人交往。范·德·霍普对现象学有兴趣，并
且是 1928 年胡塞尔的阿姆斯特丹讲座的主办者；后来，范·德·霍普到弗莱
堡回访了胡塞尔（W. R. Boyce Gibson, Diary, October 19, 1928, *Journal of the
British Society for Phenomenology*, Ⅱ [1971], p. 71）。

　　范·德·霍普的著作没有提到他与胡塞尔的交情，只对海德格尔、海因
茨·哈特曼和鲁梅克进行了致谢。但是在《意识方向》（Johannes Van der
Hoop, *Conscious Orientation: A Study of Personality Types in Relation to Neurosis
and Psychosis*, London: Kegan Paul, 1939）的序言中，范·德·霍普也说："我
通过胡塞尔及海德格尔与现象学的相遇，对我有很大的帮助。我的努力……必
须被认为是现象学研究的一部分。"（第 ix 页）在这本书结尾的《哲学评论》
（第三部分）中，他还说："现象学对于精神分析是不可或缺的"，尽管"现
象学只有在得到精神分析观察的支持时才是有效的。"（第 272 页）

[②]　Edmund Husserl, *Die Krisis der europäischen Wissenschaften und die transzendentale
Phänomenologie*. Martinus: Nijhoff, 1954,§69 (Edmund Husserl, *Die Krisis der
europäischen Wissenschaften und die transzendentale Phänomenologie*, Husserliana
VI, ed. Walter Biemel, Den Haag: Martinus Nijhoff, 1953, p. 240).

成《欧洲科学的危机与先验现象学》而在 1936 年准备的附录。这个文本没有摒弃无意识的概念，而只是认为在对意识现象的彻底研究之前，对无意识现象的研究是无法成功的，因为从现象学的角度来说，潜意识根植于意识，但反之不然。因此，"意向性分析"可以克服当前无意识理论的幼稚性。

136

　　首先对无意识产生严肃兴趣的现象学家是舍勒；这也表现了他对于哲学、科学和普遍生活中新发展的独特鉴别力。实际上，舍勒在其主要的现象学著作《论同情感以及爱与恨的现象学及理论》（1913）中，用了 20 页的篇幅专门讨论了弗洛伊德当时的"有关爱的自然主义或存在发生理论"。[①] 他甚至在晚期著作中仍然回到了精神分析。舍勒从一开始就接受了弗洛伊德所确立的事实，尤其是有关早期儿童性欲及其重要性的事实。然而，舍勒批判了以这些事实为基础的理论，尤其是弗洛伊德一些基本概念（如：力比多）的模糊性——在力比多升华基础上文化解释的不充分性、单纯的力比多解释（弗洛伊德后来也摒弃了这种一元论）。即便如此，舍勒还是预测，精神分析最终能够真正地理解个体的命运。在这种联系中，值得一提的是，舍勒的确赞同弗洛伊德的第一个美国学生、哈佛大学精神病学家普特南（James J. Putnam），而且他认为普特南的精神分析在哲学上是非常充分的。

　　总体上，德国哲学现象学与精神分析仅有短暂和表面的接

---

① Max Scheler, *Zur Phänomenologie und Theorie der Sympathiegefühle und von Liebe und Hass*, Halle: Niemeyer, 1913, pp. 203–206, 226–243.
英译本：Peter Heath, *The Nature of Sympathy*, New Haven, Conn.: Yale University Press 1954, pp. 177–179, 196–212.

触。原因显然不是敌对，而是兴趣上的差异。意识领域确实比
科学研究领域（它仍与无意识领域一样有争议），提供了更大
的挑战和回报。

[6] 法国的情况

137
在现象学的法国与德国阶段之间的显著差异是对于精神分
析的不同态度。在德国现象学中，胡塞尔对精神分析只是在晚
年才有偶然的评论，舍勒不同意精神分析，海德格尔对精神分
析完全保持沉默；但在法国现象学中，精神分析是一个主要的
课题——马塞尔（Gabriel Marcel）是一个例外。德瓦伦斯在一
篇有关性现象学的论文中提出，这个特征与法国现象学家对鲜
活身体、语言以及意识与机械机体二元对立的消除有独特的兴
趣。[①] 不论做出什么样的解释，法国现象学相对之前的现象学，
确实更加重视精神分析。法国现象学在多大程度上采取了精神
分析呢？

首先，法国的精神分析独立于哲学与现象学，正如在弗洛
伊德本人及其在奥地利与德国的紧密追随者那里一样。萨特从
他在柏林学习期间（1933）产生的对于精神分析的兴趣（尤
其是他的实存主义精神分析）没有对精神分析主义者产生长
久的影响。萨特的朋友伊波利特（Jean Hyppolite）有关黑格
尔现象学对精神分析之意义的研究也没有产生大的影响，除
了在拉康那里。只有梅洛－庞蒂对精神分析的偶然讨论，引

---

① Alphonse de Waelhens, "Phenomenologie et psychanalyse", in *Existece et*
Signification, Louvain: Nauwelaerts, 1958, pp. 191-211.

起了精神分析主义者的注意，尤其是海斯纳德（Angelo Louis
Hesnard）。在这一点上，精神分析主义者甚至对胡塞尔产生
了严肃的兴趣。

　　吸收了现象学的法国精神分析主义者主要是海斯纳德。因
此，他是目前这个讨论的主要代表。然而，我们也不能忽视其
他人，尽管我们不能进行比较研究。其他人还包括拉伽什（Daniel
Lagache）和拉康。在比利时精神分析主义者中，菲尔哥特
（Antoine Vergote）与德瓦伦斯一样是值得注意的。

A. 海斯纳德（1886—1969）

　　"海斯纳德博士"身上最引人注意的可能是，他既是早期
将弗洛伊德引入法国的先行者之一，又是梅洛－庞蒂现象学
及其在精神分析中应用的主要提倡者。尽管相比弗洛伊德在法
国的著名提倡者玛丽·波拿巴（Marie Bonaparte），海斯纳
德与弗洛分德的个人交往更少，但海斯纳德与雷吉斯（Louis
Regis）一起写出了有关精神分析的第一本法文著作。[①] 弗洛伊
德在给海斯纳德的一封致谢信中肯定了这本著作（然而，弗洛
伊德含蓄地指出，海德纳德没有正确地理解他的符号主义）。

　　对于梅洛－庞蒂，海斯纳德赞誉到："他对胡塞尔的重新
思考，使他不仅在根本上成为了法国精神的代表，而且得到了
最有精神病学兴趣的神经生理学与精神病理学研究者的追随。"[②]

138

[①] Angelo Louis Hesnard, Louis Regis, *La Psycho-analyse des névroses et des
psychoses*, Paris: Alcan, 1914.

[②] Angelo Louis Hesnard, *Apport de la phénoménology à la psychiatrie contemporaine*,
Paris: Masson, 1959, p. 5.

梅洛－庞蒂现象学中特别吸引海斯纳德的地方是前反思意识概念及其对意识与身体及世界紧密联系的强调。出于对梅洛－庞蒂现象学的兴趣，海斯纳德邀请梅洛－庞蒂为他有关弗洛伊德的著作写序言。梅洛－庞蒂接受了邀请，而这个序言事实不只是对弗洛伊德工作及其影响的介绍。[①]海斯纳德对这次邀请的一个解释是：

> 弗洛伊德的发现为新的哲学铺平了道路……他的学说与方法是一个近来已经取得了巨大成功的具体哲学（现象学）的近邻（《弗洛伊德的工作及其对现代世界的重要性》，第308页）。

这本书本身，除了对弗洛伊德主要思想的阐释以及对精神分析史及其在世界各地传播的选择性研究之外，还在最后以及最大的一章中讨论了精神分析对其他领域的意义。在有关精神分析与哲学的章节中，现象学与精神分析的关系是核心内容，并且提出了"现象学精神分析"。实际上，海斯纳德将弗洛伊德称为"先锋"（avant la lettre）现象学家（同上书，第313页），因为弗洛伊德探索了我们所有行为的意义。现象学能够向精神分析提供扩展的意义概念，其中包括"隐藏的或默会的"意识，因此现象学甚至能够应对无意识。更具体地说，现象学提供了新的理智概念，而它可以整合非理性、作为鲜活身体部分的性、对心理学客观主义的批判以及主体间性的基本作用。

---

① Angelo Louis Hesnard, *L'Œuvre de Freud et son importance pour le monde moderne*, Paris: Payot, 1960.

　　然而，海斯纳德有关现象学对于精神分析贡献的最广阔和深入的思想，包含在 1959 年他在法国神经病学家与精神病学家会议上提交的报告中。这份报告与他 36 年前在法国贝藏松提交的论精神分析的报告相一致。这份报告一开始是以梅洛－庞蒂的精神对现象学进行一般的阐述，强调意识概念是让人投入世界的意向性。这种意识概念在神经精神病学中的应用，可以让人们更好地理解脑损伤、脑精神病以及神经症。这份报告的第三部分以及最大的一部分探讨了精神病学应用，它首先涉及了一般的精神病，然后是它的经典类型，最后是心理治疗应用。海斯纳德也提出了他自己对于精神病的解释，并且遵照了这个思想：精神疾病是实存疾病，[①] 而其主要特征是主体间联系的紊乱，结果就是，内主观世界取代了主体间世界。

　　当然，现象学对于精神分析的意义在这里只是一个次要主题。显然，海斯纳德作为法国精神分析学会的主席，没有改变他对于精神分析的基本忠诚。但是，海斯纳德在 1959 年的报告中还表达了他的这个确信以及努力：现象学可以通过梅洛－庞蒂的进路支持与发展精神分析的理论及概念（《现象学对当代精神病学的贡献》，第 39 页及以下）。

　　对于主要的障碍，无意识概念，海斯纳德相信现象学（它摒弃了"无意识"，因为"无意识""有实践的方便性，却是含糊的"与非必需的）提供了一种与潜藏及默会意识相当的东西。另一方面，在海斯纳德看来，拉康的精神分析在强调语言的潜藏及默会运作时非常接近现象学的立场（《现象学对当代精神

---

① Angelo Louis Hesnard, *Apport de la phénoménology à la psychiatrie contemporaine*, Paris: Masson, 1959, p. 40.

病学的贡献》，第 15 页）。梅洛－庞蒂式的现象学解释甚至更强调这些概念：回归、压抑、升华等。最后，海斯纳德在一个建议性的脚注中说，很多这样的概念都可以通过现象学的理解与表达而"获得"。实际上，与其他存在（他们的知识对于精神病学来说是根本的）的关系，只能从现象学主体间性的角度得到理解。

140

然而，人们会错误地只将海斯纳德看作是一个编年史者以及现象学对精神分析产生影响的解释者。他本人早在受现象学影响之前就是精神分析领域中活跃的工作者，而且也促进了现象学在精神分析中的应用。一个好的例子是，他在研究"病态意识"世界时，运用了梅洛－庞蒂的现象学。[1] 他在病态世界中看到了梅洛－庞蒂所说的正常世界的变异，类似于儿童与原始人的世界。这是一种世界破碎，因为患者不能进行统一组织，而这深深地影响到了患者在世界中的存在模式。因此，"所有的精神疾病都是存在疾病"。海斯纳德将神经症患者看作是不能与他人保持本真主体间联系的主体，并将精神病患者看作是脱离正常世界、建构幻想世界和内主体世界的主体。在此基础上，海斯纳德把神经症解释为了人与世界关系的特殊紊乱形式。

海斯纳德把现象学与精神分析相整合的特殊有指导性的努力是他的著作《人类关系的精神分析》。实际上，这是一种用

---

[1] Angelo Louis Hesnard, "Nature de la Conscience: Conscience normale et conscience morbide", *L'Evolution psychiatrique*, 1959, pp. 353-382; Angelo Louis Hesnard, *L'Œuvre de Freud et son importance pour le monde moderne*, Paris: Payot, 1960, pp. 322ff.

现象学去填补海斯纳德所说的精神分析鸿沟的尝试。尽管弗洛伊德认同他人的理论在这些关系中起重要作用，但它没有解释海斯纳德所说的社会活动的基础——他在梅洛－庞蒂的社会行为现象学中找到的"匿名主体间性"。

B. 拉伽什（1903—1972）

拉伽什（Daniel Lagache）的精神分析理论，尤其是有关自我结构、不同类型以及它们彼此关系的理论，适合于胡塞尔"自我学"意义上的现象学解释。尽管拉伽什没有强调这种联系，但他知道现象学有助于他的弗洛伊德图式的发展。因此，在讨论精神分析的一些过度之处时，他把现象学作为最好的指导，并说：

> 既然我们指的是现象学态度，而不是临床态度，那么我们的方法论意识是否可以归于哲学家和精神分析学家们呢？ ①

C. 拉康（1901—1981）

在精神分析现象学的情境中，不太好确定像拉康（Jacques Lacan）这样不系统学者的地位。然而，由于他有特别大的影响，

---

① Daniel Lagache, "Psychoanalyse et psychologie", *L'Evolution psychiatrique*, 1956, p. 264.
Daniel Lagache, "Voisinage de la philosophie et de la psychanalyse", *Encyclopedie française*, Vol. XIX, *Philosophie et religion*, 19.26.10-19.26.15.

所以我们至少必须提到他。

人们在他著作（现在结集为 912 页的《拉康选集》）[①]的基础上，可以得到结论说：现象学对弗洛伊德精神分析的拉康版本，很少有影响（即使有的话）。显然，拉康在赞同表面上反现象学的结构主义哲学时，他对现象学的引用是递减的，而且变得更为有保留。但是，我们不能忽视的是，他的早期著作（也被编入了近来的拉康选集）反复地引用了现象学。因此，他在 1936 年的论文《超越实在主义原则》（第 73—92 页）中认为反联想主义的"弗洛伊德革命"的主要贡献是：它通过语言的自由联想，"对精神分析体验的现象学描述"（同上书，第 82 页）。显然，拉康在二战后没有继续这个方向（《拉康选集》，第 69 页）。但是，他后期的著作会偶然引用到现象学，并说明他了解胡塞尔、萨特与梅洛 - 庞蒂（（同上书，第 160 页及以下），尽管他经常对他们进行批判。在米勒（Jacques-Alain Miller）所做的《拉康选集》的系统索引中，没有提到现象学或实存主义。但我们不应该认为其中没有原初现象学影
142 响的隐含痕迹。因此，拉康的符号主义理论（它主要援引了索绪尔（Ferdinand de Saussure）语言学对能指与所指的区分，并主张前者优先于后者），与梅洛 - 庞蒂的语言现象学有紧密关联。

D. 菲尔哥特（1921—2013）

比利时的菲尔哥特（Vergote）是最主张弗洛伊德精神分析

---

① Jacques Lacan, *Ecrits*, Paris: Edition du Seuil, 1966.

有现象学特点的人。[①] 他认为，弗洛伊德发现心理是由意义规定的，而这种意义是动态和历史的。他甚至在知道现象学这个名称之前，就已经在应用现象学方法了（让现象自在地呈现）（《弗洛伊德心理学的哲学兴趣》，第 38 页）。他尤其将现象学方法应用于弗洛伊德对梦的解析中——用于理解无意识呈现的意义，而无意识在本质上"是有效与动态的力量意向性"。

显然，这种现象学大大超越了单纯描述现象学，并且在定义上更接近海德格尔的阐释现象学，而不是胡塞尔现象学。实际上，菲尔哥特本人在强调现象学与精神分析之并行性的时候，不想把弗洛伊德的进路等同于胡塞尔的进路（同上书，第 58—59 页）。

尽管想建立精神分析与现象学之间的友好关系，但他没有完成精神分析的现象学化。将来也不会完成。但是，有迹象表明，随着这两个运动的传播，它们的领域逐渐重合。当精神分析主义者们试图通过回到体验，去深化精神分析的基础、扩展精神分析的概念时，确实有人认为精神分析可以在深化与扩展了意识概念的现象学那里获得有用的支持。但是，对二者来说至关重要的是，二者的联合是否会消除它们的独特性。利科正确地指出，现象学必须忠实于对直觉确证与本质洞见的要求。精神分析很难摒弃其解释假设的冒失性；它必须在不抛弃个性的情况下，探索无意识的深渊。

---

① Antoine Vergote, "L'Intérêt philosophique de la psychologie freudienne", *Archives de philosophie*, XXI (1958), pp. 26-59.

第 5 章　美国的情况：开端

　　第 5 章的合理性只在于本书主题的实际考虑。本章是为了从本书的主题出发，服务于美国读者。这种地域性考察还有一些客观的理由：近年来，美国学界对于现象学与实存心理学及精神病学领域的兴趣及研究的爆发，值得我们将美国的情况作为独立的一章，而不用管这是否有永久性的意义。

　　如果我们不去批判地考察这些新学科在美国的丰富发展，那么我们就无法全面地理解它们。美国现象学与实存心理学及精神病学的发展，在数量上是如此巨大，但在见识与质量上的突出性是如此微小，因此我们很难进行彻底的筛选。然而，我希望提供的不只是随机的例子。我所要尝试的是，指出一些里程碑，提示理解新潮流的一些线索，并提供对它们进行比较评论的材料。

　　美国现象学与实存心理学及精神病学的发展史上的里程碑是：1958 年罗洛·梅（Rollo May）、安格尔（Ernest Angel）、艾伦伯格（Henri F. Ellenberger）所编辑的《实存：精神病学与心理学中的新维度》（注意次序）的出版。在这本书之前，美国只有零星的草根现象学，折中地借鉴了从德语与

法语的哲学及心理学世界中翻译过来的有限资源。美国与欧洲 144
哲学及心理学联系的主要纽带是蒂利希（Paul Tillich）。随着
罗洛·梅等人编辑的《实存》一书的出版，这种情况发生了根
本的变化。但是我只会提供一些与当前主题相关的例子。我的
主要目标是，通过一些更原初的美国思想家展现《实存》之前
的阶段。

[1]　一般导向

有人曾经认为，近来现象学在美国心理学与精神病学中的
迅速发展，与现象学哲学传统之间没有绝对的联系。这种草率
的观点显然只考虑到了单纯的标签，尤其是与胡塞尔现象学的
关系。另一方面，在后胡塞尔时代，现象学这个术语得到了普
遍的使用（尤其是在更宽泛的意义上）；如果这种情况没有合
理的基础，那么这就有点奇怪了。但是，只有通过仔细的研究，
我们才能确定事实的情况。

我从一开始就想讨论对美国发展的一个批评，尤其是宾斯
旺格与库恩所提出的批判：在美国，新的热衷者们缺乏对于先
行者的背景知识与理解，尤其是对胡塞尔与海德格尔的背景知
识与理解。[1] 不幸的是，这种反对意见有大量的事实依据，尽管
可以有很多借口——由于缺乏好的翻译（实际上，没有对有关
语言与文献的知识）。但是，尽管美国的发展在传统延续性上
是薄弱的，但它们一开始还是有一些现象学优点的（"回到实

---

① H. W. Gruhle et al. ed., *Psychiatrie der Gegenwart*, Berlin: Springer, 1963, I/II, p. 897.

事本身"）——如果人们相比先行者，越来越充分和迅速地到
145 达那里。美国的现象学实存主义者们取得了什么样的成功呢？

[2] 引路人：詹姆士和阿尔波特

任何想要理解美国本土现象学产生的努力，都必须分析
新种子的土壤。这可以是一项巨大和些许推测性的工作。但
我这里将只提及现象学心理学发展中的两个引路人：19 世纪
的詹姆士（William James）与 20 世纪的阿尔波特（Gordon
Allport）。

詹姆士尤其可以作为美国现象学的鼻祖，而且他在美国以
及其他地方都经常得到支持与研究。有若干研究（最全面与批
判性的是荷兰心理学家林肖顿［Johannes Linschoten］）表明
詹姆士的心理学著作中有现象学的主题。[1]甚至还有证据表明詹
姆士受到了布伦塔诺有限的影响。另一方面，我们绝不能忽视，
"现象学"这个术语从来没有出现在詹姆士的著作中，并且詹

---

[1] Johannes Linschoten, *Auf dem Wege zu Einer Phänomenologischen Psychologie: Die Psychologie von William James*, Berlin: de Gruyter, 1961. 英文版：A. Giorgi. Pittsburgh, *On the Way Toward a Phenomenological Psychology: The Psychology of William James*, Pa.: Duquesne University Press, 1970.

还有人认为詹姆士是原现象学家，参见：Bruce Wilshire, *William James and Phenomenology*. Bloomington, Ind.: Indiana University Press, 1968; John Wild, *The Radical Empiricism of William James*, New York: Doubleday, 1969; James M. Edie, "William James and Phenomenology", *Review of Metaphysics*, XXIII (1970), pp. 481-526; Herbert Spiegelberg, "What William James Knew about Edmund Husserl: On the Credibility of Pitkin's Testimony", *Life-World and Consciousness: Essays for Aron Gurwitsch*, ed. L. E. Embree. Evanston, III: Northwestern University Press, 1972, pp. 407-422.

姆士的名字显然也没有出现在新的美国现象学心理学家们的著述中。我想说的就是，詹姆士大胆与开放的心理学精神孕育了现象学在美国心理学中扎根的气候。

阿尔波特的情况与詹姆士当然非常不一样；阿尔波特完全了解哲学与心理学中的现象学运动。但是，尽管他从一开始就支持现象学与实存主义，但他显然既不是现象学家，也不是实存主义者。尽管现象学与实存主义从他那里得到很多倾听与鼓励，但现象学至多只是为他自己的医学分析提供了一些新的材料。

146

阿尔波特与现象学最初的接触是在柏林学派（格式塔）和斯特恩（William Stern）的汉堡学派的外围优势点上；阿尔波特于1922—1923年在那学习。他同情他们的观点，但他只是一个独立和有选择的旁观者。阿尔波特是谨慎的，但他在人格研究中对个体数据的使用，[1] 表明他重视体验主体所看到的主观现象。1943年，他大胆地恢复了不受待见的自我在当代心理学中的地位，而这种做法至少有强烈的现象学色彩。[2] 在纲领性的特里讲座中，阿尔波特区分了心理学中的洛克与莱布尼茨传统，并且尤其将现象学作为莱布尼茨传统的重要分支（这种传统强调人是行动的源头）。[3] 但是，他也认为莱布尼茨传统与洛克传

---

[1] Gordon Allport, *The Use of Personal Documents in Psychological Science*, New York: SSRC, 1942.

[2] Gordon Allport, "The Ego in Contemporary Psychology. Presidential Address before the American Psychological Association(1943)", republishes in *Personality and Social Encounter*. Boston: Beacon Press, 1960, pp. 71ff.

[3] Gordon Allport, *Becoming: Basic Considerations for a Psychology of Personality*. New Haven, Conn.: Yale University Press, 1953, pp. 12 ff.

统是平等的。作为一个多元主义的分析者，阿尔波特最多只是
一个急于恢复心理学平衡的哲学现象学家。

[3] 作为现象学先驱的斯耐格（1904—1967）

　　第一个公开要求新的现象学心理学进路的是斯耐格（Donald
Snygg）。他在1941年发表了论文《对现象学的心理学系统的
要求》。[①] 然后，他在1949年和科姆斯（Arthur W. Combs）一
起发表了《个体行为：新的心理学指称框架》，并更充分地发
展了新的"现象学进路"（也称"个体进路"）。

　　这种新的进路是什么呢？它最好的表达仍然是斯耐格在
1941年所说的话："行为完全是由行为机体的现象学领域决定
的。"[②] 因此，他的现象学主要是对个体、包括个体的现象自我
的现象领域的探索。

　　这种新现象学概念看似独立的崛起需要一些解释。表面上，
这种崛起与任何之前的美国心理学没有关系，而只与现象学哲学有
关。我要感谢斯耐格，因为他在一封信中从最切题的角度充分与清
晰地解释了他的现象学概念的形成。在否定的方面，他明确地说，
尽管他最早在1933年就知道了布伦塔诺与胡塞尔，但他对他们的
工作没有直接的认识，并且他的现象学纲领没有受到他们的影响。
然而，1929年他通过科勒了解到了格式塔心理学。他自己的工作，

147

---

① Donald Snygg, "The Need for a Phenomenological System of Psychology",
Psychological Review, 48 (1941), pp. 404-424.

② Donald Snygg, *The Phenomenological Problem*, ed. Alfred E. Kuenzli, New York:
Harper, 1959, p. 12.

甚至使他在知道考夫卡对于"地理"与"心理"环境的区分之前，就看到了知觉对于行为的重要性。直到他在加拿大多伦多大学的老师里尼（William Line）告诉他，他正在使用现象学的进路，"现象学"这个术语才进入他的思考范畴，并且他在 1935 年完成的博士论文第一次使用了这个术语。从那时开始，现象学作为个体行为的"指称框架"具有了关键的重要性（现象学自我是个体行为的中心），而且现象学在斯耐格对于动物与人类动机的研究中也有了越来越大的重要性。1945 年，斯耐格开始与科姆斯合作（科姆斯曾与罗杰斯共事），[1]并一起出版了《个体行为》——新"现象学进路"[2]的第一个发展。这本书的序言把弗洛伊德及其追随者，作为了这种新方向的第一推动力。

斯耐格现象学的谱系，不能直接追溯到任何哲学资源。然而，我们绝不能忽视的是，斯耐格的一些心理学激励者，受到了现象学哲学的影响。科勒尤其是如此；他除了对现象学（心理学和哲学）的兴趣，还发展出了他自己的现象学（参见本书第 2 章）。考夫卡更是如此。加拿大心理学家里尼是第一个对斯耐格说他正在做现象学的人，而里尼可能表现了加拿大心理学家

148

---

[1] Arthur W. Combs, "Phenomenological Concepts in Nondirective Therapy", *Journal of Consulting Psychology*, XII (1948), pp. 197-267. 在这篇论文中，"非直接性"是一个相当于"现象学"或患者中心疗法的术语（第 207 页）。

[2] Donald Snygg and Arthur W. Combs, *Individual Behavior: A New Frame of Reference for Psychology*, New York: Harper, 1949; 2d ed., 1959. 这本书的第 2 版附带提到，科姆斯是这本书的统一修订者，他增加了子标题《行为的知觉进路》，并宣称："在这本书中，我们不想使用'现象学'这个术语，但我们有时会使用'现象领域'这个术语，因为这个同义词可以避免重复。"他没有说明为什么要避免"现象学"这个术语，并把"现象的"降级到次要位置上。这可能是为了避免哲学的纠葛。

们对欧洲现象学的广泛兴趣——凯茨的学生麦克里奥德（Robert MacLeod）就是一个例子。

然而，这些刺激显然最多只是间接与确证性的。在根本上更为重要的因素是：心理学研究和实践越来越需要新的进路。在斯耐格这里，尤其具有指导性的是去观察他最初的进路是多么的行为主义化。他的主要关注点是做出个体的预测；只有在后来，咨询、教师教育与治疗，才更多强调了对现象领域的探索。

另一方面，我们必须承认这种新程序的成果，即使是在个体行为的预期上，也不太突出。我们还必须认识到探索其他主体现象领域的方法是类比推理；这种方法由于其间接性，当然不是原初意义上的现象学方法。

然而，斯耐格把现象学作为行为主义必要成分的要求，是美国本土现象学发展史上的里程碑。但是，更为有影响力与前途的发展来自罗杰斯与他的学派。

[4] 罗杰斯当事人中心进路中的现象学

初看起来，把罗杰斯当作一个现象学家似乎有些牵强。实际上，罗杰斯对现象学的兴趣来得较晚，并且发展缓慢。然而，1964 年在美国莱斯大学召开的"行为主义与现象学"论坛上，作为两个现象学代表之一，罗杰斯把现象学作为心理学中除了行为主义与精神分析之外的"第三力量"的主要成分。[①]

149

---

① Carl Rogers, "Toward a Science of the Person", in *Behaviorism and Phenomenology: Contrasting Bases for Modern Psychology*, ed. T. W. Wann, Chicago: University of Chicago Press, 1965.

因此，当前的主要问题是罗杰斯的现象学与传统意义上的现象学有多大不同？罗杰斯的现象学在多大程度上要归功于哲学现象学？

接下来，我首先将要追溯罗杰斯学术发展中现象学术语与概念的崛起。然后，我将要尝试确定这个概念与其他现象学力量的关系。最后，我将讨论罗杰斯的非直接治疗的现象学特征。

A. 罗杰斯心理学的现象学入口

正如罗杰斯本人所说的，他在心理学中的主要兴趣是临床治疗。理论对他的重要性只在于提供新的方法，即应对具体情境的支持性理论。

因此，罗杰斯的第一本书没有引用任何哲学理论，更不要说现象学了。更具体地来说，非直接治疗的新方法首先出现在《咨询与治疗》（1940）中，而这本书甚至没有提到现象领域。罗杰斯在《当事人中心治疗》（1951）这本主要著作中，第一次提到了"现象学"这个术语；他不仅引用了斯耐格与科姆斯的著作，而且追溯他自己的工作。他提出新解释的主要原因是，"有关治疗过程的根本问题在于，当事人在他的现象领域中知觉客体的方式——他的体验、感情、自我、他人、环境，在分化增加中发生了变异"。[①]

但是，除了这种对于现象领域重要性的说明，罗杰斯没有清楚地说明他所理解的现象学是什么。在他的后期著作中，对

---

① Carl Rogers, *Client-Centered Therapy*, Boston: Houghton Mifflin, 1951, p. 142.

150　现象学的引用增加了，尽管这些引用是偶然的。[①]

　　罗杰斯的文章《当事人中心框架中的治疗、人格与个体间关系理论》[②]包含了他最雄心勃勃的、作为当事人中心治疗之基础的理论建构。罗杰斯在引用现象学时展望到，这种采取了某种实存哲学形式的理论，其概念基础的发现与发展还会继续。哲学现象学的一般方向也会在在这种方面继续发生影响。（《当事人中心框架中的治疗、人格与个体间关系理论》，第 250 页）这种预测意味着哲学现象学是当事人中心治疗的重要附件。但是，罗杰斯对现象学的最重要确认仍然是他在 1964 年莱斯论坛上的讲话。我们还要继续探讨，罗杰斯的新现象学，在何种意义上与传统现象学是相一致的。

B. 罗杰斯的现象学道路

　　对于罗杰斯自己的发展、他的治疗理论发展以及他随后所加强的理论，我们必须进行自传式的陈述。但是罗杰斯没有清晰地说明他对现象学的兴趣是如何发展的。同时，也没有关于他对现象学心理学家或哲学家进行研究的记录。有的只是他对

[①]　Carl Rogers, *Psychotherapy and Personality Change*, Chicago: University of Chicago Press, 1967. 在这本书的第五章中，在当事人中心咨询之后对自我概念与理想概念之间关系变化的发现，称得上是"现象学的"（第 9 页），并且"如何最好地使用现象学数据"的问题，在结尾的一章中得到了讨论（第 429 页）。收录于另一本中的文章（尤其是第五章与第六章），被称为是属于"现象学、实存主义和个体中心的潮流"（第 125 页）。Carl Rogers, *On Becoming a Person: A Therapist's View of Psychotherapy*, Boston: Houghton Mifflin, 1961.

[②]　Carl Rogers, "A Theory of Therapy, Personality and Interpersonal Relationship as Developed in the Client-Centered Framework", in *Psychology: A Study of a Science*, ed. Sigmund Koch, Vol.3, New York: Mcgraw-Hill, 1962.

克尔凯郭尔与布伯（Martin Buber）的致敬；他通过这两个人，
"了解到了他在芝加哥大学的一些神学专业学生的坚持"。[①]
没有证据表明他与现象学运动的代表们有个人交往。因此，
如果说罗杰斯的现象学可以称得上是任何已经被承认的现象
学，那么他的现象学显然是一种自发的平行，并且后来得到了
证实。

　　我们必须认识到罗杰斯最初的兴趣是儿科学，尤其是他在
纽约的罗切斯特大学期间。这些年不仅使他知道了狭窄的精神
分析与强制进路的缺陷，而且让他知道了当事人角度的重要性。
他的第一本书《问题儿童的临床治疗》（1939）主要是对各种
儿童的理解与治疗方式的考查，并且似乎是十分中性的；但他
特别注意由阿伦（Fred Allen）和塔夫特（Jessie Taft）提出的
所谓的"关系治疗"。阿伦和塔夫特是受到自由的弗洛伊德主
义者兰克（Otto Rank）启发的费城小组（Philadelphia group）
的成员。兰克以他的意志治疗而闻名于世；他实际上有比弗洛
伊德大得多的哲学背景；然而，他的哲学背景不包括现象学。
对罗杰斯来说，最重要的是费城小组对"每个人整体性与能力
的尊重"——罗杰斯认为费城小组的治疗更为情绪化，而非理
智化；并且这种治疗的基础是在表达接受、避免批评、尝试导
向"感情澄清"及"自我接受"气氛中的社会工作者与父母之
间的新型关系。

　　回顾往事，我们会明白费城小组的实践思想对罗杰斯的现
象学转向有多么大的影响。但只有在《咨询与心理治疗》（1942，

151

① Carl Rogers, *On Becoming a Person: A Therapist's View of Psychotherapy*, Boston: Houghton Mifflin, 1961, p.199.

他在俄亥俄大学的成果）中，罗杰斯才开始形成自己的进路。在他看来，咨询与建议相反，以这个假设为基础："让当事人可以在这种新方向的指引下，采取正确步骤去理解自身的、确定结构化的、自由的关系。"因此，咨询的目标是洞悉、认识与接受自我。这个目标要通过对知觉场的再组织（咨询者看到了之前忽视的新关系）来实现。

对这种洞悉的强调，使咨询比过去更为认知化了。但是，更为重要的是罗杰斯开始强调当事人的知觉场。当事人知觉场的重要性随着非直接治疗变成当事人中心治疗而增加了。正如"反面"这个名称所表示的，非直接治疗仍然在当事人之外，并且通过其自由性而尝试作为咨询者洞见的催化剂。当事人"中心"不只意味着咨询者更为积极的作用；而且意味着咨询者必须让当事人集中注意力。[1] 过去，咨询者的角色是被动的："不插手当事人的事"。现在，"咨询者能够采取当事人的内在指称框架，如当事人那样去知觉世界，如当事人本人那样去知觉自身，抛开所有外在指称框架中的知觉，并与当事人交流这种同情理解。"（《当事人中心治疗》，第 29 页）咨询者必须"占据当事人知觉场的中心，用当事人的眼睛去看"（同上书，第 32 页）。这是一项相当困难的任务。更为重要的是去研究当事人所体验到的治疗关系（同上书，第 65 页及以下）。

然后，罗杰斯在当事人本身知觉变异的意义上描述了治疗的过程：首先，按照"自我接受"增长的方向；其次，在"知觉场区分增加的"意义上（知觉场现在第一次与现象场相等同）。

---

[1] Carl Rogers, *Client-Centered Therapy*, Boston: Houghton Mifflin, 1951, p. 27.

这种知觉场区分意味着"理清并插入之前没有认识到的重要知觉元素"（《当事人中心治疗》，第145页）。在这种情况下，罗杰斯还第一次提到了斯耐格与科姆斯的"现象学视角"（同上书，第146页）。事实上，科姆斯曾经是罗杰斯的学生，但罗杰斯认为，科姆斯与斯耐格合著的《个体行为》中的新现象学心理学，在强调现象的重要性上走得太远了（正如罗杰斯1955年在与我会面中所说的）。罗杰斯最后的人格与行为理论，甚至更清晰地说明了现象领域是人格结构的本质部分；现象领域就是个体的"实在"世界。由此，我们可以明白，为什么罗杰斯会对现象世界的描述产生浓厚兴趣，尽管它只是当事人本身所描述的现象世界。因此，现象学世界不仅是人类行为的主体因果要素，而且是治疗过程中的主要切入点。

在这个阶段，人们可能会想，现象学主题的引入，只是由斯耐格到科姆斯的借用。但这种观点过于简单了。罗杰斯之前曾经走向过这种概念，但是，现在他在治疗中更加系统地使用了现象学概念——把治疗者的任务规定为做一名进入患者现象指称框架的现象学家。

但是，罗杰斯的现象学没有止步于其当事人中心治疗对于现象场观念的采纳。罗杰斯不仅继续发展了这种理论，而且更为注意去丰富这种理论的方法论与概念框架。他在科赫（Sigmund Koch）所编选的《心理学：一种科学研究》一书中（参见本书第210页），最详细地阐述了他的这种理论。

罗杰斯具有里程碑意义工作的最后一部分、同时也是他与威斯康星大学的同事们的合作成果就是《治疗关系》一书；这本书包括了对当事人中心治疗的最好检测及其在精神病（尤其

是精神分裂）的应用。^①表面上，这个冷静与小心的研究没有
包含现象学；实际上，这个研究全方位地表现了通过测量去确
定研究结果的努力。然而，所测量的东西实际上是"主观"或
现象因素对于治疗的影响。明显以某种体验证据为基础的潜在
假设就是：治疗者态度中的某些因素，在被当事人或患者知觉
到时会对治疗效果产生决定性的影响。这些因素就是罗杰斯所
说的：（1）治疗者的符合，即治疗者体验与行为之间的相符；
（2）"同情"的精确性；（3）无条件的积极关注。实际上，
起作用的不是这些因素，而是这些因素的当事人视角，即莱恩
所说的、当事人对于治疗者视角的元视角。从现象学上来说，
这些因素中最有趣的东西是罗杰斯所说的"同情"。"同情"
意味着治疗者的理解不只是针对当事人的情感，而且针对当事
人的内在世界。

治疗关系中另一个重要的方面是：一致性要求治疗者更加
注意他自己的情感与现象世界。在孤僻精神分裂的极端情况中，
这尤其重要，因为这时非直接治疗不能打破紧张症沉默的坚冰。
在这里，治疗者本人必须从一开始就与患者交流他自己对于病
案与患者的体验。在这种程度上，人们可以说：这种理论不再
是绝对当事人中心的了，而是双向－中心——尝试探索两个现
象世界，并为了当事人的利益而让这两个世界进行交互。现在
重要的事情是：当事人把治疗者的现象世界当作一个包括他自
己在内的世界，而这使他得到了理解，并不再觉得孤单。

治疗关系中，罗杰斯在他的很多合作者中尤其提到了简德

---

① Karl Rogers et al. ed., *Therapeutic Relationship and Its Impact: A Study in
Psychotherapy with Schizophrenics*, Madison, Wis.: University of Wisconsin, 1967.

林（Eugene T. Gendlin）；他说：简德林不仅启动了治疗程序，而且"提出了作为很多过程措施基础的基本理论框架"（《当事人中心治疗》，第 xviii 页）。罗杰斯在《当事人中心治疗》以后的著述中还确认了简德林的贡献；简德林是一个哲学心理学家，而相比通过斯耐格与科姆斯，罗杰斯更多地通过简德林与现象学发生了第二手与更为直接的联系。简德林是麦肯（Richard P. McKeon）的学生；而在麦肯的指导下，简德林对现象学思想尤为开放。显然，简德林的思想对罗杰斯的作为体验过程的自我概念发展产生了最大的影响。①

简德林主要是在《体验与意义创造》②一书尝试把哲学与罗杰斯的心理治疗相沟通，并为他的人格理论提供了新的基础。在我们这里，这本书的子标题"哲学与心理学的主观进路"可能比主标题更为重要。因为它的问题是寻找对于"主体性现象"

155

① Carl Rogers, *On Becoming a Person: A Therapist's View of Psychotherapy*. Boston: Houghton Mifflin, 1961, pp.128ff ; T. W. Wann. ed., *Behaviorism and Phenomenology: Contrasting Bases for Modern Psychology*, Chicago: University of Chicago Press, 1964, pp.109, 126ff.; Eugene T. Gendlin, "A Theory of Personality Change", in *Symposium on Personality Change*, ed. Philip Worchel, New York: Wiley, 1964, p. 110 n.

我要特别提一下简德林教授在 1970 年 4 月 9 日写给我的信：

"罗杰斯在《当事人中心治疗》中的基本问题，正如他自己后来在科赫所编的《心理学：一种科学研究》（第 3 卷，第 184 页及以下）中所说的，就是如何思考与测量他理论中的基本概念'自我'与'机体'之间的一致。如果机体和自我是一致或不一致的，那么人们应该怎么在现象学上谈论它们呢？罗杰斯已经想要进行现象学的研究了，但不可能做到的是：在现象学探讨人们已经知道的与在定义上不知道的东西之间的一致。罗杰斯不知如何处理基本的非现象学概念。我的贡献是按照现象学的方式建立理论……我没有把'一致'看作是觉知内容与机体内容之间的比较，而是把它看作体验过程的方式，因为它是有意识与可观察的。"

② Eugene T. Gendlin, *Experiencing and the Creation of Meaning*, Glencoe, Ⅲ: Free Press, 1962.

新角色的恰当支持；正如罗杰斯本人在科赫选集中所说的，"主体性现象"的新角色是简德林研究的起点。罗杰斯强烈反对逻辑实证主义的不充分性，并走向了"实存主义者方向"。[1]简德林的主要目标是沟通逻辑实证主义与实存主义、客观与主观，并为这种沟通提供基础；其中一部分努力就是在直接感觉、与体验内容相对的"体验"意义上重新解释"体验"这个术语。[2]另一方面，"意义"、符号与概念没有最小化。它们的"创造"不是它们产生的唯一形式；新的意义才对治疗过程与改变有特殊的意义。实际上，治疗过程中的本质部分是体验与概念化之间的交互，而这时（非直接）治疗可以提供帮助。

在发展这种新框架时，简德林主要强调了"实存"。现象学只是处理生命过程的主观存在方面的工具。由于简德林越来越多地反思到进路本身，而非进路的实质贡献，所以他对现象学以及现象哲学产生了更强的兴趣。由此，我们可以看到简德林是怎么由最初的哲学（它使用杜威的体验概念作为出发点）走向了对现象学哲学的深入研究（在一本书的附录中）。但是，简德林确定，对他本人以及感兴趣的读者来说，胡塞尔、萨特和梅洛－庞蒂都是他最重要的支撑。具体来说，简德林欣赏的是胡塞尔（《逻辑研究》）对无言（前表达）思想的追求、萨

① Carl Rogers, "Theory of Therapy, Personality, and Interpersonal Relationships", in *Psychology: A Study of a Science*, Sigmund Koch ed., Vol.3. New York: Mcgraw-Hill, 1962, 251; Eugene T. Gendlin, *Experiencing and the Creation of Meaning*, Glencoe, Ⅲ.: Free Press, 1962, p. 48.

② Carl Rogers, "Theory of Therapy, Personality, and Interpersonal Relationships", in *Psychology: A Study of a Science*, ed. Sigmund Koch, Vol.3, New York: Mcgraw-Hill, 1962, pp. 242ff.

特有关"感情的默会意义"的观点、梅洛－庞蒂有关感情在意
义中作用的观点。

但这些还不是最重要的。值得注意的是，简德林在《实存 156
儿童治疗》中创造性地将现象学存在主义解释为"旨在直接阐
明我们具体存在、生命和体验的"进路（《实存儿童治疗》，
第 233 页），以及"体验理论"和"体验心理治疗"①（同上书，
第 246 页）。现象学实存主义的主要功能是将体验与概念反思
整合到创造性交互中。

C. 现象学在罗杰斯心理学中的地位

如果要说罗杰斯的整个心理学都是现象学的，那么这显然
不太合适。罗杰斯仅只在晚期不经意地采纳了现象学这个标签，
而且他显然从来都不是有意识地去实践现象学的。人们最多只
能说，他在回顾中承认，他的进路与他所理解的现象学有很多
一致。正如他自己在自传中所说的：

> 我惊讶地发现：大约在 1951 年（即《当事人中心疗法》
> 发表时），我的思想方向以及治疗工作的核心方面，可称
> 得上是实存主义与现象学的。对一个美国心理学家来说，
> 这种陌生的组合是奇特的。今天，实存主义与现象学对我
> 们的工作有了重要的影响。②

---

① Clark Moustake ed., *Existential Child Therapy*, New York: Basic Books, 1966.
② E. G. Boring and G. Lindzey, *A History of Psychology in Autobiography*, New York: Appleton-Century-Crofts, 1967, V, p. 378.

我们也可以说，罗杰斯首先是有意识地从斯耐格与科姆斯，然后从简德林那里受到现象学的影响。对罗杰斯来说，现象学就是主观体验的复兴。

然而，我们不能忽视的是这个事实：罗杰斯越来越关注他的主观发现的客观与"科学"确证及测量。在这种意义上，我们可以说，罗杰斯至少既是一个客观主义者，又是一个现象学主观主义者。但是，必须要更为仔细研究的是他的客观确证所包含的东西。例如，人格变异不是在实际行为而是在标准偏好（如斯蒂芬森（William Stephenson）的 Q 分类法）的基础上得到测量的。在这种意义上，罗杰斯的客观测量不仅指一种主观体验变异与另一种主观体验变异（偏好选择）的关联。

对罗杰斯来说，现象学是一种方法论同盟。反过来，罗杰斯对现象学与日俱增的认可，是现象学在美国自然化以及被接受到积极研究中的一个重要因素。

[5] 20 世纪 50 年代的美国现象学

独立于哲学渗透的有关美国本土现象学状态的最好图景，可能来自于昆泽里（Alfred E. Kuenzli）的选集①——它开始于斯耐格 1941 年的文章"论现象学的心理学体系"。在这个选集中，从来没有得到清晰定义的现象学似乎包含在了"现象场""现象自我"等相关主题的研究中。莱文（Kurt Lewin）是引用次数最多的人。然而，这种现象学到底包含哪些"问题"，

①　Alfred E. Kuenzli ed., *The Phenomenological Problem*, New York: Harper, 1959.

从来都没有得到清晰阐明；但是，它涉及了现象学进路的充分性。选集收录了科姆斯、罗杰斯、雷米（Victor Raimy）、弗兰克（Lawrence K. Frank）（1939）、罗森茨威格（Saul Rosenzweig）等论自我的五篇论文，以及迈克里奥德（R. B. Macleod）、坎特里尔（Hadley Cantril）、纽康姆（Theodore M. Newcomb）、罗杰斯、卢钦斯（Abraham S. Luchins）等关于社会心理学（"自我与他人"）的五篇论文。在三篇讨论中，史密斯（Brewster Smith）挑战了这个极端立场：现象场对于心理学预测不仅是必要的，而且是充分的；然后是斯耐格与科姆斯的反驳；最后是泽西（Richard Jessor）的论文提出现象学与非现象学心理学的相容性。

这种心理学完全有它本身的存在价值，即便它不能比通常的刺激 - 反应心理学更好地进行预测。但是，我们不应该忘记的是，这种心理学的历史根源是现象学哲学。这种心理学与现象学哲学的重新交往，应该会有益于它进一步的发展。[①]

158

[6]　罗洛·梅（1909—1994）

A. 现象学在罗洛·梅实存主义心理学中的作用

目前，美国本土实存现象学中最有影响力的发言人是罗洛·梅（Rollo May）。他创造性与批判性地为现象学心理学的

---

① Herbert Spiegelberg, "The Relevance of Phenomenological Philosophy for Psychology", in *Phenomenology and Existentialism*, ed. E. N. Lee and Maurice Mandelebaum, Baltimore, Md.: Johns Hopkins Press, 1967, pp. 219-241.

新进路提供了预备气氛，这不只是因为他自己的著述，而且是因为他把很多同情实存心理学与现象学心理学及精神病学的美国心理学家与现象学团体整合在了一起。

尽管罗洛·梅对实存思想的兴趣可以追溯到他发表的第一个著述，但他对现象学的强调是相对近来的事。即使是在他主编的《实存：精神病学与心理学中的新维度》中，他所撰写的导言也很少提到"现象学"。"现象学"只是出现在了两个翻译的部分中：第二部分标题是"现象学"，而第三部分标题是"实存分析"。这种划分显然以罗洛·梅的精神病学合作者艾伦伯格提出的区分为基础。罗洛·梅对这种区分的解释完全源于1959年他在美国辛辛那提"实存治疗运动中的第一阶段"论坛上所做的现象学讲话（他把这种论坛当作是"对我们很多人来说的有益突破"）。

罗洛·梅直到美国列克星敦的"现象学：纯粹与应用"会议，才开始明确地讨论现象学。在这个实际由斯特劳斯发起的会议上，罗洛·梅阐述了"心理治疗的现象学基础"。[①] 罗洛·梅没有尝试发展他自己的概念，而是立志于沟通理论与心理治疗，并通过对人类、移情（transference）和无意识基本本质的更好理解，为弗洛伊德式精神分析中的最好洞见提供新的基础。

B. 罗洛·梅的现象学道路

在这里，为罗洛·梅做自传并不合适。我们最好是去尝试

---

① Erwin Straus ed., *Phenomenology: Pure and Applied*, Pittsburgh, Pa.: Duquesne University Press, 1964, pp. 166–184. 经过小的修改以后，发表为："A Phenomenological Approach to Psychotherapy", in *Psychology and the Human Dilemma*, New York: Van Nostrand Reinhold, 1966, pp. 111–127.

探索实存现象学为什么能够满足罗洛·梅个人(尤其是他的理智)的一些需要。

罗洛·梅成年后首先是在欧洲做画家, 而且他从来没有放弃对绘画创造性的兴趣。[①]但值得注意的是: 在他的早期生涯中, 他参加了阿德勒在奥地利塞默林关口(Semmering Pass)的夏季学校。[②]然而, 罗洛·梅显然不是毫无保留地接受了阿德勒的思想。在阿德勒的自卑理论情境下讨论焦虑时, 罗洛·梅指出阿德勒过于简单与概括了。[③]在 1933 年以后, 罗洛·梅与两位领军性的德国学者戈尔德斯坦和蒂利希进行了交往。戈尔德斯坦不仅使罗洛·梅熟悉了他的有机体理论与自我实现观念, 而且让罗洛·梅熟悉了他的作为机体灾难反应的焦虑观。罗洛·梅定期参加了蒂利希在美国纽约协和神学院(Union Theological Seminary)的课程, 而蒂利希第一次让罗洛·梅接触到了从克尔凯郭尔到海德格尔的实存思想。

在 20 世纪 30 年代, 罗洛·梅开始了作为咨询者的心理学工作。从他的第一本书《咨询艺术》来看, 他接受了整个解放神学进路。他的第一本主要著作《焦虑的意义》(1950)以他作为肺结核患者的个人体验为基础, 将焦虑看作是年龄与基本神经症症状的问题。总体上, 这是一个有敏锐体验多样性的描述性研究——从斯宾诺莎到帕斯卡尔, 再到克尔凯郭尔。罗洛·梅对生物学家、精神病学家、社会学家以及哲学家都提出

① Rollo May, "The Nature of Creativity", in *Creativity and Its Cultivation*, ed. H. H. Anderson, New York: Haprer Row, 1959, pp. 55-68.

② "阿德勒有谦逊与敏锐的智慧。我有幸和他在一起学习、交往和讨论。"Rollo May, *The Art of Counseling*. Nashville, Tenn.: Abingdon, 1939, pp. 7ff.

③ Rollo May, *The Meaning of Anxiety*, New York: Ronald, 1950, p. 135.

了质疑。但是海德格尔几乎没有进入这本书中，并且只是通过了蒂利希的视角。在提到实存运动（《焦虑的意义》，第29页）时，罗洛·梅没有表现出对它的赞同。然后是丰富的案例。弗洛伊德与克尔凯郭尔作为有关焦虑的最深刻洞见而出现。如何应对焦虑的问题，导致了与焦虑紧密相关的自我发展问题（同上书，第232页）。

相应地，罗洛·梅的《人对自我的探索》（1953）是他第一本承载独立信息的书。这本书体现了罗洛·梅应对人对自我的探索问题的前实存尝试。这种探索的出发点是"我们的困境"——它除了孤独与焦虑以外，以五种失落为特征。其中最重要的失落是我们社会中价值中心的失落、自我感的失落以及悲剧感的失落。罗洛·梅的方法主要是创造性自我意识中的自我培育的再发现。

罗洛·梅与新的欧洲实存心理学及哲学的紧密接触似乎开始于1954年（四年后他发表了《实存》）。《实存》本身没有超越欧洲学派的意图。然而，罗洛·梅的第一篇文章《心理学中的实存运动的起源及意义》宣称，实存运动这种新进路在"更深度与广阔的层面上深化对人的理解"上，在整合科学与存在论上，比弗洛伊德的进路更为优越。罗洛·梅的第二篇文章《实存心理治疗的贡献》，揭示了他自己对一些新概念的采纳与吸收。尤为明显的是他对于他所认为的实存存在论之主要洞见的解释。这些洞见包括存在与非存在、焦虑、在世界中存在、宾斯旺格所说的三种世界模式、时间与历史，最后是它们对于心理治疗技术的意义。

罗洛·梅在1951年后写的文章都收录在了《心理学与人类

困境》（1967）一书中；这本书把人类困境解释为：他能同时将自身体验为主体与客体。（在技术意义上，这实际上不是困境，而是两个不可分离进路之间的"辩证"关系。）在选出实存运动中三种有价值的重点后，他开始了"现象学的、看待患者的新方式"；他将这种新方式回溯到了胡塞尔那里，并将它作为"在本质上与最简单的意义，将现象作为被给予的东西、并且不立刻追问其因果解释的努力"。

《爱与意志》（1969）是罗洛·梅的最后一本著作，而它可能是罗洛·梅最原创、坦率、建构性的治疗与文化工作。这 161 本书在多大程度上应该归功于他的现象学是另一个问题。事实上，他很少提到现象学这个名称。然而，尤其是在作为高潮的第九章中，他没有尝试将意向性与布伦塔诺、胡塞尔、海德格尔意义上的现象学相联系。但是他的意向性概念（"将意义给予体验的结构"），除了非常不清晰与不一致以外，与现象学传统的关联非常少；这可能是由于他的注释以第二手文献为基础，从而导致他对现象学产生了误解。他在"意向性"与"意向"之间令人困惑的区分，在他诉诸蒂利希时变得更清晰了。蒂利希在他的《系统神学》中首先发展出了这种区分；紧接着这本书的就是罗洛·梅在第九章末尾所引用过的《存在勇气》。①在《存在的勇气》中，蒂利希提出了这样的术语建议：在与"生命力"（vitality）相对的意义使用"意向性"这个术语，并用"意向性"这个术语去替代不可信的术语"灵性"（spirituality）。

---

① Paul Tillich, *Systematic Theology*, Chicago: University of Chicago Press, 1951, I, pp. 181f ; Paul Tillich, *The Courage to Be*, New Haven, Conn.: Yale University Press, 1952.

尽管在《系统神学》中，蒂利希明智地避免了这种术语用法的现象学先例，但他在《存在的勇气》（第81页）中，不明智地彻底诉诸了"中世纪哲学家"。

C. 一些现象学问题

罗洛·梅自己的实存心理学包含了大量现象学式的格言（其中一些可以追溯到他的前实存时期）。我这里特别考虑了他的自我概念——它非常不同于斯耐格与罗杰斯的自我概念，并且最清晰地表达在他对"存在"的解释中。被普遍忽视的是，如海德格尔与萨特这样的实存哲学家，是多么少地运用了自我意识。对罗洛·梅来说，实存可以最清晰地在"我是"（I-am）体验（交往行为，以及对"我是"这个事实的接受）中得到体会。[①]实际上，罗洛·梅在此基础上探索了人格以及自我发展问题的解决方法。

罗洛·梅在1959年美国辛辛那提"实存心理治疗运动中的第一阶段"论坛上的讲话，[②]甚至更为充分地发展了这个主题；他认为自我之为自我，有如下特征：（1）中心性；（2）作为保存中心性之需要的自我确证；（3）超越中心性和参与的需要和机会；（4）中心性觉知；（5）作为人类中心性形式的自我意识；（6）焦虑。

这些特征是值得注意的。

162

---

①   Rollo May, Ernest Angel and Henri. F. Ellenberger ed., *Existence*, New York: Basic Books, 1958, pp. 43ff.

②   Rollo May, "Existential Bases of Psychotherapy", in *Existential Psychology*, New York: Random House, 1961, pp. 75ff.

1. 自我的中心性是蒂利希人类学中日渐重要的主题（罗洛·梅深受蒂利希的影响）。然而，"中心性原则"只在蒂利希《系统神学》（1963）的第 3 卷中才清晰地出现。蒂利希没有提出优先性的问题。但是，这个概念显然不是罗洛·梅的简单借用。真正的问题在于"中心性"术语的确切意义。

2. 保存中心性的需要导致了对精神疾病的原初解释，即通过删除来保存中心性。这种解释显然与戈尔德斯坦的观点（焦虑是灾难反应）相联系。

3. 超越的要求，似乎与意向性概念及实存超越相联系。

4. 对不同于自我意识之觉知的强调，表明罗洛·梅想要吸收弗洛伊德的无意识概念；罗洛·梅曾提出警告，不能忽视弗洛伊德的无意识概念。

5. 罗洛·梅在自我意识中看到了人的独特机会与任务；治疗必须支持这些机会与任务。

6. 罗洛·梅最典型的观点可能是，他对自我与焦虑之间、作为非存在与自我毁灭之可能性意义关系的克尔凯郭尔式强调。这也就是他所说的人类存在的悲剧本质——某种被有关人类本质的乐观主义观点（如罗杰斯对对人类自我力量的信念）所否定的东西。这种对人类本质悲剧性甚至魔鬼性的强调，是罗洛·梅的半神学人类观的特征。然而，罗洛·梅甚至在这些特征中看到了人类尊严的新可能性。因此，他在俄狄浦斯王悲剧中只找到了俄狄浦斯符号的一部分，这部分必须与俄狄浦斯的第二悲剧（罪恶成为了祝福）相协调。

显然，现象学不是罗洛·梅的主要兴趣点，他主要的关注点是新的实存人类观——它能强化自我对生活（尤其是现代生

163

活）焦虑的应对能力。这似乎是克尔凯郭尔、蒂利希与戈尔德斯坦的新实存思想的承诺。对罗洛·梅来说，宾斯旺格是距离履行新实存心理学承诺最远的人。宾斯旺格的此在分析同时是现象学的主要指导。

[7]　《实存》（1958）

1958 年由罗洛·梅、安格尔和艾伦伯格合作编辑的 446 页的《实存：精神病学与心理学中的新维度》，是美国现象学实存主义发展中最重要的事情。这本书首次选译了欧洲新文献中代表性的部分。但是，三个超过该书四分之一篇幅的序章（罗洛·梅写了两章，新西兰人艾伦伯格写了一章），至少有同样的重要性。

实际上，这本选集最初的创意不是来自罗洛·梅，而是来自安格尔。安格尔是一个心理学家与基础出版社（Basic Books）的编辑；他的主要兴趣是翻译，而他与艾伦伯格一起决定出这本选集。罗洛·梅只是这本选集的合作者，并且他在整个方案上咨询了蒂利希。

罗洛·梅写的两个导论性章节以他自己原初的进路阐述了新的运动。艾伦伯格的《精神病学现象学的医学导言》，以更为欧洲的视角为基础，并且不再强调哲学现象学。但与此同时，艾伦伯格尝试区分了若干种精神病学现象学（如描述现象学与闵可夫斯基的发生－结构现象学）与"范畴现象学"（艾伦伯格自己的成果）。艾伦伯格认为，实存分析比现象学分析更为全面，并且是以治疗为导向的。

他们的翻译分为两部分，分别是"现象学"与"实存分析"。最初的 60 页是闵可夫斯基在精神分裂中所做的案例研究。罗洛·梅等人认为，闵可夫斯基是"现象学精神病学的先驱"。接下来的是斯特劳斯在 1948 年的讲座，以及冯·葛布萨特尔1938 年论强迫症患者世界的工作。第二组翻译占据了这本选集一半的篇幅，包含了宾斯旺格（"实存分析的探索者"）的三个文本以及库恩的一个文本；第一个文本是宾斯旺格在 1946 年解释精神病学中的研究进路的文章。[①] 然后是宾斯旺格关于精神分析的两个案例研究，以及库恩论躁狂 - 抑郁的论文。"现象学"与"实存分析"区分的意义在于，他们认为现象学的成熟度不如实存分析。但是，他们不知道宾斯旺格在开始他的实存阶段之前，已经在现象学上做出了主要的工作，并先于闵可夫斯基、斯特劳斯与冯·萨特劳斯进入了现象学领域。《实存》这个选集提供了良好的解释。但从本书第二部分的资料（从雅斯贝尔斯开始）来看，《实存》显然没有充分地探索到新运动的整个范围。更重要的是这个事实：罗洛·梅等人倾向于将"哲学对精神病学领域的含糊干扰"最小化（《实存》，第 92 页）。因此，胡塞尔的作用被最小化了，而舍勒甚至都没有被提及。

[8] 自《实存》以来

《实存》这个选集的出现标志着现象学与实存运动的新潮流。也许最重要的表现是几乎自发的若干实存导向杂志的出现；

---

① 罗洛·梅等人的翻译标题"存在思想分析学派"是不对的。

这些杂志通常与新的学会相联系，并且或多或少定期举行讲座与讨论。这些杂志都更喜欢实存标签，而不是现象学标签。但不管美国学者们喜欢哪个名称，现象学与实存主义显然是紧密相联系的（即使不是相等的）。

165 　然而，在这些新组织之内和这外的新成果出现的重要性与价值是什么呢？谢尔（Jordan Scher）于 1960 在芝加哥举办的《实存精神病学杂志》（*Journal of Existential Psychiatry*）有一个由美国及国外很多著名学者组成的编委会，并且还有一个"实存分析"学会。1964 年，这个杂志变成了更为哲学化的《实存主义杂志》（*Journal of Existentialism*），并有了新的编辑。[①]在《实存主义杂志》的第 1 期中，开头部分的"导言"宣称：人不是"机械或统计抽象"的存在；第一篇论文是弗兰克（Viktor Frankl）的《超越自我实现》；弗兰克经常与翻译文本中的闵可夫斯基、宾斯旺格、博斯以及其他人一起，被视为实存主义的推动者。然而，我们无法在这些论文以及越来越多的美国学者的论文中找到一个明确的模式。现象学也只是偶然被提及。谢尔的新术语"实存分析"似乎也没有得到明确的阐释。

《实存心理学与精神病学评论》（*The Review of Existential Psychology and Psychiatry*）创立于 1961 年。但这个杂志的前身是罗洛·梅在 1959 年开始油印发行的《实存主义研究》（*Existential Inquiries*）。后来，《实存心理学与精神病学评论》由杜肯大学出版社发现，并由范·卡姆（Adrian Van Kaam）担任第一任主编。它的编委会与《实存精神病学杂志》有很多重合。

---

① 1966 年，谢尔发起了一个新的杂志《实存精神病学》（*Existential Psychiatry*），而它显然继承了早期《实存精神病学杂志》的路线。

在《实存心理学与精神病学评论》之后的是美国实存心理学与精神病学学会；这个学会发起于 1959 年在纽约召开的会议；然后是美国心理学学会在辛辛那提举行的年会——马斯洛（Abraham Maslow）与阿尔波特都积极参加了。[①]《实存心理学与精神病学评论》发表了以下领军性的欧洲学者的论文：弗兰克、蒂利希、拜坦迪耶克、马塞尔、普莱辛那、博斯，此外还发表了罗杰斯这样的美国学者的论文。

尽管之前强调的是实存标签，而现象学只是作为实存主义的一种方法而被提及，但后来现象学的标题与内容逐渐增加了。

《美国精神分析杂志》（*The American Journal of Psycho-analysis*）——霍妮（Karen Horney）得自美国主导精神分析组织的主阵地，近来逐渐在向实存主义开放，并且发表了有蒂利希与罗洛·梅参会的会议论文。实际上，《美国精神分析杂志》的主编凯尔曼（Horace Kelman）发表了两期题为《梦的解析的现象学进路》（1965 年第 25 卷，第 188—202 页；1968 年第 27 卷，第 75—94 页）。

美国阿德勒主义者们的主阵地《个体心理学》（*Individual Psychology*）得到了越来越多的注意（我们之前在第 4 章已经提过这一点）。比期刊发表更为重要的显然是美国学者写的新书；他们在书中使用了现象学与实存主义的进路。然而，迄今为止他们对现象学与实存主义进路的应用仍然是有限的。

显然，马斯洛发明了"第三力量心理学"（Third Force Psychology）这个术语，来描述不同于行为主义与精神分析的

166

---

① 这些会议论文都收录在了：*Existential Psychology*, New York: Random House, 1961.

新型心理学。"第三力量心理学"将现象学作为从新弗洛伊德主义到穆雷（H. A. Murray）的"人格主义"（personologist）的许多子运动中的一个。就特殊程序而言，马斯洛本人的一个论文集可能是最有影响的。[①]马斯洛认为实存主义者有特殊的重要性，尽管他批判了实存主义的复杂性与含糊性。马斯洛还看到："实存主义依赖于现象学，即实存主义把个体的、主观的体验，作为抽象知识的基础。"

马斯洛自己的心理学（与对存在论的频繁强调无关）在很大程度上是对戈尔德斯坦的自我实现概念的发展。这种自我实现尤其表现在马斯洛所说的顶峰体验（peak-expericences）中。正是在这样的联系中，马斯洛反复指向了现象学进路，但他没有专门地运用现象学进路，也没有详细地描述与分析现象学进路（《走向实存心理学》，第 92 页及以下）。

马斯洛还是所谓的"人文主义心理学"中的主导灵魂；为"人文主义心理"提供支持的是一个发展中的学会以及《人文主义心理学杂志》（*Journal of Humanistic Psychology*）。弗洛姆（Erich Fromn）、戈尔德斯坦、霍妮和阿尔波特都对这个杂志有启发作用，尽管他们没有参与这个杂志。然而，马斯洛本人、布勒（Charlotte Bühler）、布根代尔（James Bugendal）、罗杰斯以及其他许多人不仅出现在了这个杂志的发行人栏目中，而且出现在了这个杂志的封面上。"实存心理学"和"现象学心理学"被视为有效"开启人的广阔与根本内在生活"的尝试。但是，"实存心理学"和"现象学心理学"本身不是"第三力

167

---

① Abraham Maslow, *Toward a Psychology of Being*, New York: Van Nostrand, 1962, pp. ix, 9.

量心理学"的多面向活动中引人注目的部分。因此，在《人文主义心理学的挑战》这个选集中，胡塞尔哲学意义上的现象学只出现在了威尔逊（Colin Wilson）的文章中。[①]

布根代尔的《对本真性的追求》[②]被视为心理治疗的实存分析进路。将"人文主义心理学"与实存主义相结合，是一种含糊翻译的借用尝试。然而，其中的人类实存观根本不温和。它与罗洛·梅一样强调人类实存中的本质性悲剧方面。布根代尔在把人文主义心理学描述为既具有价值意义，又有人类"有效性"时，顺带提到了现象学。同样含蓄的是把实存主义进路作为这种心理学的"现象学根源"（《对本真性的追求》，第 18 页）。但是，尽管分析治疗的很多方面（它充分采纳了弗洛伊德的建议，尤其是"个体发生"方面意味着重构存在）与现象学相联系，然而，在这本治疗导向的书中，布根代尔没有尝试发展出清晰的本真现象学。布根代尔对本真性的理解是：与人本质及世界的给予性相协调的、在世界中存在（同上书，第 32 页）（这个概念很难被海德格尔或宾斯旺格接受）。

莱昂斯（Joseph Lyons）在《心理学与人类测量》[③]一书中提出了治疗问题的"现象学进路"。他的目标是作为个体的"真正的人类科学"，而不是作为"非个体他者"的人类科学。然而，他的书还涉及了"情境与遭遇"这样的主题，而这个主题在总

---

① Colin Wilson, "Existential Psychology: A Novelist's Approach", in *Challenges of Humanistic Psychology*, ed. James Bugental, New York: McGraw-Hill, 1967, pp. 69-78.

② James Bugental, *The Search for Authenticity: An Existential-Analytic Approach*, New York: Holt, Rinehart and Winston, 1965.

③ Joseph Lyons, *Psychology and the Measure of Man*, Glencoe, Ⅲ: Free Press, 1963.

体上是元现象学的，并且批判性与同情性地讨论了这个领域中之前的工作。因此，莱昂斯在"意向性主体"这个标题下讨论了作为顾客伙伴的临床治疗者，并在高度个体的意义上使用了"意向性"这个概念（《心理学与人类测量》，第 225 页）。总体上，这是一种治疗心理学家的现象学，而不是现象学心理学。

出生于荷兰的范·卡姆（Adrian van Kamm），尤其通过他的编辑事业，不仅在美国杜肯大学，而且在美国学术圈内做了大量的努力，以建立一种现象学心理学。然而，他的热情不限于此。尽管在荷兰接受学术训练，他在美国凯斯西储大学做博士论文《现象学分析：真正感觉理解体验的研究例证》时，得到了戈尔德斯坦、马斯洛和罗杰斯的指导。这篇博士论文现在他的书《心理学的实存基础》中作为了应用现象学的主要例证。

表面上，这本书是远离现象学哲学的。就心理学而言，这本书是有关实存心理学的研究（正如作者所认为的那样），而不只是实存心理学的一个例子。这本书强调的是"人类学"成分。靠后的章节涉及的是"人类学现象学"，而范·卡姆将之划分为了若干部分。考虑到现象学主要作为一种"人类学"实存或态度模式，范·卡姆相信，现象学方法应该是所有人类行为研究的基础，并且他还强调所有体验的视角本质。

显然，这仅仅是开始。美国学界还需要远远更多的时间与努力，去把新的欧洲成分吸收与整合到美国传统的主流中。原创、庞大与系统性工作的出现，甚至还需要更多的时间。然而，下述持同情态度的荷兰观察者的话，是值得玩味的：

　　"如果沙利文（Harry S. Sullivan）的追随者以及
现象学与精神分析的追随者，应该设法获得共同的基础，
那么他们之间还未达成的协作，将会让他们获得新的重
要洞见。"①

---

①　译自：H. C. Rümke, "Aspects of the Schizophrenia Problem", in *Eine blühende Psychiatrie in Gefahr*, Berlin : Springer, 1967, p.226.

第二部分
对现象学心理学和精神病学中领军人物的研究

导　言

接下来的十章分为十个独立的研究。它们的次序既不是严格编年的，也不是系统的。以雅斯贝尔斯为开始，是因为他在现象学精神病学发展中的先驱地位。接下来的四章（宾斯旺格、闵可夫斯基、冯·葛布萨特尔和斯特劳斯）涉及了形成松散联盟的四位现象学人类学家。拜坦迪耶克（第11章）是相对独立的人物。剩下的四个研究反映了戈尔德斯坦与拜坦迪耶克的相似性，并且关注了具有不同形式精神分析的席尔德、博斯和弗兰克。

即使每个研究的结构并不对称，但是一般来讲，我们尝试相对地确定被研究者与哲学现象学的关系、被研究者的现象学概念及其对现象学最原初的应用。

第6章　雅斯贝尔斯（1883—1969）：
将现象学引入精神病理学

[1]　雅斯贝尔斯在现象学精神病理学史上的地位

在现象学精神病理学的发展中，没有一个学生会反对雅斯贝尔斯在这个领域中创建一个新的现象学潮流时的历史作用。奇怪的是，雅斯贝尔斯本人不认为他自己是一个现象学家，即使就精神病理学来说。① 然而，无可置疑的是，如果没有雅斯贝尔斯的先驱性工作，现象学不可能取得它在精神病理学中的地位。很难否定的是，在 1912 年左右，当雅斯贝尔斯写作论文"精神病理学中的现象学进路"的时候，他把他自己看作是这个进

---

① 因此在《普通精神病理学》的第 4 版（Karl Jasper, *Allgemeine Psychopathologie*, 4th ed., Berlin: Springer, 1946, p. 42）以及第 7 版（Berlin: Springer, 1959），雅斯贝尔斯尤其抗议把这本书误解为"现象学潮流的主要著作"。实际上，在 1962 年 4 月我与他的会面中（我特别感谢他），他提出，不仅要把他与作为哲学的现象学区分开来，还要把他与新的现象学精神病理学区分开来。《普通精神病理学》第 7 版已经被译为了英文：J. Hoeing and Marian W. Hamilton, *General Psychopathology*, Chicago: University of Chicago Press, 1963.

路的积极支持者。

　　然而，由于雅斯贝尔斯与现象学以及现象学哲学的关系至少是模棱两可的，所以我首先要尝试确立这种关系的主要事实。接下来，我将尝试确定精神病理学与雅斯贝尔斯哲学的联系，并研究现象学在他精神病理学的崛起。紧接着对雅斯贝尔斯现象学方法概念讨论的是：对这种现象学方法在精神病理学中应用的解释。这个计划将使我们有可能评价现象学对雅斯贝尔斯精神病理学的真正意义。

174

[2]　雅斯贝尔斯与现象学运动的关系

　　任何要将雅斯贝尔斯精神病理学与现象学运动相联系的努力，都应该从编年事实的记录的开始，尤其是雅斯贝尔斯自己对这些事实的看法。[①]

　　雅斯贝尔斯本人说，直到 1909 年，他才知道胡塞尔，并且主要是通过读胡塞尔的《逻辑研究》。[②] 胡塞尔现象学给他留下印象的地方是：向上的次序，它对描述精神疾病体验的作用、胡塞尔思考的学科化、胡塞尔对心理主义的反驳，以及胡塞尔对阐明不受注意假设的强调。

---

① 在完成手稿之后，我才收到该书：Oswald O. Schrag, *Existence, Existenz and Transcendence: The Philosophy of Karl Jaspers*, Pittsburg: Duquesne University Press, 1971. 该书的第五章 "雅斯贝尔斯与现象学" 包含了对雅斯贝尔斯与胡塞尔及海德格尔的有洞察力和审慎的讨论。

② Karl Jaspers, "Mein Weg zur Philosophie(1951)", in *Rechenschaft und Ausblick*, Munich: Piper, 1958, p. 386.

"我确信其中已经对我有用的东西：回到实事本身的
主张。在一个充满偏见、程式、制度的世界中，这就是解放。
胡塞尔给我留下了最深刻的印象。事实上，我不认为他的
现象学方法是一个哲学纲领，而是如他本人所认为的那样，
首先是一种描述心理学。我就是这样来使用现象学的，并
把它作为精神病理学中的方法……"①

175   然而，雅斯贝尔斯只有在他发表的第四篇文章"对幻觉的
分析"（1911）中，才清晰地在其中几处提到了胡塞尔——他
不仅赞扬了《逻辑研究》的第 2 卷，尤其说它的第五个考察（论
意向性）是对于知觉的"最清晰和最客观的"解释，而且补充说，
他自己对"知觉分析的总结（忽视了重要的区别），是从胡塞
尔的研究出发的"。其他引用说明了雅斯贝尔斯对这些分析细
节的熟悉。②

但是有关诉诸胡塞尔现象学的最清晰的证词是雅斯贝尔斯
在 1912 年的论文《精神病理学中的现象学进路》。在这篇论文中，
雅斯贝尔斯首先说明了在精神病理学中，独立的现象学必须作
为解释理论的必要预备，然后他又说：

---

① Karl Jaspers, "Mein Weg zur Philosophie(1951)", in *Rechenschaft und Ausblick*, Munich: Piper, 1958, p. 386. 关于这本书的起源，也可参见：Karl Jaspers, "Nachwor zu meiner Philosophie", in *Philosophie*, 3d ed., Heidelberg: Springer, 1955, I, pp. xv–iv.

② Karl Jasper, "Zur Analyse der Trugwahrnemungen", *Zeitschrift für die gesamte Neurologie und Psychiatrie*, VI (1911), p. 469. 还可参见：Karl Jasper, *Gesammelte Schriften zur Psychopathologie*, 7th ed., Berlin: Springer, 1963, p. 198. 还可参见：Karl Jasper, *Allgemeine Psychopathologie*, 4th ed., Berlin: Springer, 1946, Part 1, Chapter. 1, §1d.

　　"在心理学研究领域中，在布伦塔诺及其学派以及李普斯的基础上，胡塞尔迈出了通向系统现象学的决定性的一步。"（《精神病理学选集》，第 316 页）

　　同一页的一个脚注提到了由坎迪斯基（Victor Kandinsky）、奥斯特莱希（Traugott K. Oesterreich）和黑克尔（Hacker Friedrich）进行的更早的独立精神病理学研究，而在这个脚注中，雅斯贝尔斯引用了他自己有关幻觉的论文作为这种进路的案例。然后，雅斯贝尔斯补充说，已经得到承认的、有意地为精神病理学任务提供基础的一般研究进路，还不存在。[①] 这篇论文的最后要求不是基础的改革，而是在精神病学家中进一步传播现象学态度。

　　雅斯贝尔斯把这两个研究的复本寄给了胡塞尔，并收到了胡塞尔非常赞许的评价。然而，这时雅斯贝尔斯已经看到了胡塞尔纲领性的论文《作为严格科学的哲学》（1910）。雅斯贝尔斯赞赏这篇论文的忠贞，但是让他感到愤怒的是这篇论文通过尝试把哲学转变成科学而对哲学进行"歪曲"。[②] 然而，在 176

---

① Karl Jaspers, "Die phänomenologische Forschungsrichtung", in *Gesammelte Schriften zur Psychopathologie*, 7th ed., Karl Jasper, Berlin: Springer, 1963, p. 316.

② Karl Jaspers, *Rechenschaft und Ausblick*. Munich: Piper, 1958, p. 386. 还可参见：Karl Jaspers, "Nachwor zu meiner Philosophie", in *Philosophie*, 3d ed., Heidelberg: Springer, 1955. 雅斯贝尔斯在其中表达了对胡塞尔文章的反感："在这里，依照思考的敏锐性和推理的一致性，作为我根本的哲学，又一次被否定了。在我看来，胡塞尔《作为严格科学的哲学》这篇文章，就是一个意外的发现。我相信我了解他的意思：最明显的是，严格科学的宣称，使得每样可被称为哲学的东西都走向了终结。就胡塞尔是一个哲学教授而言，我认为他以最天真和自负的方式背叛了哲学。"（第 xvii 页）

1913 年（胡塞尔的《纯粹现象学与现象学哲学的观念》和雅斯贝尔斯的《普通精神病理学》都在这年发表），在胡塞尔向雅斯贝尔斯（他当时正好地访问一个好朋友）发出特别邀请后，他们在哥廷根进行了第一次个人会面。在雅斯贝尔斯对场景的描述中，胡塞尔尝试拥抱雅斯贝尔斯；胡塞尔把雅斯贝尔斯当作一个受到他启发的追随者，而胡塞尔也赞扬了雅斯贝尔斯在其著述中对现象学的专家实践。但是让雅斯贝尔斯感到失望的是，胡塞尔不认可谢林，并认为谢林是没有严肃重要性的哲学家。在 1921 年雅斯贝尔斯对胡塞尔的访问以后，雅斯贝尔斯对胡塞尔的评价没有任何改变；他继续把胡塞尔看作是他喜欢的学者，而不是伟大的哲学家。[①]

　　然而，评价雅斯贝尔斯与现象学关系的最重要文献仍然是他的《普通精神病理学》（1913）。人们必须意识到，这本书的主要目的是向学生提供精神病理学思考的指导，而这些学生已经读了很多传统精神病理学书籍（总体上，他们对精神病理学有了概览，并且或多或少地接受了有组织和教条的思想）。对雅斯贝尔斯来说，精神病理学的主题是"事实上有意识的精神事件"（《普通精神病理学》第 4 版，第 2 页）。他的意图是对这个主题的本质把握，而非所有精神病理学结果的收集（同上书，第 33 页）。相应地，方法论反思以及哲学思考（尤其是在后续版本中）非常丰富。

　　现在的主要目标是考察现象学在《普通精神病理学》一般模式中的地位。在这本书第 1 版七章中的第一章，同时也是最

———————

① 上述信息以我与雅斯贝尔斯在 1962 年 4 月的会谈为基础。

长的一章中，"现象学"这个术语放在标题"异常心灵生活的 177
主观现象"的括号里。"现象学"在这部分的方法论导论（《普
通精神病理学》第 1 版，第 4 页）中已经出现。在章节本身中，
只有第一个脚注提到了胡塞尔：

> "最初胡塞尔用这个术语来指意识现象的'描述心理
> 学'，而我们就是在这个意义上来使用这个术语的，后来
> 他在本质直观的意义上使用现象学这个术语，而我们没有
> 采纳本质直观的意义。"

因此在《普通精神病理学》这个阶段，雅斯贝尔斯甚至只
承认胡塞尔现象学的一部分，事实上是已经被胡塞尔超越的一
部分，因为胡塞尔在 1903 年已经否定了"描述心理学"这个误
导性的标签。然而，在他章节的实际发展中，雅斯贝尔斯充分
发挥了胡塞尔对于意识的一般分析，以及指向意向对象的意识
行为模式。

在《普通精神病理学》扩展后的第 9 版中，现象学的章节
得到了显著的增加，但现象学的基本特征或状态没有发生变化，
尽管它现在成了六部分当中第一部分的组成部分："心灵生活
中的独立要素。"

值得注意的是：在雅斯贝尔斯的原实存主义者著作《世界
观的心理学》（1919）中，他没有明确地引述现象学。但在他
杰出的斯特林堡（Strindberg）和梵高（Van Gogh, 1922）传
记中，包括了对斯特林堡"对象意识"（《斯特林堡与梵高》，

第 49 页及以下）的 "现象学审查"（同上书，第 53 页）。^①然而，当雅斯贝尔斯几乎完全转向哲学后，他对胡塞尔现象学的兴趣实际上消失了。当他在《哲学》的第 2 卷中使用现象学这个术语时，显然，现象学描述不能掌握意志的真正要素。只有希尔珀（Paul Schilpp）图书馆关于在世哲学家的雅斯贝尔斯卷的一些编辑者想要探索现象学在他《哲学》的存在阐释中的较弱角色时，雅斯贝尔斯才回到了现象学这个主题。但是直到现在，雅斯贝尔斯明显反对现象学与存在思想的任何融合。他甚至指出了意识现象学和存在阐释之间的 "根本差异"。^②

事实上，我自己与雅斯贝尔斯更直接的接触表明，在他的最后思考中，他将胡塞尔现象学的作用最小化到了这个程度：他不再认为现象学在他的发展中（即使是在精神病理学中）占据决定性地位。

这就引发了一个问题：现象学运动中的其他人，是否对雅斯贝尔斯精神病理学的发展有重要意义。他明确提到了描述心理学家李普斯及其学派，以及维尔茨堡学派的屈尔佩和迈塞尔。但是在慕尼黑和哥廷根 "旧运动" 中唯一被他提到的成员是盖格尔（由于其对现象学的情绪心理学的特殊贡献）（《普通精神病理学》第 4 版，第 328 页），以及谢普（Wilhelm Schapp）（由于其对知觉现象学的贡献）（同上书，第 197 页）。舍勒的天才为雅斯贝尔斯所知，但雅斯贝尔斯不接受舍勒的人

① Karl Jaspers, "Strindberg und van Gogh", in *Arbeiten zer augewandten Psychiatrie*, Bern: Bircher, 1927.

② Paul Schilpp, *Philosophy of Karl Jaspers*. LaSalle, Ⅲ: Open Court, 1957, p. 819. German edition, Stuttgart: Kohlhammer, 1957, p. 813.

格，而且雅斯贝尔斯特别信任的是舍勒的愤怒现象学（《普通精神病理学》第 4 版，第 270 页）和同情现象学。

最有趣的是雅斯贝尔斯与海德格尔的关系。海德格尔的哲学力量吸引了雅斯贝尔斯，尤其是在初期，但是由于海德格尔的政治经历及其道德意义，雅斯贝尔斯摒弃了他。在目前这个情境下，最重要的事实是，当海德格尔出现时，雅斯贝尔斯对精神病理学及其现象学的兴趣已经变得次要了。因此，海德格尔只在《普通精神病理学》的后期版本中被提到过一次，而且只在海德格尔与有关人类的存在论相联系时——雅斯贝尔斯认为这种存在论对最终知识的宣称与真正的哲学是不相符的。雅斯贝尔斯唯一清晰地讨论海德格尔现象学存在论的地方是他与神学家巴尔特曼（Rudolf Bultmann）在 1953 年的会谈。[1] 雅斯贝尔斯对海德格尔现象学存在论的主要反对意见是，这种存在论"科学地、现象学地和客观地运作着"，而结果是"不确定的现象学知识，以及同样地，将哲学进行歪曲的可学和可用知识"（《去神秘化的问题》，第 9 页）。然而，雅斯贝尔斯承认，"精神病学家们运用了海德格尔有关疾病类型（慢性与急性）的存在范畴，而这不是没有成效的"。

从哲学上来讲，雅斯贝尔斯显然不关心现象学运动。但即使如此，对雅斯贝尔斯来说，就算现象学不是精神病理学的基础方法，也是一种方法。那么，现象学的重要性有多大呢？在回答这个问题之前，我们必须到雅斯贝尔斯整个思想语境中，去理解他的精神病理学事业。

---

[1] Karl Jaspers, *Die Frage der Entmythologisierung.* Munich: Piper, 1954, p. 12. 英译本：*Myth and Christianity*, New York: Noonday Press, 1958, p. 8.

[3] 雅斯贝尔斯的哲学概念及其与精神病理学科学的关系

在雅斯贝尔斯这里，如果我们想要说明哲学现象学对于心理学和精神病学的重要性，那么我们首先要阐明他对于哲学和精神病理学关系的看法。对雅斯贝尔斯来说，这种关系显然是特殊的，而基础是他关于哲学和科学关系的特殊概念。

我们必须依据雅斯贝尔斯非传统的哲学概念去理解哲学与科学的关系。实际上，雅斯贝尔斯本人显然认为，哲学与当时德国大学中以哲学之名运行的东西没有任何关系，尽管他承认如斯宾诺莎这样的伟大哲学家。但是在现代哲学家中，他只承认一个真正的哲学家，即社会学家马克斯·韦伯（Max Weber）。他为他自己向学院哲学的入侵进行了辩解；他一开始没有计划进入学院哲学，但他想要努力复兴真正的哲学，而这种哲学既不同于海德堡大学哲学讲解者们以及新康德主义者里克特（Heinrich Rickert）所谓的科学哲学，也不同于倡导哲学是"严格科学"的胡塞尔。①

> "当我意识到在我们这个时代，大学里没有真正的哲学时，我想：面对着这样一个真空，即使是弱者也有权力做哲学的见证者，并说出哲学是什么，以及哲学可能是什么，即使他本人不能创造哲学。直到我年近 40 岁时，我才将哲

180

---

① Karl Jaspers, *Rechenschaft und Ausblick*, Munich: Piper, 1958, p. 394.

学作为我生命的任务。"

　　雅斯贝尔斯意义上的哲学是什么呢？我们只能在他最大、最哲学的核心著作——三卷本的《哲学》中找到完整的答案。雅斯贝尔斯前后都对这本书进行了独立的哲学反思。我们没有必要把他努力的结果压缩为紧凑的公式。然而，在这种情况下，他的一些表达至少是这种理解的良好导引。我选择了他在《论我的哲学》（1941）（收录于《呈现与展望》）这篇文章中的表达，尤其是他的这个陈述："哲学是一种实践，然而是一种独特的实践。"因此，哲学沉思是一种"我接近存在和我自身的活动，是我涉入其中地处理客体的有兴趣的思考"（《呈现与展望》，第 401—402 页）。因此，哲学不是理论事业。哲学的主要任务是唤醒、诉诸、创造世界中真正存在的实现。在这个程度和意义上，雅斯贝尔斯在哲学中的主要关注是去影响实存，尽管如他的《哲学》所说的，他关注的不是孤立的人类实存，而是与超越相联系的实存，即超越实存的实存。

　　然而，这种新事业与科学的关系是什么呢？它是反科学的吗？不是的。即便雅斯贝尔斯相信哲学和科学有不同的对象，但他认为，尤其是在今天，哲学和科学是彼此需要的。更具体地说，研究非客观可知东西的哲学以对可知的探索为前提。即使哲学超越科学，但哲学只能通过科学的方式取得成就。"通过对科学的自由掌握，我掌握了超越科学的东西，但是我只能通过科学的方式。"

　　但是，这种对科学（它是通向非科学之哲学的必要路径）的一般兴趣，不能解释雅斯贝尔斯在精神病理学中的工作。首先，我们只能在他的传记中寻找原因。他的自传著述没有明确地说明当他"想要知道实在是什么时"选择了医学而不是其他研究，以及他更早的选择：他在实验室和医院中而不是在法律研究中寻找实在是什么（《呈现与展望》，第 385 页）。他也没有清晰地说明为什么选择精神病学作为专业领域。但是，他对精神病学（作为心理学的路径）的偏爱，显然是由于他对人的兴趣多于对躯体病理学对象的兴趣。在精神病学中，他想要寻找的是有关于人类实存的基本事实，科学能够告诉他什么呢？

[4] 现象学在雅斯贝尔斯精神病理学中的崛起

雅斯贝尔斯是怎么严肃地对待科学的呢？对于这个问题，我们甚至可以从他从事精神病学之前所使用的方法和成果中得到答案。然而，正是在精神病学中，雅斯贝尔斯的方法论兴趣取得了主导地位。在这个最模棱两可和最有问题的医学研究及实践领域中，雅斯贝尔斯很快就受到了进路和理论含混的打击，并且在整体上受到了"无基础谈话"的打击。"不存在对所有研究者来说都统一和共同的科学精神病学。"[1] 选择就在"脑神话学"和"精神分析神话学"之间。[2]

雅斯贝尔斯最早的精神病学研究就显示了他对方法论的关注。他发表的第二篇文章《论偏执狂的妒忌》（写于他在 1910 年论乡愁和犯罪的博士论文之后），"对人格或进程发展问题

---

[1] Autobilgraphie, in Paul Schilpp, *Philosophy of Karl Jaspers*. LaSalle, Ⅲ.: Open Court, 1957, p. 17, German edition. Stuttgart: Kohlhammer, 1957, p. 11.

[2] Karl Jaspers, *Rechenschaft und Ausblick*, Munich: Piper, 1958, p. 409.

做出了贡献"。在这篇文章中，他试图发展两种基本的通达精神病理学材料的进路：一种是在现象的联系和延续中、对现象的自我－易位或同情理解，另一种是对不可理解"进程"的单纯因果解释（《精神病理学选集》，第 113 页）。

　　　　"……我们不想丧失不知疲倦感以及每个精神病患者的谜团，而且我们应该面对最琐碎的案例。"（同上书，第 85 页）

　　雅斯贝尔斯对于精神病学状态的不耐烦，最主要体现在他对智力检测方法和老年痴呆症概念的批判报告中，而且这个报告还体现了他对"已有"系统的"无法忍受的"摒弃。

　　正是在这种情况下，雅斯贝尔斯对现象学的可能性（尤其是胡塞尔在《逻辑研究》中对现象学方法的使用）产生了积极兴趣，正如他自己对幻象和妄想的研究所显示的那样。接下来的是他有关精神病学中的现象学潮流的纲领性文章。然后，他接到了他在海德堡大学的同事威尔曼斯（Karl Wilmanns）以及斯普林格出版社的邀请，去写作一个综合性的普通精神病理学。雅斯贝尔斯对此的反应是毫不犹豫且充满热情。因为他意识到这项工作给了他重新建构精神病理学的机会。正如我们已经注意到的，在他看来，这项工作不只是事实的编排，更多的是真正医学思考的发展。因此，新的工作不是另一个教科书或百科全书式的手册。他的目标是从概念上去阐释，已知的是什么、它们如何被知、未知的是什么。他考虑到了所有的方法，但他把优先性给予了两种新方法：现象学以及他所说的理解心

182

理学（verstehende Psychologie）（它最好的表达可能是阐释心理学）——这是一种他主要在精神科学的先驱狄尔泰（Wilhelm Dilthey）的启发下提出的方法。他在一篇有关命运和早发痴呆性精神紊乱的因果及理智联系的文章中，已经尝试区分了这两种方法。对于二者的区别，他是这么说的：

> "现象学的任务是去复现、划分、描述和整理它们；与此完全不同的是，理解心理学的任务是令人信服地理解心理联系。"[①]

然而，这两种方法都是他所说的"主观心理学"的一部分；"主观心理学"与以更传统的方法为基础的、客观心理学或机能心理学（Leistungspsychologie）相对。

本书不想报道《普通精神病理学》的细节，因此这本书现在已经有了英译本。这里关注的只是现象学在雅斯贝尔斯的有关人的精神病理学知识系统中的地位。首先要强调的是《普通精神病理学》这本书，尤其是它的后续版本，不局限于提供对精神病理紊乱的方法论进行阐明的知识。它的真正主题和目标是疾病中的人本身，就疾病的心理学条件而言（《普通精神病理学》第4版，第6页）。然而，人是这样一种存在：有关他的完整知识是不可能的。人的这种存在方面，在后来的版本中表现得更为明显。因此，这并不让人感到惊讶：雅斯贝尔斯在回顾中，把他对人的哲学兴趣作为这本书的前进动力。对于每

---

① Karl Jaspers, "Kausale und verständliche", in *Zusammenhänge zwischen Schicksal und Psychose bei der Dementia praecox* (*Schizophrenie*), GSzp, pp. 329-422.

个单独个体的人的不可穷尽性和"无限性"的洞察，甚至是雅斯贝尔斯从医学实践者的角度所期待的。

但是，这种对于人的哲学和存在理解，显然在作为精神病理学的人类科学中遇到了挫折。现象学作为人类科学的一种方法进入了对人的科学探索中。这种现象学显然与哲学，尤其是与人类存在哲学无关。

事实上，在第 4 版中有关现象学的章节，在总的 718 页中占了 85 页。这个章节不仅是 14 个章节（最后两部分不再分章）中的第一章，而且是最长的一章。其他章节涉及的是客观行为研究（行为心理学）、躯体表现等。

那么，我们要怎么理解雅斯贝尔斯强调精神病理学不是现象学呢？显然，精神病理学在其整体上或甚至在主要内容上不是现象学的。另一方面，人们必须考虑到雅斯贝尔斯把现象学局限于对精神生活的孤立要素的研究上。如果人们把处于联系中的主观现象的整个范围都包含进来，那么这本书的整个第二部分（解释心理学的四个章节，113 页）那么都称得上是现象学的。事实上，雅斯贝尔斯本人承认，现象学在其他章节中的大部分内容中都出现了（《普通精神病理学》第 4 版，第 40 页）。更重要的是，现象学部分对于全书来说不仅是首要的，而且是基本的；这种次序翻转过来也没有问题。另外，雅斯贝尔斯对方法论的强调，使现象学部分比起它们在其他反省心理学和精神病理学工作中更为突出。最后，这本书的现象学特征，是其在那个时代最原创的特征。因此，不令人惊讶的是，《普通精神病理学》被称赞为现象学在精神病理学中的第一个主要成就。从历史的角度来说，直到今天也是如此。甚至从系统上来说，

184

这本书包含了大量与本书角度相关的现象学。然而，为了证明这一点，我们必须阐明雅斯贝尔斯的现象学概念。

[5] 雅斯贝尔斯的现象学概念

我们必须明白，雅斯贝尔斯不是简单地从他人那里借用了现象学概念，而且显然不是从任何哲学家那里。

在 1912 年论文《精神病理学中的现象学进路》中，他把现象学的任务描述为对精神现象的复现（Vergegenwärtigung，即呈现或展现）——对精神现象的分类、界定和整理。[①] 展现在我们面前的（有限的和分别的东西）是他人的精神事件，尤其是患者的精神事件。这些程序的意思是什么呢？

1. "复现"当然不是胡塞尔现象学方法的主要成分，尽管胡塞尔在与我们意向的直观充实联系中或在自由变换想象的"实验"中提到了"复现"。那么，"复现"是什么意思呢？雅斯贝尔斯没有明确地说明它的意思，但显然它不是知觉体验，而是想象程序。

> "由于我们不能如对待物理现象那样直接知觉他人的心灵，这永远只能是同情理解的事情，我们只能通过对精神状态外在特征的系列枚举，通过对他人精神现象发生条件的枚举，通过视觉类比，通过符号化，或通过一种感应

---

① Karl Jasper, *Gesammelte Schriften zur Psychopathologie*, 7th ed. Berlin: Springer, 1963, pp. 315ff. 几乎相同的表达见于：Karl Jasper, *Allgemeine Psychopathologie*, 4th ed. Berlin: Springer, 1946, pp. 22ff. 英译本：pp. 25ff, 54.

呈现，来知觉他人的精神现象。在这种过程中，对我们有帮助的是患者的个体描述（我们可以在个体交往中探索和检查它们）。我们可以最充分和清晰地发展这些描述，而且经常有更丰富内容的、患者自己书面的自我描述是可以被接受的。显然，体验着这些精神事件的本人，最有可能作出恰当的描述。"（《普通精神病理学》第 4 版，第 47 页；英译本第 55 页）

因此，现象学精神病理学的起点，显然不是直接直观中给予的东西。他的材料不得不是间接获得的，而且甚至只能通过想象获得。这与"反省"现象学的直接给予（它的直觉内容）是一样的。

2. 界定（Begrenzung）：尽管雅斯贝尔斯没有详细地告诉我们"复现"的内容，但他为聚集在一起的现象群组进行了分类，并且为它们分派了特殊术语。这个至少与通常意义上的概念形成相关的程序当然不是哲学现象学的特质，并且没有在哲学现象学的方法论中得到强调，尽管对本质上不同的现象形式的区分，是哲学现象学的一个特征。

3. 描述（Beschreibung）：在雅斯贝尔斯强调对系统范畴、比较、相似性阐释以及系列安排的需要时，与哲学现象学的类似性得到了最多的表达（同上书，第 47 页）。

雅斯贝尔斯不承认他的现象学包含胡塞尔意义上的本质直观。他显然避免使用这个术语。但这不意味着他否认这个术语所指的东西。因此，当强调现象学要沉浸于个体案例时，雅斯贝尔斯补充说，现象学对个体案例的沉浸，也教给了我们对许多案例来说具有普遍性的东西（《普通精神病理学》第 4 版，第 48 页；英译本第 56 页）。后来，他在《普通精神病理学》这本书中探索了完整的精神生活，并且以一般的视角去看待人，他甚至使用了人的本质（eidos）这个表达——胡塞尔在研究一般本质上和所有通过特殊形式达到的东西时（本质学不同于拓扑学）（同上书，第 517 页及以下；英译本第 617 页），再次引入了本质这个术语。这说明，现象学至少为人的普遍本质研究提供了一个基础，尽管现象学强调这个基础。然而，对本质直观的真正检验是雅斯贝尔斯的现象学描述在多大程度上确实避免了胡塞尔意义上的本质洞见。

186

　　雅斯贝尔斯的现象学还有一个局限：在雅斯贝尔斯把现象学局限于个体事实（Einzeltatbestände）的要素研究时，他把这种研究与任何对个体事实要素之间联系的考虑隔离了开来，并把可理解关系研究交给了阐释心理学（interpretative psychology），把不可理解或只是因果的关系研究交给了说明心理学（explanatory psychology）。我们该怎么理解这种在要素研究与关系研究，尤其是在现象学与阐释心理学之间的明确区分呢？阐释心理学是一种雅斯贝尔斯独立发现的方法，并且这种发现显然是在他与现象学发生接触之前做出的。至少《普通精神病理学》中的一个脚注是这么说的（同上书，第 250 页；英译本第 301 页）。通过 1903—1906 年对马克斯·韦伯的研究，雅斯贝尔斯熟悉了精神科学传统，尽管在 1909 年前他都没有与马克斯·韦伯进行个人交往。我们知道他还受惠于西美尔（George Simmel），尤其是狄尔泰 1894 年论描述分析心理学的著名论文。1913 年，雅斯贝尔斯在一篇论命运与精神错乱的因果及不可理解关系的论文中，第一次使用了阐释心理学方法。因此，这两种方法（现象学和理解心理学或阐释心理学），在雅斯贝尔斯这里显然有不同的起源。雅斯贝尔斯也认为它们有不同的功能。现象学向我们提供了通达精神病理学生命之主观要素的路径。理解心理学给予我们通达主观及客观事实之间联系的路径；它要告诉我们，这些主观及客观事实中的一个阶段，是怎么从另一阶段中产生的。

因此，初看起来现象学与理解心理学处理的是不一样的问题。但是我们也不能忽视二者之间的重叠。雅斯贝尔斯意义上的理解指的是什么呢？理解的主要工具是自我－易位，正如它在要素现象学案例中那样。另外，在雅斯贝尔斯对理解的一些讨论中，显然他认为，现象学研究或静态理解，以患者的个体陈述为基础（《普通精神病理学》第4版，第255页；英译本第301页）。

雅斯贝尔斯在现象学与理解心理学之间的区分，不像初看起来那么严格。二者都以同情的自我－易位为基础。唯一的区别在于现象学关注精神事件的孤立或静态阶段，而理解心理学关注一个和另一个精神事件之间的联系。这很难说是根本的差异。

我们还有一个把理解看作是现象学操作的理由，在《普通精神病理学》中（同上书，第252页；英译本第303页），雅斯贝尔斯指出，我们只能理解理想的可理解联系类型，而不能直接理解个别的联系。如果这是真的，那么"理解心理学"就更接近于胡塞尔意义上的本质理解，而非细节现象学。

在这个程度上，雅斯贝尔斯自己的现象学已经包含了更加广泛的应用萌芽，尽管他坚持将同情理解与因果解释绝对地区

187

分开来，并将现象学排除在只有因果解释才能通达的领域之外
（尤其是精神错乱的领域之外）。

[6] 从雅斯贝尔斯精神病理学的角度来阐释现象学

只研究雅斯贝尔斯对现象学的理论解释是不够的。我们只有去检查他对现象学的实践，才能充分理解他的现象学概念。

实际上，雅斯贝尔斯的现象学实践先于他的理论反思。他有关幻想分析的论文，即《身体性与实在判断》（1911），就是特别重要的现象学研究案例，而它们都先于《普通精神病理学》第一章中的详细分析。这篇论文是雅斯贝尔斯对胡塞尔在《逻辑研究》中的知觉分析的最清晰应用。

这些研究重新出现在《普通精神病理学》第一章的新情境中（《普通精神病理学》第 4 版，第 78—90 页；英译本第93—108 页）。这一章的主题是"病理心灵生命的主观显现"，并且分为了两部分，第一部分是关于个别的现象，而第二部分是关于现象的"全体"。在第 1 版中，对个别现象的检查只有四个子部分（论对象意识、论人格意识、论情感及情绪状态、论驱动力和意志）。后来，在这个四个子部分的基础上又增加了空间和时间体验、身体意识、实在意识、反省现象等。然而，雅斯贝尔斯没有说这已经是最终的计划了。第二部分探讨的是现象的全体，而它在第 2 版中也发生了变化。雅斯贝尔斯去掉了一个子部分，而增加的子部分包括：注意及其波动、睡眠与催眠、精神错乱的意识变异以及幻想体验联系。每个部分的开

头都是非常有现象学意义的、作为异常现象描述背景的心理学
评论，尽管每个开头都很短。

　　这些现象学研究的基础是主客联系的原现象（Urphänomen），
或自我及其内容的原现象。当然，这反映了为人熟知的意识之意
向结构的现象学观点。这使得雅斯贝尔斯把第一章分为了意识的
客观与主观方面，而不只是正常与异常方面。第一章中也有在其
正常与异常修正中的、对自我意识的特殊研究。在这里，本书要
做的是通过对雅斯贝尔斯有关对象意识以及自我意识的解释，去
阐明雅斯贝尔斯的进路。

A. 对象意识

　　雅斯贝尔斯提供了广泛的对象意识队列，并且在简短概括
的正常心理学背景中通过具体的案例勾勒和阐释了异常变种的
维度。因为雅斯贝尔斯在他最早的案例中发展出一些基本区分，
所以更切近地去看其中的一些维度是有意义。

　　1. 就感觉强度（例如颜色强度）、质（例如颜色替换）以
及联觉而言，正常知觉倾向于病理变化。

　　2. 在被知觉世界的一般疏离形式中，知觉会通过新颖特征
或通过将世界打破为碎片，而表现出异常特征。

　　然而，主要的变异发生在幻想、幻觉和伪幻觉的领域中。
雅斯贝尔斯将幻想限制于以真实知觉的变形为基础的伪知觉
上，而它要么是在粗心、惊恐的影响下诱发的，要么是在空想
性错觉（Pareidolien）（例如，在云的形状中发现某种意义，
等等）中诱发的。与之相对的是，真正的幻觉完全是新的，并
且与之前的知觉没有关系。真正的幻觉与纯粹的表象之间的区

别在于身体性（Leibhaftigkeit），而它不同于纯粹的图景性
（Bildhaftigkeit）。图景性的特征也是"客观的"或者说感觉
起来是在场的。需要指出的是，雅斯贝尔斯对身体性这个术语
的用法不同于胡塞尔；在我们没有见到对象，但感觉到某种东
西或某个人就站在我们背后时（这种感觉当然可能是十分错误
的），身体性也会发生。雅斯贝尔斯坚持，在身体性和图景性
之间没有逐渐的转换，而是有"现象学的深渊"。纯粹的图景
特征也见于首先由精神病学家坎迪斯基发现的伪幻觉。雅斯贝
尔斯把坎迪斯基视为现象学精神病理学的先驱。

尽管这些区分没有直接反映哲学现象学的任何影响，但它
们至少得到了布伦塔诺和胡塞尔的支持。然而，雅斯贝尔斯区
分的主要现象学兴趣源于他精神病理学发展的描述丰富性和全
面性。

B. 自我意识

雅斯贝尔斯在对自我意识的五个主要特征概括的背景中，
概述了他们在异常体验中的变换模式。因此，自我意识会完全
丧失；实际上，雅斯贝尔斯的阐释只是表明，自我不再有他自
身的实在感（正如在"我思故我在"那样），或者说当自我的
活动看起来受到外部控制时，自我疏离了他自己的活动。在雅
斯贝尔斯看来，陌生的双重体验在没有复制自我的情况下，会
改变自我的统一感。与之前自我阶段的同一，会在这个意义上
中断——当前自我不再认可它与自我前阶段的同一。当自我与
远在他身体之外的有生命和无生命对象同一时，患者与外在世
界的分离就会消失。雅斯贝尔斯在"人格意识"这个标题下，

提到了这样一些变异，如给自身错误的刺激、体验感的变化以及无法维持自身角色。幻觉及类似的异常体验会导致新的、以独立扮演为形式的人格分裂。

尽管雅斯贝尔斯通常在正常体验中发现了这些自我意识变异的轨迹，并且在引入案例材料之前借助它们去理解这些变异，但他承认，我们"不能"把被动思想（Gedankenmachen）或思想撤退（Gedankenabzug）这些现象想象为是自我积极生命的变异。

190

[7] 现象学对雅斯贝尔斯精神病理学的意义

那么，现象学是否促进了雅斯贝尔斯精神病理学的发展呢？如果没有现象学，他的精神病理学在何种程度上是可能的呢？雅斯贝尔斯本人在回顾中走得如此之远，以致可以说如果他不认识胡塞尔，他的工作也不会有什么不同。即使人们不认可雅斯贝尔斯的这种说法，也不能忽视它。雅斯贝尔斯对胡塞尔的引注（尤其是在他的早期著作中），没有多到足以证明胡塞尔对雅斯贝尔斯有决定性的影响。但是这种影响是存在的。显然，在那时候雅斯贝尔斯渴望给予胡塞尔的思想以特殊的对待。

如果我们要去清醒地估计现象学对于雅斯贝尔斯前哲学阶段工作的意义，那么我们可参考以下想法：当雅斯贝尔斯发现精神病理学必须得到重建时，他发现重建的基础还不存在。因此，在他的早期研究中，他不可避免地尝试逐渐地去组装精神病理学。他很自然地去寻找其他领域中的并行工作，尤其是在心理学中与他最意气相投的布伦塔诺与早期胡塞尔。他还在李普斯和屈尔佩那里找到了类似的帮助；然而，他的方案证明，最有价值的是意向性模式，以及行为与内容的平行。

我们很难确定现象学模式在多大程度上确实推动了雅斯贝尔斯的具体研究。对心理学本质的简要概括，尤其是《普通精神病理学》中先于精神病理学主要内容的简要概括，表明雅斯贝尔斯不想宣称他的现象学心理学是原创的。我同样认为，在雅斯贝尔斯知道的同时代精神病理学工作中，布伦塔诺和早期胡塞尔的现象学，尤其是他们的意向性概念，是与雅斯贝尔斯最投缘的。他们所提供的知识，至少是对雅斯贝尔斯独立工作的确证，并且有可能是加强。如果没有布伦塔诺和胡塞尔，如果没有他们对雅斯贝尔斯的呼应，那么雅斯贝尔斯的现象学可能确实还是能发展出来的，但它可能不会发展地那么迅速和自信。

但是现象学在雅斯贝尔斯《普通精神病理学》中的还有更加重要的方面。这部新的经典，在新科学的基础上，给予现象学以至关重要的地位。因此，这部经典不仅是进入所有现象学的一个楔子而且是胡塞尔哲学现象学的证词。结果非常清楚：雅斯贝尔斯的精神病理学，不仅在精神病学中把最深刻的解释地位和机会留给了现象学，而且为现象学对精神病理学的最宽广渗透提供了入口。这是一个现在必须讲下去的故事。

雅斯贝尔斯可能不认为他自己是一个精神病理学现象学家。但是布伦塔诺和施图普夫也都不把他们自己看作现象学家，尽管如果没有他们，就没有胡塞尔的现象学。在这个意义上，雅斯贝尔斯可称得上是现象学精神病理学中的布伦塔诺。

第7章 宾斯旺格（1881—1966）：
现象学人类学（此在分析）

[1] 一般导向

毋庸置疑的是，宾斯旺格是现象学在精神病理学中的提倡者和宣传者。他乐观、杰出的头脑与其他思想家和运动没有什么不同。尽管他尝试每样东西，但他只坚持他认为是好的东西。这使他没有成为一个轻易的加入者（与他的许多同事相反）；他一直回避做编委，尤其是那些标准不为他所信任的组织。相反，他总是渴望和乐于在自己的阵地和他人会面，尤其是他在瑞士克罗伊茨林根（Kreuzlingen）的拜里弗疗养院（Bellevue Sanatorium）。

尽管宾斯旺格从来不拒绝现象学标签，但这个标签不能描述他整个的兴趣和工作。对于他贡献的最准确描述，仍然是难以翻译①的此在分析（Daseinsanalyse）。据库恩（Roland

---

① 我之所以认为这个词难以翻译的，是因为它与海德格尔有关人类存在概念的模糊术语"存在分析"（existential analysis）有过于紧密的联系。

Kuhn）讲，这个词最早是由维尔希（Jakob Wyrsch）提出的，
而宾斯旺格是在他四十多岁时采纳它的。当时，宾斯旺格正在
思考"现象学人类学"这个术语，[①] 而在当前情境下，这个术语
是对他事业的较不神秘化的描述。

194

　　宾斯旺格把现象学人类学与哲学人类学进行了对比；现象
学人类学没有宣称它确定了作为整体的人类本质，而是把人类
本质确定为现象学体验，即人类的此在是怎么被具体地体验到
的。在这个方面，本书介绍的宾斯旺格工作（特别是在盎格鲁‐
美国）还没有得到充分的关注。然而，尽管宾斯旺格的工作不
只是应用现象学，但其最重要的部分保留着现象学标准；并且
他从来没有质疑过现象学的力量。[②]

[2] 宾斯旺格的兴趣点

> 首先，我们要坚持人之为人的东西。
> ——克尔凯郭尔：《非科学附言》

　　克尔凯郭尔的这句格言，被宾斯旺格《梦与存在》（1930）

---

① 参见宾斯旺格选集第 1 卷的标题：Ludwig Binswanger, "Zur phänomenologischer Anthropologie, Über die daseinsanalytische Forschungsrichtung in der Psychiatrie", in *Ausgewähle Vorträge und Aufsätze*, Bern: Franke, 1942-1945, I, pp.190-217. 重译于：*Existence*, ed. Rollo May, Ernest Angel and Henri. F. Ellenberger, New York: Basic Books, 1958, pp. 191-213.

② 有人认为宾斯旺格是远离现象学的，而这个印象不仅源于罗洛·梅《存在》一书的编排（这本书的第二部分是现象学，而宾斯旺格被列为第三部分"存在分析"中的主要人物），而且源于艾伦贝尔格（Henri Ellenberger）的导言（第 120 页及以下）（它把存在分析和现象学了比较，并对现象学做出了狭窄和有问题的解释）。

中的突破性文章所选用；这篇文章是对新的此在分析（这个
领域之前主要是由弗洛伊德式的精神分析在探索的）的第一
个解释。① 毫无疑问，这句格言揭示了宾斯旺格整个工作和生
涯的核心关注。宾斯旺格是第一个把精神病学当作科学的精
神医师。但他是一个有着很多独特性的医师。对他来说，精
神病学不只是对疯狂、精神错乱、神经疾病的治疗，而是在
治疗师和作为人的患者之间的个体交往。对他来说，精神病
学要求理解作为整体的人、他的正常和异常。为了这种对人
的理解，宾斯旺格在他的第一本书中转向了普通心理学。但
他很快意识到当时典型的自然主义心理学在把人当作客观自
然中不太有主观性方面的时候，对在其具体存在中的人所知
甚少，而且心理学家和精神病理学家相反，甚至不在乎对人
的理解。为了填补这个空白，在雅斯贝尔斯精神病理学的现
象学部分以较小篇幅涉足现象学心理学的做法之外，还要做
更多的事。宾斯旺格有望发现这种洞见的唯一地方是哲学。
他不仅从主流哲学（古典和当代哲学）中获得了一些建议，
而且在由"爱的现象学"获得的对于此在的自我理解中也得
到了一些建议；我们只有依据他对这些建议的应用和发展，
才能读懂他试图理解健康人和患者努力的故事。要理解宾斯旺
格的追求，我们就需要发展的进路，即他经常为人忽视的生活
历程。

195

① Ludwig Binswanger, "Dream and Existence", in *Being-in-the-World*, trans. Jacob Needleman, New York: Basic Books, 1963. 宾斯旺格的选集中没有给出这句格言的出处；尼德尔曼（Jacob Needleman）的翻译完全忽略了这句格言。我们可以在另一个译本中看到这句格言：W. Lowrie, Princeton, N. J.: Princeton University Press, 1944, p. 177.

但在这么做之前，我们至少不能忽略宾斯旺格其他的一个兴趣点（人们过于频繁地这么做了）：他关注作为科学之精神病学的地位和未来。宾斯旺格根本不是反科学主义者，尽管他反对单纯自然主义科学的狭窄性（它不能把握人的整体现象）。实际上，让宾斯旺格感到痛苦的就是这种支撑科学的缺乏。也许我们可以在他的选集第 2 卷标题《论精神病学研究问题性与精神病学问题》中，找到对这种附属关注的最好表达。抛开人们对于他成就的看法，他想要把精神病学转变为更严格的科学，这使他的努力与胡塞尔事业的精神趋于一致。

[3] 现象学人类学的起源

如果我们想要理解推动和蕴含于宾斯旺格工作的哲学思想，那么我们就必须以有关他的最小化传记信息为背景。尽管
196 他没有打算准备一个像传记那样的东西（甚至在他 81 岁，当我得到机会在谈话中询问传记的事情时，他告诉我，他更感兴趣的是未来，即他未完成的、有关妄想问题的研究），但他的著述包含了足够可以组合成一个有意义的学术生涯的偶然信息。① 对此，我还可以把我在 1962 年与他会面时获得的信息补

---

① 已经发表的主要资源有：

序言：

Ludwig Binswanger, "Prefaces", in *Grundformen und Erkenntnis menschlichen Daseins*, Zurich: Niehans, 1941, pp. 13-18; 3d ed. Munich: Reinhardt, 1962, pp. 11-17.

Ludwig Binswanger, *Ausgewähle Vorträge und Aufsätze*, Bern: Franke, 1947, I, pp. 7-11; 1955, II, pp. 7-39.

充进来。

外在的事实是相对简单和平凡的。他出生于一个 1848 年后由德国迁入瑞士的家庭，而这个家庭在精神病学上的传统可以追溯到他的祖父路德维希——拜里弗疗养院的建立者。宾斯旺格念的是附近德国康斯坦茨的文科中学和瑞士沙夫豪森的州立中学。在那里，他除了受到传统的教育，还学到了康德。他在瑞士洛桑、德国耶拿和海德堡大学的专业是医学，而且他从来没有上过哲学课程。他在布劳勒（Eugen Bleuler，他是精神分裂的卓越探索者，并且是第一个对弗洛伊德革命做出回应的大学精神科医师，但他对哲学没有兴趣）的指导下，在贝尔格霍尔茨利（Burghölzi，即居于领导地位的瑞士苏黎世精神病专科

会面回忆：

Ludwig Binswanger, *Erinnerungen an Freud*, Bern: Francke, 1956. 英译本：*Ludwig Binswanger, Sigmund Freud: Reminiscences of a Friendship*, New York: Grune & Stratton, 1957.

Ludwig Binswanger, "Mein Weg zu Freud", in *Der Mensch in der Psychiatrie*, Pfullingen: Neske, 1957.

Ludwig Binswanger, "Dank an Husserl", in *Edmund Husserl, 1859—1959*, ed. H. L. Van Breda, The Hague: Nijhoff, 1959, pp. 64-72.

Ludwig Binswanger, "Die Philosophie Wilhelm Szilasis und die psychiatrische Forschung", *Beitrage zur Philosophie und Wissenschaft*, Bern: Francke, 1960, pp. 29-40.

通信：

Ludwig Binswanger, "To Erwin Straus", in *Condition Humana: Erwin W. Straus on His 75th Birthday*, ed. W. von Bayer and R. M. Griffiths, New York: Springer, 1966, pp. 1-2.

历史：

Ludwig Binswanger, *Zur Geschichte der Heilanstalt Bellevue in Kreuzlingen* (非公开出版). 1959, pp. 28-38.

日记：

1912 年后有 16 卷不能获得。

医院）做实习医生。宾斯旺格首先是在布劳勒的助手荣格（是
他安排弗洛伊德和宾斯旺格在维也纳进行了第一次会面）手下
工作。尽管宾斯旺格曾经有机会获得大学教职，而且（据库恩
的说法）他得到特殊工作机会去贝尔格霍尔茨利，做布劳勒在
苏黎世大学的继任者，但他更喜欢在拜里弗疗养院的指导地位。
197 他很快把疗养院变成了一个国际性的会议地点和独特的文化中
心。这个中心不仅对精神科医师开放，还对心理学家、哲学家、
学者和艺术家开放（他和他妻子的客人名册都有记录）。在胡
塞尔于 1923 年 8 月 15 日到访时，宾斯旺格自己发表了一个样
本。其他访问者包括这样一些哲学家（大多数是现象学家）：
第一个来的普凡德尔（1922）、舍勒、海德格尔（来了两次）、
斯泽莱西、卡西尔、布伯等人。对他来说，最高级的访问者可
能是于 1912 年到访的弗洛伊德。

与这些访问者的个体和书面交往，对宾斯旺格思想的发展
有极大的影响。事实上，从他对源于他人贡献的反应和感谢来看，
他可能很容易过高地估计他人。因为他不是折中主义者和融合
主义者。相反，在面对所有新的思想时，他以非常特殊和创新
性的态度做出回应。揭示这一点的最好方式是说明这些影响是
怎么融入他的现象学人类学发展的。但首先要解释的是主要挑
战，即与弗洛伊德精神分析的遭遇。

A. 弗洛伊德的挑战

宾斯旺格清楚地表明他想要去理解什么是人，而这种追求
源于他与弗洛伊德的长期抗争。宾斯旺格与弗洛伊德的遭遇首
先有可能是一个偶然事件，因为当时宾斯旺格在布劳勒和荣格

手下实习，而他们二人都受到了弗洛伊德早期发现的影响。但是，由于弗洛伊德对宾斯旺格的影响纵贯了他的一生，所以这不只是偶然的影响。弗洛伊德对宾斯旺格提出的基本挑战，不仅是对作为科学的精神病学，而且是对宾斯旺格对人的整体理解。问题在于宾斯旺格如何把弗洛伊德的思想吸收到完全的人类学框架中，而这是之前的精神病学（包括雅斯贝尔斯的精神病学）都没有做到的。尽管事实上宾斯旺格对弗洛伊德的思想持矛盾态度，但这种矛盾性没有影响他们的私人友谊（它主要建立在宾斯旺格对作为一个人的弗洛伊德的赞美和爱戴的基础上）。

198

　　宾斯旺格本人把他对弗洛伊德的认识分为五个阶段。第一阶段，仅仅是学习、聆听、阅读和报告阶段；它开始于宾斯旺格有关精神分析和临床精神病学的第一份报告，并以若干发表于精神分析杂志上的文章为标志。在这个阶段，宾斯旺格担任着苏黎世精神分析协会（1910）主席，并且与 1919 年成立的一个"新团体"维持着联系（尽管没有作为它的主管）。弗洛伊德本人在他的《精神分析运动史》中，把宾斯旺格的克洛伊茨林根当作是向精神分析开放的两个机构之一。但是显然，即使是在这个时期，宾斯旺格也不能免于对弗洛伊德的怀疑和保留。

　　第二阶段是充分接受阶段，但只是在宾斯旺格对弗洛伊德进行完全审查之后。第三阶段（显然不能在时间上完全独立），是确定精神分析在精神病学中地位的阶段；对宾斯旺格来说，这主要是"方法论或认识论问题"。现在，他试图在普通心理学或者（更好的表达是）哲学心理学框架中寻找弗洛伊德革新的地位。这种哲学心理学的缺失，解释了宾斯旺格把现象学作为弗洛伊德（宾斯旺格不能完全地接受它）替换项的兴趣。宾斯旺格在这个方面的主要努力是他的《普通心理学》第 1 卷（敬献给他的老师：布劳勒和弗洛伊德）。然而，他发现自己不能在第 2 卷（处理弗洛伊德体系的基本概念）中完成它。他在 1926 年的论文中，曾经尝试把弗洛伊德的方法纳入现象学体验。① 然而，第三阶段在总体上失败了；宾斯旺格的抽屉里堆满了遗弃的手稿。宾斯旺格把失败的原因归于他对胡塞尔和海德格尔（他们使宾斯旺格不能到达弗洛伊德概念，以及心理和人类本质理论的根部）新方法的投入。

第四阶段源自 1939 年宾斯旺格在弗洛伊德八十寿辰上的演讲。它表明宾斯旺格正在以最快的速度离开弗洛伊德。这时，他已经发展出他自己的以海德格尔为基础的人类学，而弗洛伊德的自然主义（把人当作自然人［homo natura］，即完全可以在自然科学意义上来定义的人），由于其片面性而不被宾斯旺格接受。然而，即使是在这个阶段，宾斯旺格仍然宣称他的立场得到了他与弗洛伊德的一次谈话的支持。那是 1927 年他们在塞默林山口的最后一次会议中，弗洛伊德突然承认："是的！灵魂（spirit）就是一切……人类总是知道他拥有灵魂。我不得不说还有驱动力的存在。"然而，宾斯旺格仍然希望把弗洛伊德所谓的人纳入他自己的人类学。

然而，最后一个阶段，也就是第五阶段，使得宾斯旺格来到了对弗洛伊德人类学的最终赞扬上。这时，他发现弗洛伊德

① Ludwig Binswanger. "Erfahren, Verstehen und Deuten in der Psychoanalyse", in *Ausgewähle Vorträge und Aufsätze*, Bern: Franke, 1947, II, pp. 67ff.

的自然概念，真的比科学自然主义深刻多了——自然是弗洛伊德由敬畏感出发去把握的某种东西。

那么，弗洛伊德对于宾斯旺格现象学人类学发源的真正意义是什么呢？一种解释方法就是去参考他与雅斯贝尔斯现象学精神病理学的关系。正如我们已经看到的，雅斯贝尔斯的现象学提供了对精神疾病的部分解释。对雅斯贝尔斯来说，精神病理学领域分为两种现象：一种是完全可以理解的现象，另一种是最好要在因果上进行解释的现象。从一开始，即在他 1920 年的论文《精神分析和临床精神病学》（《讲座与论文选集》第 2 卷，第 40 页及以下）中，宾斯旺格就不接受这种两分法，尽管他称赞了雅斯贝尔斯在把狄尔泰的理解引入精神病理学时所表现出来的慷慨大方。弗洛伊德提供给宾斯旺格的假设，是新的有关人类本质的统一概念，而这使得宾斯旺格可以去解释一开始看起来不可理解的现象——这种解释在目的论的意义上，在看似无意义的行为中找到了意义。对宾斯旺格来说，弗洛伊德提供了理解什么是人之为人的最好方法。

弗洛伊德忽视的主要是两样东西：（1）合理的方法论，在心理学和哲学的基础上科学地为这种解释提供辩护，这就是胡塞尔现象学的承诺；（2）不片面且更全面的人类学，这就是海德格尔的此在分析（Daseinsanalytik）的承诺。我们还需要去检查胡塞尔与海德格尔在多大程度上实现了这些承诺，以及宾斯旺格在多大程度上成功地完成了以弗洛伊德新式精神分析为基础的新式精神病学。

如果我们要讲述弗洛伊德精神分析提代的哲学补充，那么我们最好是把宾斯旺格的哲学发展分为四阶段：

1. 前现象学阶段：康德和那托普
2. 第一胡塞尔阶段
3. 海德格尔阶段
4. 第二胡塞尔阶段

B. 宾斯旺格的哲学发展

1. 前现象学阶段：康德和那托普

宾斯旺格试图将弗洛伊德的发现整合到关于人的哲学中，而这种努力始于他对恰当心理学框架的寻找。他之所以进入哲学世界，是由于他"在中学时与康德《纯粹理性批判》的震撼甚至革命性的遭遇"。[①]因此，他明显的出发点是新康德主义，尤其是新康德主义的科学心理学概念。那托普在他的《依据批判方法的普通心理学》中提供了坚实的希望。对那托普来说，心理学是主观性的科学，且与建立在客观化（Objektivierung）方法之上的非心理学科学相反。这意味着心理学唯一的基础是主观化（Subjektivierung），它要求从客观数据出发的特殊"重构"；对直接数据的纯粹描述，不能满足这个要求。结果就是那托普的心理学承认由特殊现象学所描述的意识内容，但否定相关活动的存在。本我（那托普与早期胡塞尔相反，坚持其不可缺少性）不是直接体验的事情，而是假设为必要基本原理的某种东西。从长远来说，这种对主观性的进路，不能满足宾斯旺格对直接体验的具体性期待。事实上，那托普自己对布

---

① Ludwig Binswanger, "Die Philosophie Wilhelm Szilasis und die psychiatrische Forschung", in *Beitrage zur Philosophie und Wissenschaft*, Bern: Francke, 1960, p. 29.

伦塔诺和胡塞尔描述事业的批判讨论，使得宾斯旺格对他们产
生了浓厚兴趣。因此，我们不必感到惊讶：宾斯旺格第一本主
要著作《普通心理学问题导论》采取了另一种普通心理学的形
式，而他虽然使用了那托普的标题，却只把它作为问题的导
引。在这本书中，他运用从新康德主义到描述现象学（以布伦
塔诺和早期胡塞尔为代表）的文本铺就了一条坚实的道路。然
而，他对新康德主义的远离，不必被解释为对他的康德起点的
完全摒弃。从胡塞尔对康德与日俱增的好感来看，这与宾斯旺
格和那托普之间的个体联系无关。但是，宾斯旺格的先验主义
（transcendentalism）非常不同于那托普和胡塞尔的先验主义。
他所保留的是对人之存在结构（它使具体体验，最终是此在，
成为可能）的先验基础的寻求。

2. 第一胡塞尔阶段

　　宾斯旺格对其现象学进路的最好解释是他 1959 年对胡塞尔
的悼念。他说，他是在 1922 年学习布伦塔诺和胡塞尔时，最终
摆脱了"自然主义的洪流"。他不仅发表了《普通心理学问题
导论》的第 1 卷，而且向瑞士精神病学会提交了他的现象学报告。
从实践上来说，这个报告是对新潮流的公开支持（尽管不是无
分别的）。当时，他还没有接触哲学现象学运动中的任何领导人。
他在 1923 年遇到了他们当中的第一个，即普凡德尔：

　　　　"普凡德尔在我自己的哲学或最好说是现象学生涯中，
　　起着重要的作用。他是我大约在 1922 年见到的第一位在世
　　的现象学家。之前，有关现象学的一切（甚至是我在苏黎

世的现象学讲座），我都是通过阅读获得的。当我在康斯
坦茨站遇到他时，我一直看着面前的他，并且问他是否赞
同我的讲座，于是他带着他特有的微笑，消除了我的疑虑，
并补充说：从我在讲座中所采取的艺术角度去发展现象学，
是完全可以的。"①

202   普凡德尔和宾斯旺格的这次会面是由史怀宁格尔（Alfred
Schweninger）安排的；史怀宁格尔之前是普凡德尔的学生，
并且当时担任着靠近康斯坦茨赖兴瑙（Reichenau Constance）
的精神病学国家研究所（Psychiatrische Landesanstalt）的助
手。普凡德尔自 1920 年开始，会在春天的时候频繁地访问赖兴
瑙，而且根据宾斯旺格的日记，他和普凡德尔就是在赖兴瑙进
行会谈的。一年以后，史怀宁格尔还安排了宾斯旺格与胡塞尔
在赖兴瑙的第一次会面。这时的胡塞尔刚刚访问过克洛伊茨林
根；在那里，胡塞尔不仅做了现象学讲座，而且在宾斯旺格的
宾客登记簿上留下了记录，并指出，通向真正心理学的道路，
需要以童真式的态度回到对意识的基本研究。② 胡塞尔的这个
建议以及"他讲座的巨大力量"，在宾斯旺格后来的现象学发
展上留下了长久的印记。正如宾斯旺格所说的，胡塞尔给了他

① 这段话来自宾斯旺格在 1962 年写给我的信。普凡德尔在收到宾斯旺格苏黎世
   讲座的复本之后，在 1925 年 5 月 25 日的一封信中重复了这个评价。普凡德尔
   还建议宾斯旺格去发展"精神分裂现象学"。在宾斯旺格和普凡德尔之间一共
   有 14 封通信（沃尔夫冈·宾斯旺格博士帮助我看到了这些信件），而且其中
   还提出了会面的建议。最终，宾斯旺格没有能够在 1929 年的慕尼黑见到普凡
   德尔。因为普凡德尔接连生病，所以他们没能持续地联系。

② Ludwig Binswanger, "Dank an Husserl", in *Edmund Husserl, 1859—1959*, ed. H.
   L. Van Breda, The Hague: Nijhoff, 1959, pp. 65, 365.

坚实的基础，使他能够不依靠那托普对主观性的有问题重构，而开启描述进度的新维度（它具有比布伦塔诺简单意向性勾画丰富得多的内容）。因为在他看来，胡塞尔的意向性分析（通过说明在主观活动和它所指向的意向对象之间的关联）有效地沟通了主体与客体。他认为，主客的鸿沟是"心理学和哲学的癌症"。

　　要解释宾斯旺格的第一现象学阶段，可以仔细地阅读他的《普通心理学问题导论》。他从来没有否定它，尽管他远远超越了它。这本书作为一个对精神分析基础的检查导论，包括对布劳勒和弗洛伊德工作中的经典和当代心理学基本概念的检查。在讨论了心理的自然主义解释的第一章之后，第二章评析了始自莱布尼茨，并在那托普、柏格森和胡塞尔的比较解释中得到发展的对自然主义解释的替换。胡塞尔的答案是最充分的，尽管不是完美的。在第三章中，对心理的非自然主义解释发展为对功能和行为概念的研究。在把主观性问题作为出发点的情况下，布论塔诺和胡塞尔的意向性解释是对心理的经验探索以及康德式进路发展的最有益基础。最后一章显然是为了面向精神分析的具体心理学和精神病学发展，提出了变异自我和人格的问题。在这里，舍勒对他我知觉的现象学解释是最有益的。最后，宾斯旺格发展出了他的个体和人格概念。但是这本书没有清晰地说明如何理解弗洛伊德在他信中表达的谜团，如何更好地理解无意识。

　　更清晰地说，甚至更重要的是宾斯旺格在 1922 年的报告中有关现象学的证词（与他对布劳勒的同情但有保留讨论相符）。他首先把现象学与（物理和生物科学意义上的）自然科

203

学进行了比较，并强调要使用特殊的直观，而非感觉体验。他还通过讨论艺术家对其主题本质的掌握（福楼拜、弗兰茨·马尔克［Franz Marc］和梵高），解释了胡塞尔的本质直观。他把现象学方法的基本原则用于对意识的分析，而这说明，给予的东西大大多于普遍相信的东西。作为区分本质洞见和纯粹事实体验的"标准"，宾斯旺格的解释指向了对实在信念的悬搁、"加括号"（即现象学还原）以及对个别案例的抽象。最后，这种现象学对于精神病理学的一些意义得到了阐明，尤其是就布劳勒的自闭症概念来说，它是一种现象学可以通过自我投射（einleben），以患者本身令人困惑的陈述为基础去解释的现象。然后，在这些例子的基础上，紊乱的本质结构可以得到掌握和描述。在这种报告的精神中，宾斯旺格没有认同现象学，而且他甚至表达了一些批判的保留。然而，尽管他不确定现象学在多大程度上可以与科学精神病学相一致，但他无疑在现象学中看到了精神病学的未来。

　　这个早期阶段的另一个结果是宾斯旺格的论文《生命功能与内在生命史》（1927）。这篇论文开启了一个新的和重要的内在生命史概念，而它是解释诸如歇斯底里这样的紊乱的基础。与这些紊乱相联系的不是有机体的功能紊乱，而是意愿和其他意识体验。宾斯旺格主要在舍勒现象学的基础上发展出了新概念，尽管他也讲到了普凡德尔对动机概念的说明。

　　到这点为止，宾斯旺格认为现象学仅仅是一个能够使他对病理现象有更好理解的工具（尽管在表面上，病理现象抵制现象学的理解）。但是，他距离在哲学上回应弗洛伊德的挑战还很远。

3. 海德格尔阶段

　　海德格尔 1927 年发表的《存在与时间》是宾斯旺格的第二个转折点。① 然而，这不是对胡塞尔的背离。对宾斯旺格来说，海德格尔只是补充了胡塞尔现象学的另一个维度。事实上，海德格尔所补充的这个维度，让宾斯旺格可以发展他自己的人类学来作为此在分析的基础。宾斯旺格本人后来承认，他对海德格尔新人类学事业的解释和应用以误解为基础，但事实上，如昆茨（Hans Kunz）所说，是对海德格尔此在分析学的创造性误解——把人类存在的本体结构作为存在意义的基础。但是，海德格尔工作的不完整性及其后来的放弃，使得宾斯旺格对《存在与时间》的误解成为人类学，正如海德格尔在作为哲学运动的实存主义崛起过程中扮演的角色时所证明的那样。海德格尔所提供的东西成为了对人类体验进行新颖和创造性解释（不同于实存分析的存在者分析）的核心。

　　宾斯旺格与海德格尔（他们是康德坦茨文理中学的校友）的第一次接触也是通过阅读进行的。1929 年，在海德格尔于法兰克福进行的一次讲座上，他们进行了第一次私人会面。但是他们私人关系的历史没有记录下来，尽管沃尔夫冈·宾斯旺格博士提供给我的大约 35 页通信可以作为他们关系史的坚实基础。其中包括了在弗莱堡、康斯坦茨、克洛伊茨林根、阿姆里斯维尔的若干会面；在阿姆里斯维尔，海德格尔出席了宾斯旺格的 85 岁生日，而不久以后宾斯旺格就去世了。在这里，我只想评价一下海德格尔对宾斯旺格哲学发展的影响。

205

---

① Ludwig Binswanger, "Dank an Husserl", in *Edmund Husserl, 1859—1959*, ed. H. L. Van Breda, The Hague: Nijhoff, 1959, p. 66.

海德格尔对宾斯旺格思想的影响，几乎完全以他发表的第一本书为基础，尽管宾斯旺格后来也读了他后来的书。实际上，宾斯旺格接受《存在与时间》的地方，主要是该书第一部分的主题：日常存在的预备分析。其中最重要的是人类作为在世界中之存在的特征。通过意识的意向指向性的联系，这种基本结构不只是修补了宾斯旺格所说的主客之间的鸿沟。现在，意向对象发展为了整个世界，而意识发展为了此在——此在不只是意识，它还"超越地进入了"世界。其他源于海德格尔此在阐释学的主题，包括世界性存在、空间性、真实性、被抛、沉沦和操心。海德格尔在《存在与时间》第二部分中对此在的基本分析，只有相对很少的部分贯穿了宾斯旺格的创造性解释。但是，向死而生、罪和良心几乎没有出现在宾斯旺格的文本中。

应用了海德格尔的在世界中存在的新人类学，首先出现于1930年"梦与存在"的讲座。宾斯旺格主要在梦的存在中指出了诸如沉沦与上升这样的存在模式。他还认为古希腊哲学家赫拉克利特是第一个区分了梦中许多的个体世界与醒时共同世界的人类学家，由此世界性维度成为了人本身结构的一部分。

206 但是，宾斯旺格新进路的主要精神病理学成果是1931—1932年关于躁狂状态中的意念飘忽（Ideenflucht）的三个研究。这些研究在很多方面，都代表了对新的人类学精神病理学的最具体与最持久解释。

但是，尽管海德格尔的此在分析对于宾斯旺格的新人类学是有用的，但它还是不充分的。因此，宾斯旺格在哲学上最大和最核心工作《人类此在的基本形式和认识》（*Grundformen und Erkenntinis menschlichen Daseins*），在所有的实践目的上，都是以"爱的现象学"为形式的、对海德格尔的反论题。正如宾斯旺格所说的，这种爱在海德格尔的人类存在图景之外。海德格尔没有把社会维度纳入他的预备性日常存在（非个体的人显现为非本真存在的主要形式）研究，而这显然不能让宾斯旺格感到满意，因为他是以医生与患者之间爱的相遇为基础的新型精神病理学的提倡者。这个让宾斯旺格感到挫败的需要，部分地是通过以下这个研究来得到满足的：海德格尔的不受约束的学生洛维特（Karl Löwith）在《同伴角色中的个体》中写的（在个体与共同世界的联系中的）早期现象学研究，[①] 尽管这些研究中的共在没有为宾斯旺格的"爱"提供充分的地位。也许在这方面起更重要作用的是布伯。他是克洛伊茨林根的频繁访问者（四次），尽管不是狭义上的现象学家，但他对宾斯旺格基本体验（我和你的对话）的存在进路有很深的兴趣。

　　结果就是宾斯旺格的这本著作（《人类此在的基本形式和认识》）不只是对心理学问题的方法论导言，即它不是宾斯旺格第一本书（《普通心理学问题导论》）的第 2 版。即使是宾斯旺格曾经考虑过的这个标题"心理学知识的人类学基础"，在其与客观心理学的紧密联系中，也显得是误导性的。《人类此在的基本形式和认识》这个双重标题（带着对主观和客观的奇怪联合）表明，它的主要目的是呈现有关人类存在之基本形式的新现象学人类学；用新知识（此在认识）对这种人类学进行的辩护只是第二部分。第一部分的三章探索了我和你的共在：再细化为双重爱和友谊参加中的我们性（Wirheit）。非个人的

207

---

① 　Karl Löwith, *Das Individuum in der Rolle des Mitmenschen*, Tübingen: Mohr, 1928; reprinted in 1969.

一个（impersonal one）与复数的非个人其他之间的单纯共在，以我们在社会事务中彼此接受的方式为基础。宾斯旺格发现诸如"听某人的话"（taking someone by the word），"牵住某人的手"（taking someone by the hand），或更坏的"吸引某人的耳朵"（taking someone by the ear）这样的词组，强烈地表达了我们在社会事务中彼此接受的方式；最后，宾斯旺格探索了在单数模式中的（例如在与自身私人世界关系中的自爱）一个人与自身关系的亲密无间。

所有这些东西逆转了海德格尔的操心（Sorgen）人类学（这是海德格尔的真正目标）。但这不意味着宾斯旺格否定"操心"，即使在新的人类学框架中也是如此。然而，即使操心不是错误的模式，也是在"爱的我们性"（loving we-hood）中的本真社会存在的派生模式。

这本书的第二部分讨论的是我们对于人类此在的知识，即人类此在的认识论。但我们最好是在充分地考虑了宾斯旺格的现象学概念之后再来陈述这种知识。在这里，我们只要指出宾斯旺格的爱或在我们性中的遭遇感觉的主要功能是克服爱与操心之间的冲突。当这种黑格尔式的综合"展开"时，它吸收了所有从哲学到文学的资源。对这种"爱的现象学"的主要指向来自歌德和狄尔泰。在陈述歌德和狄尔泰对人类此在知识的阐释之后，宾斯旺格继续说道：

> "由于我们收到了新方法的馈赠；这种新方法使得我们在这里可以从其本身和就其本身地（aus ihm selbst und von ihn selbst her）去看和描述此在。这种新方法就是胡塞

尔的现象学。只有在这个基础上，我们才能在存在论和人类学上去解释此在，并阐明此在的结构（它提供了在根本上理解存在的可能性）。"[1]

这种新理解的路径就是胡塞尔的扩大了的直观概念，正如他在《逻辑研究》（它消除了实证主义的洪流）已经清晰准备的那样。

因此，我们不必感到惊讶，在胡塞尔去世约 20 年后，宾斯旺格在他写的《致敬胡塞尔》中承认，胡塞尔对他的影响比海德格尔对他的影响更重要、更持久。但是，正如我们可以看到的，宾斯旺格在 1959 年有了额外的理由去对胡塞尔进行再评价。

在《人类此在的基本形式和认识》这本书中，对于精神病理学和精神分析的讨论是相对模糊的。这本书主要是为了发展他在海德格尔那里没有看到的、他自己的人类学。这不是一件轻松的工作，尽管宾斯旺格极其艰难地将他的思想与哲学及文学中的传统相联系（他还尝试去适应海德格尔的语言），但都无助于增强他思想的可理解性。但是这本书确实使宾斯旺格成为了一个自学成才的哲学学生和人类主义者。

然而，宾斯旺格没有放弃精神病学。在他早期有关躁狂的工作之后，接下来的是五个有关精神分裂的案例研究。这些此在分析的经典案例，尤其是韦斯特（Ellen West）和沃斯（Lola Voss）的案例，包含了对患者生活世界的具体描述。这些案例研究还产生了一些新的洞见：精神分裂存在，是在世界中存在

[1]　Ludwig Binswanger, *Grundformen und Erkenntnis menschlichen Daseins*, Zurich: Niehans, 1941, p. 702.

的特殊方式。但是这些研究绝大部分是静态，描述的是"存在"，
而非其"生成"。

4. 第二胡塞尔阶段

即使是在海德格尔阶段，宾斯旺格也从来没有离开胡塞尔，
尽管胡塞尔不能向他提供人类学。海德格尔可以向他提供人类
学，尽管宾斯旺格发现他必须把海德格尔的人类学模式如其所
曾是地倒置过来。方法就是给予爱以高于操心的基本地位，并
把爱作为本真的存在形式；给予社会存在以高于在向来我属性
（Jemeinigkeit）中的孤立存在者之私人存在的基本地位。但是
现在胡塞尔对宾斯旺格有了新的意义。要理解这一点，首先要
解释宾斯旺格与另一位现象学哲学家的相遇：斯泽莱西。

斯泽莱西是一个具有科学背景（化学）的非凡哲学家，但
他对也精神病学很有兴趣。他同时精通胡塞尔与海德格尔，并
试图找到一个对他们二者事业的新式综合。1951 年，他作为宾
斯旺格此在分析中体验概念的同情批判者进入了宾斯旺格的世
界。他指出宾斯旺格此在分析中的体验概念是不完整的，而最
恰当的补充是吸收宾斯旺格还没有利用过的后期胡塞尔的哲学
思想。斯泽莱西对胡塞尔简明但又非单调的介绍（在他的弗莱
堡讲座中，他在 1945—1962 年间担任海德格尔与胡塞尔的讲席
教授）成为了宾斯旺格对胡塞尔最终解释的基础。[1] 另外，宾斯
旺格与这位新的私人朋友的会谈为他提供了长期的专业咨询和
支持。

---

[1] Wilhelm Szilasi, *Einführung in die Phänomenologie Edmund Husserls*, Tübingen:
Niemeyer, 1959.

1960 年，宾斯旺格发表了论忧郁症和躁狂的小册子，其中的子标题有"现象学研究"。他最后的一本书《妄想》有"现象学和此在分析对妄想研究的贡献"的子标题。这个"现象学"标签的显著重现，使得他在海德堡的朋友基斯克（Karl Peter Kisker）提出了对他"现象学转向"的批判评价。[①] 宾斯旺格本人不仅对基斯克的这个评价感到吃惊，而且坚持宣称他离开此在分析是受到了海德格尔的启发，尽管他走向了胡塞尔现象学中曾经被他忽视的那部分，即建构现象学。他发现他之前对胡塞尔的应用局限于描述现象学，而现在他得出结论：那种对精神病存在模式的静态理解是不充分的。同样不可缺少的是探索精神病世界的发生，即理解这些妄想世界是怎么建构出来的。这种新的兴趣使宾斯旺格认识到了胡塞尔的建构现象学，尤其是胡塞尔在 1929 年发展出来的《形式和先验逻辑》。在研究躁狂忧郁症世界的建构时，宾斯旺格试图说明通常的世界建构在忧郁症意识的存在模式中发生了中断。换言之，胡塞尔的先验建构现在成了理解精神病患者的世界偏离正常人世界的线索。　210
尤其要指出的是，宾斯旺格使用了诸如统觉（appresentation，超越直接呈现）的概念，例如（胡塞尔在《笛卡尔的沉思》发展出来的）对身体或他人的统觉，来理解躁狂世界的变异（在躁狂世界中，统觉不再发生）。胡塞尔的先验本我思想提供了进一步的指导。因此，忧郁症的变异表现为时间建构（其未来和过去维度）的变异。当然，很多工作相对是勾勒性的。令人

---

① Karl Peter Kisker, "Die phänomenologische Wendung Ludwig Binswangers", *Jahrbuch für Psychologie, Psychotherapie und medizinischen Anthropologie*, VIII (1962), pp. 142-153.

惊讶的是，宾斯旺格坦率地想要说明，胡塞尔的具体概念可以如何具体地作为精神病理学家的指称框架。事实上，宾斯旺格严肃地指出，在精神病理学中，胡塞尔的先验意识理论可以取代躯体医学中的有机体理论。这真是一个令人吃惊的宣称，也是胡塞尔在其去世后获得的令人惊讶的胜利。

在最后一本书《妄想》中，宾斯旺格甚至尝试解释，妄想是由特殊建构解体（Abbau）构成的。换言之，妄想是我们世界的正常建构综合的缺损模式。

这个新的"妄想现象学"是"描述和理解移置"（Verrückung）的努力。"移置"这个词是对德语词 Verrückt（疯癫的、错乱的）的再解释，即从意识世界的正常模式转到异常模式。在由斯泽莱西所阐释的胡塞尔建构现象学的基本概念的基础上，宾斯旺格试图具体地说明在世界进行建构时发生了什么样的错误。但我们必须注意，这种理解不能让我们知道为什么这些缺损会在正常建构中发生。这种发生理解在多大程度上可以依靠其他资源是一个未解的问题。但是，对于这些问题，宾斯旺格没有宣称他有了最终的答案。他在《妄想》这本书中的抱负是打开一个可以让别人进入的缺口。只有在他的结论性句子中，宾斯旺格才坚持通过此在分析去为妄想本质的描述现象学提供补充，而这可能是对海德格尔的此在分析层次的最终回归。

211

[4] 宾斯旺格的现象学概念

宾斯旺格对作为现象学方法论的忠诚，自他从新康德主义出发走上现象学之路以来就是不合格的。但这不意味着他的现象学概念始终如一。他从来没有宣称他最后的概念不同于他人，尤其是胡塞尔。他告诉美国研究者，理解他此在分析的最好方式就是通过胡塞尔与海德格尔的研究。然而，在像宾斯旺格这样如此原创性的思想家这里，现象学必然得到了修改；在进一步说明这些修改的具体内容之前，我们必须对其中一些内容进行特别的讨论。对宾斯旺格来说，这些现象学化的模式有时候只存在于重点和非重点上，但他们并非全是深思熟虑和清晰的。宾斯旺格不是一个对方法论本身感兴趣的方法论者。他的整个哲学是服务于他对人类的关注的。

在这些关注之中，尤其是在"坚持人之为人的东西"的关注中，宾斯旺格把现象学当作深入理解人类生活于其中之世界现象的最好方法。这也意味着他对精神病学科学的重构没有局限于现象学，而是把现象学人类学作为基础。[①]对他来说，对于重构的主要需要，是摆脱"自然主义者"错误的"自然主义"（他有时候也称之为"实证主义洪流"）。我们必须注意，宾斯旺格在 1922 年先驱性的现象学报告中（在他 1947 年的选集第 1 卷的开头进行了重印），首先说到了"自然科学洪流"，而在 1955 年的第 2 卷开始，他在一个脚注中将其修改成了形容词"自然主义的"。即便他没有清晰地解释这种修改，但是我们还是可以看出，他对科学的背叛是他重构（精神病学）的一种方式。宾斯旺格所指的"自然主义"（naturalism）大概就是胡塞尔在"作为严格科学的哲学"中所抗拒的那种自然主义，即将所有现象

① Ludwig Binswanger, *Ausgewähle Vorträge und Aufsätze*, Bern: Franke, 1947, II, p. 295.

还原为物理和生物科学对象的自然科学。这也是弗洛伊德在他的作为自然人的人类概念中所主张但没有实践的那种自然主义。但对宾斯旺格来说，此科学非彼科学。问题是为科学找到新的非自然主义的基础。新康德主义通过重构来实现的心理学的主观化，并不能让他满足。狄尔泰和雅斯贝尔斯也不能满足他。因此，他转向了哲学现象学。

接下来，我将会阐明宾斯旺格现象学进路的主要特征。我们首先要确定宾斯旺格在多大程度上接受了现象学的基本特征。首先，现象学对他来说主要是描述现象学。它的主要贡献是，把意向性作为心理世界的基本结构（这是一种自然主义科学无法解释的新现象）。对宾斯旺格来说，我们的主观活动朝向它们对象内容的意向指向性，还提供消除了主客分裂（它是科学的一个病根）的方式。

宾斯旺格的现象学描述以大量摆脱了自然主义或实证主义的直观体验现象为基础。我们不能忽视这个事实：宾斯旺格从来没有摒弃对那托普和后期斯泽莱西在他这里培养出来的"绝对直观主义"的保留。[1] 他反对的是意识已经是"绝对"给予的断言。这种胡塞尔"我思故我在"的绝对性或绝然性，是他所不能认可的哲学前提。但这没有否定"直观"是所有知识的出发点，包括心理知识。

从这个视角来看，"体验"（Erfahrung）这个术语更是宾斯旺格的主要方法论承诺的特征，而且他是在比普通经验主义更广和更深的意义上去理解体验的。体验本身甚至包括了精神

213

---

[1] Ludwig Binswanger, "Dank an Husserl", in *Edmund Husserl, 1859-1959*, ed. H. L. Van Breda, The Hague: Nijhoff, 1959, p. 72.

分析体验，而且在宾斯旺格的意义上精神分析经验不仅是超经验假设。事实上，宾斯旺格后来把体验扩展到甚至承认了梦中报告也是体验的一部分。斯泽莱西通过他的论文《宾斯旺格此在分析的体验基础》加强了宾斯旺格的这种自我解释，并且启发了宾斯旺格：存在着被忽视的新体验，然而他的新进路是可以通达这些体验的。

宾斯旺格的应用于此在现象的分析概念也需要得到评论。这种概念显然不同于康德所介绍且被海德格尔继承下来用于他的人类存在之本体结构研究的分析内涵，而且宾斯旺格的"分析"没有任何技术意义。我们完全可以从他的案例研究中推断出来他"分析"的意义：对诸如在患者世界中可辨析的空间性或时间性等结构的全面探索。

宾斯旺格有关于现象学描述的思想是更为重要的。他强调意象和隐喻对于现象学是不可或缺的。事实上，他走得如此远，甚至认为与离题的科学语言相反的是，意象及隐喻体现了本真的现象学和此在分析语言。因此，应用于存在模式的沉沦和上升的隐喻就被宣称是对本真体验的描述。然后，现象学不要求详细地把梦解释为无意识实在的单纯符号。① 梦可以代表它们本身。这个无畏的宣称显然没有否定词源学事实。类似的用法可以用于字面用法，但它们是以直接体验为基础的。

宾斯旺格对现象学方法的下一步（一般或本质洞见）（本质现象学）没有严肃的保留。宾斯旺格关于精神分裂的伟大研究，

① Ludwig Binswanger, "Daseinsanalyse und Psychiatrie", *Ausgewähle Vorträge und Aufsätze*, Bern: Franke, 1947, Ⅱ, pp. 289-291.

充分说明了，把本质洞见建立于对个体案例的深入研究的基础上，是多么的重要；全面的本质洞见只有在非常后面的介绍中才能表达出来。

宾斯旺格进路中的一个相关概念是先天概念。显然，这个概念不只是源于他对康德的继承。事实上，他对哲学上给人深刻印象但在科学上遭到怀疑的东西的应用，表明了某种异端（如果不是违反礼节的）的东西。因此，当他说到此在的先天结构时，他指的是充满了体验变形的人类存在的基本结构。当他提到海德格尔的此在之先天澄明（Freilegung）时，他指的是方法而非目标（澄明所有存在的基本框架）。显然，他基本上把"先天"当作"先验"的同义词（他认为"先验"就是让所有体验成为可能的基本结构）。

但是，这不意味着宾期旺格的先天指的是某些不能证明或需要证明的一般和必要命题。这些命题不仅是理所当然的，而且要在现象学研究中得到发现和证明。因此，从实际的目的来说，在宾斯旺格相信他已经让科学研究从属于哲学指令时，他的先天就不用担心变成非先验的东西。

宾斯旺格在多大程度上从胡塞尔意义上的描述现象学前进到了先验现象学呢？然而，即使是在他 1922 年的报告中，他也没有否定胡塞尔对存在信念的悬搁或加括号的方法，而且当胡塞尔与日俱增地坚持还原是他先验现象学的必要条件时，那些熟知这一点的人显然也知道胡塞尔最喜欢用的术语是还原（epoche）。不论这种表面上的忽视有什么意义，宾斯旺格显然不会不知道胡塞尔的"先验主义"这个晚期术语对于现象学精神病理学的新贡献。因此，在第二胡塞尔阶段，他尝试了精神病妄想的发生现象学，而且尤其是在躁狂和忧郁症状态中，晚期胡塞尔的概念发挥了主要作用。但是，他没有明显地把现象学还原作为推进对健康和疾病建构过程研究的一个步骤。在宾斯旺格的工作中，这整个新维度仍然没有表达出来，并且他还遗漏了胡塞尔对主动和被动结构之间更具体区分（《经验和判断》）的应用。

　　更重要的是探索宾斯旺格是如何应用海德格尔对现象学进路（解释学）的补充的。尽管宾斯旺格对海德格尔有着矛盾的赞赏，但宾斯旺格从来没有明确地讨论过海德格尔此在分析学的特殊特征。最与此相当的是宾斯旺格对理解问题的更普遍关注（理解这个问题，尤其是通过雅斯贝尔斯，成为了精神病理学的核心关注）。宾斯旺格不仅尝试理解精神病，而且阐明并辩护了弗洛伊德精神分析中的基本洞见。以此为出发点，宾斯旺格从来没有接受雅斯贝尔斯在他现象学中探索的、在清楚明白和只能解释的要素关系之间的二分法；宾斯旺格反对在神经紊乱和心理紊乱之间的严格划分。对宾斯旺格来说，对精神病世界的直观理解，其前提是对患者内在生命史的研究，尽可能地使用主观材料并以更想象化的方式去解释它们。因此在 1930年，在一篇对斯特劳斯的评论中（斯特劳斯仍然相信，在特殊情况下，体验可以放空，并脱离意义），宾斯旺格坚持认为，从海德格尔的观点来看，不存在完全无意义的体验，因为一切都是在世界中存在之结构的内在部分。不论在现象学上如何扩展，这显然都需要一种大大超越纯粹记录的解释。就这种解释的本质来说，宾斯旺格直到 1955 年才给出唯一的尝试性建议，例如现象学自明性的存在，甚至可以伴随着心理学中符号与被

215

符号化东西之间的关系。①

更原初的操作是宾斯旺格在他的有关此在之基本形式工作中发展出来的新的、爱的现象学。在这里，他诉诸了一种特殊的此在认识，例如，解蔽的双重"我们性"比孤立的我性更为基本。

> "与只建构环绕着爱的认知之墙的客观认识相反，此在认识的基础是与我以及你同在。"②

这是宾斯旺格在《人类此在的基本形式与认识》这本书第二部分的导言开头所说的，而它基本上重复了第一部分的导言。对这种宣称的重要性做出完全的评价，甚或简要地呈现宾斯旺格的辩护，都超出了本书的范围，因为本书只关注宾斯旺格的现象学方面。从现象学的角度来说，我们不仅要注意"客观的"科学知识不是趋向爱（它是此在的基本形式）的可能方式，而且还要注意胡塞尔本质洞见意义上的现象学也不合适。令人惊讶的是，经常强调爱是我们的价值知识基础的舍勒也没有出现在这个情境中。

宾斯旺格的此在认识，源于我们必须一起投入的相爱（体验），包含着我们根植于我们之存在的我们 – 体验（we-

---

① Ludwig Binswanger, "Daseinsanalyse und Psychiatrie", in *Ausgewähle Vorträge und Aufsätze*, Bern: Franke, 1947, II, p. 15. 实际上，海德格尔在口头上以及在他的信中，都鼓励宾斯旺格去写"探索的阐释学"，而宾斯旺格始终没有做这样的尝试。

② Ludwig Binswanger, *Grundformen und Erkenntnis menschlichen Daseins*, Zurich: Niehans, 1941, p. 21.

experience）的相遇。然而，我们通过此在认识，"超越"
（Überschwung）了我们的此在。^①这里的意义在于，如果没
有对爱的认识的基本体验的充分实现和接受，那么"我们性"
（we-hood）就是不可能的。对"超越"的诉诸与对爱的想象力
（Einbildungskraft）的诉诸相联系。对爱的想象力，在字面上
的含义就是，在我们自身中构建爱的能力。在这部分的进一步
发展中，想像认知（作为爱的新方法的额外线索）出现了。初
看起来，宾斯旺格对爱的规定与他对海德格尔的孤立操心的解
释是相矛盾的。但是，宾斯旺格对此在的认知综合了二者。所
有这些表达都充满了黑格尔式的语言，因此只有更充分的陈述
才可以最大可能地阐释此在认识这个概念。在当前情境下，主
要的问题是这种新模式的"开展"在多大程度上把它与其他知
识形式（尤其是现象学认识）相关联。这个问题就是宾斯旺格
在最后一章中所想要解决的问题，而他在这一章中还想评定此
在认识的认识论"真实性"。他首先考虑了康德和黑格尔。然
后，宾斯旺格把他自己的方法与歌德（！）、胡塞尔的现象学
以及海德格尔的此在分析进行了比较。尽管他们是意气相投的，
宾斯旺格没有宣称他们是一致的。胡塞尔的方法（它关心一切   217
事物之上的现象）仍然是一个模板（《人类此在的基本形式与
认识》，第 642 页）。但是胡塞尔的现象学"构思"仍然不同
于宾斯旺格的爱之想象力。在此在认识中，宾斯旺格发现了本

---

① 德文是这样说的："frag-, ja sprachlose Seinsfülle, wirhaft gläubiges Feststehen im
　Sein, reiner Überschwung"（确定离言的存在充实，在纯粹超越意义上的我们
　的肯定），Ludwig Binswanger, *Grundformen und Erkenntnis menschlichen Daseins*,
　Zurich: Niehans, 1941, p. 490. 我们最好把这种压缩的、几乎不可译的表达当作
　是召唤经验而非描述经验的努力。

质洞见的想象实现——这时认知者就是参与其中的观察者（《人
类此在的基本形式与认识》，第 450 页）；这种认识不能通过
努力获得，而是作为好感或恩泽（favor or grace）而出现（在
这里，宾斯旺格使用了晚期海德格尔的表达）。这种认识与现
象学还原或信念悬搁是不相容的，在这一点上，宾斯旺格转向
了狄尔泰的作为历史基础的特殊生活认识。有时候，宾斯旺格
的此在认识（带着其与这些方法的所有同质性）表现为了某种
自成一格的东西。然而，最后宾斯旺格向作为方法的胡塞尔现
象学进行了致敬，因为如果没有胡塞尔的现象学，宾斯旺格就
不能发展出他自己的方法。

　　这种此在认识方法本身就是现象学的吗？显然，宾斯旺格
本人想把此在认识方法作为他的爱的现象学的认识论基础。这
种宣称能否成立，当然主要取决于现象学的"严格性"的标准。
然而，我们必须注意的是，尽管宾斯旺格进行了所有的努力，
他还是不得不要求对我们性的屈服，而这使得接下来对他宣称
的所有现象学再检查都变得有问题了。

[5] 宾斯旺格现象学人类学的一些基本概念

　　显然，在应用现象学家这里，更为相关的是去注意关于现
象学他做了什么，而非他说了什么。相比纯粹现象学家，应用
现象学家的理论甚至更不契合于他实际做的。

　　在宾斯旺格这里，使这项任务变得更困难的是相关解释的
极度丰富性。为了应对这种困难，我想从宾斯旺格发展的各个
阶段中（从弗洛伊德的无意识主题开始）选择他的现象学案例。

伴随这些案例的是对宾斯旺格的心理学、精神病学和心理治疗学进路重要性的讨论。

218

A. 无意识的现象学

宾斯旺格接受弗洛伊德精神分析的主要理论障碍，可能就是弗洛伊德对无意识（Unconsciousness）的提倡。科学心理学和精神病学很难在它们的数据中整合这种难以观察的东西，从而倾向于把无意识看作是纯粹推断。但也有哲学家部分和勉强地承认无意识，尤其是莱布尼茨、赫尔巴特（Johann Friedrich Herbart）、叔本华和冯·哈特曼（Eduard von Hartmann）。然而，弗洛伊德只公开引证了一位当代哲学心理学家——李普斯（Theodor Lipps），尽管李普斯仅仅指出了心理无意识的核心重要性。

尽管宾斯旺格从来没有质疑无意识的存在，但他与大多数心理学家和哲学家一样，对无意识在科学中的地位感到不舒服。他对无意识之哲学辩护的最初关注，显然与这种不舒服有关。正如他所设想的，解决办法是提出更好的意识现象学。正如他所说："只有不知道意识结构的人，才是谈论无意识最多的人。"然后他添加了以下这段脚注：

"在我这么说时，我当然不想否定精神分析、假设等等的事实，但只是想否定到目前为止对无意识的心理解释。在弗洛伊德提出他的杰出概念时，意识结构实际上还没有得到广泛认知。我们对意识结构的了解，是通过了布伦塔诺、胡塞尔、那托普、迈农、舍勒和霍尼格瓦尔德（Henry M.

Hoenigswald）。我们完全同意胡塞尔的这句话：所谓无意识'根本不是现象学上的空无（nothing），而本身是意识的临界模式（Grenzmodus）'。"（《形式与先验逻辑》，第 280 页）①

宾斯旺格整个的解决方案可能来自他早期的《普通心理学问题导论》的从未完成的第 2 卷。宾斯旺格献给弗洛伊德第 1 卷时，这也是弗洛伊德的希望。但是，1926 年论文《体验、理解和解释》至少包含了宾斯旺格在现象基础上为精神分析无意识进行辩护的大概思路。

219　　　宾斯旺格令人惊讶地宣称，弗洛伊德最早为关于体验的人类研究提供了基础。②宾斯旺格想说明弗洛伊德的解释真地不只是理论，也有体验的基础。实际上，宾斯旺格相信，我们对于他人生命的直接体验，相比纯粹以科学实验报告为基础的推断性解释，更能使我们解释他人的梦（《讲座与论文选集》第 2 卷，第 71 页）。患者报告了他的梦、他的停止、他的中断等，而对这些报告方式的直接知觉才是所有解释的基础，即使患者的报告超越了直接体验。正如宾斯旺格所认为的，理解只有以直接体验为基础才有可能；理解这个被弗洛伊德深入扩展的概念，先前没有得到探索，并且即使是在弗洛伊德的有关人类的理论概论中，实际上也没有得到承认。

_____

① Ludwig Binswanger, "Über Ideenflucht", *Schweizer Archiv für Neurologie und Psychiatrie*, ⅩⅩⅧ (1932), p. 236.

② Ludwig Binswanger, "Daseinsanalyse und Psychiatrie", in *Ausgewähle Vorträge und Aufsätze*, Bern: Franke, 1947, Ⅱ, p. 68.

但是，弗洛伊德方法的推论显然超越了这种扩展的体验，并成为了直接体验和超体验或理论假设的一部分。然而，即使是超越体验的阐释理解，也可以转化为体验，尤其是在精神分析实践中的体验，在精神分析中，解释得到了患者的确证。有时，精神分析解释可以被理解为是"类体验"（quasi-experience）。

但是，如果现象学体验可以认识无意识，那么现象学体验还可能认识在弗洛伊德的自我、超我和本我的动态三合一中（三者至少部分地是无意识的）的无意识结构吗？宾斯旺格在对韦斯特案例的此在分析和精神分析中简要地讨论了这一点。[①] 在这里，宾斯旺格反对把这些患者解释为要求他们自己世界的独立个体。至少在本我的例子里，这是不可能的。然而，宾斯旺格没有否定非个体本我科学假设的权力和需要。在宾斯旺格看来，对这种实体的假设推论不能在现象学基础上得到直接辩护，而只能在解释科学（它与现象学此在分析相一致，但最好是作为现象学此在分析的补充）基础上得到辩护。宾斯旺格对这种解释的主要反对涉及人的概念；而根据这种概念，人只是"自然人"，并且作为具有自由和爱的此在或在世界中存在而被忽视了。

220

B. 作为在世界中存在的此在

宾斯旺格此在分析中的决定性步骤是用海德格尔的此在概念取代胡塞尔的意识概念。胡塞尔的意识概念，在那些对无意

① Ludwig Binswanger, *Schizophrenie*, Pfullingen: Nesker, 1957, pp. 149ff. 英译本：*Existence*, ed. Rolloy May, Ernest Angel, Henri F. Ellenberger, New York: Basic Books, 1958. pp. 314ff.

识感兴趣的弗洛伊德主义者那里，也从来没有得到充分重视。更重要的是，在"此在"这个新概念的笼罩下，即使是胡塞尔的意向性概念也进入到背景中了。

众所周知，我们很难令人满意地翻译德语词"Dasein"，所以我们在这里不需要重述这种翻译的困难。问题的关键在于，海德格尔使用了中性的德语词"Dasein"，尤其是"Da"既不指这里也不指那里；"Dasein"这个词有如此多的新含义，以至于对它的字面翻译与完整替换都是不恰当的。理查德森（William J. Richardson）使用的人造词"there-being"，至少就面临着这样的困难。"Existence"这个翻译如果得到恰当地解释，也许是可行的，但是不对"Dasein"进行翻译，仍然是让人们注意到这个词新含义的最安全方法。

这些新含义才是问题之所在。海德格尔的分析表明，此在（Dasein）是与整个世界相联系的存在——不只是与特定的意向对象相联系，尤其是还与用具的日常使用世界相联系。正是这个生活主体之周遭世界的概念，在宾斯旺格对患者的解释中起到了很大作用。这也给了他一个替换项，让他取消了主观主义和客观主义的严格分界以及主客分离。现在，世界和自我表现为共生关联。对宾斯旺格来说，此在本身不只是静态的存在。此在包括进入世界的方式。尤其是在他对梦的分析中，宾斯旺格说明了生活和进入特定空间的不同方式。因此，作为存在风格的上升（rising）和沉沦（falling）、跳过（skipping）、滑行（sliding）、跳跃（jumping），大多在此在的躁狂形式中得到阐释。这些运动的特殊形式见于宾斯旺格的"失败此在"（missglücktes Dasein）研究。这个术语本身来自于斯泽莱西。

但是宾斯旺格最终信任的是海德格尔的沉沦（Verfallensein）概念，并把他对三种失败此在模式的研究，敬献给了海德格尔。

其中的第一个是登山迷路（Verstiegenheit）：[①] 受害者使自己进入一个不能脱困的境地。典型的是在目标高度与可达到水平之间的不相称。一个主要例子就是易卜生的建筑大师索尔尼斯（Solness）：他建造他爬不上的建筑，直到死为止。其他的失败是纽结（Verschrobenheit）——这时我们的意义缠绕在了一起；矫揉造作（Manieriertheit）——这时，由于我们不能达到自我，我们就从非个体模式中寻求帮助。

这些新概念最重要的意义是用于对人的真正理解；尤其是对精神病患者来说，人们必须研究精神病患者的世界，而不是他独立于世界的机体或人格。对宾斯旺格来说，自我和世界是关联概念：没有世界的自我是不完整的；没有核心（自我）的世界不是世界。

实际上，宾斯旺格说到了对于同一个人来说的若干世界：周遭世界（Umwelt）——他的非个体世界；共在世界（Mitwelt）——他对他人的社会关系；自我世界（Eigenwelt）——他的私人世界。有时候，他区分了天上世界和死亡世界（韦斯特的案例）或命运世界。但是这些术语显然指的不是独立的世界，而是在个体综合世界中的区域。

我们可以根据若干维度来分析宾斯旺格的世界。这不意味

---

① 这个术语1916年就出现在了普凡德尔的《论思想态度的心理学》（Zur Psychologie der Gesinnungen）中，并且作为情感和精神过程的"超真实"或"超验"特征。近来，库恩（Roland Kuhn）提出，宾斯旺格与普凡德尔很类似。

着宾斯旺格在所有的研究中都遵循着同样的分析模式。他的进路取决于他所研究案例的本质。在绝大多数情况下，他特别注意的是典型的"世界性"或世界的关节、世界的时间和空间结构。他可以从若干子世界的地形学（如韦斯特案例中的天上世界、死亡世界和实践世界）出发，去探索死亡作为未来自杀结局的作用。他可以从故乡和永恒的关系出发，去探索此在处于高度自闭类型（楚德）中的二元、多元和单一模式。他也可以从畏惧对于患者世界中的时间化、空间化和"物质性"的作用出发（沃斯），或者更具体地说，从主要场景中的恐怖在其向影响到此在的所有其他领域的全面妄想发展中的作用出发（乌本，Suzanne Urban）。因此，此在分析提出了很多可用于分析的基本范畴，但是没有预先规定运用这些范畴的严格次序。

222

　　为了解释其中的一些范畴，此在世界中的空间性经常以动词的形式（空间化）来表达，而它揭示了我们在世界筹划中将空间分配给各种项目的方式。在宾斯旺格此在分析的早期阶段（例如他的有关精神病理学的空间问题的论文和有关意念飘忽的研究）中，空间性问题占据着特殊地位。我们自然世界的空间，划分为了有方向的人类空间、同质的科学空间、建筑所创造的特定空间以及大自然中具有其特殊特征的空间。在表象艺术和音乐的作品中，有审美的空间；另外还有与畏惧之威胁相关联的狭窄空间（如在沃斯的案例中）。

　　时间性是宾斯旺格十分重视的维度，也是我们工作筹划的部分。它在韦斯特的案例中得到了特殊的阐释；韦斯特不同的"世界"，表明了不同的时间性。她的天上世界或梦中世界代表了以幻想为基础的非本真未来，她的死亡世界代表了没有新东西发生的、非本真过去的主导地位，而她的实践世界表明了时间的分裂。

我们不需要把阐释这些比喻表达，而宾斯旺格本人也很少在他的主要案例研究中使用它们。这样的表达就足够了：乐观主义者的世界是玫瑰色的、晴朗的、光亮的或明亮的，而悲观主义者的世界是黑暗的或夜晚式的。在这样术语中，一致的"物质性"被描述为是轻快或沉重、易变性，轮廓的缺乏。柔软和柔顺特别适用于存在的躁狂形式。

C. 爱的现象学：超越世界的存在

宾斯旺格确切地认为，他对现象学人类学的最重要贡献是他对爱的新解释。《人类此在的基本形式和认识》就是对这种解释的主要发展。由于他对弗洛伊德人类学（性本能及其里必多在其中占据着如此主导的地位）感到不满，所以他特别需要这种爱的现象学。但是，弗洛伊德的"自然主义的"爱，不能满足宾斯旺格的作为整体的人的概念，以及关于爱的全人现象学概念。

他没有期待从胡塞尔那里得到帮助，因为胡塞尔的现象学最多只是提及了情感，而没有对之加以探索。人们会想为什么舍勒和普凡德尔的讨论对于宾斯旺格来说不是更重要的。但是，舍勒的将爱与向更高价值的运动相联系的努力，对宾斯旺格也没有多大帮助，因为宾斯旺格对价值哲学没有兴趣。普凡德尔的具有离心和向心流的情感（现象学），对宾斯旺格的此在分析也没有很大价值。

然而，我们在一开始必须认识到，在宾斯旺格发展他的爱的现象学的时候，他想到的不是那些将爱看作单边行为的人所讨论的现象（爱可以得到，也可以不得到被爱者的回应）。出于从来没有阐明的原因，宾斯旺格聚焦于一个人和另一个人之间的社会之爱（作为我和你之间的主要关系，或者更具体地说，我们两个人之间的关系）。然后，他的分析没有宣称用现象学去阐释任何东西，除了这种特殊关系——相互的爱以及由此达成的团结、我和你的共在或我们性所展现的关系。实际上，尽管以之前对如舍勒这样的现象学家的讨论为基础，宾斯旺格认为，我和你派生自基本的我们（此在的二元模式）。这种此在模式有两种形式：我和你之间爱的存在，以及彼此共享的友好存在。然而，在单纯共在的案例中，这种此在模式是没有的，因为它发生于琐细的个体间处理和联系中。

224

　　与宾斯旺格的爱的现象学相对应并且作为其基础的，总是海德格尔作为操劳的此在解释。宾斯旺格感兴趣的只是作为人类生活解释的现象，而不是作为此在结构之入口的现象；另外，宾斯旺格不仅表达了用清晰的爱的添加去补充此在解释，而且认为爱具有主导地位。与爱相比，操心只是此在的缺损模式。然而，这种新的爱的阐释学的基本框架，仍然是海德格尔式的。但是，宾斯旺格与海德格尔也有差异。显然易见的是，宾斯旺格持续地诉诸诗的证据——主要来自于歌德、罗伯特·勃朗宁（Robert Browning）和伊丽莎白·勃朗宁（Elizabeth Browning）。

　　宾斯旺格首先用其空间性、其对于空间的态度，来定义这种意义上的爱：爱不同于争夺空间的权力，其最好的表达是拥抱，

而这意味着以无限的爱的我们为基础的空间上的相互退让。[①] 这
些陈述经常是比喻性的且令人困惑，更应该使用朴素的具体描
述语言。对爱的最好描述可能是与笛卡尔式空间以及操心取代
相对的空间共享。相遇（encounter）可能是与这种空间共享最
接受的语言表达。

爱还具有独特的时间性，即与不朽相联系又不同于永远的
永恒性（timelessness）。这种永恒性指的不是无限的绵延，而
是对过去、现在和未来的时间流的中立（与操劳的时间关注正
好相反）。海德格尔将此在解释为单独约束中的每个 – 他 – 自
己，而与此相反的是，宾斯旺格在爱当中看到了双重的存在模
式。（对宾斯旺格来说，在古希腊语，特殊的、符合语法的且
称为“双重”的“数”，是这种特殊此在模式的引人注目表达。）
在爱当中，此在就是我们自己所是的东西，而不是每个人对他
本身来说的东西（向来我属性）（Jemeinigkeit）；此在就是我
们性（Unsrigkeit）。爱的另外一个特征是爱者与他人之间的如
家性（Heimatlichkeit）——不是物理空间上的如家性，而是无
处不在空间的如家性。海德格尔的操心局限于在其有限性中的
世界，与此相反的是，爱通过跳跃到超空间性、超时间性和超
历史性中，而跨越了此在的有限世界。当宾斯旺格说：爱不仅
是在世界中的存在，而且是超越世界的存在时，这就是他所指的。
为了进行我们的世界，我们要超越自身的世界。因此，超越世
界的存在，不是绝对的超越（尤其不是超自然的超越），而是
在爱的“永恒片刻”（ewiger Augenblick）中的、对我们个体

225

[①] Ludwig Binswanger, *Grundformen und Erkenntnis menschlichen Daseins*, Zurich:
　　Niehans, 1941, p. 26.

私人世界的社会超越。显然，我们不能在字面上去理解上述陈述中令人入迷的语言。这些语言最大的功能是作为激发性的手段——诉诸仍然需要特定描述（它是直接通达的前提）唤醒的体验。

D. 精神分裂的此在分析

对宾斯旺格来说，此在分析不只是主要应用于神经症的心理治疗事业。相反，他希望提供对所有此在的分析，包括正常和异常此在；他在异常当中看到的不是基本上不同的现象，而是对此在的修正。然而，他也相信，这种理解不仅让我们真正把握了神经症，还把握了精神病（如果神经症和精神病的区分仍然有效的话）。他取消了在可理解和完全不可理解的精神现象之间的区分。

精神分析始于对神经过敏症（neuroticism）之极端形式（如歇斯底里［hysteria］）的新进路。长时间以来，精神分析在很长时间里都没有涉及精神病。精神分析的重点是流动治疗，而不是那种可以治疗精神病的制度性工作。但是，宾斯旺格在他的疗养院中有更大的抱负。他的最后目标显然是更好地理解最显著的精神病，如苏黎世贝尔格霍尔茨利的布劳勒首先提出的精神分裂以及躁狂－忧郁精神病。他对这两种精神病都进行了研究，并且首先从躁狂的此在分析开始，然后转向精神分裂，最后回到了躁狂－忧郁病，但是他使用的是胡塞尔建构现象学的新工具。

最好的阐释此在分析对于精神分裂之理解的方法可能是：说明此在分析在多大程度上可以解释精神分裂中的一个方面，

226

即布劳勒所谓的自闭症。

宾斯旺格的《精神分裂》（1957）这本书，整合了五个主要的写于1945—1953年的、处于纯粹此在分析阶段的案例研究，尽管他在回忆中指出，胡塞尔本质现象学的持续意义主要在于第五个研究（乌本）：恐怖的本质在这个研究中占据中心地位。另外，《精神分裂》的导言在对这些案例的最终评价中更明显地回到了胡塞尔，在这里，他把精神分裂解释为胡塞尔式的"假设"紊乱形式（体验会延续过去体验中的建构风格）。

于是，他把精神分裂刻画为：

（1）导致任意干扰以及结果失败的自然体验一致性之中断；

（2）体验断裂为严苛的选择；

（3）尝试掩盖难以忍受之选择的努力；

（4）导致顺从和退让，以及最终导致妄想的张力归属。

宾斯旺格相信这种分析可以让他划分出精神分裂的"基本症状"——自闭症。但他没有宣称这种分析对精神分裂的所有形式都是有效的。尤其是它不能解释精神分裂中妄想思想的具体形式。

E. 躁狂和忧郁的现象学

首先，宾斯旺格将他的新人类学方法应用到了典型的躁狂症状上，即意念飘忽（Ideenflücht）。宾斯旺格的主要关注点是意念飘忽者的世界。在两个有关意念"有序"飘忽的详细案例之后的是一个阐释了无序飘忽的案例。在第一个案例中，在表达跳跃之后总有主题的统一性。在第二个案例（完全混乱）中，这种统一性就没有了。在这里，此在的特征不只是快速转移，即生活的喜庆快乐和一般乐观主义所激发的舞蹈旋转式的运动。

227 时间收缩为纯粹当下，而且真实的历史不再能被体验到，尽管存在着对同样基本主题的典型回溯。宾斯旺格还探索了自我在这些躁狂者变异世界中的特殊地位。大多数意念飘忽解释的基础框架是海德格尔的此在分析。但是这没有阻止宾斯旺格有时候去诉诸胡塞尔和其他与现象学运动没有紧密联系的哲学家。宾斯旺格有时候还提到了这种新的理解方式对于弗洛伊德精神分析的意义。

我们可以通过对患者世界的纯粹此在分析的不充足性，去解释为什么宾斯旺格会在他的第二胡塞尔阶段回到了躁狂和抑郁主题。在后来阶段中没有了对这些世界建构的解释，即对决定世界结构之因素的解释。为了弥补这种解释，宾斯旺格尝试使用了胡塞尔后期先验现象学中的一些关键概念，如斯泽莱西所解释的胡塞尔的统觉概念和本我学。基本的思想是，在精神病中，正常的世界建构不再发生。因此，躁狂者的世界结构变得松弛了。在忧郁者那里，世界的正常建构是以这种方式变得松弛的——痛苦和罪感的主题占据了支配地位。在这里，自我责备的基础是时间建构的回溯。前摄（Protention）扩展到了过去（"要是我曾经……就好了"）。另一方面，自我在可能性的充实和范围中失落了。主导的主题窄化到了自我及其失落上。

主要指向他人的躁狂阶段不同于抑郁阶段。在躁狂中，典型的是自我建构的失败。宾斯旺格用胡塞尔的对他人的统觉概念去理解自我建构的失败。这时，他人不再被充分地建构，而是只被看作是事物。另外，躁狂－抑郁存在的"反意向"

（antinomic）结构，可以被理解为是纯粹自我的故障：自我不能执行正常的建构。这导致了坏情绪（Verstimmung），而它在忧郁中意味着焦虑和折磨，在躁狂中意味着脱离控制。因此，躁狂－忧郁精神病的根源是纯粹本我的弱化。我们姑且不去考虑这种纯粹本我弱化的可能性在胡塞尔的纯粹自我学说中是否有地位，但这种概念肯定与近来通过自我－力量去丰富弗洛伊德式精神分析的努力（安娜·弗洛伊德（Anna Freud）、海因茨·哈特曼（Heinz Hartmann）以及其他人）是相一致的。

F. 现象学的此在分析、精神病学和治疗

宾斯旺格在一生中的绝大多数时间里，都是他的精神疗养院的指导者，并且除了偶尔的讲座，他从来没有与大学或研究组织发生联系。考虑到这个事实，人们可能会期待，此在分析的主要兴趣是治疗。如果不是令人震惊的，那么就是更加令人不安的是：对他的一些学生和批评者来说，宾斯旺格看到了（此在分析）对于治疗的局限性，并且在韦斯特的案例中，他认为她最终的自杀是一种解放以及对于绝对冲突的回答。

人们首先要注意的是，宾斯旺格本人明白此在分析不同于精神分析，而且此在分析主要不是治疗事业，而是科学事业。此在分析对于精神病学，尤其是临床心理治疗的意义，仅仅是次要的和偶然的。事实上，宾斯旺格没有宣称任何特殊治疗方法。作为治疗学家，他是折中主义者，并使用传统方法，同时又清楚地知道它们的局限性。在开始时，他试图按照弗洛伊德来执行严格的精神分析技术。只是后来，他逐渐意识到弗洛伊德治疗学的局限，尽管他从来没有摒弃它。至少在一个案例中，

他成功地使用了"直接行为干预"。像他的朋友库恩一样,他也不反对药物治疗。

宾斯旺格没有宣称以此在分析为基础的独特疗法,但这不意味着这种疗法没有发展出来。由于他相信此在分析对治疗有意义,所以他甚至给出了以下导言:

1. 此在分析不是根据理论去理解患者的生命史,而是把患者的生命史理解为在世界中存在的变异。

2. 此在分析让患者去体验如何迷失了道路,并像登山向导一样试图让患者回到路上,并把患者恢复到共同世界中重建交往。

229　　3. 此在分析既不把患者当作单纯的客体,也不把患者当作单纯的患者,而是把他当作存在或同胞。治疗是与单纯交往相对的相遇(encounter)。弗洛伊德的移情(transference)就是这样的相遇。①

4. 此在分析不是通过解释,而是通过作为在世界中存在的直接解读来理解梦。因此,此在分析可以揭示患者在世界中存在的方式,并释放患者真正的可能。这一切都发生在不区分意识和潜意识体验的层面上。

5. 此在分析使用额外的心理治疗方法来作为向患者开放的人类理解方法,而这种理解方法可以让患者由神经症或精神病的存在方式,回到对他自己正常可能性的自由处理中。

但是,宾斯旺格关注的不仅是精神病学的治疗方面。他至少还严肃地关注精神病学的理论方面,尤其是它作为科学的地

---

① 在这里,宾斯旺格加入布伯(Martin Buber)的朋友特鲁伯(Hans Trüb)的思想,即相遇治疗(Heilung durch Begegnung)。

位。像雅斯贝尔斯一样，他寻找的是他的模棱两可地介于生物
学和人文科学（精神领域）之间事业的坚实基础。宾斯旺格没
有宣称，对于精神病学的地位和统一性问题，存在着清晰和简
单的答案。但他相信这个问题至少有一个答案。他相信这种答
案可能就在科学的哲学基础中，尤其是在现象学中。

现象学意味着精神病学必须建立在体验基础上，尽管是一
种特殊的体验。这种体验开始于先于精神分析以及正常和异常区
分的人类体验。这种对人的理解基础，得自海德格尔对此在的
分析，尽管他分析的最终目标是存在论而非人类学。对这种分
析的人类学应用，使我们发展出了体验的此在分析。在宾斯旺
格看来，这种此在分析如果得到恰当的发展，那么它就包含了所
有病理和正常存在理解和基础所需要的重要概念。因此，有关
精神病患者的科学以此在分析为前提（正如病理学以普通生物
学为前提），而且此在分析被理解为对于人类的一般先天结构
或存在理解的洞见。作为对此在模式或格式塔的体验现象学研
究的此在分析就在此基础上建立。治疗是病理学中的第二步。　230

[6]　现象学在宾斯旺格人类学中的作用

那么，现象学，尤其是现象学哲学在宾斯旺格此在分析中
的地位是什么呢？自他寻找弗洛伊德理论的充足基础以来，哲
学就是希望，而且现象学在这种寻找中就是决定性的向导，甚
至在这个程度上他离开了正统精神分析的道路。

在这个程度上，哲学现象学确实是此在分析中不可或缺的
成分，而且非常不同于它在雅斯贝尔斯精神病学中的地位。但是，

我们不能夸大这种影响。这种影响不意味着宾斯旺格与胡塞尔或海德格尔哲学共进退。相反，宾斯旺格极大地修改了海德格尔不清晰的人类学，他不仅比其他任何实存心理学家或精神分析学家更多地应用了此在分析，而且让此在分析去受更谨慎案例研究的检验，尤其是在意念飘忽的研究中，在五个精神分裂的研究中，以及在抑郁和躁狂的研究中。

如果没有现象学哲学，此在分析是不可能的。但此在分析的有效性不依赖于现象学哲学。

[7] 对宾斯旺格现象学人类学的评价

在本章的基础上和当前的情境中，对宾斯旺格现象学人类学作出全方位的评价（不考虑他整个的工作）是不可能的。只有根据哲学以及宾斯旺格所涉及的众多领域中的专家级专著，才能公正地评价这种多方面的成就。

宾斯旺格的工作在哲学和心理学方面都受到了严肃的批评。海德格尔拒绝接受宾斯旺格对他工作的应用。雅斯贝尔斯在承认宾斯旺格一些特殊研究的同时，摒弃了宾斯旺格的主要目标和成就。弗洛伊德完全不接受宾斯旺格的研究。

为了对宾斯旺格做出哪怕是最小的公正评价，人们必须认识到，宾斯旺格将自己看作是一个先驱者，而不是与克雷佩林甚或雅斯贝尔斯相竞争的体系建构者。他的目标是破除精神疾病奥秘周边的围墙。他使用的新武器是精神分析、现象学和此在分析。他的特点在于由无限的抱负所激发的先驱精神：努力去尝试、去学习他人、去试错，但从不放弃。因此，他努力的成果不可能是体系，而最多是导论。但是，在他的主要著作中，他确实获得了他人可以依赖的真正起点。即使他没有机会建立一个学术流派，但他接下来所获得的东西，充分证明了这个评价。

这种原创性的反响不能压制对这种工作（它带有如此多的创造者印迹）永久价值的一些质疑。首先要说的是宾斯旺格人类学的哲学基础：由于完全靠自学，他的学问是有限的，并且会引起误解，尽管在海德格尔的情况中是创造性的误解。但是，他的学问有怎么样的创造性呢？在这方面，他的主要哲学著作《人类此在的基本形式和认识》被认为是对海德格尔人类学的补充（如果不是替代的话），而且这本著作说明了宾斯旺格狂热进路的所有魅力和局限性。吸引他的是这个观念：爱是海德格尔之操心的高级配对，爱可以"征服一切"，而且他是如此地将爱的优越性、无问题的庄严性视作理所当然，甚至没有提供对爱之基本结构的描述分析。他最后的此在认识的认识论，失落在作为他的主要指导的、哲学和文学证词的丛林中，而不同有能够面对基本的哲学挑战。

总体上，宾斯旺格在其哲学、心理学和精神病理学工作中对现象学的应用是建议性和想象性的，并且经常是不完整的。他收集了新的和重要的现象，如抓住某人的弱点（taking by one's weak side），而他的描述经常是粗略的，并依赖着语言表达的感应性。他也没有对通过想象变换进行的归纳进行仔细的检查。他的高度比喻性的（如果不是故弄玄虚的）意象可能是不可避免的，甚至是不可或缺的。但是，他往往不解释这些意象对于所考查现象的具体意义。例如，我们不知道梦中的"升起"和"降落"指的是什么。在这里，宾斯旺格的描述经常只

232

是以事实为例证的或以现象为例证，而没有在它们的作为意向结构的维度中探索它们。

但是，我们在这里不能继续进行这种质疑和保留。上述内容已经足以说明宾斯旺格的成就不能算是永久的胜利。他的成就最多是进入新世界的立足点和桥头堡。宾斯旺格本人没有宣称更多的东西。在这种意义上，他主要是现象学精神病理学中新进路的开拓者，并且没有疑问的是，他就是主要的开拓者。当然，不论好坏，在这项事业中，他的潜在竞争者都没有对哲学现象学做如此多的应用。

第8章 闵可夫斯基（1885—1972）: 生命现象学

[1] 闵可夫斯基在现象学精神病学中的地位

当梅洛－庞蒂在 1949 年的索邦讲座中列举现象学在法国的先驱者时，[①] 他所说的"我们当中"的第一人就是闵可夫斯基——他不仅是受胡塞尔和海德格尔影响的唯一例子（这一点可以讨论），而且是现象学与存在分析的主要提倡者。闵可夫斯基对法国精神病学贡献的重要性，还体现在他与艾伊同为《精神病学进展》（*L'Evolution psychiatrique*）（可能是当今法国精神病理学的主要期刊）的主导奠基者和编委之一。然而，他在精神病理学的现象学进路发展中的领导地位还具有国际性的意义。1922 年在苏黎世，他在宾斯旺格有关现象学的历史性论文之后，

---

① Maurice Merleau-Ponty, "Les Sciences de l'homme et la phénoménlogie", *Cours de Sorbonne*, Paris, 1961, p. 5. 英译本：John Wild, "Phenomenology and the Science of Man", in *The Primacy of Perception*, Evanstion, Ⅲ.: Northwestern University Press, 1964, p. 47.

提交了"生命时间"（le temps vécu）紊乱的经典案例。[①] 因此，罗洛·梅把《存在》一书题献给了闵可夫斯基与宾斯旺格二人，并以闵可夫斯基的核心案例来开始"现象学"主题下的选集。

234 　　但闵可夫斯基在现象学精神病学崛起中的地位不能以上述证词来衡量。重要的是现象学在他自己工作中的地位。更具体地说，闵可夫斯基对现象学的贡献和发展是什么，特别是就现象学在法国的新角色而言？要理解和回答这样的问题，首先有必要看一下闵可夫斯基在精神病学中以及超越精神病学的基本目标是什么。

[2] 闵可夫斯基的主要关注点

　　闵可夫斯基《精神病理学论》[②] 的结论被冠以"在人类生命的道路上"的题目，而它最后一部分的标题是"首要给予的人类生命"。这本书的序言简单陈述了闵可夫斯基对精神病理学目标的看法："精神病理学寻求越来越多地探索人类存在，而这就是最重要的进路。"（《精神病理学论》，第 xix 页）最终的目标是研究和勾勒"我们存在的本质现象"（同上书，第738页）。在这个意义上，闵可夫斯基的最终目标也是新的人类学。但他的兴趣不是发展人类学体系，甚至不是宾斯旺格意义上的体系。他的关注点在于什么是人类，而非什么是人。人们会产生这样

---

① Eugene Minkowski. "Findings in a Case of Schizophrenic Depression", in *Existence*, ed. Rollo May, Ernest Angel, Henri F. Ellengberger, New York: Basic Books, 1958, pp. 127–138.

② Eugene Minkowski, *Traité de psychopathologie*, Paris: PUF, 1968.

的印象：他更关注达到这些目标的进路，而非达到它们。对他来说，现象学就是这样一种进路，并且实际上就是最重要的之一。"迈向"（vers）是他许多文章的特征，特别是在他的"宇宙学"中。

闵可夫斯基的目标得到了多少具体的实现呢？在他看来，动态的柏格森式的术语排斥任何静止的表达。我们至少有可能了解他所认为的"人类"特质吗？人类意义的部分本质是由它的反面非人类决定的。在巴黎的纳粹占领时代，闵可夫斯基是最非人状况的见证者和受害者，而他认为人可以成为非人，但其他生命（如动物）不能变得非动物。

除了这种道德上的观点，他的人类概念也有更为理论化的方面。这不仅是因为他反对仅仅量化的、抽象的以及在这种意义上的科学或平淡的方面，而且因为他强调人类生命在其完备性上质的、具体的和诗化的方面。他反对单纯量化科学的"科学野蛮主义"（《生命时间》，第 3 页）（这表现在科学对于时间和空间生命体验的征服上），而且他有着沸腾的反抗感。他尤其想要的是"夺回我们对于生命时间的权力"。[1]

"我们既不想否认，也不想放弃；既不想破坏，也不想回去：因此，我们不想再一次地为野蛮主义提供证据。因此，回去的希望，对我们来说不意味着任何东西，而只意味着一样东西：恢复与生命、自然以及其中原初东西之

---

[1] Eugene Minkowski, *Le Temps vécu: Etudes phénoménologiques et psychopathologiques*, Paris: D'Artrey, 1933, 2d pr, Neuchatel: Delachaux & Niestle, 1968, p. 3. 英译本: Nancy Metzel, *Lived Time*, Evanston, Ⅲ.: Northwestern University Press, 1970.

间的联系，回到不仅产生了科学而且产生了所有其他精神
生命展现的第一源头，去再一次学习本原的本质关系，在
科学用其风格将它们模式化之前，在生命构成的不同现象
之间，去看我们是否不用科学就能从它们当中获取东西，
同时既不陷入原始自然主义，也不陷入经常和科学一样远
离自然，并在它所诉诸的意象中"理性化"的神秘主义。
我们不想"使用仪器"去看；我们要说到我们所看到的。
这种"看"与表象相反，并且是完全不同的工作。

这就是在我们这个时代胡塞尔现象学与柏格森哲学之
所以产生的原因。胡塞尔的目标是研究和描述构成生命的
现象，而不让生命研究受限于任何前提，并且不去管生命
研究的源头和表面合法性。柏格森带着令人赞叹的勇敢，
建立起反智的直觉、反死的生命和反空间的时间。他们二
人对当代的整个思想都有巨大的影响。原因就在于他们符
合我们存在的真实且深厚需要。"（《生命时间》，第 3 页）

闵可夫斯基在什么样的意义和程度上可以称得上是一个
现象学家呢？从他自己的视角来看，他肯定是逐渐成为了一
个现象学家。在某种程度上，这种对现象学的忠诚表现在他
的一些主要著作的标题上。最清晰的表达见于他在《生命时
间》一书中"现象学研究"的子标题，见于他在《哲学研究》
（*Recherches philosophiques*）、后来结集为《迈向宇宙学》
（*Vers une cosmologie*）的一书中发表的简短片段，以及其
他散落的文章。其中最清晰的是他的论文《现象学与实存分
析》（Phénoménologie et analyse existentielle, *L' Evolution*

psychiatrique, XII，1948）。最丰富的陈述见于他最后的著作《精神病理学论》的序言，在其中他提出了"现象学方法"（《精神病理学论》，第 xvii 页）。但对闵可夫斯基来说，这不意味他只使用现象学方法来研究精神病理学。因为他仍然把临床方面与纯粹现象学方面区别开来。但毋庸置疑的是，现象学在他的著作中始终具有优先性。他对现象学的主观坚持，是否证明他的现象学与其他现象学家甚或现象学精神病学家的现象学是一致的呢？在回答这个问题之前，我们应该考察一下他与其他以胡塞尔为起点的现象学家的关系。

闵可夫斯基的著作中很少提到胡塞尔，但如果真是这样的话，这只是就胡塞尔早期的前先验现象学著作而言。对闵可夫斯基来说，他至多是受舍勒启发的一个人。他也很少提及海德格尔；闵可夫斯基对海德格尔的兴趣仅仅源于海德格尔是让他的朋友宾斯旺格受到启发的一个人。显然，作为法国现象学的主要成员，他相对较少受到更年轻的现象学家，如萨特、梅洛-庞蒂甚或马塞尔的影响。在他看来，主要的法国现象学家是《论意识的直接材料》（*Les Données immédiates de la conscience*）的作者柏格森。但这不意味着柏格森所有的著作，尤其是像《物质与记忆》（*Matière et mémoire*）这样的形而上学著作也应该被看作是现象学。然而，对闵可夫斯基来说，柏格森基本上是舍勒与胡塞尔的天然同盟。

这说明闵可夫斯基不是任何技术意义上的现象学家。他对现象学的忠诚主要是针对属于生命体验的现象（他试图用觉醒的敏感性去直接地探索这些现象）。对他来说，其他现象学家的所见或所著至多是启发或佐证，但不是充分的证据。在这方面，他非常不同于回到胡塞尔或海德格尔的宾斯旺格。

237　　　闵可夫斯基现象学的很多趣味反映在他的风格中。尽管他从来不想建立一个无所不包的体系，但他不反对系统专著，并以一种特殊的眼光作为出发点来洞察更为根本的本质。也许他最标志性的著作是自传性的短文：在其中，他从普通语言出发，来思考生命体验现象中被忽视的更深层定义。在这种意义上，普通语言实际上是他现象学的主要工具。因此，隐喻是他描述和把握生命体验中不易察觉之本质的最有效方法。他在现象学事业中最好的同盟是诗人。但诗是不充分的。我们需要闵可夫斯基的敏感和视角，来揭示"人类"理解的充分意义。

[3] 闵可夫斯基的现象学道路

闵可夫斯基在进行医学研究时发现，现象学是正在发生的。他出生在波兰，求学于华沙、巴黎，特别是慕尼黑。但他的主要兴趣是哲学。这种兴趣使他首先涉足生理心理学（正如在这里，他说他像一个沙漠里的旅行者）。他以德文发表的第一部论著，是 1909 年的生物化学论文。一战开始前，在慕尼黑的三年里，他参加了普凡德尔和盖格尔的一些课程。

对他来说，第一个主要突破是他同时发现了两本书：舍勒的《论同情感的现象学和理论》（ *Zur Phänomenologie und Theorie der Sympathiegefühle* ）和柏格森的《论意识的直接素材》。这两本书给了他"最具体的现象学心理学趣味"。① 他从

---

① Eugene Minkowski, "Phénoménologie et analyse existentielle en psychopathologie", *L' Evolution psychiatrique*, XIII, no. 4 (1948), pp. 142ff.

未与舍勒会面。然而，后来当他在巴黎发展时，他确实曾经考虑与柏格森联系。他只见过胡塞尔一次（在胡塞尔 1929 年的索邦讲座中），但没有留下什么印象。他与现象学的主要个人联系来自宾斯旺格，而当时是闵可夫斯基去法国参军前，在布劳勒的指导下短暂地求学于苏黎世期间。显然，他与法国现象学哲学家（从马塞尔到利科）也很少有联系。闵可夫斯基还刻意不与萨特联系。但这不意味着他不知道法国和德国的现象学家们。至少有一些证据表明，他学习了胡塞尔的《逻辑研究》，尽管他读了多少是个问题。他对海德格尔也没有很大的直接兴趣。

238

在他阅读舍勒与柏格森时，至少与之同样重要的是，他与忧郁症患者进行了紧密的接触，从而了解到了患者世界中的核心变异是时间感的紊乱。正是这个发现，把他与柏格森的时间"现象学"联系了起来。这个发现促成了他在 1923 年的第一个现象学研究《精神分裂忧郁案例中的发现》，① 这篇文章在 1933 年成为了他最有影响力的著作《生命时间》的一部分。

1927 年，他发表了另一个对于精神分裂的主要研究。这项研究没有明确提到现象学，但把柏格森的"直接意识数据"作为基础，来重新解释精神分裂中的基本问题，并用与实在之生命联系的失落替代了布劳勒的自闭症概念。他是这样来介绍这个思想的：

---

① Eugene Minkowski, "Etude psychologique et analyse phénoménlogique d'un cas de mélancolie schizophrenique", *Journal de psychologie normale et pathologique*, XX (1923), pp. 543-558. 英译本：Barbara Bliss, "Findings in a Case of Schizophrenic Depression", in *Existence*, ed. Rollo May, Ernest Angel, Henri F. Ellengberger, New York: Basic Books, 1958, pp. 127-138.

　　"如果不是当代最伟大的哲学家——柏格森，曾提醒
我们生命的整体方面和最重要方面，那么我们离题的思想
能够完全离开吗？意识的直接数据、最根本的东西，就属
于这种事实序列。它们是非理性的。它们应该是我们生命
的一部分。人们应该鲜活地去把握它们。心理学至今仍然
是荒漠，这是因为它受到了严密科学的高温烧烤，而这片
荒漠能够变为绿洲，并最终孕育出生命"。①

　　闵可夫斯基清晰的现象学研究在 20 世纪 30 年代达到了第
一个高峰。非常不同于《生命时间》的是，在这一时期，他若
干文章的子标题包含了"现象学"这个词。一些最有知觉力和
原初的文章，收录在了《哲学片断》中，并在 1936 年出现在《迈
向宇宙学》中。这种新的宇宙学，拓展了闵可夫斯基从孤立的
人，到人类（尤其是整个宇宙的诗意方面）的视角。但他从来
没有发展出哲学宇宙学。事实上，他接下来十年的著作，包括
了一系列散落在会议与期刊中的偶然的、建议性的并且经常是
卓越的观察。但他也有某种综合的计划，部分是为了回应拉维
勒（Louis Lavelle），因为拉维勒在 1939 年邀请他把他在各个
哲学领域中写的文章汇集起来投稿给《逻各斯》（*Logos*）。（如
果没有完成的话）这也花了闵可夫斯基二十年的时间；这本书
发表于闵可夫斯基 80 岁之后，并成为了他一生的最高峰。

　　首先，《精神病理学论》是他的杰作，可能也是他最大的著

---

① Eugene Minkowski, *La Schizophrénie: Psychopathologie des schizoïds et des schizophrènes*, Paris: Payot, 1927; 2d ed., Paris: desclee de Brouwer, 1953, p. 65.

作；但它不是一个系统的整体。人们可能会怀疑：在闵可夫斯基工作的混乱年代里，他那双多才多艺的双手也无法承担这项任务。因此，在这本书的序言中，他称赞欧容（Denise Ozon）为这本书提供了"形式和内容"，因为欧容为这本书的分章提出了建议，而这种组织是闵可夫斯基本人无法做出的。即便如此，这本书没有明确的计划并且没有避免重复，尤其是在现象学讨论中。尽管如此，这本书表达了他丰富的思想。特别是他对年轻哲学家们的原创性分派，导致了现象学哲学对于精神病理学作用的特殊强调。另外，这本书强调了精神病理学的心理方面。因此，简短地介绍 240 这本没有译为英文的书是很有意义的。

《精神病理学论》这本书有 750 页，并分为三册。第一册标题是"当代精神病理学的基础与方向"。第二册有两个部分，第一部分涉及情绪，第二部分以"现象学"为开始。第三册"新进路及其后续发展"，以现象结构分析章节为开始，介绍了他的精神分裂忧郁的核心案例。第五章反驳了精神病理学的不同进路；从宾斯旺格的现象学方法概念出发，并介绍了它与精神分析的关系。"最后的考虑"涉及了人类生命之路、精神病理学现象，而结尾是对作为主要数据的人类生命的观察。

[4] 闵可夫斯基的现象学概念

闵可夫斯基不是理论家。因为他从来没有写过专门关于现象学和现象学方法的研究。他的主要志向显然是解释现象学；但这没有阻止他对现象学的反思。这样的反思，贯穿了他整个的学术生涯。无疑，他是逐渐地赞同现象学进路的，但他也不否定精神病理学中其他方法的合理性。

我不想编年式地检查他所有的发表成果。值得一提的是在 1922 年的苏黎世，他在核心案例报告中的第一次清晰表达：他区分了"心理学"和"现象学"发现。心理学发现指使用通常的妄想和幻觉术语对病案进行的临床解释。现象学发现指通过提问妄想是什么而达到的对病理现象本质的更深层理解。通过将他自己与患者体验的比较，闵可夫斯基注意到，患者不能由他的当前体验来推断未来，因此患者的整个时间体验不同于他的时间体验。因此，这种意义上的"现象学"是探索让单纯心理现象变得可理解的基本现象的努力。

闵可夫斯基对于现象学最明晰陈述，见于 1966 年的《精神病理学论》。尽管这本书也处理其他问题，并且尽管其中只有一部分专门以现象学为题，但是现象学进路渗透了整本书。在没有宣称发展出现象学的特殊版本的情况下，闵可夫斯基提出，对他来说，现象学主要是柏格森与舍勒元素的结合。现象学的主要任务是研究直接的意识数据，而且这些数据既是出发点，又是最终权威。但现象学也试图确定这些数据的本质和根本。现象学的指导原则是对于现象的最切近进路。

因此，闵可夫斯基的目的仍然是描述与本质现象学。它当然不是胡塞尔在《逻辑研究》之后发展出来的先验现象学。闵可夫斯基也没有提到任何臭名昭著的现象学还原。实际上，闵可夫斯基向我们提供了与实在更紧密的联系（如果不是柏格森形而上学直觉意义中的最终实在），而他对现象学的解释，使我们无法对他做出胡塞尔式的解释。

但这不意味着闵可夫斯基的现象学只是对早期现象学的柏

格森式解释。与此相关的是他所谓的"双面原则"——一种将
现象学分析运用于两个平行方向的理论。他把第一个方面称为
意识－情感或意识－情绪方面，（如痛苦这样的）体验所表达
的方面。第二个方面（更能标志他研究的特点）就是（如我们
所体验的那样的）现象－结构或时空方面。初看起来，这两个
方面似乎与活动及内容有关，或用胡塞尔的术语来说，与意向
活动及意向对象之间的一般差异有关。然而，闵可夫斯基首先
从来没有在"意向性"的基础上来分析这种差异。另外，他的
特殊兴趣集中在情感现象和时空特征上；它不是对意识生命的
一般解释。

同样不可忽视的是，闵可夫斯基总是承认现象学进路的局 242
限性。对现象起源的探索从来都是不可否定的。[1]对现象学来说，
用定义来接管它们是不合适的。在这一点上，临床精神病理学
必须接班现象学精神病理学。[2]

这并不会贬低闵可夫斯基对他所谓的现象学的基本坚持：

> "现象学方法论……在作为研究方法时，超越了它自
> 身。它回响在我们生命中的一般位置上。作为现象学家，
> 不能像天文学家、地理学家等那样做现象学。"（《精神
> 分裂：类精神分裂与精神分裂症的精神病理学》，第 xviii 页）

另外，对闵可夫斯基现象学的解释，可以参考他对同时代

[1] Eugene Minkowski, *Traité de psychopathologie*, Paris: PUF, 1968, pp. 645ff.
[2] Eugene Minkowski, *La Schizophrénie: Psychopathologie des schizoïds et des schizophrènes*, Paris: Payot, 1927, pp. 19ff.

雅斯贝尔斯和宾斯旺格的赞赏。

对闵可夫斯基来说，雅斯贝尔斯在《普通精神病理学》第一章中发展出的现象学不是现象学。它在成为更好临床诊断的道路上，没有呈现超出主观症状学的东西。其中，患者的陈述，在闵可夫斯基看来只是人类文献，而不是现象学数据。对闵可夫斯基来说，我们需要的是能够让我们掌握"基本紊乱源头"（trouble générateur）的本质分析。[①]

闵可夫斯基在现象学上更接近他的朋友宾斯旺格。表面上，闵可夫斯基所承认的唯一差异是，他更偏好宾斯旺格"世界"中的生命体验与维度，因此他强调的是生命时间。[②] 但更深的差异是，对宾斯旺格来说，胡塞尔、海德格尔是他此在分析的根本基础。闵可夫斯基的现象学没有这样的基础，而且他很大程度上不认可胡塞尔、海德格尔的内在和精神病理学价值。就胡塞尔而言，闵可夫斯基只读过他早期的著作。就海德格尔而言，闵可夫斯基说："海德格尔式的概念对我没有特殊的吸引力。我忠诚于我的开端，即现象学方法或至少我认为是现象学方法的东西；因为我们在这里也没有以完全相同的方式来考虑它……"（《精神病理学论》，第878页及以下）宾斯旺格是现象学哲学的学生，而对闵可夫斯基来说，现象学哲学最多是他自己的第一手观察和发现的启发。

最后，我想说一说闵可夫斯基现象学与精神分析的关系。

---

① Eugene Minkowski, *Traité de psychopathologie*, Paris: PUF, 1968, pp.55ff. 也可参见：Eugene Minkowski, "Phénoménologie et analyse existentielle en psychopathologie", *L'Evolution psychiatrique*, XIII, no. 4 (1948), pp. 140ff.

② Eugene Minkowski, *Traité de psychopathologie*, Paris: PUF, 1968, p. 495.

在法国，这两个领域从一开始就很接近，尤其是因为《精神病学进展》这个期刊从一开始就包括了如海斯纳德这样的精神分析学家。尽管闵可夫斯基从不拒绝与精神分析团体的交往，但他还是与这个团体保持着距离。在闵可夫斯基看来，意识与潜意识之间的分离是有问题的，尤其是柏格森以及胡塞尔只处理意识数据。对闵可夫斯基来说，"生命时间"这个术语的功绩是，它切中了整个问题，并允许他同时包容意识与潜意识，而不偏向其中任何一边。①

[5] 时间现象学

我对闵可夫斯基现象学的解释不是没有缺点的。事实上，闵可夫斯基的现象学是如此丰富，以至他涉足的很多领域在这里甚至都无法罗列出来。例如，在《迈向宇宙学》中的《我点燃了一盏灯》或《我在前行时，留下了印迹》。但是这些片段不能增益对闵可夫斯基想要获得的全面宇宙图景。然而，人们可以在他的时间意识探索中找到他对现象学更持久的应用。接下来，我将尝试揭示他的现象学进路探索时间意识的方式。

人们可以怀疑闵可夫斯基的生命时间现象学也许只是对柏格森的借用。闵可夫斯基除了极为慷慨地向柏格森致敬，而且将柏格森大量的思想整合到了他的工作中，如果没有这些思想，人们就无法想象闵可夫斯基的工作会是什么样的。尤其是

244

---

① Eugene Minkowski, "Approches phénoménologiques de l'existence", *L' Evolution psychiatrique*, XXVII, no. 4 (1962), pp. 433-458. 英译本：*Existential Psychiatry*, I (1966), pp. 292-315.

时间对于空间的基本性观念。尽管柏格森对闵可夫斯基的影响是不可否认的，但也不能忽视闵可夫斯基自己的现象学视角。首先，闵可夫斯基很少如柏格林那样说到"纯粹绵延"（durée pure）；闵可夫斯基说的是"纯粹时间"（temps）。在柏格森那里，也没有"生命时间"（temps vécu）这个表达。人们甚至只能在柏格森《论意识的直接材料》一书的较后部分发现，柏格森把"生命的"作为我们体验的特征。[①] 另外，柏格森那里的一般生命冲动（élan vital），在闵可夫斯基现象学中成为了"个体冲动"（personal elan）。这种术语独立性本身是不重要的。但它表明闵可夫斯基现象学更偏好个体时间体验，而不是对"绵延""纯粹性"和"生命性"的形而上学直观。有时候，闵可夫斯基甚至表达了对柏格森后期思辨和生物哲学的保留，尤其是就他的形而上学直观与直观实在相同一而言。另外，闵可夫斯基对之有所保留的还有柏格森的创造进化概念以及他在《物质与记忆》当中所表达的一些形而上学。闵可夫斯基接受了柏格森那里可以吸收到现象学当中的思想。在这种意义上，闵可夫斯基的时间现象学是剔除了他的形而上学并缩减到纯粹意识数据之后的柏格森现象学。

对闵可夫斯基有关时间的现象学研究研究进行概括是不容易的，尤其是考虑到这些研究还没有以系统的方式得到发展。在现在这个框架内，有可能的是对闵可夫斯基的现象学进行概览。在《生命时间》的两部分中，第一部分是"论生命时间结构的论文"，第二部分（显然长得多）涉及了"精神紊乱的时

---

① Henry Bergson, "La Pure durée et la durée vecue", in "Bergson et nous", special number, *Bulletin de la société française de philosophie*, LIII (1959), pp. 239-241.

空结构"。第一部分以论生成和"时间质"的本质为开始。它
的起点是：在其千变万化延续中的、抽象的、可测量的或空间
化的时间，与绵延（现在称为生命时间，同时也是这本专著的
主题）之间的柏格森式区分。有关生命时间问题的第一个答案，
使用了柏格森的术语"流蕴"（fluid mass），但是闵可夫斯基
补充道："……我在我周围、我自身中、当我在深思时间时的
任何地方，看到了流动的、神秘的、巨大和强有力的海洋。它
正在生成。"（《生命时间》，第 16 页）因此，接下来的描述
聚焦于生成（devenir）现象，并试图摒弃柏格森思想的生物解释，
而把生成现象把握为纯粹的现象。接下来对于时间的两个主要
方面的考虑，导向了若干更具体的生命现象，如：生命延续和
生命持续（同上书，第 27 页），"现在"（maintenant）现象
不同于"当下"（present）现象，因为"当下"是未展示和扩
展的现在（同上书，第 32 页）。更重要的是生成中的冲动（élan）
现象（它创造了未来［avenir］）。但这是这种冲动也是个体的，
即对闵可夫斯基来说，冲动就是"我向前并且意识到某种东西"
（同上书，第 39 页）这样的现象、一种包括了个体和超个体方
面的现象。冲动也包括"工作"（œuvre）的实现。然而，冲动
伴随着限制感和丧失感，因为工作冲动的聚集会削减机会。其
他现象涉及我们与实在的交往（它表现为"生命同步"生成的
和谐，正如人们在沉思和同情中所经验到的那样）。在这一点上，
将这些区分应用于精神病理学的第一个可能性出现了。因为个
体冲动与克雷奇默（Ernst Kretschmer）所描述的精神分裂气质
（schizoidism）有联系，而克雷奇默把与实在的联系称为"共振"
（syntony）。这使得闵可夫斯基能够在与实在之生命联系的失

落中，看到精神分裂中的基本紊乱（他在《生命时间》的第一部分中探索了这个问题）。"联系失落"也使得闵可夫斯基可以更深地理解布劳勒自闭症概念中的基本紊乱。

另一组现象涉及我们"活在"未来的方式；最显著的是活动、期待、愿望、希望、祈祷和道德行动。作为人类未来之结束的死亡，使得我们可以确实地塑造我们生命的生成。最后，过去的现象学揭示了，过去具有与当下及未来非常不同的组织，未来是从生命的当下中"截"下来的《生命时间》，第 155 页）。

《生命时间》的第二部分从一般现象转向了它们对于理解精神紊乱的重要性。这些研究没有提供诸如融贯模式那样的东西。它们包括闵可夫斯基的精神分裂忧郁的经典案例（在精神分裂忧郁中，患者丧失了生命未来的维度）。在这里，我不想继续详细说明第一部分中描述的现象学特征在第二部分精神病理学症状的解释中发挥了怎样的作用。诸如精神错乱、精神分裂、躁狂－忧郁和其他形式的抑郁以及精神缺陷中的基本紊乱等基本精神病理学症状，都在第二部分于现象学研究的视域中得到了考察。然而，第二部分的最后一章包含了对整本书的重要补充，即生命空间（espace vécu）的精神病理学基础。在这里，闵可夫斯基不同意柏格森对空间的降级，即空间是几何智力使绵延失真的结果。取而代之的是，闵可夫斯基引入了生命空间概念，并将之作为生命时间的同等伴侣；生命空间具有诸如"生命距离"和"空灵"这样的子现象，并且所有的生命空间现象都会发生典型的病理改变（如幻觉）。然而，就生命空间问题而言，闵可夫斯基的观点非常不同于他的朋友宾斯旺格和斯特劳斯。

[6] 对闵可夫斯基现象学的评价

很少有现象学的实践者有如闵可夫斯基这样的个人投入；但令人惊讶的是，他是如此少地使用实存词汇。他对于在语用因果观察指导下，对被忽视现象的敏感性是非常独特的。在这方面，他揭示了以最小哲学文本启发为基础的新现象学进路的潜力。

但是，这样的先驱性既没有，也不能总是引生持久和令人信服的洞见。即使是一些生命时间分析也是如此：在这些分析中，闵可夫斯基似乎从生命时间研究，转到了人类创造活动中的狭义时间研究，而忽视了时间中还不是能动计划产物的被动方面。总体上，他的一些本质洞见没有提供经过仔细想象变换的证据。

闵可夫斯基非常坦率地承认，他的视角和整个精神病理学是非常个人化的。他也经常说到他所要探索现象学的非理性。这种承认或者说他对更个体间和更少主观性确证的轻率摒弃，使得他的著作显得很有问题。另外，他对柏格森的依赖超越了现象学，而这必须得到注意。事实上，他对柏格森的依赖不是盲目和非批判的。这使他只接受柏格森的现象学洞见。然而，闵可夫斯基不仅继承了柏格森优美的风格，而且继承了他流畅的简化。

247

闵可夫斯基的现象学是最感性的现象学，也是最主观的现象学。它是先驱性的。但如其过去所是的，它也需要得到"永久居民"进一步的探索。

第9章 冯·葛布萨特尔（1883— 1976）：医学人类学中的 现象学

[1] 冯·葛布萨特尔在现象学中的地位

与雅斯贝尔斯、宾斯旺格、闵可夫斯基或斯特劳斯相比，冯·葛布萨特尔（Viktor Emil von Gebsattel）看上去很难在本书中被列为特别的一章。确实，他的文字输出比不上那些与他同时代更年轻的现象学家。他引起我们注意的唯一基础是这个事实：他是四个现象学精神病理学家圈内（包括宾斯旺格、闵可夫斯基和斯特劳斯）最年长的人，而且宾斯旺格、闵可夫斯基和斯特劳斯把他视为一个同等的成员，甚至是他们当中"最直观的"人。这种认可确实是有效的现象学委任状，但在这里很难得到解释。可能更重要的是冯·葛布萨特尔的组织成就。他在奠基和编辑《心理学及精神病理学年鉴》（*Jahrbuch für Psychologie und Psychotherapie*，始于1952年）中扮演着重要的角色，而这个年鉴的目标是激发对新进路的兴趣。

年鉴第一版序言提出的目标是：恢复心理学由于"去精神化"（Entgeistigung）而丧失的名誉，并且不让心理学为深度心理学（depth psychology）（精神分析心理学）所取代。年鉴的第7卷（1960）把"医学人类学"补充到了标题中。新的序言解释说，这个杂志致力于"在其作为自我、人格和个体（它们是人类学的主题）的存在论范围内的、整体的人（totum humanum）"；这个杂志还聚焦于人类此在的基本结构；没有现象学和存在论对人的本质直观，就不能理解人何以可能。在这种联系中，宾斯旺格与精神病学及内医学的海德堡与法兰克福学派（克里斯蒂安［Paul Christian］、普鲁格［Herbert Plügge］和布劳特甘姆［Walter Braütigam］），尤其是意气相投的同行。

250

现在，有可能更让人印象深刻的是由冯·葛布萨特尔与他的两名具有非常不同视野的合作者弗兰克尔（Viktor Frankl）和舒尔兹（J. H. Schultz）一起编辑的五卷本神经症理论手册（1959—1963）。这个手册的主要目标是通过不同角度的考察，提供神经症领域中最重要和最有效的发现。另外，这个手册没有宣称对神经症这个正在形成中的科学已经有了定论。尽管现象学尽管经常被提到（例如索尼曼和弗兰克尔），但现象学不是共同的要素。

[2] 冯·葛布萨特尔与现象学运动的关系

冯·葛布萨特尔的现象学进路没有让他直接进入现象学的主要潮流，尽管他是现象学发源的见证者。在慕尼黑，他首先是在李普斯手下学习哲学和心理学。他在慕尼黑大学论情感放射的博士论文举证了李普斯的分析描述心理学。这也使他与普凡德尔发生了接触。普凡德尔当时正在摆脱李普斯的影响，并且他把冯·葛布萨特尔带入慕尼黑学现象学小组（它在 1907 年后处在舍勒的指导下）。实际上，冯·葛布萨特尔在慕尼黑期间，甚至在晚年，都与舍勒有紧密的联系。

尽管冯·葛布萨特尔的起点是慕尼黑现象学小组，但他逐渐知道了其他的现象学潮流。作为一个学生，冯·葛布萨特尔最早是在 1905 年的柏林，在狄尔泰的家里偶然遇到了胡塞尔，但他与胡塞尔没有进一步的联系。[①] 也许他已经从慕尼黑现象学小组那里知道了胡塞尔的重要性，尤其是通过舍勒。但是，在冯·葛布萨特尔的著作中，没有对胡塞尔思想的特殊引用，而且只有"本质"（eidos）这个术语（与非胡塞尔的反本质相对应）令人想起了胡塞尔。

251　　冯·葛布萨特尔与海德格尔的关系是更为直接的。显然是在二战后，海德格尔马上就访问了冯·葛布萨特尔，并且后来他甚至与宾斯旺格一起在冯·葛布萨特尔的 75 岁生日上发言。更难确定的是两者之间的哲学关系。在冯·葛布萨特尔的《医学人类学导论》[②] 中，尤其是在 1937 年的人格解体（depersonalization）的研究中，有对"上手状态"（Vorhandenheit）（《医学人类学导论》，第 41 页）、作为存在可能性之存在（同上书，第 44 页）、与虚无相联系之焦虑（同上书，第 46 页）

---

① 这是冯·葛布萨特尔在与作者的私人会面中说的。

② Viktor Emil von Gebsattel, *Prolegomena zu einer medizinischen Anthropologie*, Berlin: Springer, 1954.

的引用；类似的引用也出现于其他地方。但是，即使是这样的引用，也不能证明海德格尔的思想（尤其是他的现象学、此在分析以及存在论）对冯·葛布萨特尔的人类学有任何基本的重要性。因此，冯·葛布萨特尔在哲学上受到的影响，主要是来自于舍勒（始于他的早期现象学，终于他的哲学人类学）。冯·葛布萨特尔在《神经科医生》（*Der Nervenarzt*）杂志第 1 卷中对舍勒的悼念，是最清晰和最个人的表达，尤其是他悲叹道，舍勒的去世，是人类学、宗教哲学以及形而上学的损失。但是，他对舍勒的主要敬意源于：舍勒是现象学家，而舍勒首要的贡献出现于《心理病理学杂志》。冯·葛布萨特尔称赞舍勒的主要地方是：舍勒的人格主义（personalism）思想，包括他的人在本质上由行为构成的概念。但是，葛布萨特尔也引用了舍勒的时间体验现象学；在这个情境中，胡塞尔和海德格尔都没有被提及。

更紧密的是他与同龄精神病学家的关系，尤其是四人组中的其他成员。在其中，斯特劳斯与他的联系可能比宾斯旺格更为频繁。但是闵可夫斯基的《生命时间》对冯·葛布萨特尔也非常重要。同样重要的是他与围绕瓦茨塞克（V. Von Weizsäcker）的海德堡医学小组的联系。维也纳实存主义者，尤其是弗兰克，也对冯·葛布萨特尔关于存在神经症及其治疗的观点有重要影响。卡鲁索（Igor Caruso）及其在维尔茨堡的助手韦森胡特（Eckart Wiesenhütter）是冯·葛布萨特尔的主要追随者。冯·葛布萨特尔 80 岁纪念文集《生成与行为》（*Werden und Handeln*），提供了有关他地位的重要证词。

[3] 冯·葛布萨特尔的核心关注

冯·葛布萨特尔将近 50 部的发表成果主要是短文。在他的四本书中，有两本都是对分散篇章的收集：1955 年他以《医学人类学导论》为题编选的 20 篇论文，以及里弗斯（Wilhelm Josef Revers）1964 年出版的《人类意象：论个体人类学》（*Imago Hominis: Beitrage zu einer personalen Anthropologie*）。由于这些书中的文章是以分段的形式的组合在一起的，所以它们之间没有系统的联系。然而，这些书的主题，尤其是《医学人类学导论》的主题是冯·葛布萨特尔的中心主题——医学视角中的人类学。

冯·葛布萨特尔 "导论" 以外的东西是什么呢？我们可以在他的特殊主题概念中找到一些解释。对冯·葛布萨特尔来说，人类学是有关人类此在方式以及人类此在之有效和全面筹划的基本学说。这样的几乎海德格尔式的观点，既表明了他事业的不凡抱负，又表明了他事业的模棱两可性。实际上，冯·葛布萨特尔相信，恰当意义上的哲学，甚或医学人类学的时候还没有到来。对他来说，宾斯旺格的《人类此在的基本形式和认识》远不是通向人类学的进路。然而，对于这个问题：人类此在是否在本质上是不能控制的（尼采）并且最终是一个不能阐释的秘密，冯·葛布萨特尔实际上持严肃和典型的怀疑态度。他把舍勒 "对人类的全面结构分析" 当作是可信的、一般失败以外的东西，尽管他质疑了这种分析的存在论和现象学基础。

当前人类学的单边性，甚至适用于尝试在疾病和健康意义上看待人的医学人类学。冯·葛布萨特尔自己的尝试依据心理治疗（它尤其尝试在对人类此在的更好理解中去帮助神经症患者）去理解人。

在这种视角中凸显出来的人类此在方面是什么呢？

对冯·葛布萨特尔来说，神经症的本质是生成受阻（Werdenshemmung）。这意味着人主要是一种在自我实现（Selbstverwirklichung）过程中的存在，而且有着趋向自我实现的特殊动力。如此得到实现的东西，就是"人格"（persona）。它的新意义是在"我是我所是"这个句中所表达的"人格中心"（personale Mitte）。从现象学上来说，在这种意义上的生成，不同于单纯的进化。

人类学心理学最明显的问题是：人类的此在是怎么发生疾病和扭曲的？神经症的特征是生成紊乱。这种缺损、倾向是完全可以理解的吗？在一点上，冯·葛布萨特尔介绍或者说兼容了一个尼采普及的概念——"虚无主义"——在人身上出现了基本的虚无主义趋向。冯·葛布萨特尔从人有否定和确证他的此在的本质自由中，推导出了这种虚无主义趋向；然而，他也称其为"奥秘"。

因此，我们可以中肯地指出，冯·葛布萨特尔的治疗不是与非宗教人文主义相关联的中性事业。冯·葛布萨特尔决心从事基督教，并且他属于受到舍勒激励并由瓜尔蒂尼（Romano Guardini）领导的德国天主教团体。因此，在冯·葛布萨特尔这里，现象学和此在分析或人类学主题，从诸如罪、圣礼、拯救这样的宗教范畴里得到了最后的解释和认可。冯·葛布萨特尔的很多著述，都与纯粹宗教的兴趣有关。但是，即使《医学人类学导论》没有这种宗教的情境和措词，它仍然有足够的重要性。

[4] 现象学在冯·葛布萨特尔人类学中的地位

冯·葛布萨特尔一直被认为是现象学在精神病学中的最早提倡者。这种评价得到了他自己对现象学引用的证实，例如在《医学人类学导论》中，尽管他很少做这样的引用，并且在他文章标题中他很少使用术语。因此，更为重要的是尽可能地确定现象学在冯·葛布萨特尔工作中的精确本质和作用。①

冯·葛布萨特尔不是理论家，更不是现象学理论家。他对现象学的理解源于对现象学应用的偶然评价以及情境。在此在分析的发展之后，在现象学这个方向上没有值得注意的变化。有时候，冯·葛布萨特尔将"诡辩现象学"与现象学本身②进行了对比，并且经常把现象学与解释相区分，例如，他把他的作

---

① 在《医学人类学导论》中，冯·葛布萨特尔说到，接下来的讲座和文章，阐释了现象学思维和精神病理学体验对于人类此在之基本理论的"必要亲缘性"。这基本上意味着，现象学是一种主要进路（两种中的一种），但是它不能与人类学相混淆。冯·葛布萨特尔最早的研究《个体与旁观者》，包括了一个定名为"现象学的"、有若干页的部分，即"论注意驱动力之心理学"（Viktor Emil von Gebsattel, *Prolegomena zu einer medizinischen Anthropologie*, Berlin: Springer, 1954, pp. 246ff.）。在这里，冯·葛布萨特尔讨论了在犬儒主义者（第欧根尼）案例中与圣徒（圣弗朗西斯）案例中，穿斗蓬的体验差异。1925 年，冯·葛布萨特尔发表了题为《论婚姻的现象学》的完整文章。他在 1929 年论盲目崇拜的文章，包括了"论盲目崇拜的现象学"和"论盲目崇拜的理论"。

对现象学的引用，还出现在了冯·葛布萨特尔 1948 年以后的著述中，如"死亡的诸方面"（同上书，第 395 页及以下）、"论成瘾的精神病理学"（同上书，第 223 页）、对诡辩现象学和理论进行比较的"性变态的此在分析和人类学解释"（同上书，第 212 页）。

② Viktor Emil von Gebsattel, *Prolegomena zu einer medizinischen Anthropologie*, Berlin: Springer, 1954, p. 213.

为生命意义的生成观点与作为再解释之结果的进化理论进行了
比较。①

在他的厄洛斯（Eros）与爱的现象学中，冯·葛布萨特
尔在很大程度上遵循舍勒的精神，依照厄洛斯与爱的不同意
义发展出了对厄洛斯以及与两性之爱的比较性本质描述。另
外，他把爱解释为本质直观的一个案例。②但是，在提供他对
于盲目崇拜的现象学发现时，冯·葛布萨特尔得出的结论是：
要理解盲目崇拜这种行为（它的功能是对真正的爱与性的替
代），这种现象学的纯粹描述分析及其精巧的解释是不充分
的，还需要一种关于盲目崇拜的形成理论。同样的理论解释
还见于冯·葛布萨特尔对强迫症患者世界的研究。他把性变
态案例中的此在分析视为超越"诡辩现象学"的"理论思考的
新发展"。

然而，不管冯·葛布萨特尔的现象学概念可以多么广泛地
得到解释，显然他并不满足于对主观数据的单纯描述。他期待
获得的是对于主观数据之本质的理解。更重要的是，他想要达
到对主观数据意义的理解。在寻找这种超现象意义的尝试中，
他毫不犹豫地使用了在现象学上受怀疑的"理论"，尽管他没
有致力于弗洛伊德式的精神分析、荣格式的尝试心理学及其无
意识的人格主义。然而，对于宾斯旺格作为在世界中之存在模
式解释的此在分析，他表现出了越来越大的兴趣。

① Viktor Emil von Gebsattel, *Handbuch der Neurosenlehre und Psychotherapie*, 4 vols.,
Munich: Unban and Schwarzenberg, 1959, Ⅲ, p. 563.
② Viktor Emil von Gebsattel, *Prolegomena zu einer medizinischen Anthropologie*,
Berlin: Springer, 1954, p.152.

[5] 冯·葛布萨特尔的现象学贡献

冯·葛布萨特尔本身将《医学人类学导论》分为两部分："特殊人类学研究"和"心理治疗与神经症理论"。《人类意象：论个体人类学》的第二部分"神经症领域中人类学导向理解的诸方面"提供了之前在《神经症理论和心理治疗手册》中已经发表过的对三种神经症的研究。

这些片段之间没有系统的联系。接下来的部分，将以尝试这些不同的研究领域为例，更具体地展现冯·葛布萨特尔的现象学工作。

A. 强迫行为的世界和强迫观念及行为的态度

即使是在描述现象学中，对强迫观念的研究也没有什么新的东西。雅斯贝尔斯已经解释过强迫行为，而其中有一些是以冯·葛布萨特尔和宾斯旺格的早期工作为基础的。在冯·葛布萨特尔的医学人类学情境中，新的东西是：他尝试通过将强迫症整合到"人类学－实存的"框架中，在现象学上理解整个强迫症的世界。冯·葛布萨特尔在提供三个案例研究之后，区分了强迫症世界的两个"方面"：紊乱和混乱的方面，以及防御的方面。然后，他转向了对强迫症患者的分析。

对冯·葛布萨特尔来说，强迫观念的基础是以抑郁的去现实化和作为"恐惧背景"的存在空虚为特征的"强迫观念及行为恐惧"。这种恐惧的基础导致了恶心、厌恶和恐怖的"对立世界"。对狗的恐惧这个案例，说明了此在是怎么受制于非纯粹性的强迫观念和作为"反本质"（anti-eidos）的对污垢的强迫恐惧。

他现在把新的意义给予了强迫观念及行为的世界。这种世界的防御特征是行动（开始或结束）能力的紊乱。[1] 因此，强迫观念及行为存在着典型的时间经验的紊乱。患者的行为变得很严苛，并且导致了仪式强迫。

除了这种描述强迫症患者世界的努力，冯·葛布萨特尔还提供了一些解释。由于细节不明的原因，强迫症患者人格中的生成运动停止了；朝向未来的运动停滞了（《医学人类学导论》，第 108 页），于是患者无助地乞求紊乱的力量。然而，强迫现象也可以在潜能完好的背景下来被看待，发亮强迫现象是无力的人格。治疗逆转的方法就是清除患者生成中的紊乱，并反转他世界（以及他的在世界中存在）的重要性轮廓（同上书，第117 页）。

B. 人格解体

有重要意义和解释价值的是冯·葛布萨特尔对人格解体（depersonalization）的治疗，尤其是因为自我意识场在冯·葛布萨特尔的人类和人格（他还说到了我性 [Ichheit]）图景中有重要的地位。实际上，他相信在哲学以及所有严肃的神经症中，决定性的问题在于"我是谁"[2] 而非康德"人是什么"的问题。

① Viktor Emil von Gebsattel, *Prolegomena zu einer medizinischen Anthropologie*, Berlin: Springer, 1954, p.104.

② Viktor Emil von Gebsattel, *Handbuch der Neurosenlehre und Psychotherapie*, 4 vols., Munich: Unban and Schwarzenberg, 1959, Ⅲ, p. 540.

257　人格解体对于忧郁症理论有特殊的重要性,并且经常(但非总是)与"存在空虚"经验相联系。在礼仪的基础上,冯·葛布萨特尔区分了人格解体的五个方面:

(1)"自动心理的":患者抱怨了自我同一性的丧失("我不是我自己,我与我的存在是分离的");

(2)"紧密联系心理的":与他人的关系以及实际上与每个外在事物的关系,都死亡了。

(3)"躯体心理的":躯体不再被体验为是活着的和自己的;

(4)分裂感、不再与自身相合一感、不同于自身甚至迫害自身感;

(5)被吞入深渊感。

"批判解释"直接说明了此在的人格解体与现实解体(derealization)之间的紧密关系。例如,在忧郁症中发生的是:我们作为世界中存在者的生成潜能消失了。我们不能遭遇世界,并且不能实现自身。由此发生了双重缺损,尤其是我们个体存在感中的双重缺损。因此,人格解体和现实解体是交往中同一紊乱的两个方面。

人格解体现象,显然与它在体验组中的反面、被冯·葛布萨特尔称之为超自然第一体验(numinose Ersterlebnisse)(对自身我性的突然发现在这种经验中起特殊作用)相关联。冯·葛布萨特尔以让·保尔(Jean Paul)的颂词为出发点,描述了一个在三岁时有超自然第一体验的患者案例。冯·葛布萨特尔甚至表达了这种信念:当这个三四岁的孩子经验到极广阔的孤独感时,这种超自然第一体验就是一种典型的自我与世界的遭遇。

冯·葛布萨特尔宣称，这种超自然第一经验可以平衡忧郁症患者的人格解体和现实解体。[1]

C. 成瘾和性变态

冯·葛布萨特尔的一个特别兴趣点是成瘾，尤其是性变态中的成瘾。按照围绕着药物成瘾的各种各样经验，冯·葛布萨特尔强调了这些体验所共有的躯体心理感觉。他还注意到了对于痛苦甚至渴求的、典型的冷淡。个体的增强感是重要的，尽管不是决定性的；总是存在着对于一个人自身此在状态的过度强调。另外还有对于获得或失去、对于所有原因和措施（measure）的冷淡。实际上，"对措施的违背是成瘾行为的主要诱因"。[2]一般来说，成瘾行为的目的是填补空虚，但这没有用处。因为成瘾行为克制了自我实现的动力，并取消了这种动力。（《医学人类学导论》，第 227 页）

因此，成瘾是与自我实现之动力相反的自我破坏的"躁狂"表达、与深渊的秘密结交（冯·葛布萨特尔将成瘾与人类作为堕落生物的本质相联系）。这种一般解释适用于所有的性变态，尤其是冯·葛布萨特尔特别注意的性变态。对痛苦的积极和消极成瘾、病态的交媾中断、男子性欲亢进，被解释为源于破坏的各种享乐方式，而破坏是对自我实现失败的替代。在这些研究的描述中，有很多刺激性和建议性的材料。有关它们的解释，

258

---

[1] Viktor Emil von Gebsattel, "Numinose Ersterlebniss", in *Rencontre/ Encounter/ Begegnung*, Utrecht: Spectrum, 1957, pp. 168-180; also in *Imago Hominis*, Schweinfurt: Neues Forum, 1964, pp. 313-328.

[2] Viktor Emil von Gebsattel, *Prolegomena zu einer medizinischen Anthropologie*, Berlin: Springer, 1954, p. 224.

人们可以考虑，它们在多大程度上依照了冯·葛布萨特尔的有关人类基本沉沦和虚无主义特征的假设。从这种质疑的角度来看，值得一提的是，博斯（这时主要还在从事此在分析概念）提供了一种对性变态的不同解释——即使是最坏的性变态，仍然在底层中保有积极的、建设性的爱的元素。冯·葛布萨特尔认为这种解释过于朴素和简单了，所以就摒弃了它。

[6] 对冯·葛布萨特尔现象学的评价

259 冯·葛布萨特尔没有创造一个把现象学解释为独特的（如果不是关键的）精神病学工具的独立工作。但是期待他做这样的工作是不公正的。冯·葛布萨特尔的主要目标不是发展现象学，而是发展我们对人的理解。对他来说，现象学是这种理解的新进路，并且是只是众多进路中的一种。在使用现象学之后，他成为了将现象学应用于新领域的先驱者，并且他只是偶然地解释了它。他在没有进行详细描述的情况下，表明了描述现象学的力量，并且指出了现象中的本质结构。他甚至尝试在由舍勒启发下的人格人类学情境中解释本质结构的意义。他还折中地吸收了一些此在分析的建议。所有这些构成了首先是治疗的，有时候甚至是宗教的和传教的框架。这种框架没有削弱它的解释价值。但是在没有独立检验和发展的情况下，这种框架没有完全的现象学有效性。

第 10 章　斯特劳斯（1891—1975）：
人类感觉的现象学重塑

[1]　斯特劳斯在现象学运动中的地位

　　通过个人友谊联结起来的现象学人类学"内圈"中的最年轻成员，是特别难以把握的。1960 年，宾斯旺格谐谑地把斯特劳斯列为四重唱中最聪明的一个，因为斯特劳斯总是有新的思想；对于任何归档式的历史学家（尤其是要莽撞地尝试为一个不打算自己来写的人作传记的历史学家）来说，斯特劳斯都是一个难题。①幸运的是，本章只打算赞扬斯特劳斯工作的现象学方面。但即使是这样一个有限的计划，也不是没有问题的；但这至少是可能的。

　　我首先要确定斯特劳斯在现象学运动中的地位。这样的评价确实不能根据他的学术联系来做出。值得注意的是，斯特劳斯从相对小型和流动的基地出发，得到了国际性的声望，而这反过来扩大了他在局部基地的影响。

---

① 　然而，斯特劳斯确实帮助我检查了本章事实信息的确切性，并纠正了一些错误。

事实上，在欧洲大陆期间，斯特劳斯与现象学运动的关系相对地没有发展起来。直到他于 1939 年到达美国，他的重心还是放在具体和原初的研究上。但他是哲学和现象学导向下精神病学家的一员，他在 1930 年创办了《神经科医生》，并经常在该杂志发表文章。在他的早期著作中，他主要是在实践现象学，而不是在宣扬现象学。只有在美国肯塔基州列克星敦的退伍军人医院建立了最后的基地以后，他才开始强调现象学——不只是在他的著作中，而且是作为精神病学、心理学和哲学新进路的共同成员。这使得列克星敦以及列克星敦的"纯粹与应用现象学"会议成为了新大陆现象学的一个中心。但斯特劳斯从来没有丢失他在欧洲的根基。在这个意义上，他不仅在现象学发展中是重要的，而且作为横跨大西洋的最有效桥梁的架构者也是重要的。如果没有斯特劳斯，现象学精神病学在美国仍将是一个没有鲜活"实现"的承诺"意向"。在很大程度上，斯特劳斯是如今现象学精神病学的最生动体现。

[2] 斯特劳斯的基本关注

1966 年斯特劳斯 75 岁生日的双语纪念文集，有一个未经解释的题目《人类的条件》（*Conditio Humana*）。翻遍斯特劳斯的书和文章，人们首先会想，这个题目与他的真正关注有多远啊。然而，这个词确实出现在了他发表于 1963 年的最哲学化的像书一样长的文章《精神病学和哲学》中。在这篇文章中，他把对人类条件的充分讨论作为理解"病房危机"的基础。斯特劳斯用这样的讨论来接受精神分析和此在分析。但是他补充说：他认为首先有必要的是研究"基本人类情境"。

但如果说这种对人类条件的理解是斯特劳斯的最终关注，这也不意味着这种关注是他的首要目标。斯特劳斯开始于精神病学，并总是回到精神病学。我们只有在试图理解他日益发现的异常时，才有必要去理解规范——这个任务反过来要求比普通科学更多的知识。

什么是人类条件呢？显然，这不仅是法文"la condition humaine"所指的东西。正发如斯特劳斯所见的，人类情境事实上根植于"人类在其中成长"的更基本情境。这种作为整体的人类世界概念，如果不是人类条件的决定性部分，也对斯特劳斯来说有关键的重要性。他主要论文的德文版使用的题目是《人类世界的心理学》（*Psychologie der menschliche Welt*）。因为人的世界是人本身的真正钥匙。在德文版序言中，斯特劳斯说，他对人与其世界关系的兴趣逐渐扩展到试图理解从世界中出来的人。[①] 这种对世界的心理可能性寻求，导致了这个发现：由于它们的紧密性，人们忽视了整个问题大陆。"通过我们对人类创造的分析重构，理解了人类的创造性、成就和失败。"[②] 在斯特劳斯看来，这就是现象学心理学的任务。因此，在斯特劳斯的意义上，现象学就是"探索人类体验、揭示人类体验的深度和丰富，而不是还原它"[③] 的方式。在斯特劳斯自己的工作中，现象学是怎么获得这个地位的呢？

263

---

① Erwin W. Straus, *Psychologie der menschlichen Welt*, Berlin: Springer, 1960, p. vi.

② Ibid., p. vii.

③ Erwin W. Straus, *Phenomenological Psychology. Selected Papers*, trans. Erling Eng, New York: Basic Books, 1966.

[3] 现象学在斯特劳斯工作中的作用

"现象学"这个术语在斯特劳斯的发表著述中不是很显著。直到 1960 年，这个术语才出现在他一个文章的标题中——《回忆的现象学》，然后是 1962 年的《幻觉的现象学》。甚至在 1966 年，他也只是不情愿地将《现象学心理学》这个题目用于他的英文选集；我们不必惊讶的是：这个选集只有第一部分由"现象学研究"组成，区别于第二和第三部分的"人类学研究"和"临床研究"。只有自 1964 年以后，与列克星敦会议宣言和发表相关联，斯特劳斯才没有保留地投向现象学。

实际上，斯特劳斯的现象学道路值得我们去进行传记式的追溯。斯特劳斯不是一个为了方法论的需要而经常谈到大人物的人或方法论主义者，他从来没有渴望给他所做的事贴上标签。但自他上大学开始，他就知道现象学运动。因此，他参加了普凡德尔和盖格尔在慕尼黑的讲座、莱纳赫（Adolf Reinach）（以及胡塞尔）在哥廷根的很多讲座，以及舍勒在学术生涯末期的私人讲座。但那时候他与其中任何人都没有紧密的个人联系。他在克洛伊茨林根的宾斯旺格的建议下读了舍勒的书，过后很久才在柏林与舍勒有真正交往。他与雅斯贝尔斯以及胡塞尔，只有在 20 世纪 50 年代才有一些零散的会面。

斯特劳斯一开始对胡塞尔有严重的保留，尤其是就"先验还原"来说。[①] 这使得斯特劳斯在早期不把自己明确地归属于现

---

① Erwin W. Straus, *Psychologie der menschlichen Welt*, Berlin: Springer, 1960, p. xi.

象学。另外，胡塞尔对笛卡尔的依附（对斯特劳斯来说，笛卡尔是巴甫洛夫理论的源头）让斯特劳斯感到怀疑。只有在胡塞尔死后著作《生活世界现象学》出版以后，斯特劳斯才与胡塞尔靠近一些。斯特劳斯自己的现象学是早期慕尼黑和哥廷根现象学家风格的"回到实事本身"的现象学。他发现，现象学在他的同辈精神病学家宾斯旺格、冯·葛布萨特尔、闵可夫斯基（自20 世纪 20 年代以来，他们就是他的朋友）那里才特别鲜活。

斯特劳斯对这种现象学的引用始于专著《感应的本质和过程》（1925）。[1] 在这本书中，他明确地引证了舍勒（第 54 页），并且至少隐含地引证了胡塞尔《逻辑研究》中对传诉和意义的区分（第 58 页及以下）。

然而在斯特劳斯的发展中，更为重要的主题是对巴甫洛夫学派生物科学及其对条件反射之解释力的机械信念的抗争。斯特劳斯本人认为，他在柏林医学协会的讲座（其中，他对巴甫洛夫的批判，被控告为是对科学本身的攻击）在这种抗争中有重要的意义。这显然是斯特劳斯第一个主要著作《论感觉的意义：心理学基础论文集》的起点。[2] 这本书的第一部分详细地批判了条件反射理论。在这个基础上，斯特劳斯发展了对心理科学新基础的进路："基本意义世界"取代了误导性的无意义刺激概念。显然，这意味着对现象世界的新现象学进路。但即使是在这里，"现象学"这个术语仍然只是偶然出现，并且与这些特殊需要

265

[1]　Erwin W. Straus, *Wesen und Vorgang der Suggestion*, Berlin: Karger, 1925; 重印于：Erwin W. Straus, *Psychologie der menschlichen Welt*, Berlin: Springer, 1960, pp. 17-70.

[2]　Erwin W. Straus, *Vom Sinn der Sinne*, Berlin: Springer, 1935. 英译本：Jacob Needleman, *The Primary World of Sesenses: A Vindication*, Glencoe, Ⅲ: Free Press, 1963.

相联系:"对这里概念的现象学分析""那里""现在"和"然后"
(第66页)。也正是在这个阶段,斯特劳斯发表了他最重要的
两篇论文:《空间性的形式》(1930)和《生命运动》(1935);
在《现象学心理学》中,这两篇论文是六个"现象学研究"的开始,
但它们也没有说到现象学。

　　在这个时候,斯特劳斯还与宾斯旺格进行了交往。宾斯旺
格不仅吸收了胡塞尔现象学,还超越胡塞尔到达了海德格尔。
在这种个人联系之前的是斯特劳斯对宾斯旺格《普通心理学问
题导论》的评论,而且他们的联系开始于在奥地利因斯布鲁克
召开的第一次医学协会会议上。① 此后,宾斯旺格组织了一次瑞
士精神病学家的会议,并且评论了斯特劳斯的著作《感应的本
质和过程》,而宾斯旺格自己也进行了评论。然而,尽管他们
有紧密的个人联系,但我们不能忽视他们在观点和角度上的重
要差异。宾斯旺格反对斯特劳斯在1930年的《事件与体验》
(*Geschehnis und Erlebnis*)中表达的意义排泄理论。在这里,
斯特劳斯坚持:在意义体验和意义事件之间存在着基本的差异。
宾斯旺格尝试通过纳入此在概念,而将意义甚至恢复到单纯的
事件;但斯特劳斯从来没有接受宾斯旺格的这种尝试。比这种
特定分歧更重要的是进路上的差异。宾斯旺格的现象学通常以
现象学哲学家(他把他们视为老师)的著作为基础,而斯特劳
斯总是从现象重新开始,最多只是受到了现象学哲学家的启发。
斯特劳斯只在很少的时候引注现象学权威。

　　用斯特劳斯的术语来说,无意义的事件就是纳粹的革命,

---

① 　W. von Baeyer and R. Griffiths ed., *Conditio Humana: Erwin Straus on His 75th Birthday*, Berlin and New York: Springer, 1966, pp. 1ff.

而它破坏了斯特劳斯在柏林作为神经病学家和精神病学家的存在（当时，斯特劳斯还与大学保持着联系）。1938 年，斯 266
特劳斯首先到美国北卡罗来纳州的黑山学院（Black Mountain College）教授心理学，然后到约翰·霍普金斯大学做研究。1946 年，他加入了肯塔基列克星敦的退伍军人医院。从德国到美国的迁移，显然影响到了他思考和写作的发展。因此，除了《论强迫症》（1948）这样的小型专著，在他到美国后没有再写出像《论感觉的意义》那样的新著作。但是自 1939 年以后，他的文章大量以英语发表，并且他文章中的现象学思想也大大增加了，而这些论文都收录到了《现象学心理学》（1966）中，组成了一个令人印象深刻的整体。然而，斯特劳斯的德语论文《当下心理学》以《精神病学与哲学》为题，在译为英文后，和那坦森（Maurice Natanson）、艾伊的论文一起，组成了一本新书。这本书为哲学对于精神病学的不可或缺性（更具体地说，现象学对于精神病学的必要性）提供了一个持久的案例：

> "现象学即便不是心理治疗理论的最终工具，至少也是有力的提醒者，没有哲学的精神病学不能持续地提供知识。反过来，如果现象学哲学的基本洞见是正确的，那么现象学哲学就是正常和异常意识本质的宝贵线索。"①

斯特劳斯通过确定什么是正常、什么是异常的问题，把现象学哲学解释为精神病学的基础。异常性（它主要表现在交往

---

① Erwin Straus, Maurice Natanson, Henry Ey, *Psychiatry and Philosophy*, New York:Springer, 1969, p. ix.

中断中），通过诉诸共同世界（可见的他人世界）而回到了对
交往本质的考虑。这反过来提出了有关主要动物情境的基本哲
学问题。在他的这种答案的启示下，斯特劳斯把心理异常解释
为基本情境的紊乱。

这种概念突然让哲学挑起了重担。斯特劳斯是怎么执行这
项任务的呢？他的现象学在多大程度上可以帮助他呢？要回答
这个问题，首先就要明确斯特劳斯的现象学概念。

267

[4] 斯特劳斯的现象学概念

斯特劳斯不是一个方法论主义者。他工作的力量源于他默
认原则的具体实践。但他至少会偶尔反思这些原则。他对这些
原则的哲学意义有强烈的兴趣。

这也适用于他的现象学概念。他没有像宾斯旺格那样（在
有理论问题时，斯特劳斯经常引证宾斯旺格），为了自己的目
标而写作任何特殊的现象学著述，甚至没有写到现象学在心理
学和精神病学中的地位。但我们还是可以通过偶然的陈述来确
定他的现象学概念。

因此，斯特劳斯指的是"现象学上被给予的东西"或在现
象本身中可以发现的东西。他的"空间形式"研究，以对我们
体验（与临床体验或实验体验相对）的"现象学分析"为基础。
在他对悲叹（sigh）的研究中，他呼唤"一种现象学分析，它
尊重如其显现那样的现象，根据表面价值接受现象，并且拒绝
把现象当作编码符号（现象只有在破译后才有真正意义）"。
这种态度把我们引入与"动态假设"（包括那些处理无意识的

假设）相对的可观察或"受轻视的描述现象"。这些是斯特劳斯著作中有关现象学的最清晰陈述。

因此，现象学主要是处理"纯粹"体验的描述方法，与假设理论以及单纯事实和实验研究相对。具体地说，现象学与霍布斯（Thomas Hobbes）把记忆解释为衰退感觉的还原相对。现象学也能够提供对本质联系的洞见，而这种本质联系尤其出现于斯特劳斯对感应本质的研究中。但是，正如我们所见的，斯特劳斯反对那种还原，尤其是胡塞尔越来越强调的先验还原（它通向作为所有人类体验基础的绝对意识）。没有绝对意识，只有在其体验具体性中的人。斯特劳斯的现象学本质上是人类学的现象学。

我们已经提到斯特劳斯对胡塞尔的笛卡尔式思想的坚决反对，因为斯特劳斯认为非现象学的二元论甚至是巴甫洛夫反射的根源。因为，与单纯主观反应相对的、作为客观实在的单纯物质刺激，以对体验现象的笛卡尔式二分为前提。

但是，斯特劳斯不只是摒弃了胡塞尔的先验还原，他也表现出了对建构分析的兴趣。斯特劳斯的现象学是对早期胡塞尔以及现象学运动的原初描述现象学的清晰表达。但斯特劳斯的现象学属于不同的过程。同时，此在分析与存在心理学进入了斯特劳斯的现象学。斯特劳斯没有忽视此在分析与存在心理学。实际上，在世界中存在的不同模式概念是斯特劳斯描述（尤其是对病理体验的描述）中的重要部分。但这种概念也是描述的，而非解释的。

甚至更重要的是斯特劳斯方法中更为原初的特征。在这里，我们必须特别关注他的历史学（historiology）概念；这个术语

268

是他的《论感觉的意义》的基础，尽管在那里没有详细的解释。然而，这样的解释见于《作为历史问题的羞耻》（1933）。其中有"对现象学的深度理解"。历史学－心理学范畴的理解，意味着把体验者理解为生成存在。历史学理解本身与精神分析相对，而且斯特劳斯把精神分析看成是机械的甚至是自我中心的。

　　"心理学把它局限于对体验客观内容的分析，而这已经太久了……但是只有把人当作在对世界解释中的生成，并且进一步考虑到体验时间性和历史性之基本精神意义的进路，才能完全揭示像羞耻这样的现象"。

这种历史学心理学的主要领域是"意义"的世界。因此，《论感觉的意义》的最后一章实际上就是对意义和自我驱动的历史学解释。

斯特劳斯没有明确宣称历史学是现象学的一部分。但无可
269　怀疑的是，历史理解要在现象学分析的框架内进行。然而，现象学不是囊括一切的。显然，从斯特劳斯的实践以及清晰陈述来看，在精神病学尤其存在着与现象学竞争的进路。然而，现象学进路是斯特劳斯的新式心理学和精神病学的基础。

[5] 一些成果：现象学中的具体研究

　　这些研究所追求的知识，不是为了让世界更可控制，而是要打开世界；这种知识想要将沉默的世界转变为以各

种各样方式与我们说话的世界。我们生活于其中之世界的丰富性和多样性，在世界曾经沉默的地方，将会发生声音。①

上述格言表明：斯特劳斯的主要兴趣是运用现象学，而不是将现象学理论化。他在不同寻常的程度上这么去做，而这使得我们更难选择能够表明他成果丰富性的例子。因此，接下来的内容只是他运用现象学的例子。我们没有尝试全面地描述他打开的新世界。

A. 感官世界的抢救（感官学）

在 1950 年题为《精神病学的存在进路》的油印版论文中，斯特劳斯是这么表达自己的主要计划的：

在我自己的工作中，我尝试将感官体验从理论误解中抢救出来，并将重新获得的规范理解应用于病理学。②

这种几乎柏拉图式的纲领，为斯特劳斯对于具体现象学的最重要贡献提供了最好的解释。斯特劳斯选择了有些神秘的术语"感官学"（aesthesiology），这个词显然与它的反面术语"麻醉学"（anaesthesiology）没有联系。斯特劳斯还很相信普莱辛那（Helmut Plessner）。他的目标非常清楚，即"提供摆脱

---

① Erwin W. Straus, *Vom Sinn der Sinne*, Berlin: Springer, 1935, p. 419. 英译本：Jacob Needleman, *The Primary World of Sesenses: A Vindication*, Glencoe, Ⅲ: Free Press, 1963, p. 399.

② Erwin W. Straus, "The Existential Approaches to Psychiatry", *Unitarian Symposium*, No. 4, 1960, p. 5.

270 了传统偏见的感官体验"。斯特劳斯的一个主要任务就是解放传统偏见的受害者。这些偏见的源头是伽利略、笛卡尔、霍布斯、洛克等哲学家支持的现代科学。现代科学对于我们感觉主观性的教条,不让我们由感觉主观性自身出发、在"感官的壮丽"中去研究感觉主观性。

感官学的第一个任务就是对直接感官体验的现象学修复。只有这样,"日常生活的公理"才能恢复,而这种公理是"人们彼此之间以及人们与事物之间的所有交流(甚至包括科学家的经验)的基础"。尽管不是那么明晰,这些公理就是如下所述:

(1)体验主体不是纯粹意识;体验主体是不可重复的、实际的生物,而且在个体生命史的情境中去体验事件;"超越自我,从而达到他人……这是基本的感官体验现象。"①

(2)感官体验具有生成形式,而且每个朝向他人的阶段点(phase points)都先于和追随着这种形式。

(3)"他人"(即除我以外的我的感官经验的世界)是所有感觉的共同点;每个人都能够(通过不同的模态)具体地知觉到他人。

(4)感官经验的实在是直接的。

(5)共在和能够共在,是日常生活的基础事实。

然而,这样公理不是新的感觉现象学的最原初部分。通常,即使是现象学家也不太注意感觉"模态"以及它们的给予方式

---

① Erwin W. Straus, "Aesthesiology and Hallucinations", in *Existence*, ed. Rollo May, Ernest Angel and Henri. F. Ellenberger, New York: Basic Books, 1958, p. 147.

的差异。①斯特劳斯渴望说明这些感觉模态性在它们的连续和非连续性中的整体"范围"。他通过对颜色和声音之间差异的研究，说明了这种"范围"：

（1）颜色是附着于事物的属性；声音是事物的排放物。

（2）颜色是（相对）持续的；声音是短暂的。

（3）颜色的时间性（即持续性），与声音的时间（即绵延性）是不同的。

（4）可视的颜色是在视域中一起呈现出来的；声音（在耳朵对它们的综合中）单独或成群地呈现出来。

（5）颜色的空无（黑暗）不同于声音的空无（寂静）。

（6）颜色在一定距离外显现出来；声音就在我们当中。

（7）在看的时候，我走向了可视的东西。在听的时候，声音走向了我。

（8）交往在接触中甚至可以更紧密，而且这时我总是在相互关系中去接触和被接触。

（9）感官的最终范围包括这些模态：视觉、听觉、触觉、嗅觉、味觉、痛觉，而且每个模态都包含着我与世界（他者）的特殊关系（二者交往的独特形式）。

在正常感觉的解释背景中，我们可把幻觉理解为我们在世界中存在的特写紊乱。例如，酒精谵妄是根本视觉的失能。类似地，感觉的指向可以随着涉入而改变：感觉会受到他人（他

---

① 斯特劳斯没有清晰地考虑这些差异。在这个方向上做的最多的是：Hedwig Conrad-Martius, "Realonlogie", *Jahrbuch für Philosophie und phänomenologische Forschung*, VI (1923), pp. 159-333, and in *Husserl Festschrift*. Halle: Niemeyer, 1929, pp. 339-370.

接受"相面术",即设定了一个行动中心的特征)的影响。因此,精神分裂者的"语音"就像超然的声音。精神分裂者也是"接触"的受害者。在这种解释中,精神分裂者不是脱离了实在,而是沉浸于作为一般实在之变种的错乱实在,而这使得精神分裂者无法行动,并且不能进行正常交往。

B. 感觉之意义(病理与认识)

斯特劳斯最大的著作是德文的《论感觉的意义》。这本著作使用了"Sinn"这个词的双重意义,而且在斯特劳斯看来,这种双重意义是无法充分翻译出来的。英文《基本感觉世界》(The Primary World of Senses),可能更清楚地表达了斯特劳斯的目标——修复被忽视的感觉体验,但是英文表达摒弃了德文标题中在"意义"这个意义上对"Sinn"的用法。因为这本书的主要目的之一是,说明感觉的功能在将它纯粹作为知识工具以及"认识"设备的考虑中被完全误判了,并且变得十分贫乏。这本书以及斯特劳斯整个进路的追求就是,说明感觉基本上被误解了以及斯特劳斯所认为的感觉是什么。感觉的主要功能不是知识,而是我与世界或他者的交往。"感觉体验不是知识的。感觉既不是知识的初级形式,也不是与知识的高级形式(知觉、表征、思考)相对的低级形式……"①

在触及感觉领域时,斯特劳斯从一开始就说明他关注的不是感觉数据。在对活动和内容、感觉和意义的现象学区分的基

① Erwin W. Straus, *Vom Sinn der Sinne*, Berlin: Springer, 1935, p. 1. 英译本: Jacob Needleman, *The Primary World of Sesenses: A Vindication*, Glencoe, Ⅲ: Free Press, 1963, p. 4.

础上，聚焦于感觉行为，而被感觉的东西是感官学的主题。然
而，斯特劳斯同样感兴趣的是感觉主体，而感觉就是感觉主体
的生存方式。在感觉中，主体根本地投入于经历与从事，而"病
理"就发生在感觉中。德文词"Spüren"相当于既包括追踪，
又包括遭受在内的感觉到。斯特劳斯对感觉意义的探索以对巴
甫洛夫条件反射理论的批判为起点（不是就证据而言，而是就
解释而言）。斯特劳斯质疑的是巴甫洛夫条件反射理论在解释
内在困难上的前提和充足性。斯特劳斯的主要观点是，巴甫洛
夫条件反射理论意味着现象世界的隔绝。对巴甫洛夫来说，世
界中只有外在于和内在于神经系统的物理进程。看只是视网膜
的刺激（《论感觉的意义》，第 41 页；英译本第 41 页）。
相比光和空气的振动，这种隔绝尤其打击了像颜色和声音这
样的第二性质，尽管在确定第一性质时，甚至必须使用第二
性质。

　　《论感觉的意义》这本书的第二部分发展了现实的问题——
如果感觉是条件反射的一部分，那么感觉必须是什么样子的？
信号（signal）是中性客观情境和体验情境之间的中介，而对信
号的研究表明，条件反射不能被解释为单纯的机械关系；与条
件反射相关的是生命存在的行为方式（同上书，第 111 页）。
信号现象、接近现象、中间现象要求对与它们相关联的感觉进
行鲜活的解释。

273

　　在本书第 2 版中，斯特劳斯插入了一个题为"在思考的是人，
而不是脑"的部分。这部分表面上是对"客观心理学"和行为
主义的抨击，实际上包含了对信号和刺激概念的进一步分类。
另外，这部分还说明了，只有在作为感觉整体的生命存在的情

境中，所有这些概念才是有意义的。

但是真正建构性的讨论出现在这本书的最后和最大的一部分中，而这部分包含着"对感觉和运动的历史学考虑"。它的目的是，说明与运动这样的新现象相关联的感觉在作为其世界中生命存在之人的历史生成中是怎么起作用的。

在这种以处于共生关系中的人和动物之间共生理解为起点的"历史"图式中，感觉是没有语言且属于透视存在的同情交往（《论感觉的意义》，第 207 页；英译本第 201 页）。在这里，"交往"这个术语当然有比在社会科学中更广的含义，并且意味着自我及其世界之间的生命联系。在醉酒和人格解体中，这种交往发生了紊乱。

斯特劳斯最原初的理论也许是感觉和运动的统一及相互依赖的理论。斯特劳斯特别感兴趣的跳舞是这种统一特别好的例子。但是跳舞当中涉及的运动不是惰性的物理运动，而是生命存在本能的"灵魂化"自我运动。感觉的特质与接近或远离这些生命存在的可能性相关联（同上书，第 242 页；英译本第 233 页及以下）。本能运动在物理学中没有地位，因为物理学不能解释本能运动的出现（同上书，第 249 页；英译本第 242 页及以下）。本能运动在本质上与我的现在和这里，以及我的世界的然后和那里相联系（同上书，第 274 页；英译本第 260 页及以下）。斯特劳斯不同意副现象主义，而认为运动和感觉都优先于生理事实。物理主义与这些现象是不相符的。在这种意义上，甚至格式塔心理学都仍然太副现象主义了（同上书，第 317 页；英译本第 304 页及以下）。

C. 基本动物情境和人的正确态度

考虑到斯特劳斯的感觉意义概念，人们很容易认为人和自然形成了没有基本冲突和主要断裂的和谐连续统一体。但是这显然过于简单了。对斯特劳斯来说，把人当作反对前人类本质的背叛者，可能更接近真理。

斯特劳斯的人类学实际上是他概念的独特特征，并且与他朋友宾斯旺格的人类学以及海德格尔的人类学形成了鲜明的对比。如果要对这种差异做出充足的评价，那么就必须注意到斯特劳斯与宾斯旺格及海德格尔的分歧。

这些分歧源于斯特劳斯对于鲜活体验与客观事件的区分：鲜活体验具有意义，而客观事件没有意义，尤其是在剥夺体验意义的灾难性事件之后。宾斯旺格写了一整篇文章来说明斯特劳斯的这种区分是错误的。但是，正如斯特劳斯亲口告诉我的，他没有放弃这种区分。

对宾斯旺格来说，完全没有意义的体验是不可能的，而且这种不可能性实际上是源于海德格尔的作为在世界中存在的此在概念。这种阶段也曾出现于斯特劳斯的早期著作，尽管从来没有达到宾斯旺格那样的程度。但是，一直到《精神病学和哲学》这篇文章，斯特劳斯才阐明了他在何种程度上不同意海德格尔，以及二人分歧的基础。在意识到海德格尔的此在分析学不是人类学后，斯特劳斯发现这种此在分析学客观上也不足以承担额外的角色。一开始时，斯特劳斯在海德格尔的分析学中寻找生命、身体、动物界的位置（《论感觉的意义》，第 931 页；英译本第 5 页）。对斯特劳斯来说，即使是此在这个名称，也不适用于人、生命存在。另外，斯特劳斯发现海德格尔将自然解释为在手状态是不对的。海德格尔尤其忽视了人类与自然的抗争（《论感觉的意义》，第936页；英译本第14页）。因此，海德格尔的在世界中存在缺乏"重力"（同上书，第938页；英译本第16页）。这种对于海德格尔有关人类与自然之关系观点的批判，表明了斯特劳斯与海德格尔－宾斯旺格观点的差异。海德格尔的在世界中存在，对他来说意味着熟悉性、在日常世界的旁边。在宾斯旺格那里，原初的"我们性"意味着基本的爱的联合，至少是与他人的联合。

这明显不是斯特劳斯的观点。正如他在一封信中对我所说的，自20世纪50年代中期以来，他就从事于《论感觉的意义》的第2版，而且他越来越认为人与世界的关系是一种我对于世界的关系，或者如他所说的，是一种我对于他者（Allon）的关系。即使是我与你的交往，也以与这种他者的一般关系为前提。

但是我们不能在没有自我运动的情况下，让我们自己远离这种他者。自我运动的起点是斯特劳斯所谓的原初动物情境：动物克服重力由大地上站起，并且一般地站立在与那里相对的这里。在我们对他者的一般分立的基础上，自我和改变自我之间的交往就能开始了。

但是原初动物情境不同于直立姿势。人的直立不只是由大地上站起所涉及的纯粹自我－世界分立。因此，斯特劳斯在他最卓越研究之一《直立姿势》（这篇论文是对1949年的德语论文的修正和扩展）中讨论了人的直立。[①]

① Erwin W. Straus, "The Upright Posture", *Psychiatric Quarterly*, XXVI (1952), pp. 529-561; *Monatsschrift für Psychiatrie und Neurologie*, CXVII (1949), Parts 4, 5, 6.

　　直立姿势的解剖和生理事实及其进化起源，当然是旧的物理人类学的主题。斯特劳斯进路与旧物理人类学的差异在于，他探索了直立姿势对于人类存在的意义。直立姿势包含了一种对于世界的特殊态度，因此直立姿势实际上是一种特殊的在世界中存在的方式。（与物理运动相对的）"人类运动学"的起点是通过直立与重力对抗，而这只能通过觉知（斯特劳斯对觉知进行了额外的研究）得到维持。站立是需要注意和努力的活动。站立导致了距离的确立（实际上有三种距离）：（1）与地面的距离，而它使我们可以自由运动，但它让动物在离地安全距离基础上增加了不确定的最大高度；（2）与事物的距离，而它使我们可以面对事物并从远处看事物；（3）与我们同类的距离，而它使我们可以"面对面的"会见他人，并建立各种各样的社会关系。直立姿势还使我们可以走，而事实上走就是持续地避免向前摔倒。斯特劳斯还探索了直立姿势对于手和臂发展的意义：手不仅是"认识接触"的工具，而且是"工具的工具"；手臂让身体图式超越了解剖空间所达到的范围。直立姿势对于人类头部的特征和功能发展也有意义——人类的头不再主要面向地面；现在"景象"居于主导地位。

276

　　斯特劳斯后来在对于直立姿势的反思中，[①] 在解释歌德《浮士德》中的一个诗篇时，发展出这样的观念——直立不仅使人可以像动物那样去看，而且使人可以直观、面向无限，不再作为直接需要的奴隶，而是为了他们自己的需要在他们的如此存在（*So-sein*）中沉思事物。这也是人类对于意象的感觉以及视

---

① Erwin W. Straus, "Zum Sehen geboren, zum Schauen bestellt", in *Werden und Handeln*, ed. E. Wiesenhutter, Stuttgart: Hippokrates, 1963, pp. 44-74.

觉的开始。

斯特劳斯对于直立姿势的研究，是他现象学人类学中最高度整合的部分。但是在他的论文《人：提问的存在》《作为历史问题的羞耻》以及《悲叹》中，也有其他同样原初的例子。

斯特劳斯强调与笛卡尔心身二元论相对的人类统一，而我们在评价他的这种强调时，不应该忽视的是，这不意味着那种无差异的统一（这种统一伴随着由马塞尔到梅洛－庞蒂的法国实存现象学家们所提倡的、作为具身主体或人格化意识的人类图景）。尤其是在一些近来的、部分实验的思考表达研究中，[①] 斯特劳斯说明了，思考包括由一个人实际位置到纯粹想象位置的置换能力，而斯特劳斯将这种能力称为"外具身化"（excarnation）或"外基础"（ekbasis）。这种外具身化能力（即使它不包括新的二元论）说明，斯特劳斯的人，不是心与身统一的存在。人是有机体，但人不只是有机体；换言之，人是一种不与其身体或任何身体内的固定位置相同一的存在。

277

D. 精神病理学

考虑到斯特劳斯是具有神经病学背景的实践精神病学家，所以令人惊讶的是，斯特劳斯少有文章（尤其是那些较长的文章）涉及病理学，而多有文章致力于普通心理学。这不意味着斯特劳斯摒弃了精神病理学；也不意味着我们不能从《现象学心理学》第三部分的"临床研究"去看他。但这确实意味着在斯特劳斯看来，如果没有对正常的更充分和更广泛的理解，那么病理学

---

① Erwin W. Straus, "The Expression of Thinking", in James M. Edie, *Invitation to Phenomenology*, Chicago: Quadrangle Books, 1965, pp. 266–283.

就很难有推进。实际上，病理学要在我们的自我－世界关系的正常背景中得到发展，并且所有的病理现象都应该被解释为在自我和他者之间正常关系的中断。斯特劳斯确实没有提供对这些紊乱的完整调查，但他一直提供了从人格解体到精神分裂的充足例子，以说明可以怎么进行理解。他主要的解释是下述论文：《幻想的现象学》《抑郁状态中个体时间的紊乱》《强迫的病理学》《紧张症的伪重复性》。

斯特劳斯尝试理解这些病理条件的方式是，说明在这些情境中，我们通常视之理所当然的"日常体验公理"受到了各种各样的侵蚀和摒弃。因此，在听力幻觉中，通常声音和说话者的整合方式发生了根本的中断：精神分裂患者只能听到声音，不能听到说话者。类似的紊乱也会出现于默会甚至视觉领域中。现象学让我们把这些现象理解为正常"模态"的变形。

同样的变形也会出现在抑郁状态中的时间紊乱案例中。在对于我们个体生成时间（它可快可慢）和客观或宇宙时间的现象学区分的背景中，值得注意的是，在抑郁状态中，个体时间发生了紊乱——未来被封锁了，一切都停止了，并且不再有任何延续性。所有这些都可被理解为是我们正常时间体验的变形，如它可能所是的那样不均匀。在抑郁状态中，对于客观宇宙时间的关系甚至也失去了它的意义。

这些例子不仅说明了病理现象是怎么在现象学上作为我们体验的正常"模态"修改而变得可理解的。显然，这还包括某种想象的变化类型。当然，我们不能在因果上理解为什么这些紊乱会发生，以及为什么这些紊乱呈现了特定的精神错乱形式。这些理解不是现象学曾经许诺的理解。但是，这样的理解提供

278

了现象学洞见的可能基础，即使这样的理解必须采纳诸如动态分析这样的额外技术。现在，现象学可以让我们更充分的认识在患者紊乱的心灵中正在发生什么。

[6] 作为现象学家的斯特劳斯

斯特劳斯在何种意义与何种程度上可被称为现象学家呢？在他这里，这样的问题可能是卖弄学问的悖论。显然，他在口头和书面上提出问题的方式，是某种非常规的、自然的和想象的方式。与宾斯旺格及其他人相比，他对权威、现象学或其他东西表现出了较少的敬畏。他会诉诸他人寻找偶尔的支持，但更为经常转向他人寻求批判性异议。他典型的出发点是绝大多数人忽视的原初现象。在这种程度上，斯特劳斯主要是一个先驱者。但他也是一个反叛者，不同意传统并挑战传统，甚至不同意并挑战那些为现象学权威认可的人（包括如宾斯旺格这样的个人朋友）。

他的现象学风格还有一些独特的东西，不管是在生活上还是在写作上。他对传统的挑战达到了莽撞的程度，有时候缺乏严格的逻辑一贯性。但是他对传统的挑战具有突然启发的魅力和恳求、文学上的优雅和幽默的笔触。换言之，很少有现象学将如此多的艺术和科学元素融为一身。

斯特劳斯的主要关注点是感觉的现象世界在它们的病理和认识方面上的矫正与修复，而抛开了伽利略 - 笛卡尔传统中的“科学”和哲学偏见。他的现象学思想最主要地体现于：反对为了哲学确定性和技术控制而对于现象世界的局限。

　　但是他的方法也表现出了与现象学传统的大量连续性。他不仅强调鲜活的看和描述；还强调尝试掌握现象的本质。实验和临床证明没有被消除，而是为了解释、确证和补充的目标而受到了召唤，正如他的"检流"实验室要求表达研究那样。

　　尽管斯特劳斯的工作即使没有布伦塔诺、胡塞尔、舍勒与海德格尔的著述仍是可能的，但这些现象学家的著述提供了启发模型和辩证挑战。另外，如果没有哲学现象学的背景，斯特劳斯的工作就不能可塑和刺激性地成立。

　　斯特劳斯的主要作用是启发。他的先驱性可能没有总是导致持久的洞见。但他在不总是有助于一贯作品环境下所做的工作，大大地保持了现象学的活力，并解释了现象学历史上的大人物在学术活动以外的有效性。即便斯特劳斯在美国只得到了有限的承认，但如果没有他，现象学在新大陆上仍将只是第二手的事件，而没有他所提供的原初味道和火花。

第11章　拜坦迪耶克（1887—1974）：
生物学中的现象学

[1]　拜坦迪耶克在现象学运动中的地位

荷兰现象学中的核心先驱者，一直以来都是生物学家拜坦迪耶克。其他现象学家在生物学领域中都没有与拜坦迪耶克同等的地位，不管是在研究还是在教学上。其他很少有生物学家像拜坦迪耶克这样既在哲学中走得如此之远，又没有失掉他们在科学生理学中的基础（另外，也没有生物学家进入现象学领域）。然而，这种特点不能穷尽拜坦迪耶克兴趣与成就的广泛性（包括教育与文学）。他的重要性不仅限于荷兰国内，还具有世界性，因为他像熟悉母语荷兰语那样，精通德语与法语。

因此，在某种意义上，拜坦迪耶克超越了现象学在心理学和精神病学中的研究边界。事实上，拜坦迪耶克在动物生物学中开始他的工作（他有所有的专业证书）。从这个领域开始，他逐渐转到了心理学与人类学，同时发展出了普遍的人类概念。

但是，他在荷兰乌特勒支大学心理学研究所（欧洲最大的心理学研究所之一）的长期指导地位，表明他将心理学作为他的重点。然而，所有这些兴趣的方法论关联，正是拜坦迪耶克对现象学的贡献。

[2]　拜坦迪耶克的现象学道路

282

　　拜坦迪耶克对于现象学的个体进路源自舍勒（舍勒在 1920 年后的科隆阶段，对生物学与哲学人类学越来越感兴趣）。在舍勒的邀请之下，拜坦迪耶克于 1920—1923 年间在科隆大学进行了访问讲座。在提到这件事时，拜坦迪耶克说到了他对舍勒的赞誉以及舍勒对他思想的影响。[①] 因此，他把舍勒的本质直观进路作为某种在内容与深度上有持续更新的东西，而且他使用了舍勒的典型用语 "und auch das noch"（然后这也是）。[②] 然而，这不意味着拜坦迪耶克不加分辨地接受了舍勒的观点。[③]

　　显然，拜坦迪耶克从来没有与胡塞尔有个人交往。他在与我的会面中说，1928 年，胡塞尔的阿姆斯特丹讲座"现象学心理学"没有给他留下印象。显而易见的是，胡塞尔对纯粹心理学以及先验主义与日俱增的兴趣，对当时的拜坦迪耶克来说是

[①] Frederik Jacobus Johannes Buytendijk, *Das Menschliche*, Stuttgart: Koehler, 1958, p. ix.
Helmuth Plessner, *Rencontre/ Encounter/Begegnung*, Utrecht: Spectrum, 1957, pp. 331ff.

[②] 来自个体交谈。*Situations*, I, 1955, p. 13.

[③] Frederik J. J. Buytendijk, *Pain*, trans. Eda O'Shiel, Chicago: University of Chicago Press, 1962, pp. 11ff, 127, 140, 153.

没有意义的。然而，拜坦迪耶克越来越认识到了胡塞尔的重要性（不只是对整个运动，而且是对普通心理学）。

拜坦迪耶克在后来的两个场合最清晰地表达了他对胡塞尔的认识：（1）1948 年在美国芝加哥大学举行的论情绪与情感的第二届穆斯哈特论坛上，他不仅认为动物心理学需要现象学进路，而且将胡塞尔的作为意向与意义的意识概念列为主要范例（他只把从舍勒到梅洛－庞蒂的现象学家放在第二位）；（2）1956 年在德国克雷菲尔德的第二届国际现象学论坛上，他做了一个题为《胡塞尔现象学对于当前心理学的意义》的主题报告。在这个报告中，他已经在很大程度上以鲁汶版的《欧洲科学的危机与先验现象学》为基础，并且他赞扬胡塞尔通过将意识作为人类主体性的存在模式，而打破了笛卡尔二元论对心理学的束缚。拜坦迪耶克还将胡塞尔的格言"回到实事本身"解释为对直接体验的无偏见的非形而上学的考察，以及探索直接体验的意义结构的态度。胡塞尔揭示了自然科学的相对性是建立在一个特定的知觉方面上的，因此对拜坦迪耶克来说，胡塞尔既是心理学又是精神科学的解放者。在拜坦迪耶克看来，"回到实事本身"使他能够以在显而易见中看到问题甚至谜团的方式掌握事实与事件的本质（《胡塞尔现象学对于当前心理学的意义》，第 85 页）。直接体验中隐藏着很多现象，例如在焦虑现象中。这种只有通过本质直观才能获得理解的主张（同上书，第 86 页），以对实验或想象中的给予变换为基础（同上书，第 89 页）。拜坦迪耶克最终尝试去说明胡塞尔的意向性观念对于心理学具体研究的影响。因此，拜坦迪耶克逐渐认识到，胡塞尔发展出了真正的现象学方法，而这种方法使人们可以理解之前只得到描述或"解释"的东西。

在拜坦迪耶克的工作中，海德格尔的作用是较不明显的，并且在后来才呈现出来。拜坦迪耶克与海德格尔之间没有个人交往。但是，海德格尔显著地影响到了拜坦迪耶克的遭遇现象学（1951）。拜坦迪耶克通过宾斯旺格接受了海德格尔的在世界中存在的人类此在概念，但拜坦迪耶克认为操心更是女性的在世界中存在的特点，而不是男性的在世界中存在的特点。简而言之，在拜坦迪耶克的现象学中，海德格尔以及他对生命与社会存在哲学的相对无兴趣，主要是一种边缘性的刺激，而拜坦迪耶克很少有对胡塞尔现象学的重要异议。

在拜坦迪耶克的思想中，更为重要的方面是法国现象学的发展。在新的法国现象学家中，马塞尔显然是最接近拜坦迪耶克关注点的，尤其是马塞尔对存在与拥有的研究。尽管拜坦迪耶克摒弃了萨特的实存主义（就萨特否定了舍勒意义上的客观价值而言），并且他很少赞同萨特（如果说他有赞同过的话），但是拜坦迪耶克详细讨论了萨特的很多思想。因为对拜坦迪耶克而言，现象学也关注情境中的自由。萨特有关意识与情绪的思想，对于拜坦迪耶克的现象学心理学来说也是重要的。类似地，拜坦迪耶克很重视波伏娃（Simone de Beauvoir）的第二性存在理论，尽管他不同意波伏娃对现象的一些解释。

但是与拜坦迪耶克最具相似性的显然是梅洛－庞蒂。梅洛－庞蒂在他的一些主要著作中对拜坦迪耶克进行了回应。考虑到他们二人对于生命与行为问题的共同兴趣，他们的融洽性是不需要解释的。难怪拜坦迪耶克会在他的《情境》一书的导言中说：人们不可能比梅洛－庞蒂更好地描述纯粹（本质）心理学以及

284

将它与经验心理学相联系的东西；也难怪在《女性》一书中，拜坦迪耶克通过反复引用梅洛－庞蒂，表达了对梅洛－庞蒂哲学人类学的赞同。

拜坦迪耶克与心理学及精神病学中其他应用现象学家的联系程度也是值得关注的。他与雅斯贝尔斯没有个人联系，甚至与宾斯旺格也没有个人交往。但更为重要的是，拜坦迪耶克表达他与宾斯旺格立场之相似性的方式——不只在他对胡塞尔之于心理学的普遍意义的评价上，[①]而且在他对海德格尔此在分析的异议中：

> 宾斯旺格以无法超越的方式，通过说明在我们当中，此在本身是爱的遭遇、你对我以及我对你的一体性，进一步发展和克服了海德格尔的基本存在论。[②]

拜坦迪耶克与冯·葛布萨特尔、闵可夫斯基之间也有很强的个人关系。冯·葛布萨特尔为拜坦迪耶克的《女性》一书，题写了德文版序言。同样地，闵可夫斯基为拜坦迪耶克的《女人》一书题写了法文版序言。拜坦迪耶克在兴趣与进路上与斯特劳斯的紧密性也是显而易见的，尽管他们二人的观点是有差异的。

但是，我们不能再继续描绘拜坦迪耶克与其同辈（现象学家或其他人）的基本理智地图。作为例外，我只想提一下他与瓜尔蒂尼的关系。在他与拜坦迪耶克的对话中，荷兰加尔文主

① Frederik J. J. Buytendijk, *Phaenomenologica* II, 1959, p. 83.
② Frederik J. J. Buytendijk, *Das Menschliche*, Stuttgart: Koehler, 1958, p. 96.

义者、天主教徒瓜尔蒂尼的人文主义与拜坦迪耶克是类似的。
与此同时，瓜尔蒂尼思想中的许多现象学主题（得到了舍勒的
启发，但没有为舍勒所支配）与拜坦迪耶克后来著作中的视角
是相关的。

[3] 拜坦迪耶克的关注点

　　拜坦迪耶克一开始是一个生物学家，并且一直都是生物学
家。但他是一个独特的生物学家，而这可以解释他为什么会成
为心理学家甚至哲学人类学家。从他开始独立工作开始，他就
有对动物心理学的兴趣。1925 年，他在荷兰格罗宁根大学的就
职讲座就表明，他的基本关注点就是以通常的描述或解释进路
所不能达到的方式去理解生命现象。拜坦迪耶克的最初思想是：
这种对于生命意义的理解，可以通过动物行为与表达的研究而
获得。但是，他从来没有说这总是可能的。在 1961 年的学术讲
演导言中，他引用了他的生理学老师普莱斯（Thomas Place）
的话："生命是而且仍然是个谜。"[①] 但这没有阻止他如宽广与
深刻的科学所能做的那样去揭示生命的努力。

　　然而，对拜坦迪耶克来说，生命的中心现象是所有生命情
境中的人类生命，尤其是动物生命。在他对人类理解的关注中，
他想要致力于：

　　　　"复兴伟大的德国人类学的沉思传统；这个传统仍然

[①]　Frederik J. J. Buytendijk, *Academische Redevoeringen*, Utrecht: Dekker and Van de Vegt, 1961.

在其所有的表现，以及对人类所面临一切的无条件之爱当
中，停泊于人类的敬畏面前。"①

拜坦迪耶克确信，心理学的特殊任务是发展有关人类的新
的自我解释。胡塞尔的现象学已经为这种任务提供了新的基
础。②然而，我们在强调拜坦迪耶克对人类的最终兴趣时（深化
人类概念，包括人类的宗教兴趣），也不能忽视他对扩展人类
286　范围以及解放人类的强调。拜坦迪耶克甚至感觉到了实存之乐
（joie d'existence）（游戏所表现的生命的感性丰富性）。他
对足球的研究是更为非凡的研究之一，而且是他更为投入的兴
趣点。

[4] 现象学在拜坦迪耶克发展中的作用

拜坦迪耶克在学生时代所学到的专业生物学，与他的真正
研究没有什么关系。1914 年，他在荷兰阿姆斯特丹大学的就职
讲座"生命展现的能量观"只包含了"在实验与模糊的自然哲
学反思基础上的、对他老师扎德马克（H. Zwaardemaker）视角
的回顾"。即使到了 1917 年，拜坦迪耶克也没有超越这个断言：
生命是神秘的，而他能做的事，最多只是触碰生命的一个角落。

1925 年，在荷兰格罗宁根大学的就职讲座中，他有关生命
呈现的理解是非常不同的。他在这里没有提到能量学，而是强

---

① Frederik J. J. Buytendijk, *Das Menschliche*, Stuttgart: Koehler, 1958, p. vii.

② Frederik J. J. Buytendijk, *Phaenomenologica* Ⅲ, 1959, pp. 96ff.

调了与因果解释相对的"理解的现象学方法"。[1] 他没有提到现象学这个名称，也没有提到任何哲学现象学家。但是他把理解现象学作为这种新事业的主要方法。对拜坦迪耶克本人来说，理解现象学对于他在一战期间的精神病学－神经病学教育有着"关键的重要性"。一战以后，他在荷兰阿姆斯特丹大学教授普通生物学，做有关动物行为的实验工作，并且写了一本有关动物心理学的书。在这期间，他还联系了诸如德国科隆大学的杜里舒（Hans Driesch）和舍勒，以及汉堡大学的冯·瓦茨塞克等哲学家。尽管杜里舒的反机械主义对拜坦迪耶克来说当然是重要的，但杜里舒的新生机主义在拜坦迪耶克思想中没有留下很多印迹。

相比之下，冯·瓦茨塞克对拜坦迪耶克有很深的影响。冯·瓦茨塞克的格式塔循环概念（运动与知觉的循环统一）尤其可以在拜坦迪耶克论态度与运动的最系统著作中找到。冯·瓦茨塞克的生物学主体性概念也深深地影响到了拜坦迪耶克。事实上，拜坦迪耶克把冯·瓦茨塞克称为"我的老师"——冯·瓦茨塞克向拜坦迪耶克展示了对人的理解，要求对现象的尊重以及灵活的精神参与（它使得人们可以将广泛的科学知识整合为可塑的有意义整体）。[2] 在这方面，冯·瓦茨塞克的一些基本思想受到了舍勒的影响。[3] 拜坦迪耶克也是通过舍勒认识了他后来的合作者普莱辛那。普莱辛那曾经是胡塞尔在德国哥廷根大学的学

287

---

[1] Frederik J. J. Buytendijk, *Mensch und Tier*, Hamburg: Rowohlt, 1958, pp. 26-28.

[2] Frederik J. J. Buytendijk, *Das Menschliche*, Stuttgart: Koehler, 1958, p. 8.

[3] Viktor von Weizsäcker, *Zwischen Medizin und Philosophie*, Göttingen: Vandenhoeck, 1957, pp.12, 255.

生，后来又成了杜里舒在海德堡大学的学生。

在他晚年的若干文章中，拜坦迪耶克含混地将现象学作为理解生命现象的一种方式。1929 年，在他论人与动物本质差异的研究《人》（第 49 页）中，他明确地提到对脸部表达运动的"现象学反思"。但主要的变化在于，拜坦迪耶克逐渐将现象学视为最有效的理解生命、人及其世界的方式（如果不是唯一的话）。在 1961 年的学术讲演导言中，拜坦迪耶克自己指出了这种"在人类学与现象学方向上更加没有保留的重点转换"。自 1945 年以来，拜坦迪耶克就已经完全认同了现象学，因为他已经在他的著作标题中使用了现象学术语，并且说他自己是或者说让别人称他为现象学家。

拜坦迪耶克方法论意识的转变与研究兴趣转变紧密相关，而学术职务的变化也明显反映了他向新学科的转移。他一开始是在普通生物学中，强调生物学的生理学方面。对动物心理学的研究使他逐渐认识到，对动物心理学的任何理解，都以人类心理学与人类学研究为前提（而不以别的东西为前提）。因此，他在 1946 年开始担任荷兰乌特勒支大学的普通心理学教授。然而，在他退休后，他由"人类实在"研究回到了心身本身与精神的汇合上。他还为心理学家讲授新型生理学的课程。有时候，拜坦迪耶克会去访问荷兰耐梅亨与比利时卢汶的理论及比较心理学机构。

[5] 拜坦迪耶克的现象学概念

显然，拜坦迪耶克对现象学的兴趣主要受到了舍勒的现象学理论及实践的影响。但拜坦迪耶克从来不是舍勒的盲从者，而且拜坦迪耶克的现象学概念在舍勒去世后也发生了变化。因此，法国及比利时现象学的发展（他与那里的现象学产生了越来越多的联系），使拜坦迪耶克的现象学概念偏向了实存思想方向。与这种新的影响相联系的是，拜坦迪耶克也表现出了对胡塞尔的更大兴趣；这可能是因为拜坦迪耶克曾在比利时鲁汶大学担任客座教授；卢汶是新的胡塞尔研究中心，而且通过展现胡塞尔的生命世界概念大大改变了胡塞尔的形象。生命世界的概念肯定会吸引到现象学生物学家。拜坦迪耶克对现象学的第一次阐释是在对模仿表达的解释中。[①] 这篇论文是他与普莱辛那合写的。当然，这篇论文也反映了普莱辛那的观点与影响。普莱辛那部分地由于在哥廷根大学的学习经历，对胡塞尔现象学有很多保留。[②] 拜坦迪耶克与普莱辛那主张任何科学研究都应该从直接的直观现象出发：

> 它从前问题生命中的现象出发，并且一步一步地通过属于它们呈现的特征而前进；它的方法是阐明内在结构，以及内在地去描述现象特征条件的意义特征。

因此，这种方法的执行是一层一层的，并且由直观事实转到了可直观的本质。科学研究必须去维护受有关现象的理论破

---

① Frederik J. J. Buytendijk und Helmut Plessner, "Die Deutung des mimischen Ausdrucks", *Philosophischer Anzeiger*, Ⅰ (1925), pp. 72-126.

② Helmut Plessner, "Bei Husserl in Göttingen", *Phänomenologica* Ⅳ (1959), pp. 29-39; Helmut Plessner, *Die Stufen des Organischen und der Mensch*, Berlin: de Gruyter, 1928, p. v.

289 坏的现象，尽管这些理论包含了如此多的科学真理。现象学绝不能迷失于直观的喜悦。尽管现象学发现不承认进一步的解释，但现象学哲学的任务是推进不屈从于纯粹现象学进路的原现象（Urphänomene）。①

对拜坦迪耶克与普莱辛那来说，现象学的目标是去寻找现象（如模仿）的本质，但现象学不是科学与哲学知识的终点。现象学最重要的功能是在其心物中立性中，为动物及人类自然行为的研究打下基础（现象学揭示了"直观性与理智性的原初统一"）。②

在动物与人类心理学研究中，拜坦迪耶克发现现象学方法有越来越大的用途。后来，当他吸收了实存现象学的新颖洞见时（尤其是在梅洛-庞蒂那里，诸如梅洛-庞蒂对在世界中存在概念的修正、作为主体的身体、作为创生功能的意向性等），他的现象学实践与理论都得到了充实。

这种新的概念尤其清晰地表现在了 1945 年拜坦迪耶克与其他荷兰现象学心理学家的合作中（以短暂的年鉴《情境》为开始）。在这里，理解"在其情境中的人"这个目标，以现象学方法为基础，而现象学方法根植于"先于科学的体验，即作为个体意义网络的生命世界"（梅洛-庞蒂意义上的生命世界）。③这不是对"恰当性保证"的抛弃。

作为获取这种恰当性的手段，拜坦迪耶克主张：（1）增加

---

① Frederik J. J. Buytendijk und Helmut Plessner, "Die Deutung des mimischen Ausdrucks", *Philosophischer Anzeiger*, I, 1925, p. 77.

② Frederik J. J. Buytendijk und Helmut Plessner, "Die Deutung des mimischen Ausdrucks", *Philosophischer Anzeiger*, I, 1925, p. 84.

③ *Situations*, I, 1955, p. 9.

要考察的不同情境的数量；（2）根据不同的情况，使用不同的本质直观（舍勒意义上的本质直观）；（3）诉诸存在人类学，并注意社会学、实验心理学和精神病理学中的新事实，以便将注意力转到现象的某些方面；（4）对情境的结构分析、对本质实现之必要条件的考察。然而，正如拜坦迪耶克自己所说的：

290

> 显然，这样的规定不等于现象学的概念，更不等于必定成功的方法。主要的证据存在于以下案例的具体应用。①

[6] 应用

A. 动物心理学

初看起来，类人的动物生命至少是应用现象学进路的领域。即使人们应该满足于许可动物有类人灵魂的那种拟人论（anthropomorphism）（拜坦迪耶克不同意拟人论），但是以对动物心理的直观体验为基础的方法，也绝不是安全的。显然，拜坦迪耶克不支持对"狗心"（他对此专门写了一本书）的感情化外行解释。尽管拜坦迪耶克承认动物不同于人（人的行为主要受"精神"的调控），但拜坦迪耶克仍然认为不可否定动物与人有共同的生命体验，或者说，在研究动物的"表达运动"时，要警惕将动物人化的危险。拜坦迪耶克甚至怀疑动物是否能知觉"事物"，或者说嗡嗡叫的蜜蜂或吠叫的狗能否以人的

---

① *Situations*, I, 1955, p. 13.

方式去体验到任何感觉或疼痛。他所追求的动物行为理解既避开了华生式行为主义和机械主义，又避开了"杜里舒的生命心理化"（拜坦迪耶克在 1938 年后曾经尝试这个概念，但又摒弃了它）。[①] 然而，拜坦迪耶克所坚持的东西是：动物行为是有意义的；动物行为受"意向"驱动，并且有驱动"主体"中心。这种观点的基础不只是推理性和不可证实的假设，而且是对知觉的朴素现象学描述；现象学的观察者不会屈从于有关动物"精神"事件之不可能性的否定偏见，并且可以在观察动物行为时即时看到动物的"精神"事件。这种现象学理解经常要求经验研究。生命最终是一个谜；但这不妨碍我们去尝试理解生命在向开放性研究展现时所呈现出来的意义。

291

拜坦迪耶克论动物心理学的著作想要更加明确地说明，"现象学分析"可以使我们正确地阐述问题和澄清事实数据。[②] 这本著作把动物作为行为主体。这本著作中新颖与特别吸引人的地方是对休息、睡眠与动物知识现象的考察。由此，对动物休息与人的休息之间的比较分析，揭示了休息与安静的现象学差异。休息是有机体的行为（如激动）；它具有一切的行为特征。在人这里，休息是能量的恢复或行动的预备，并且与个体任务相关。动物（尤其是低等动物）没有休息行为。

B. 人类运动

拜坦迪耶克部头最大的著作写于纳粹占领荷兰期间，而它

① Frederik J. J. Buytendijk, *Wege zum Verständnis der Tiere*, Zurich: Niehans, 1938, p. 147.

② Frederik J. J. Buytendijk, *Traite de psychologie animale*, Paris: PUF, 1952, p. xiii.

涉及的是"人类姿势与运动"。①事实上，子标题"人类运动的功能研究"以及目录都表明这两种现象中更重要的现象是运动，而静止的姿势是运动的初始位置。

如何解释拜坦迪耶克着迷于人的运动现象呢？作为一个生物学家，他把人看作"现象"；他在人类行为的延续性中看到了独特的、统一的、有趣的事件序列。对这些事件的理解如何可能呢？这种理解是生理学或心理学的事件吗？这种任务最终会要求如哲学人类学这样的东西吗？

作为自我运动的人类运动场明显提出了这个问题：机械运动的科学能否处理人类的运动场，或者说人类运动场是否需要不同的理论进路？正如拜坦迪耶克所看到的，运动的生理学不能摒弃功能概念与意义。他认为，新的行为或区分既可以吸收功能概念，也可以吸收功能意义。这种吸收的基础是"先于物理与心理区分的体验场"，或者至少是"这种区分不起作用的领域"。这种直接体验使我们知道人类与动物生命的普遍特征是"在世界中作为生命而存在着，并且在个体及其生命场的交互中而发生的运动，具有理智的功能"。这种阐释表明，对在世界中存在的现象学解释，可以为生理学与心理学之间的沟通提供支持。

如果我们想要更好地理解这种新进路，我们至少应该俯瞰一下拜坦迪耶克（非英语的）主要著作中的主题。

———————————

① Frederik J. J. Buytendijk, *Allgemeine Theorie der menschlichen Haltung und Bewegung*, Heidelberg: Springer, 1956.

　　荷兰语原版：*Allgemeine theorie van de menschlijke honding en beweging*, Utrecht: Spectrum, 1948.

　　法文版：*Attitude et mouvements*, Paris: Desclee de Brouwer, 1957.

　　《动物心理学》这本书的第一部分提出了以功能而非进程为基础的运动理论原则，并说明了一般运动与自我运动之间的差异、自我运动特有的时空类型、人类运动的系统。第二部分考察了人类的基本姿势与运动——从（散布张力的）立足点开始，然后是对其他身体姿势与人类行走的讨论。在反应与成果的案例中，第三部分探讨了反射、限制运动、手的回避、防御运动、保持平衡、刮擦、掌握、靠、扔。第四部分讨论了非行动性的运动，即表达运动（从单纯的兴奋到笑和哭）。第五部分追溯了人类运动由胎儿期到后来的学习期的发展。第六部分（也就是最后一部分）涉及了人类动力机制的拓扑学，并检查了青年人与老年人的典型运动；第六部分还讨论了不同保健类型的运动以及运动规范的问题。这本书的结尾是对优雅身体的讨论。

　　现象学在这种庞大工程中的确切地位是什么呢？事实上，拜坦迪耶克没有显著地提到现象学这个词（尤其是在标题里）。但现象学进路本身就包含在拜坦迪耶克的实际分析中。例如，整本书都试图理解各种形式的人类运动的本质；而这种理解主
293　要遵循的是舍勒现象学的精神，即便舍勒在拜坦迪耶克的这本书中没有占据显著的地位。除此以外，拜坦迪耶克在强调，研究主体的经验是理解人类举止的基础时，他也更加地接近于胡塞尔与梅洛－庞蒂意义上的现象学。这种胡塞尔与梅洛－庞蒂意义上的现象学可能最为清晰地表现在他论自我运动的部分中。在拜坦迪耶克看来，人们无法通过"分析心理学"和"分析生理学"去把握人类的举止。有关书写、说话、前进或笑的行为的生理学或心理学事实是什么呢？对拜坦迪耶克来说，有关这些行为的生理学或心理学事实必须指：

　　"先于生理和心理区分的现象世界。这种现象筹划就
是作为世界中身体的人类存在……运动理论必须以人类学
为基础，并且不可以是心理学或生理学的一部分。这种基
础就是现象的现象学进路，而其宗旨是把握人类的本质以
及姿势与运动的本质。"①

　　因此，拜坦迪耶克功能进路的中性基础是作为在环境世界
中存在的存在现象。人类行为只是这种存在的一种形式。功能
进路的聚焦点是人类主体，而它不仅表现在运动中，而且也表
现在如条件反射这样的表现中。

　　拜坦迪耶克最近的书（因此只有荷兰语版）回到了他最初
对生理学的批评上。在这里，他试图说明即使是在植物人状态
中，"灵性"仍然与盲目的必然性一起发挥着有意义的作用。②
这本书的基础是现代精神病学、内医学以及对身体的现象学反
思。它涉及了如昏迷这样的植物人模式，以及疲乏、饥饿、干渴、
不稳定、静止这样的状态。这本书还回到了诸如姿势这样的自
我调控进程，并且增加了体温、呼吸和循环研究。

C. 遭遇

　　"遭遇"是拜坦迪耶克整个事业的标志。因此，在 1957　294

---

① Frederik J. J. Buytendijk, *Attitude et mouvements*, Paris: Desclee de Brouwer, 1957,
　　p. 65.

② Frederik J. J. Buytendijk, *Prolegomena van een anthropologische fysiologie*, Utrecht:
　　Spectrum, 1965.

年，这本书敬献给了他的 75 岁生日，而这本书的副标题是"对人类心理学的贡献"（标题中使用了三种语言：Rencontre/Encounter/Begegnung）。与本章内容更为相关的是，拜坦迪耶克以"现象学"为题发表的唯一研究就是他论遭遇的论文。

然而，拜坦迪耶克不是第一个研究遭遇现象的人。治疗师与客户之间的人类遭遇，在宾斯旺格的治疗概念中具有核心的重要性，并且在宾斯旺格看来，遭遇是人类此在的双重模式中的基本形式。特鲁伯（Hans Trüb）死后出版的富有影响力的短篇著作①也研究了遭遇现象；特鲁伯是一个心理治疗学家，而他从荣格转到了马丁·布伯的我－你人类学。在本书第三章还提到冯·拜耶提供了大量信息的论文。拜坦迪耶克没有穷尽遭遇这个主题，而他的新意在于严肃采纳了对于这种情境的现象学进路。尽管他强调遭遇只有通过与"所有个体灵魂"的积极交流才有可能，但他主张用现象学的反思去给遭遇实在加上括号。换言之，存在现象与其他现象学现象并没有什么不同的。但是，拜坦迪耶克研究中更为独特的东西是尝试将人类遭遇放到他所熟悉的更为广阔的生物学与心理学框架中。

拜坦迪耶克从作为遭遇形式的知觉出发。对他来说，感觉不仅是斯特劳斯意义上的同情交流，而且是梅洛－庞蒂意义上的用意识与世界去进行鲜活遭遇的一部分。遭遇另一个早期形式是玩具游戏（它包括了婴儿首先在与母亲的关系中进行的侵略性的运动以及反向运动）。然后，婴儿就产生了第一次人类遭遇，这时注视（尤其微笑）发挥了主导性作用。

---

① Hans Trüb, *Heilung aus der Begegnung*, Stuttgart: Klett, 1951.

然而，拜坦迪耶克并不满足于遭遇的家谱，他还想要去遭遇进行"存在论"解释。基本的事实是，拜坦迪耶克发现海德格尔在论文《艺术作品的起源》中对庙宇中"众神"的解释阐明了人类在其身体中的存在方式。具体来说，人类身体中的精神（Geist）是遭遇的前提。但是，如果要进行真正的遭遇，那么精神的存在就必须是相互的；因此，遭遇通常都是不完全的。在我们以及他人身体中精神存在的基础上，语言与对话就作为遭遇的形式而存在。只有在相互交流的基础上，遭遇才能完全实现。当然，人类的遭遇有非常多的形式，如性关系或宗教遭遇。

D. 疼痛

拜坦迪耶克对疼痛（pain）及其意义的兴趣超出了严格意义上的现象学。对他来说，疼痛是横跨了若干人为区分的科学专业与主体研究交叉的领域之一。

他对疼痛的主要研究写作于他作为盖世太保的人质期间，因此这种研究本身不是现象学的研究。只有最后一部分（第四部分），即这本书中不超过三分之一的部分"疼痛与体验"，是现象学的研究。① 在提出问题的导论之后的前面三个部分涉及的是疾病的生理学，但不只是在传统意义的生理学，还有在新的功能或现象学意义上的生理学；前三部分还讨论了动物的疼痛，而拜坦迪耶克特别小心翼翼，以避免陷入拟人论。

对于人类的疼痛体验，拜坦迪耶克不把它看作是斯图普夫意义上的单纯感觉或体验，尽管拜坦迪耶克在另外的地方是赞

---

① Frederik J. J. Buytendijk, *Pain*, trans. Eda O'Shiel, Chicago: University of Chicago Press, 1962, p. 93.

同斯图普夫的。在拜坦迪耶克看来，甚至舍勒将疼痛与体表感觉相联系的做法也是不充分的。更为重要的是胡塞尔的观察；胡塞尔认为疼痛根植于痛苦的意向经验。但是，拜坦迪耶克是在格式塔的运动与研究情境中，在被移动的事实中（《疼痛》，第115页）来看胡塞尔的疼痛模式的："疼痛就是对机体行为的体验（阿契里斯）。"

疼痛体验有两种基本方式：（1）尖叫所表现的突然被打；（2）作为存在状态的痛苦。只有高等动物和人类才有挨打的感觉（他们的生理统一体遭到了打击）（同上书，第125页）。被打的感觉与自我意识相联系；因此，在普莱尔（William Preyer）看来，自我意识使儿童可以识别他自己的身体与自我。痛苦（suffering）的感觉不只是过去的事件，而且是一种接纳（"忍受它"）。这种痛苦意味着疼痛中的不安及抵抗相似的忍从（capitulation）状态。疼痛破坏了内在的"生命"与心理结构，但没有打击到个体存在。但是一旦疼痛达到了个体层次，它就会获得存在意义（同上书，第132页）。因为一个人可以通过意向活动"经受"（作为意向对象的）疼痛。因此，当疼痛作为对外在世界和谐秩序的扰乱时，个体就会体验到更高的意义，而疼痛就在秩序的破坏（同上书，第137页）或"疼痛的结果"中成为了痛苦的召唤。因为苦痛（painfulness）不同于疼痛（同上书，第138页）。这种个体化疼痛的存在意义可以呈现于个体对疼痛的回应之中，如投降（surrender）仍然是一种个体行动（同上书，第143页）。但在人进行自我控制，而且可以表现出英雄气概时，疼痛也有第二种意义。出生也会遭受疼痛，而这种疼痛的意义是对新生命开始的参与。有时候这种参与有客观的意义，并且指示了疼痛的真正意义（《疼痛》，第 159 页）。

显然，这种解释打开了新的存在视角。这种解释是否是现象学的，那就是另一个问题了。

E. 女性实存

拜坦迪耶克的著作《女性》也许是他以充分发展的方法进行的最清晰的现象学研究，尽管这本书的子标题说这是对"女性本质、表现和此在"的"实存心理学研究"。序言甚至说整本书（包括三个有关实存的生物学、"表现"和女性方式）都是现象学的。

人们初看这本书时，会怀疑这本书只是对波伏娃《第二性》挑战的回应。拜坦迪耶克认为《第二性》是有关女性主题的最重要的书。尽管在女性这个主题上，其他人都没有进行比波伏娃更多的探讨，但我们不能认为拜坦迪耶克的《女性》是对波伏娃解释的男性抗辩。波伏娃的解释源于声望比她小、偏见比她大的半实存主义者。事实上，拜坦迪耶克非常欣赏波伏娃，甚至赞同她；他只反对波伏娃在否定所有客观价值时（包括活动的价值）的萨特式实存主义。《女性》这本书没有反女性的思想，尽管一些人会认为这本书以探索女性"秘密"的方式，表达了对女性"奥秘"的怀疑。

拜坦迪耶克对女性存在及其现象学的兴趣，事实上先于波伏娃的《第二性》（1949）。拜坦迪耶克在很长时间里都有对男女运动差异的兴趣；与此相联系的是他对人类自我运动的研究，而且这种研究事实上是他整个女性现象学的核心。

拜坦迪耶克从一开始就明确了他把女性当作完全独立于男

297

性的生物；女性与男性之间存在着如法语与英语之间的关系。
女性是"人"（man）。她与男性（male）的差异在于在世界
中存在的方式。为了对这种观点提供支撑，拜坦迪耶克探索了
女性的三个方面：首先是生物学方面，而这一方面是解剖学与
生理学的任务，另一方面是科学或客观心理学（包括精神分析）
的任务。即使是在这个领域中，现象学仍然有助于确立本质的
差异，例如植物与动物之间的差异等。[①] 这也确实是对于差异的
心理学检验的解释（它必须考虑到整体情况）（《女性》，第
129页）。在第二部分中，拜坦迪耶克在女性所展现的形体、面容、
青春、肢体的更大平衡、声音当中探索了女性的表征（女性身
体的现象方面与表现内容）。然而，女性的很多表征是相对的，
并且受到了历史与社会因素的影响，"部分地是对男性扫视的
回应"（同上书，第198页）。拜坦迪耶克认为女性表征的终
极特征是"内在性"的"奥秘"（它表现在她的静态放松中，
正如她在青春美丽以及老态龙钟中所表征的那样）。

　　但女性最大的特征是其在世界中存在的方式，具体来说就
是她的身体化的在世界中存在（身体是她与男性的世界关系
差异的最深基础）。这种差异表现在她的行为、运动和处理
事物的具体"动力机制"中。女性的典型活动是照料与关心
（它最纯粹地表现于母性）。拜坦迪耶克把斯坦贝克（John
Steinbeck）《愤怒的葡萄》（*Grapes of Wrath*）中对女性存在
的"动力机制"的解释作为座右铭："男人活在抽动中（jerks）……
女人，她的整个喷涌，就像蒸汽，小旋涡，小瀑布，但这股蒸

298

---

① Frederik J. J. Buytendijk, *Woman*, trans. Denis J. Barret, Glen Rock, N. J.: Newman Press, 1968.

汽是一直向前进的。"从现象学上来说，研究这种动力机制的最好方式是去看男女的不同步态。因此，拜坦迪耶克在男性步伐中看到了不同的"意向性"（重心在末端），而女性的步态不是这样的（女性的步态更为流畅，并且通常是由碎步组成的）。然而，女性的存在模式也表现在姿势与声音之中。在这里，男性的意向是克服阻力，而女性运动的典型"优雅"则没有这种侵略性。在原初的女性世界中，通常有某种特殊的东西。对男孩来说，世界由没有内在价值的障碍构成，而对女孩来说，世界由值得适应的价值构成。女人的停泊点在其存在之中；她的活动表明她知道要保留的具体价值以及对存在的参与。在这个语境中，拜坦迪耶克赞同米德（Margaret Mead）的观点。相比波伏娃，他更为欣赏米德。女性与她自己身体的关系也不同于男性；女性与自己的身体有更为紧密的关系。最后，母性不仅是生物可能性，也是与他人一起在世界中存在的方式。

因此，拜坦迪耶克的女性现象学无疑是值得称赞的。然而，尽管对拜坦迪耶克来说，女性是爱的在世界中存在的、更为完整的实现，正如对蒙塔古（Ashley Montague）来说，他没有表达对男性存在的任何清晰情感。

人们可能会问，像拜坦迪耶克这样的人，是否可以发展出女性实存的现象学。如果现象学以直接体验为基础，那么男人对于女性体验的知识显然最多是间接的。事实上，拜坦迪耶克本人承认，男人不可能知道"女性体验她自己身体的特殊模式"（包括女性与其本身以及女性与男性身体的关系，例如在月经和妊娠中）。这种体验至少类似于男性身体的体验，尽管拜坦迪耶克没有说明这些类似性是怎么样的。但是除了这种限制，

299

拜坦迪耶克坚持认为男人与女人可以很好地相互理解，并且异性有可能比其本身更能理解他／她（正如精神病学家对于患者的理解那样）。要想理解另一种存在形式，他人必须投入他／她自己的事实性。人们可以通过同情获得这种事实性。对拜坦迪耶克来说，他自己对女性的理解是否正确，取决于他的理解是否阐明了女性的在世界中存在。

[7] 现象学对拜坦迪耶克工作的贡献

现象学对拜坦迪耶克到底有多大贡献呢？

由于拜坦迪耶克的目标是理解生命现象学，所以对他来说，在传统的生物学工具箱外寻找方法就是非常重要的。他的实验工作（尤其是在动物心理学中的实验工作）甚至也受到了他现象学哲学指导概念的启发，尽管他的主题是确证实验信息的证据。

因此，自我行为（self-behaving）的观念（对动物生命的新型目的论理解）要求把主体引入生理学。但是，尽管主体这个概念的直接资源来自冯·瓦茨塞克，但这种概念的依据只能来自现象学（尤其是胡塞尔后期的生命世界现象学）对主体性的新颖辩护。胡塞尔还提供了意向性概念，而这个概念在拜坦迪耶克对动物、人类行为及其意义的理解中，变得越来越重要。

拜坦迪耶克想要去发现动物与人类存在之间的本质差异，而他的这种尝试或明或暗地依赖于他对"本质"方法（尤其是舍勒的本质方法）的接受。归纳或演绎都不能对他的尝试提供辩护。拜坦迪耶克想要通过区分动物与人类的世界（环境与世界）

而确定二者的差异，而这种做法不仅可追溯到冯·尤库斯裘尔（Jacob von Uexküll），而且可追溯到舍勒，并且与海德格尔的体验世界概念以及晚期胡塞尔的生命世界的进一步发展相 300 一致。

当拜坦迪耶克进入人类心理学后，尤其是进入遭遇现象以及性别差异问题时，他对海德格尔－宾斯旺格的此在及在世界中存在的概念产生了越来越大的兴趣。事实上，宾斯旺格爱的概念比海德格尔的操心概念更符合拜坦迪耶克的最终思想。

总之，现象学向拜坦迪耶克提供了越来越多的处理问题工具；他不仅与日俱增地认同现象心理学，而且越来越认同作为哲学运动的现象学。他的现象学根源于生物学与经验事实。现象学为他提供的东西是更全面发展的土壤与气候。

第12章 戈尔德斯坦（1878—1965）：恢复联系

[1] 一般导向

　　我们不知道是否应该将戈尔德斯坦列入对现象学心理学与精神病学的阐释。我们在经过对现实证据的仔细研究之后，才把他列入。这种证据本身是有趣的，并且应该得到检查。我们这里不想探讨戈尔德斯坦对现象学发展与日俱增的影响，尤其是现象学的法国与美国阶段。也许，他的这种作用的最清晰证据是他论有机体的主要著作，收录在了梅洛－庞蒂与萨特主编的现象学著作《哲学文库》（*Bibliotheque de Philosophie*）第2卷中；他的这本著作，就在保罗·利科对胡塞尔《纯粹现象学与现象学哲学观念》的翻译与海德格论康德的著作之间得到了翻译。显然，梅洛－庞蒂首先提出要把戈尔德斯坦的著作放到这个系列中。古尔维什说，他是在20世纪30年代在巴黎教书时注意到戈尔德斯坦的。事实上，古尔维什正是把戈尔德斯坦与现象学运动联系在一起的主要人物；古尔维什在法兰克福曾经研究过戈尔德斯坦，并且在美国再次遇到了戈尔德斯坦。

　　但是戈尔德斯坦对于现象学无可争辩的影响不能成为将他列入广义现象学运动的理由。因为像戈尔德斯坦这样的独立思想家没有受到任何现象学的重要影响。在他看来，他与现象学的关系可能只是一种平行。因此，我们的第一个任务是尽可能平实地去呈现事实。

[2] 戈尔德斯坦与现象学运动的关系

　　戈尔德斯坦从来没有称自己是现象学家。在 1957 年前的著作，尤其是主要著作中，他没有把他的任何研究称为现象学研究。只有在 1957 年，他才说他的"存在"概念以"现象学观察"为基础，尽管他没有说明他所指的"现象学"是什么。[①] 在他 1940 年的詹姆士讲座中，他还说到了焦虑与害怕之间的现象学差异，并称这个讲座是对"现象学分析"的回顾。[②] 但总体上，他从来没有对现象学研究（尤其是具体的现象学形式）表达出同情的兴趣。

　　然而，他在最后的著述（1966 年自传）中 [③]，相当详尽地

① Kurt Goldstein, "Notes on the Development of My Concepts", *Journal of Individual Psychology*, XV (1959), pp. 5-14. 尤其是第 13 页。

② Kurt Goldstein, *Human Nature in the Light of Psychopathology*, Cambridge, Msss: Harvard University Press, 1940, p. 93.
Kurt Goldstein, "The Structure of Anxiety", in *Progress in Clinical Psychology*, ed. L. E. Abt and B. F. Riess, New York: Grune and Stratton, 1957, II, p. 64.

③ Boring, G. E., and Lindzey, G., ed., *History of Psychology in Autobiography*, New York: Appleton-Century-Crofts, 1967, V, pp. 145-166.

说明了他的"预感"：他自己对患者的解释类似于现象学分析的结果。在具体与抽象态度的区分以及胡塞尔的生活世界概念方面，古尔维什、舒茨和梅洛－庞蒂都证明了他的预感。然而，除了表达他对这种平行性的与日俱增兴趣以外，戈尔德斯坦没有说他自己受到了现象学认识的影响，除了在证实的意义上。1964年，当我有机会在纽约与戈尔德斯坦见面时，他甚至告诉我他从来没有读过胡塞尔的著作，而只是在胡塞尔1932年的法兰克福讲座上听到过一次。就它们都是"具体的"研究而言，他对胡塞尔研究确实是有兴趣的。

　　戈尔德斯坦与舍勒之间的联系要更为紧密。舍勒甚至与戈尔德斯坦的早期合作者盖尔布（Adhemar Gelb，1887—1936）是好朋友。舍勒尤其在他的知识形式工作中[1]，反复引用了戈尔德斯坦与盖尔布在人脑病理学上的研究。反过来，戈尔德斯坦的著述也显著地引用了舍勒，尤其是他的主要著作《有机体的建构》。戈尔德斯坦用了将近一章的篇幅（德文版本第九章，英文版第十一章）致力于讨论舍勒。[2]但在这里，他主要引用的是舍勒后来关于哲学人类学以及生命与"心灵"关系的观点。他对这些观点很有兴趣，但他并不认同舍勒。戈尔德斯坦只在对拜坦迪耶克的纪念文集中提到了舍勒具体的同情现象学工作。

　　令人惊讶的是，戈尔德斯坦在他书面文字中更为肯定海德

---

[1] Max Scheler, "Die Wissensformen und die Gesellschaft (1925)", in *Gesammelte Werke*, Berne: Francke, 1960, Ⅷ. 尤其是第235页及以下。

[2] Kurt Goldstein, *Der Aufbau des Organismus*, The Hague: Nijhoff, 1934.
Kurt Goldstein, With foreword by K. S. Lashley, *The Organism: A Holistic Approach to Biology Derived from Pathological Data in Man*, New York: American Book, 1939, New paper edition, Bosten: Beacon Press, 1964.

格尔。他也只是在法兰克福讲座中听到过了一次海德格尔。因此，在《有机体的建构》这本书，海德格尔与克尔凯郭尔一起作为焦虑与恐惧的研究者出现。但他对海德格尔最明确的致敬出现在了对拜坦迪耶克的纪念文集中（他讨论了"婴儿的笑"）。对戈尔德斯坦来说，这篇文章非常重要——参见他在《有机体的建构》德文版第 2 版中的序言（第 xvi 页）；在这里，他在阐释我们对他人之理解的"现象学 - 存在论分析"时，非常赞同地引用了宾斯旺格的陈述：海德格尔用他的方法推翻了整个传统。戈尔德斯坦用了海德格尔《存在与时间》中两个有关共在（独立于他自己"生物学"分析的宣称）的思想，整合了他的这篇文章。

　　至少有一篇写于 1950 年的文章表明，戈尔德斯坦知道并且注意到了法国实存主义者的心理学著述。[①] 在这里，戈尔德斯坦把他自己有关情绪（尤其是焦虑与快乐）的观点与萨特在《情绪理论素描》（*Esquisse d'une théorie des émotions*）中的观点相联系。他说，他不仅注意到而且非常同意萨特的理论；然而，他把萨特的理论与有机体相联系，而不是与"实存"相联系。他还肯定了萨特情绪理论的目的论特征，就恐惧（"灾难性反应"）而言，而不涉及焦虑。

　　1947 年，梅洛 - 庞蒂到美国拜访戈尔德斯坦，主要是为了安排《有机体的建构》法文版的翻译工作。然而，戈尔德斯坦从来没有在书面文字中引用梅洛 - 庞蒂，而在与我的会谈中，他说他对梅洛 - 庞蒂有很多保留意见。

304

---

① Kurt Goldstein, "On Emotions: Considerations from the Organismic Point of View", *Journal of Psychology*, XXXI (1951), pp. 37-49.

1959 年，戈尔德斯坦评论了这个事实：他的"实存"概念与"实存精神病学"有相似性，但戈尔德斯坦强调：

> "我的实存概念不是参考实存精神病学发展出来的，而且二者之间有根本的差异。我同意实存主义者的概念，因为我也否认生物学现象，尤其是我反对自然科学方法可以理解人类存在。但我的存在术语与实存精神病学是不一样的。"①

总体上，我们必须意识到，戈尔德斯坦从来没有宣称他是一个哲学家，也没有说他属于哲学领域。他对哲学传统以及当代哲学发展的吸收或多或少是偶然的，并且主要源于个体的交往与间接的信息。他了解哲学的主要渠道（甚至是对胡塞尔与其他现象学家的了解），是他的表兄弟卡西尔。然而，他是在发展了他自己的有机体理论以及整体主义进路时，对哲学产生了与日俱增的兴趣（他否认科学与哲学之间的明确界限）。

但他明确致敬的当代哲学通常是卡西尔的符号哲学。确实，卡西尔反过来总是对胡塞尔持同情态度，正如胡塞尔也对卡西尔持同情态度那样。我们还必须注意到戈尔德斯坦与蒂利希之间的亲密关系。在我对他们两个进行访谈时，他们都提到了这层关系。

到目前为止，我们很难在戈尔德斯坦的自我解释中去解读现象学。这是一个需要进一步证据的事实——戈尔德斯坦对很

---

① Kurt Goldstein, "Notes on the Development of My Concepts", *Journal of Individual Psychology*, XV (1959), p. 13.

多现象学家都有很强的影响，而且他同情这些现象学家的兴趣。我们只能通过对戈尔德斯坦工作更仔细的考察去寻找这样的证据；因为戈尔德斯坦的格言至少与现象学中的那些格言是平行的。在寻找这种联系点时，我们应该记住这个事实：真正的现象学家的标志是，他不会受到别人对现象学的看法的影响，但他们会有同样的看法。任何促进这种过程的影响，最多是补充性的（如果不是非实质性的话）。在戈尔德斯坦这里，这种对于现象学家的影响，是在何种程度上进行的呢？

[3] 戈尔德斯坦的关注点

戈尔德斯坦首先并且主要是一个具有神经病学与病理学基础的生物学家和医生。① 在此基础上，他越来越靠近哲学，甚至是现象学；用戈尔德斯坦自己的话来说，这个事实是以下做法的例证："我们尽可能地用无偏见的方法去认识材料；我们追随材料本身，并且使用实际材料所要求的方法。"② 在戈尔德斯坦这里，这种材料就是生命有机体，尤其是在其病理过程中的

---

① Marianne L. Simmel ed., *The Reach of Mind: Essays in Memory of Kurt Goldstein*, New York: Springer, 1968, p. v ff.

② Kurt Goldstein, *Language and Language Disturbances: Aphasic Symtoms and Their Significance for Medicine and Theory of Lanuage*, New York: Grune & Stratton, 1948, p. xii.

Kurt Goldstein, *Der Aufbau des Organismus*, The Hague: Nijhoff, 1934, pp. 346ff.

Kurt Goldstein, With foreword by K. S. Lashley, *The Organism: A Holistic Approach to Biology Derived from Pathological Data in Man*, New York: American Book, 1939, New paper edition, Bosten: Beacon Press, 1964, pp. 507ff.

生命有机体，而且它体现了"整体主义进路"。①

在研究一战期间脑损伤士兵的过程中，戈尔德斯坦与比他年轻的合作者盖尔布越来越注意到"自动"生物学不能真正地理解紊乱以及有机体对紊乱的显著适应，并且犯下了孤立主义的"谬误"。在戈尔德斯坦看来，只有在周围有机体以及与它们进行持续交互的周围世界的情境中去看这些孤立的现象，人们才能理解紊乱以及有机体对紊乱的显著适应。这在原则上是足够简单与容易的。但这与通常在根本上是"分析"的科学方法解释相矛盾。事实上，戈尔德斯坦不想完全抛弃分析方法，而且他强调了分析方法在初始观察层面上的重要性。例如，当人们从独立于整个有机体的人工实验去研究反射时，分析方法就是错误的。这种孤立会破坏研究的对象。

因此，戈尔德斯坦越来越多地去对生物学以及一般科学方法进行反思。戈尔德斯坦论有机体结构的著作，是他早期由德国流亡到荷兰时的成果，而这本著作反映了他的思想转变。这本著作实际上是论新式生物学进路的书——由病理学问题，通过对有机体及其理论的普遍反思，到达了对于生物学知识本质的普遍理论。但是，这项工作没有就此停止。它越来越多地走向了有关生命与"心灵"、知识与行动的普遍哲学反思。

戈尔德斯坦在这种情境中所宣称的一些洞见，表明了他真正的个体智慧与人性。但是，其中没有神秘主义或明显宗教或神学的东西。个体性与自由是他在道德与政治世界中的指南针。另外，戈尔德斯坦不是自然和谐统一体的温和赞颂者。他对损

---

① 戈尔德斯坦没有把"整体主义进路"与"整体主义"术语发明者斯穆特兹（Jan Smuts）的哲学相联系。

毁的不谐调以及生命在世界中所受之苦难的感觉，是特别精准的，因为他总是面对着生命中更为痛苦的表现。他特别清楚在对情境的"灾难"反应中的组织中断以及中心控制失败，例如真正的焦虑体验。但是戈尔德斯坦也知道有机体对于这种灾难性丧失的惊人的再调适能力，只要回退到更有限的范围，有机体就能通过重新分配它缩减后的能量而进行控制，因此能够在环境允许的情况下尽可能恢复起来。

因此，戈尔德斯坦的宇宙既没有完美的意义，也不是没有意义。宇宙的主要特征是两个方法的交织、难以避免的矛盾。然而，对戈尔德斯坦来说，宇宙的意义没有恶魔般的对立。人们不难发现，他的这种观点借鉴了如梅洛－庞蒂这样的意义与"无意义"哲学家意象。 307

[4] 戈尔德斯坦理论中的现象学主题

在这一节中，唯一相关的任务是聚焦于戈尔德斯坦进路中与现象学最接近的特征。在回答这个问题时，我不想重复古尔维什在对戈尔德斯坦的具体与范畴态度区分中，[1]以及舒茨在"语言、语言紊乱和意识的纹理"[2]中已经指出的戈尔德斯坦与现象学之间的特定平行性。我想聚焦于现象学方法论中一些更为普遍的特征，并去考察这些特征与戈尔德斯坦相平行的程度。

[1] Aron Gurwitsch, "Gelb-Goldstein's Concept of Concrete and Categorical Attitude and the Phenomenology of Ideation", in *Studies in Phenomenology and Psychology*, Evanston, Ⅲ: Northwestern University Press, 1966, pp. 359–384.

[2] Alfred Schutz, *Collected Papers*, Vol. Ⅰ, *The Problem of Social Reality*, The Hague: Nijhoff, 1962, pp. 260–286. 尤其是第 277 页及以下。

A. 戈尔德斯坦的"现象"概念

对"现象"这个术语的应用，当然不是现象学所专有的。即使是实证主义者，也喜欢"现象"这个术语。但是对孔德或马赫来说，这个术语指的主要是感觉数据。戈尔德斯坦不是这么认为的。他不同意实证主义者对数学物理科学的偏爱。我们不只要仔细考察戈尔德斯坦对"现象"这个术语的使用，而且要考察他对于直接给予的整个独特进路。"现象"这个术语最初出现在《有机体的建构》一书中。在这里，戈尔德斯坦陈述了他的三个方法论假定，其中第一个是"首先要考察到有机体呈现的所有现象，而且不能偏向对任何特定现象的描述。"（《有机体的建构》，第13页；英译本第21页）对戈尔德斯坦来说，对这个原则的最大违背就是，很多病理学家聚焦于孤立的"症状"，而排斥了整体现象的其他特征。生物学家的真正任务就是"开放地记录所有现象"。这第一条假定意味着对类似的经济原则（也称奥卡姆剃刀）与前设理论对现象的不成熟约束的摒弃。第二条假定强调，对这些现象本身的正确描述，比对这些现象效果的分析更为重要。最后，第三条假定认为，人们必须根据有机体以及现象呈现的情境去看待这些现象。尽管这种方法显然是针对有机体研究的，但它也有普遍的方法论意义（它就根植于普遍的方法论）。这些现象概念及其正确应用就特别明显的表现于戈尔德斯坦通过这种现象概念去批判弗洛伊德的无意识理论时（同上书，第205页；英译本第310页）。在这里，与弗洛伊德的否定概念相反的是，戈尔德斯坦把他自己的目标规定为"用肯定的陈述，去描述这些诱导科学家们去假设这种结构（正如精神分析所理解的那样）的现象"。

然而，我们不能把戈尔德斯坦的现象概念与单纯的现象概念相等同。从他与格式塔主义者的友好辩论来看（他认为格式塔主义者的现象概念过多地以单纯给予的现象为基础了），他的现象概念更为宽泛。戈尔德斯坦认为，他的现象概念超越了格式塔主义者单纯给予的现象概念；他的现象概念根植于有机体。当然，更不用说的是，戈尔德斯坦的现象概念也不同于胡塞尔的现象概念。在这种意义以及程度上，戈尔德斯坦超越了一开始以歌德的现象概念为导向的现象解释。换言之，戈尔德斯坦的现象概念是最广义的存在论。

在这方面，我们也不能忽视戈尔德斯坦近来的思想：他对"直接性领域的强调"。[①] 戈尔德斯坦之前已经明确区分了人类有机体中的两种基本态度——具体与抽象态度（具体态度指特定情境，而抽象态度指情境的普遍类型）。在这里，戈尔德斯坦考虑到了人类之间的直接联系（尤其表现在了婴儿的笑上）领域。这种直接联系领域主要是社会现象。但它也意味着对于现象的新式进路（比通常的客观科学进路更为直接、更为模糊）。这种新式进路拓展了世界情境或进路中的直观给予性维度。戈尔德斯坦将这种现象与他对拜坦迪耶克"遭遇"概念的兴趣相联系；这说明他非常清楚这种现象的现象学意义。

309

---

① Kurt Goldstein, With foreword by K. S. Lashley, *The Organism: A Holistic Approach to Biology Derived from Pathological Data in Man*, New paper edition, Bosten: Beacon Press, 1964, pp. xiv ff.

B. 戈尔德斯坦的本质概念

如果人们想要从作为本质研究的现象学方面去考察戈尔德斯坦，那么他的有体体理论中更有启发性的特征就是它对本质发生的普遍兴趣。戈尔德斯坦经常对这个术语加注的引文，使这个特征更让人感到好奇。他是否知道这种本质概念与现象学的相似性呢？我只能说，1964 年，我在他 80 多岁时所做的评论既没有证实这种相似性，也没有否定这种相似性。

在《有机体的建构》中，戈尔德斯坦只提过一次"本质"术语的意义问题以及我们对于"本质"的认知方式（《有机体的建构》，第 80 页；英译本第 120 页）。直接的情况表明，戈尔德斯坦是在"整体上"来理解这个术语的；在他看来，我们不能通过由自然科学程序而得到的部分知识的累积去获知"本质"。[①]在《有机体的建构》英文版中，戈尔德斯坦通常交替使用"本质"（essence）和"实质"（nature）。但他仍然在同义术语"本质"旁边使用了那些令人困惑的双重注释。后来在正文中，他又回到了这种普遍的问题，但他接下去关注的完全是有机体的实质以及我们对于它的认知方式问题。如果我们想要清晰地回答有关"本质"意义与我们对于它的认知方式问题，那么我们就必须研究这个术语在具体情境中的应用。我将会讨论它的一些主要用法。

310

1."本质"首先出现在《有机体的建构》这本书的第一

---

① 德文版（第 81 页）与英文版（第 120 页）之间有让人好奇与重要的差异。德文版说的是一种观念在整体上、在本质上的接受，而英文版说的是"本质整体的概念"。这是否表明 1938 年时戈尔德斯坦已经不把本质与整体相等同了呢？

章，以对脑损伤患者的观察开始。戈尔德斯坦在介绍脑功能解体的等级时，描述了"本质"概念。在这里，戈尔德斯坦区分了高级与低级的功能，而基础就是对于"有机体本质"重要性的大小。作为高级功能的标准，他使用了他所谓的本质价值（Wesenswertigkeit）这个术语，这个与生命价值（Lebenswichtigkeit）相对的词，在英文中可译为"功能意义或价值"。通常的有机体不仅有生命，而且有其本质性（内在实质），而发生病理改变的有机体仍然有生命，但丧失了本质性。在这里，"本质"就是事物的最典型特征；当"本质"丧失时，尽管事物还存在，但已经没有了同一性。"本质"很接近（即使不能等同于）亚里士多德的质料形式概念。在现象学中，也有类似的本质概念（例如在赫林那里）。

2. 戈尔德斯坦在他的整体主义有机体理论中进一步探讨了"本质"（《有机体的建构》，第六章；英译本第七章）。戈尔德斯坦试图确定"本质"当中的"恒常"。他用有机体"偏爱的"或"有序的"行为去定义这些恒常，并区分了两类恒常：种属的本质特征（更好的名字可能是类恒常）与个体的规定恒常（它是个体的实质特征）。他没有提到不同于这些恒常的变种。人们很难确定这些变种是否也是本质的一部分，但变种与本质都是很重要的。我们不能在统计学意义上去理解恒常概念。尤其是在有机体身上，它们包含了那些被偏爱的行为。这些行为甚至也会丧失。但在那种情况下，有机体就会丧失它的同一性，而变成新的、有可能发育不良的本质存在。这种"本质"概念与胡塞尔早期的观点可能不是十分一致。但这种"本质"概念显然类似于普凡德尔对于生命本质的看法。

3. 甚至更为重要的是，戈尔德斯坦认为，在有机体与它的世界相处时，本质是某种必须得到实现的东西（《有机体的建构》，第 197 页；英译本第 305 页）。这意味着本质首先只是潜能，并且在这种意义上，本质是非现实的或理想性的东西，因此是需要得到实现的东西。这显然在戈尔德斯坦的概念中加入了柏拉图式的成分。就现象学而言，类似的概念主要是在普凡德尔那里（《人的灵魂》）。

4. 戈尔德斯坦从歌德那里获得了很多启发；歌德为他提供了大量的确证，尤其是戈尔德斯坦经常与他自己的"本质"概念相等同的生命形式的原型观念。实际上，歌德的理论就是广义上的现象学，因为像歌德这样的"科学家"是现象学传统的重要盟友（不只是由于歌德的颜色理论，而且因为他的生物学哲学）。

5. 在这种联系中，戈尔德斯坦的生物学知识或更具体地来说，他的"本质"理论，是重要且有启迪性的。在追问生物学知识怎么能决定有机体的本质这个问题时，戈尔德斯坦认为归纳与演绎都不是充足的方法。相反，他提倡的是"创造性活动"或"直观"（Schau）——在经验事实的基础上，我们可以"体验"到有机体的理念。戈尔德斯坦不认为其中有什么神秘的东西，并且在其中看到了向着本质的逐渐接近（类似于我们学习骑自行车这样的技能）。在这种联系中，戈尔德斯坦还说到了辩证式的前进体验（《有机体的建构》，第 241、261 页；英译本第 421 页）。他充分地意识到了这个事实：这种进程不能且不必是数学科学意义上的精准进程（它在生物学上是不恰当的）。尽管生物学也是符号主义的（在卡西尔的意义上），戈尔德斯坦强调：生物学的符号或原型（范型）可以而且必须趋近的是具体的现象学事实，而非数学科学中的事实。

戈尔德斯坦意义上的观念化（ideation）或直观，非常类似于胡塞尔的本质直观或观念化。但这不意味着它们是一致的，或者说戈尔德斯坦没怎么借用胡塞尔的思想。毕竟，在与普遍本质的相关性上，胡塞尔的观念化比戈尔德斯坦的直观概念要广阔得多。另一方面，他们二人的本质进路之间有显著的相似性，因为它们都不是归纳与演绎的。这说明他们二人的本质概念之间不只是平行的；他们之间存在着理智的渗透。

312

C. 戈尔德斯坦的焦虑概念

戈尔德斯坦最接近现象学与实存主义的思想是他对焦虑现象的研究。戈尔德斯坦知道克尔凯郭尔与海德格尔对焦虑的讨论，而这可以从他对这两个人的引用看出来（《有机体的建构》，第 189 页；英译本第 294 页）。但他只是在对弗洛伊德、斯特恩以及其他从的讨论之后才提到了这两个人，但对于克尔凯郭尔与海德格尔将焦虑与"虚无"现象相联系的做法不置可否。事实上，在我们的私人会面中，戈尔德斯坦告诉我他自己对焦虑主题的兴趣先于他对实存主义的知晓。甚至更为重要的是这个事实：在法兰克福以及后来在美国，他与蒂利希有紧密的联系与接触。蒂利希对我说，他与戈尔德斯坦交换了他们对于焦虑的看法。尽管他们两个人的文本没有反映这种交流，但这种交流是特别可能的，因为戈尔德斯坦与蒂利希一样，把焦虑看作是勇气（它是对焦虑的最终应对）的反面，以及对存在休克的确切回答（这很符合蒂利希的"存在勇气"精神）。然而，戈尔德斯坦对焦虑的兴趣不只是对焦虑哲学或神学的单纯借用。这种兴趣源于他对脑损患者的第一手观察（这些患者面临着他们不能掌握的局面）。

戈尔德斯坦自己对于焦虑现象的关注，与他的这个基本兴趣相关，即有机体尝试在其环境中去维持它的恒常性，或者说去"充分地"实现它的本质。这种有机体必须面对不可预测的宇宙表现。没有什么东西可以保证宇宙会总是适合有机体。实际上，无可否认的是，宇宙最终会消亡，而死亡（最大的生物灾难）就是终点。在通常情况下，有机体会遭到它能应对或不能应对的各种致命打击。当有机体能应对时，挑战就会增加；当有机体不能应对时，灾难要么导致暂时性结果，要么导致永久性结果。机会在于，即使是在灾难过后，有机体仍然能够找到新的平衡，尽管这种新的平衡比原来平衡更小。在灾难反应中，中央控制会中断，而行为会发生紊乱。这种紊乱的有意识表达，就是焦虑状态。恐惧总是对某种东西的恐惧，而与之相反的是，焦虑"在本质上"是没有对象的，并且是发自内心地打击着我们。恐惧是表现在身体行动中的防御条件。在焦虑中，我们发现了"无意义的狂暴、严苛或紊乱的表达、对世界的回避、对世界的情感冷漠，而且对于世界的任何诉诸、任何有用的知觉和行动，都没有了。"（《有机体的建构》，第189页；英译本第293页）

这样的描述比存在主义要详细得多（因为它补充了有机体维度）。然而，戈尔德斯坦对焦虑的描述，没有使用作为"存在论解释"之跳板的现象。最终，在戈尔德斯坦的有机体哲学中，焦虑就是理解有机体与其世界关系的最重要线索之一（有机体在世界中的位置是不安全的，尽管不是没有希望的）。

D. 戈尔德斯坦的作为自我实现的"实存"概念

戈尔德斯坦的焦虑概念，显然有实存的方面。事实上，戈尔德斯坦经常把焦虑作为人类实存危机的表现。更为重要的是，我们要注意到，正如戈尔德斯坦自己所坚持的，他的实存概念不只在很多方面与实存主义者们的实存概念相一致。戈尔德斯坦的概念可能更接近于这个词的传统用法，但也不同于这个词的传统用法，因为戈尔德斯坦经常为这个词添加注释。

戈尔德斯坦最早是在 1934 年就对"实存"进行了注释；当时，他在《有机体的建构》一书中，在将疾病解释为存在的震荡与威胁时，引入了"实存"（《有机体的建构》，第 268 页及以下；英译本第 432 页）。他补充说，这样的威胁不只是对于生物学实存的威胁。从那时开始，戈尔德斯坦更明确地把实存概念定义为"个体能够实现他的本质能力或他所想要成为的样子的条件"。[①] 这样的实存"不意味着生存。尽管生存是很重要的，但 生存不是本身为真的价值……实存意味着个体内在本质的实现、个体所有能力的彼此和谐的实现"。[②] 因此，"实存"指的不是事实状态（如单独个体被抛入实存主义者世界的存在状态），而是理想状态。"实存"就是新的规范意义上的健康（对戈尔德斯坦来说，这是基本的价值）。在这里，戈尔德斯坦涉及了某些"认识论问题"；我将在它们的意义中简要讨论戈尔德斯坦与现象学的关系。

314

---

① Kurt Goldstein, "The Idea of Disease and Therapy", *Review of Religion*, XII (1949), p. 230.

② Kurt Goldstein, "Health as Value", in *New Knowledge in Human Values*, ed. A. H. Maslow, New York: Harper and Row, 1959, pp. 178ff.

E. 生物学知识与现象学

在他对有机体结构的研究中，戈尔德斯坦已经得出了这样的结论：以整体主义进路为基础的生物学知识与非生物学科学的知识有着本质的差异。非生物学科学的知识是以分析或孤立方法为基础的。事实上，在他的自传中，他走得是如此之远，以至他说这样的知识不是自然科学方法论的成果；自然科学方法论明显是在有限的生化科学意义上使用"自然科学"这个词。[①]

这种情况，使戈尔德斯坦对"认识论"产生了越来越大的兴趣。[②] 在他发展有关健康与"实存"的新观念，并试图为它们提供认识论辩护时，他对认识论的兴趣甚至变得更急迫了。这些努力的第一个成果是，他尝试用"创造活动"将生物学知识解释为整体知识；有机体的观念就通过"创造活动"，成为了生命体验——它就是歌德意义上的直观，但总是以"经验事实"为基础。[③] 戈尔德斯坦尝试用哲学家卡西尔的符号知识观念去解释这种概念。但是戈尔德斯坦没有说明这种整体知识在多大程度上包含了单纯理想模式的建构或对作为部分现象基础之整体的直观把握。然而，他对本质直观的诉诸已经表明了他与胡塞尔现象学本质直观洞见的一致性。有时候，戈尔德斯坦甚至说

315

---

① Boring, G. E., and Lindzey, G., ed., *History of Psychology in Autobiography*, New York: Appleton-Century-Crofts, 1967, V, p. 153.

② Kurt Goldstein, "Notes on the Development of My Concepts", *Journal of Individual Psychology*, 15, 1959, pp. 10ff.

③ Kurt Goldstein, *Der Aufbau des Organismus*, The Hague: Nijhoff, 1934, p. 242. 英译本第 402 页。

到了"观念化"（这是胡塞尔的一个术语），而这再次表明了胡塞尔思想对他的渗透。

但他与现象学的友好关系不只是在他后期才表现出来的。在尝试将他的"实存"概念解释为自我实现时，戈尔德斯坦就意识到"自然科学方法"不能支持他的价值概念。[①] 在这里，他也诉诸"在我看来以经验数据为基础的、作为创造活动的特殊精神程序；在这种程序中，作为格式塔的程序逐渐进入了我们的经验范围"。戈尔德斯坦本人承认这种程序初看起来是陌生的，而当我们发现在技能学习时取得"充足性"的方式时，这种程序就更能令人满意了。

在面对这种困难时，富有启发性的是，戈尔德斯坦《对我概念发展的一点解释》一文摒弃了实存主义者的实存概念，并称他自己的认识论概念"以现象学观察为基础，而这使我们可以去描述正常与病理的行为，并且能为治疗提供明确的指导"（《对我概念发展的一点解释》，第 13 页）。这种"现象学观察"的准确意义是什么呢？我们从上述孤立的语句出发，显然无法确定"这种现象学观察"是如何与生物学本质知识以及存在价值知识相关联的。但值得注意的是，戈尔德斯坦在他的认识论工作中，毫不犹豫地把"现象学"这个术语作为对他整体主义进路观察的最恰当的概括。

F. 戈尔德斯坦的与其他现象学心理学家的关系

除了戈尔德斯坦生物学与现象学之间的交互以外，还需要

---

① Kurt Goldstein, "Notes on the Development of My Concepts", *Journal of Individual Psychology*, XV (1959), p. 11.

谈谈别的主题。在这里，我想要考察一下他的理论与上述心理学学派的关联。我们会发现，他们显然都受到了胡塞尔的启发。

316　　　我们先来看一下哥廷根学派。在这里特别值得注意的是鲁宾。戈尔德斯坦在提出他的整体主义有机体进路时，相信有机体中不同进程之间的关系就是前景与背景之间的关系。在这种语境下，他引用了鲁宾对图形与背景的观察，并认为图形与背景之间的可逆性是特别富有启发性的。然而，我们必须注意到，戈尔德斯坦所引用的鲁宾对图形与背景的观察，主要是他阐释有机体不同部分在变化中作用的类比与手段。戈尔德斯坦增加了这种可能性。有机体的活动可以消除图形的模棱两可性，而这种思想超越了鲁宾的单纯心理学或"现象学"描述。

　　甚至更为重要的是戈尔德斯坦与格式塔主义者之间的一致性。格式塔主义与现象学之间的关系，在一开始要比哥廷根学派与现象学之间的关系松散得多。盖尔布与戈尔德斯坦，以及法兰克福大学的韦特海默、考夫卡及科勒之间紧密的学术交往，为戈尔德斯坦与格式塔主义者之间的研讨提供了特殊的机会。盖尔布与戈尔德斯坦对格式塔主义的主要刊物《心理学研究》的频繁引用，也表明他们之间有高度的一致。

　　然而，他们的方法与重心是有差异的，而其中一个差异就是对于现象学进路的不同态度。戈尔德斯坦本人在《有机体的建构》中用了一章的篇幅来讨论他们的关系。这里的核心问题是他的整体概念与格式塔概念之间的差异。科勒总是在避免使用"整体性"这个术语，而这可能是为了将他自己与莱比锡的克鲁格（Felix Krüger）与桑德尔（Fritz Sander）的整体性心理学相区分。戈尔德斯坦在英文版以及德文原版中指出，他的整体主义概念是独立于整体性心理学的，尽管他没有直接说他的整体主义概念高于整体主义心理学。

[5] 戈尔德斯坦有多么现象学化呢？

戈尔德斯坦在他 87 岁去世前完成的自传中说："现在，我的主要兴趣是生物学与哲学之间的关系。"他引用了《有机体的建构》一书中最后评论部分的段落（它们又重新出在了他第二大著作《语言和语言的紊乱》中）。在这里，他认为区分通常是用差异性的术语来表达的，而"经验研究"与"哲学推理"是不相关的："当我们尽可能地用无偏见的态度去看待材料（material），遵循材料本身，并使用实际材料所规定的方法时，哲学思考的必要性就会呈现出来。"（《语言和语言的紊乱》，第 xii 页）

换言之，"回到实事本身"以及让事物自我呈现，必须会让我们走向哲学，或者更具体地来说，走向现象学（以上述格言为基础的哲学）。对戈尔德斯坦来说，由分析进路获得的经验发现路径，首先会引发整体主义，然后是对一般生物学知识的反思，最后是由歌德、康德、卡西尔提出来的，并且与胡塞尔的观念化非常接近的直观。最终，理解存在的需要使戈尔德斯坦走向了现象学。

那么，我们可以说戈尔德斯坦与现象学家之间的关系是共鸣（resonance）吗？"共鸣"是一个有若干意义的术语。共鸣的最常用意义是由其他物体的反射或振动所导致的强化与延长。在这种意义上，戈尔德斯坦与现象学家之间的交互显然不是共

317

鸣。他们之间没有累积的链式反应。但是，共鸣也可以表示对彼此的平行努力与成果的相互同情的承认。

就现象学家来说，其中一些人不仅认识到了戈尔德斯坦发现的重要性，而且从这些发现当中获得了有益的启发；梅洛－庞蒂尤其是如此。但在这里，"共鸣"走到了尽头。

就戈尔德斯坦本人来说，他只在较晚的时候才知道他与现象学家之间的平行，而且这是由于他收到如古尔维什这样的哲学家朋友的讯息。但是，至少有一些迹象表明，戈尔德斯坦更为主动地使用了"现象学分析"，而且他最后认为，现象学观察是生物学知识的基础。我们不能过高地估计这些交互。然而，我们应该为戈尔德斯坦与现象学之间的一致而感到高兴。戈尔德斯坦以经验研究为基础，并且遵循的是"趋向哲学的材料本质"；现象学家越来越多地对诸如戈尔德斯坦这样的富有开拓性科学家的发现做出了回应。

第13章 席尔德（1886—1941）：
在精神分析和现象学之间

[1] 一般导向

    "只有一个人，他著作中对弗洛伊德宏大冲动理论方向的真实洞见，被整合到了一个稀有且多彩的统一体中，而且这个统一体包括了实验心理学、病理心理学、精神病理学、生理学、形态学、神经系统的进化史、冲动和情感现象学的普遍批判知识（尽管不是同等彻底的）；这些洞见的基础是对于生命个体经常得到卓越检查和分析并有相当大哲学背景的大量临床经验；就我所知，这个人就是席尔德。在我看来，他的《医学心理学》是德语当中涉及上述问题的最好著作。"[①]

这个出现于舍勒最后著作中的对于席尔德的热烈（尽管有

---

① Max Scheler, "Die Wissensformen und die Gesellschaft (1925)", in *Gesammelte Werke*, Bern: Francke, 1960, Ⅷ, pp. 332f.

些冗长的）评价，在四十年后看来有些夸张。今天，尤其是在
美国，席尔德最多被认为是奥地利裔的、精神分析传统中的精
神病学家。① 他有关身体意象的书使他获得了一些独立的名声，
而他在现象学中的地位（即使在舍勒的歌颂中，也是次要的）
实际上不为人所知。

320

那么，席尔德本人怎么定位他的阵营呢？他不是一个轻易
加入阵营的人。但有证据表明，他在奥地利维尔纳（那里没有
活跃的现象学团体）期间，在原则上是属于精神分析运动的。
显然，在 1940 年的自传中，他表现出的对于精神分析的兴趣要
比对现象学的兴趣大得多。然而，我们不能忽视席尔德早期著
作（包括《医学心理学》，1924 年）中表现出来的对于现象学
的坦率兴趣和明确应用。显然，席尔德相信，对于精神分析和
现象学二者的兴趣是可以相容的。因此，更有意义的是更为详
细地去研究这种"分裂忠诚性"，并去确定席尔德在多大程度
上认同这两个学科。只有这样，我们才能确定席尔德到底是一
个折中主义者还是做了真正的综合。

[2] 席尔德对现象学的态度

在自传中，席尔德相当清晰地指出，他对现象学的接受先
于他与精神分析的联系，而这情况正好与宾斯旺格相反。由于
席尔德将他对现象学的兴趣与他的精神病理学研究相联系，所

① Isadore Ziferstein, "Paul Schilder", in *Psychoanalytic Pioneers*, ed. Franz
Alexander, Samuel Eisenstein, and Martin Grotjahn, New York: Basic Books, 1966,
pp. 457–468.

以人们会猜测，这是由于他受到了雅斯贝尔斯早期现象学著作的影响。事实上，他的第一本书《自我意识和人格意识》①，直接以现象学为起点，并且没有引用精神分析。只有在一战以后，当他了解到精神病理学中的新潮流时，他才把精神分析当作现象学的可能补充。②

　　但只有在其论精神和生命的书中（1923），席尔德才首先把现象学和精神分析当作心理学的两个基本直观方式。即使是在这本书中，他还是以现象学为起点的。他认为布伦塔诺是心理体验的"实质"分析的发起人，而胡塞尔是深化这种分析并努力追求本质的人。他还认为舍勒的功绩是"真正不可思议的"描述。这不意味着席尔德对现象学没有批评，尽管他的一些批评实际上是以误解为基础的。首先，他认为现象学不适合调查动态的关系，尤其是因果的关系。精神分析就是在这个关节点上进入的。因此，在讨论的最后，他认为，弗洛伊德的精神分析开启了现象学视角下的因果联系。然而，这不意味着整个心理学领域中只有现象学和精神分析两种进路。他越来越强调其他方法的重要性。他在《医学心理学》中就已经提到四种其他方法。最后，他的结论是，现象学和精神分析只能探索精神实在中有限的方面，并且必须在一个更全面的"有机体"进路框架中寻找它们的位置。

　　我们这里很难并且也没有必要去讲述席尔德是怎么得到胡塞

321

---

① Paul Schilder, *Selbstbewußtsein und Persönlichkeitsbewußtsein*, Berlin: Springer, 1914.

② Paul Schilder, Die neue Richtung in der Psychopathologie. *Monatschrift für Psychiatrie und Neurologie*, Ľ (1921), pp. 127-134.

尔现象学接纳的。即使在布伦塔诺辞职以后，维也纳仍然有他的描述现象学的支持者；当席尔德在德国哈勒大学学习精神病学时，斯图普夫和胡塞尔教学的轨迹仍在哈勒大学周围。不管怎么说，在席尔德看来，现象学主要就是胡塞尔的现象学，尽管席尔德没有把胡塞尔与布伦塔诺明确地区分开。席尔德也没有把胡塞尔和舍勒区分开来，并且他反复提到了和普凡德尔及盖格尔在一起的舍勒。同样值得注意的是，席尔德选择了现象学作为原初方法，而这与他对自我和人格解体体验的最初和普遍兴趣有关。[1]

在他最全面的著作《医学心理学》中，他说他的基本目标是"把现象学、精神分析、实验心理学和脑病理学统一到一个框架中"，并承认这意味着某种通过接受实际知识而得到辩护的折中主义。[2] 但在这些进路里，现象学是最优先的；他还试图在《医学心理学》的序言中对现象学进行详细的阐述。席尔德对现象学的这种强调，使我们必须注意他的现象学概念，而不用过多注意他后来对现象学的远离。

对席尔德来说，现象学主要是一种意指客体的意识活动的研究。在这个意义上，意向性是他的现象学理解的核心。席尔德还强调在把若干活动综合地与同样客体相关联时，去确定意识的功能。他认为这些活动的根源是自我。他甚至使用了胡塞尔的术语意向活动（noesis）和意向客体（noema）。他看到，对胡塞尔来说，现象学的主要关注是本质而非实际事实，并且

322

---

[1] Paul Schilder, *Selbstbewußtsein und Persönlichkeitsbewußtsein*, Berlin: Springer, 1914, p. 2.

[2] Paul Schilder, *Medizinische Psychologie*, Berlin: Springer, 1924.
英译本：David Rapapport, *Medical Psychology*, New York: International Universities Press, p. 19.

他承认这是他把现象学和经验心理学相区分的基础。然而，在这一点上，席尔德非常类似于迈塞尔，而不再追随胡塞尔。对席尔德来说，现象学仅仅意味着描述心理学（《医学心理学》，第 38 页）。我们还应该认识到，尽管席尔德很熟悉胡塞尔的《纯粹现象学与现象学哲学的观念》，但他从来没有提及作为胡塞尔自身概念基础成分的现象学还原或建构。席尔德现象学概念的另一个规定，表明他受到了雅斯贝尔斯的影响：他只关注静态现象的描述，而不关注发生和动态联系。这种规定使他在不用担心冲突的情况下，将精神分析添加到现象学中，作为研究精神的时间动力学的补充。

但是，席尔德对于接受整个现象学还有其他的保留。因此，他从一开始就批判胡塞尔把自明性作为现象学洞见的保证，因为在他看来，自明性标准无可救药地是"主观的"。[1]实际上，我在席尔德的陈述中感到，他越来越怀疑现象学洞见的认识论价值。因此，1934 年席尔德表达了对现象学的进一步怀疑，尤其是对胡塞尔的"本质洞见"宣称的怀疑：

> "胡塞尔相信，（由直觉洞见）获得的数据构成了基础科学——现象学，而且他认为现象学远远超越了单纯仔细的心理学描述。胡塞尔的这个宣称是站不住脚的。胡塞尔的现象学只是心理学，而且是一种经验科学。"[2]

---

[1]　Paul Schilder, *Selbstbewußtsein und Persönlichkeitsbewußtsein*, Berlin: Springer, 1914, pp. 12ff.

[2]　Paul Schilder and David Wechler, "Children's Attitudes toward Death", *Journal of Genetic Psychology*, XVL (1934), pp. 406–407.

323   然后，席尔德提到了海德格尔的现象学方法；"海德格尔说：死亡与绝对虚无总在人的心眼面前……海德格尔甚至认为，死亡让我们可以知觉到时间。"①他对海德格尔的这种令人困惑的误解，导致海德格尔从来没有出现在他的现象学概念中。

然而，席尔德后来关于现象学的陈述，尤其是他在美国期间，不是对现象学基本目标的完全摒弃。他死后出版的著作《人的目标和愿望》甚至承认，"与他们创造者的意愿相反"，作为心理学的现象学"提供了新的前景，尤其是在胡塞尔和舍勒那里。我们在情绪问题上从舍勒那里获得了深刻的洞见"。②

[3] 席尔德对精神分析的态度

为了理解和评价席尔德与现象学的关系，人们还必须考虑到他与弗洛伊德及维也纳精神分析主义者更直接和更明显的联系。席尔德在他的自传中提到这个事实：在转向现象学之前，他不仅参加了弗洛伊德的讲座（保持着"对弗洛伊德的不听从"），而且在后来他与弗洛伊德有了个人联系，尽管他们"从来不是特别亲密"。③弗洛伊德本人提到，席尔德是在维尔纳大学获得精神病学教席的第一个精神分析主义者。但是在 1918 年 3 月

---

① Paul Schilder and David Wechler, "Children's Attitudes toward Death", *Journal of Genetic Psychology*, XVL (1934), pp. 406-451. 还可参见：Paul Schilder, *Contribution to Developmental Neuropsychiatry*, New York: International Universities Press, 1964, pp. 132-133.

② Paul Schilder, *Goals and Desires of Man*, New York: Columbia University Press, 1942, p. 241.

③ Paul Schilder, *Journal of Criminal Psychopathology*, II (1940), pp. 221-225.

22日给亚伯拉罕（Karl Abraham）的信中，弗洛伊德也评论道：
席尔德在他的《妄想和认识》中否定了俄狄浦斯情结。席尔德
的自传进一步提到了"他与维也纳精神分析协会的紧密联系"。
但是后来，在受梅耶（Adolf Meyer）邀请到美国霍普金斯大学时，
席尔德放弃了有组织的精神分析，表面上是因为"兴趣转变和
小的冲突"。未经分析的是，席尔德总是认为他自己和所有的
分支一起，都在（精神分析）运动的外围。然而，正如他自己
在他的第三人称式的自传中所说的：

324

> "席尔德认为他自己在这个词的真正意义上是一个精
> 神分析主义者，并且他比许多与弗洛伊德有更紧密个人联
> 系并追随弗洛伊德的人更忠于弗洛伊德，至少有一段时间
> 是这样的。他的话或多或少是机械的。"

这里没有必要列出弗洛伊德和席尔德之间所有的一致和分
歧。唯一有关的问题是：在席尔德意义上的现象学，对他们二
者之间的分歧有多大影响。席尔德本人没有明确地说过这一点，
但有迹象表明，他对弗洛伊德的一些异议至少与他的现象学取
向有关。

显然，直到1921年，在有关精神病理学中新潮流的报告中，
席尔德才把精神分析当作是只处理静态现象描述之现象学的可
能补充。1922年，在一篇很长的论无意识的文章中，席尔德摒
弃了弗洛伊德的无意识概念，但高度赞扬了弗洛伊德的精神动
力学。在《医学心理学》中，席尔德没有否定无意识，但对无
意识做出了不同的解释（正如我们在下文会看到的）。席尔德

的若干其他著作表明，他对精神分析的一般坚持，比他对现象学的忠诚更为明显。① 但是，除了他对无意识的不同解释，席尔德也不同意弗洛伊德的其他基本观点。

在他对弗洛伊德分析的基本异议中，席尔德本人挑选出了弗洛伊德分析的"退化特征"，即主张生命有回到满意的先前阶段以及后来与原初力比多配对（正如弗洛伊德的死亡本能学说所表达的）的倾向。弗洛伊德的这种理论不符合席尔德的一般整体性生命哲学，因为席尔德的生命哲学面向的主要是未来，以及他想依赖的"建构心理学"。实际上，席尔德相信，尽管弗洛伊德不承认，但精神分析意味着一种哲学，并且哲学与弗洛伊德的一些唯物主义和机械主义的主张是不可调和的。具体来说，席尔德认为，弗洛伊德对联想主义的表面忠诚，掩盖了他的基本目的论取向——精神生命即使在其无意识领域中，也是由意义决定的。②

325

但是，除了这些一般的和哲学的保留，人们可以感觉到，席尔德想要比弗洛伊德更多地让精神分析以现象学为基础。因此，在席尔德的《精神分析精神病学导论》（1928）中（它通过本我的研究来进行精神分析），整个第四部分的内容是本我体验现象学，而这意味着要对弗洛伊德在《自我和本我》中的单纯假设进行额外的现象学探索。在《医学心理学》中，有六页关于本我体验现象学的部分，特别强调了这个事实：本我是

---

① Paul Schilder, *Introduction to a Psychoanalytic Psychiatry*, New York: International Universities Press, 1928; Paul Schilder, *Psychoanalysis, Man and Society*, ed. Lauretta Bender, New York:Norton, 1951.

② Paul Schilder, Psychoanalysis and Philosophy, *Psychoanalytic Review*, XXII (1935), pp. 274-285.

直接体验到的。另外，在《精神分析、人和社会》所收录的一篇 1933 年的论文中，席尔德批评精神分析的本能理论不是充分现象学化的。席尔德认为，现象学驳斥了弗洛伊德的本能退化特征理论（第 13 页）："当我们从现象学出发时……不仅有两种本能，而且有数不清的本能作为不同目标的驱动力。每个对本能进行分析的努力，都违背了现象学，并且偏离了直接体验。"（第 11 页）

[4]　席尔德工作中的现象学主题

现象学不是席尔德的一个标签。他尝试把现象学与他的一些特别关注点结合起来应用。尽管他进入了每个心理学和精神病理学领域，但在其中一些领域中，他对现象学的应用产生了特别显著的成果。我将以他的本我、身体意象和无意识现象学为例。

A. 本我

这个主题对席尔德来说显然有基本的重要性。他的第一本书《自我意识与人格意识》开篇就是对本我的讨论，并且将现象学作为研究本我的充分进路。本我与现象学中的主要精神病理学问题（人格解体）是特别相关的。在这里，席尔德宣称人格解体与所谓的多重本我不影响本我同一性。在人格解体中，存在着甚至影响到"人格"的深远变化，而本我的同一性从来没有遇到破坏。对席尔德来说，仔细的检查能够应对"占有"（possesion）问题，这是另一个问题，然而，"占有"不需要影响本我本身的同一性。

326

席尔德对本我现象学最大的贡献是他的副标题为"现象学尝试"的论文，即 1924 年论本我领域的论文。①席尔德没有提供本我的结构模型，而是指出：本我作为一种现象，是个有中心和外围的圆形或球体的实体。本我体验的特征是它们与中心的接近程度或远离程度，以及从一个位置到另一个位置的转换程度。然而，决定体验与中心距离的，不是体验的内容；因此，身体感觉就是与中心的不同距离，并且会形成"锯齿形线"。席尔德也对身体与本我的接近性，做出了有趣的现象学观察，尤其是在疾病情形中。席尔德的这种区分应用到了弗洛伊德"超我"的不同部分上（它们或多或少地接近本我）。进一步的区分导致了本我的深度维度——在这个维度中，过去的东西就在它们不再靠近中心的地方（《自我意识与人格意识》，第 651 页）；因此，本我不仅有接近和远离维度，还有四维的维度。

在《医学心理学》中论本我体验现象学的部分，席尔德在开头处坚持认为，本我是"直接体验到的，并且是每个体验中的先天成分：本我不是思想的假定指称点，而是不可否认的体验"（《医学心理学》，第 298 页）。实际上，本我的知识甚至是"本质洞见"。本我被体验为是意向活动的源泉。席尔德还提到了本我与身体之间模棱两可的关系，并指出，被体验到的身体总是在周遭世界的情境中显现。

B. "身体意象"

席尔德不是第一个注意到这个现象的人：身体被给予给了

① Paul Schilder, "Der Ichkreis: Ein phänomenologischer Versuch", *Zeitschrift für die gesamte Neurologie und Psychiatrie*, XCII (1924), pp. 644-654.

意识，而且身体不同于身体的生物学存在。他认为海德（Henry Head）是他的主要先行者，因为海德指出了身体的"姿势模式"或"我们自己的组织模式（图式）"的重要性。根据席尔德的注释，海德的图式是某种具有通常重要性的身体图式，即所有姿势变化进行测量的尺度。这不太会是席尔德自己的概念。不管怎么说，席尔德通过探索（理想和现实的）身体意象，超越了海德的文章。

　　席尔德的《人类身体的意象与表象》（1935）在何种意义以及何种程度上，可以称得上是现象学呢？"现象学"这个术语本身几乎没有在这本书中出现过。在这本书的序言中，当席尔德引用他创作于 1923 年的德文著作《躯体图式》时，使用了"现象学"这个术语；席尔德指出，现象学、精神分析和脑病理学都还不够，还需要全面的生命和人格的心理学。另外，"现象学"这个术语只在席尔德对科勒格式塔理论的讨论中出现过。

　　把这本书解释为现象学一部分的主要基础是它的标题。实际上，席尔德从来没有充分地解释过这个标题，而意象（image）与表象（appearance）之间的区别只能从情境中去推测。身体意象至少被定义为了"我们在自己心中形成的我们自己身体的图景，即身体向我们呈现的方式"。[①] 但如果这就是全部，那么将"表象"和"意象"这两个词增添到标题中就是异常的，因为这两个词几乎是重合的。在进一步观察"表象"和"消失"（disappearance）这些术语的用法后，我认为，席尔德想表达的是身体意象在我们生命中发展和变化的动态过程。

———

① Paul Schilder, *The Image and Appearance of the Human Body*, New York: International Universities Press, p. 11.

这本书的组织甚至也确实没有表现出对现象学的任何偏爱。

328 三个部分的标题表明了席尔德的三个关注点：意象的生理学基础、意象的力比多结构和意象的社会学。尽管席尔德强调了躯体、精神分析和社会学的角度，并且没有主张现象学进路，但是进一步的考察表明，不仅所有这些部分都渗透着现象学观察，而且席尔德没有使用现象学这个标签，是因为对现象学的狭义解释使他在当时避免使用这个术语。因此，"生理学部分"，尤其是后来的部分（第 17 部分以后），探讨的是前庭器官的重要性——包括了一些有关身体如何在体验中被给予的引人注目的报告：脸是如何呈现的，身体表面、身体打开与身体聚合是如何被体验到的。在"身体的力比多结构"中，席尔德说明了身体意象是如何受到围绕着力比多地带的力比多力量动力学的塑造的，而且席尔德认为精神分析忽略了这种领域（《人类身体的意象与表象》，第 201 页）。在社会学部分中，我们了解到，超越物理身体的身体意象，本质上与他人的身体意象相关联，并且甚至允许这些功能与他人身体相同一。

在这种联系中，必须注意到这本书的子标题："对精神建构能量的研究"。人们肯定记得席尔德与弗洛伊德相反，想令精神分析更多地强调精神的建构特征，而非退化特征。身体体验就是重要的例子。身体意象的建构实际上是我们持续且从未完成的一项任务。普通的观点认为，身体是我们世界中最熟悉和最可认识的部分；席尔德认为这个普通的观点是"最哲学化反思"的错误，而身体实际上是非常不确定的拥有。

因此，作为现象的身体意象不同于身体本身，而身体的"表象"主要是精神建构能量的结果。实际上，令人惊讶的是，这个概念与后期胡塞尔的建构现象学非常相符。因此，我们不能太严肃地对待席尔德后来对现象学的身体意象进路的指责。在这本书的结尾部分（最后一页），席尔德比较了现象学方法以及他想予以关注的体验和现实观点；他实际上忽略了现象学方法有多么广泛，因为他将现象学局限于静态现象的描述。"回到生活情境、好色和情感的追求"，没有超出建构现象学的范围。建构现象学与"我们自己的身体超出了我们的直接可达"的观点也是完全并行的。"将身体意象作为孤立实体，这必然是不完整的。身体总是自我和人格的表达，身体总是在世界中的。"这样的观点也与胡塞尔的生活世界现象学是直接相符的，甚至与梅洛－庞蒂的现象学更相符。梅洛－庞蒂熟悉并喜爱席尔德有关躯体图式的简短著作。

　　席尔德的身体意象研究超越了现象学，尤其是在许多生理学和因果解释方面，而且这种研究与詹姆士的《心理学原因》有非常大的类似性。席尔德的身体意象研究，就其中的描述部分来说，它的现象学性超出了席尔德本人所意识到的程度。

C. 无意识

　　在精神分析中，席尔德最原初和非正统的工作可能是他对弗洛伊德系统中心概念（无意识）的处理。考虑到席尔德对现象学的理解，从来都超出了胡塞尔的《纯粹现象学与现象学哲学的观念》的范围，所以席尔德有关无意识的工作是特别有启发性的。

　　首先，席尔德1923年的论文《无意识》（Das Unbewußte）会让正统的精神分析主义者感到震惊，并且会把席尔德从他们的行列中排除出去。因为，在仔细检查"无意识"这个术语的可能意义和用法之后，席尔德承认，他曾经徒劳地去寻找心理无意识。"因此，我倡导一个自负的、在弗洛伊德看来是无可辩驳的宣称：一切心理的东西都是有意识的。"①

但这不意味着席尔德否定了无意识现象，而只意味着，席尔德认为无意识现象不是"心理现象"，而是"躯体现象"。尤其是弗洛伊德所谓的冲动、无意识，对席尔德来说是胡塞尔意义上的指向，并且是可以被体验到的，尽管不是被体验为客体，而且只有无意识可以被转化为意识的客体。在席尔德看来，无意识是意识流的一部分，并且不仅有宽度，而且有深度和不同的速度。即使是在弗洛伊德的心理无意识的第一表现假设中，席尔德也只看到了被压抑的意识体验，而它们仍然在意识的范围中；压抑不会必然地导致无意识。

在这里，席尔德发展了一个在很大程度上接管心理无意识功能的概念，即领域（Sphäre）。领域包括了所有构成意识客体的东西。席尔德信奉布勒和屈尔佩学派，而认为这种"领域意识"（Sphärenbewußtsein）伴随着每个意识。领域意识构成了被给予东西的背景，并且与詹姆士的"边缘"（fringes）概念相联系。席尔德把他完全接受的、弗洛伊德对无意识动力学的具体阐释，转化为了这种领域意识。

我们应该怎么去解释席尔德的这种表面上模棱两可的态度，即接受弗洛伊德的无意识动力学系统，但否定无意识的心理特征？在某种程度上，这是他的有机体立场的表现——这个立场

---

① Paul Schilder, "Das Unbewußte", *Zeitschrift Für Die Gesamte Neurologie Und Psychiatrie*, LXXX (1923), p. 114.

使他能够将无意识部分放在躯体的方面。但这也表明他将现象学承诺放在了优先的位置。他所反对的是不能为直接体验证实的无意识，而仅仅是无法确证假设的无意识。因此，他把无意识放到了被给予的领域中（意识会在这个领域中被压抑，但从来不会超越这个领域）。在这个意义和这种程度上，席尔德的无意识可以称得上是第一个将无意识吸收到现象学中的努力。显然，这种吸收只能达到前意识的程度。弗洛伊德的绝对无意识仍然在这种现象学"开拓"范围之外。

[5] 席尔德的综合

　　这里提供的证据表明了这个结论：席尔德是第一个将现象学和精神分析联合为一个和谐系统的精神病学家。但这个结论还需要修正。如果这个结论是对的，那么它必须这样得到理解：席尔德的现象学概念是选择性的，局限于早期胡塞尔和舍勒；席尔德显然不是正统的弗洛伊德主义者，尽管他强调精神分析的作用，尤其是他在美国期间（正如我们在他后期著作标题中可以看到的）。席尔德是一个独立的思想家，主要关注的是我们这个时代精神病学的实践任务，而且他觉得有必要使用所有他认为有用的方法和洞见；那些非本质和无成效的方法和洞见则应该被去除。他不是一个体系建构者。这意味着他从来没有试图融合现象学和精神分析。现象学只是提供了基本的方法，而精神分析提供了可以添加到他的"心理现象的整体建构解释"中去的一些核心洞见。在这个意义和程度上，我们确实可说席尔德是后来将现象学与精神分析进行综合的事业先驱者。

331

　　席尔德对现象学和精神分析进行综合的尝试，类似于宾斯旺格后来更为持久的事业。令人非常惊讶的是，他们二人都只是短暂地提及了彼此（大多是在自传的注释中），而他们似乎不知道他们的共同兴趣。

　　尽管他们二人有显著的平行性，但他们也存在着重要的区别。这个区别超越了这个简单的事实：宾斯旺格对现象学哲学的接受远远比席尔德更广泛。宾斯旺格的现象学人类学或此在分析学，是根据主要现象学洞见去解释人及其世界的彻底尝试。席尔德感兴趣的只是现象学的描述进路、现象学对于精神病学和精神分析建构的现象基础的丰富、现象学在把精神病学和精神分析二者联合起来中的作用。在这种意义和程度上，席尔德对现象学的用法类似于雅斯贝尔斯，而雅斯贝尔斯曾经几乎完全摒弃了精神分析。宾斯旺格和席尔德都说明现象学与精神分析之间能够并且必须有富有成效的交互。席尔德对这种事业的贡献更为适度，而且席尔德可能是向着更有雄心方案（如宾斯旺格的）的更可接受和更好的出发点。

第 14 章　博斯（1903—1990）：
　　　　现象学此在分析学 *

[1]　博斯在现象学精神病学中的地位

本书内容包括博斯（他拥有瑞士苏黎世大学精神治疗学的主要教职，并且经常访问美国）的主要原因是，他的工作得到了海德格尔积极和显然无条件的支持，尽管我不知道海德格尔在著作中曾提到过这一点。博斯本人在 1969 年告诉我，"在超过 10 年当中"，70 岁的海德格尔参加了他们联合举办的面向"很多瑞士医生以及外国参与者"的"佐力克讲座"（Zolliker Seminare），并且每学期一到三次从德国赶到苏黎世。① 在博斯

---

*　在博斯的基本著作《精神分析与此在分析学》（*Psychoanalyse und Daseinsanalytik*）中，与精神分析相对的此在分析学（Daseinsanalytik），说明了在解释这种新型此在分析学的一些困难。此在分析学是著作标题的一部分，而著作标题阐明了这个区别：博斯完全拥护海德格尔在《存在与时间》中的此在分析学，而宾斯旺格的此在分析以对早期海德格尔的更自由理解为基础，并且宾斯旺格的理解如果不是误解的话，也是创造性的、他自己的思想。对博斯和宾斯旺格二人来说，此在分析学的专门用法是隐藏在两种此在现象学之前的差异。在我看来，有必要保留博斯著作标题中的德文。

①　Medard Boss, "Ein Freundesbrief", *Neue Zürcher Zeitung*, 10 May 1969, p. 50.

的组织下，这个讲座吸引了国外参与者和瑞士精神病科医师。即使过去曾经有过，那也很少有一位哲学家真正地投入这么多时间，来帮助和支持非哲学家的事业，尤其是实践精神病学家的事业。

334   在这种帮助以外，博斯还在《精神分析与此在分析学》中确认，海德格尔"在汇编前述章节（即第二章）概要（此在分析的概要）时，提供了不知疲倦的个人帮助"。[1] 这在何种程度上意味着博斯与宾斯旺格相反，不仅是海德格尔认可的在精神病学中的发言人，而且被海德格尔认为是现象学精神病学的杰出代表呢？答案主要取决于对海德格尔的最终现象学贡献的评价。但是，这当然也取决于博斯自身工作的内在功绩。要补充的是，在不考虑博斯在苏黎世的教职和追随者，不考虑他的国际性声誉和地位的情况下，其他精神病学家（例如在瑞士和德国的精神病学家）或者追随宾斯旺格的现象学人类学家，无疑普遍把他视为现象学家。如果要充分地评价他的地位，那么至少要去探索他与宾斯旺格之间的一些关系。

[2] 博斯经由弗洛伊德、荣格和宾斯旺格到海德格尔的道路

博斯像宾斯旺格一样，通过学习弗洛伊德开始了他的精神病学研究。然而，他当然是较晚于宾斯旺格的探索者，所以他

---

[1] Medard Boss, *Psychoanalyse und Daseinsanalytik*, Bern: Huber, 1957. 英译本：Ludwig B. Lefebvre, *Psychoanalysis and Daseinsanalysis*, New York: Basic Books, 1963.

从来没有与弗洛伊德有个人接触。博斯与弗洛伊德的疏远甚至从来不是完全的。由于弗洛伊德的精神分析主要是心理治疗技术，并且只是次要地才是人类本质的理论；博斯是弗洛伊德心理治疗技术的支持者，但又是弗洛伊德的人类本质理论的反对者。他在弗洛伊德精神分析实践的直接实在中，发现了帮助患者敞开自身以面向本己存在并倾听本己存在的态度。然而，他越来越怀疑弗洛伊德用来创立他的治疗基础并在实际上介入其应用的自然主义理论。弗洛伊德用俄狄浦斯情结以及随之而来的对于去势的畏惧来解释罪感，而这种解释无法帮助博斯所描述的患者。但是，博斯主要反对的是把弗洛伊德引向无意识假设及其机制，尤其是梦的象征理论的那种理论。相对于对知觉现象的直接理解，弗洛伊德更喜欢建构理论，而这种理论在博斯看来绝对属于"自然科学"的进路。这也意味着弗洛伊德没有直达现象及其信息。

博斯对荣格的兴趣以及最终的幻灭，有非常不同的原因。实际上，博斯与荣格之间有过个人交往。博斯属于荣格的苏黎世圈子，而且博斯在很多时候都在实践荣格的分析。荣格分析吸引博斯的地方是它较早反对弗洛伊德的抽象和建构。在博斯看来，荣格想要深入现象，甚至要严格遵守现象学原则。[①] 然而，荣格的实际分析使他远远超越了直接体验现象的描述，而进入了对原型和类似建构的理论化；博斯认为这种理论化不能在现象学上得到支持，因为原型不是"真正的现象"（《精神分析与此在分析学》，第 39 页）。就其分析是在面对面的关系中面

335

---

① Medard Boss, *Psychoanalyse und Daseinsanalytik*, Bern: Huber, 1957, p. 36.

对患者，并且更注意个体的尊严而言，荣格式的分析优于弗洛伊德式的分析。然而，在博斯看来，荣格的分析没有帮助他逐渐掌握患者，而是让他偏离了患者的具体紊乱。博斯认为，符号分析解释最终被证明是无效的建构。在荣格与弗洛伊德这里，他们非批判地接受了哲学前提，并且没有意识到哲学前提；他们还破坏了真正的现象学（《精神分析与此在分析学》，第44页）。在博斯看来，真正需要的是对现象本身的直接解释，而不是对现象符号的解释。这不意味着单纯的描述。为了进行治疗，这些现象必须以海德格尔式的方式得到阐明。

对于一个瑞士精神病学家来说，通向阐释现象学的最明显道路，显然是通向并且经过宾斯旺格。博斯和宾斯旺格有一样的教育背景，并在苏黎世的布尔格霍尔茨利诊所有交集（博斯抱有对早期精神分析的同情）。尽管博斯从来没有在克洛伊茨林根的宾斯旺格疗养院待过，但博斯告诉我，是宾斯旺格首先让他注意到了海德格尔。然而，博斯显然从来都不十分满意于宾斯旺格对海德格尔此在分析学的应用。二战期间，博斯花了很大的力气去读海德格尔的《存在与时间》。二战结束后，博斯决定与作者进行直接的交流。当时，海德格尔由于在纳粹执政早期所扮演的角色，被广泛地回避和放逐了。但这时的海德格尔不再是曾经启发了宾斯旺格的、作为《存在与时间》作者的海德格尔，而是放弃完成他代表作的"存在思想家"。因此，博斯不仅与海德格尔建立了比与宾斯旺格更为紧密的关系，而且也吸纳了海德格尔最终的哲学。从这个立场出发，博斯仍然承认宾斯旺格对海德格尔哲学之精神病理学可能性的先驱性发现（尤其是作为主体条件的在世界中存在的概念）。对博斯来说，海德格尔彻底确定了，胡塞尔以及宾斯旺格所接收的笛卡尔式主体概念，是现代哲学的基本缺陷。因此，笛卡尔式的主体概念在此在分析学中没有位置，而且此在分析学只把此在当作是在其整体关系面向存在本身的人。在博斯看来，宾斯旺格主要忽视的是作为存在澄明的此在特征，此在以拥有对存在之原初理解的方式被打开（《精神分析与此在分析学》，第 61 页）。

对于作为整体的海德格尔思想，博斯没有任何抵触。他甚至用海德格尔的术语来阐释海德格尔的思想，而且他采取的方式没有降低海德格尔臭名昭著的阅读困难，并将这些困难打包给了翻译者。

让人困惑的是，博斯所使用的此在分析学不同于它在《存在与时间》中的意义。在《存在与时间》中，此在分析学与"基本存在论"相一致，"基本存在论"聚焦于此在存在的特殊类型，而非在其整个具体性中作为实体（存在者·）的此在。对海德格尔来说，他的此在分析学的主题只是实存范畴、"实存性质"（existentialia），而不是实存着的人类属性。显然，这种差异对博斯没有影响；从大师级监督者的角度来看，人们几乎可以认为这种差异对海德格尔本人也没有影响。在任何时候，博斯的此在分析学都是出于此在自身需要并依据所有此在特征的此在研究。然而，此在与存在本身的关系是基本的，而不像在宾斯旺格那里，此在与其在世界中存在的关系才是基本的。

[3]　博斯的现象学概念

337

我没有发现博斯对他现象学概念及其功能的特别陈述。但是，显然他只是接受了海德格尔对现象学的解释，尤其是在博斯的德语著作中。唯一让人惊讶的是，博斯如此经常地说到现象学，而海德格尔几乎完全摒弃了现象学这个术语。博斯实际上忽视了胡塞尔和舍勒。博斯在《心身医学导言》中，只把法国的"实存现象学"作为海德格尔式的人及其鲜活身体概念的背景，并且认为法国的"实存现象学"是有缺陷的。然而近年来，在他 1963 年的哈佛大学讲座中，博斯描述了作为"行为科学的自然科学进路"之竞争者的现象学进路，并把现象学理解为"一种只与现象本身在一起的科学"，以及"让对象本身呈现它们的直接给予、内在意义内容"的科学。但是，博斯非常反对把现象学等同于以萨特对海德格尔的曲解为基础的实存主义。相反，博斯希望我们回到歌德的现象学，回到胡塞尔的格言"回到实事本身"（海德格尔所解释的），回到"现代最伟大的现象学思想家——海德格尔"（他独自发扬了胡塞尔的纲领）。[1]这种现象学的目标基本上不同于科学的目标，因为科学只支持对于某种目的有用而显然对整体人类图景无用的 X 光图。然而，正如博斯所解释的那样，现象学接收此在向我们言说的信息。作为存在之"澄明"的人，是敬畏存在态度中的信息接收者。更具体地说，现象学要避免弗洛伊德式或荣格式精神分析所沉溺其中的理论解释。虽然博斯没有明确提及海德格尔的"阐释学"，但海德格式的现象学提供了对于如其所显现之（例如在梦中）现象直接意义的阐释。在这种意义上，博斯只是积极地面对自我揭示现象。例如，他把他的模板梦（银盘）解释为母

---

[1] Medard Boss, "What Makes Us Behave At All Socially?" *Review of Existential Psychology and Psychiatry*, IV (1964), 62.

亲对儿子的爱，而我们需要进一步探索他在这种解释上走得有 ₃₃₈ 多远。通常，人们可以确定，博斯的"现象学解释"试图避免特殊梦式语言的人工性，并让梦尽可能地在对它们的解释性假设之前而自我呈现出来。

博斯尝试将海德格尔的存在思想发展为全面的此在概念，而这种努力显然是很重要的。另外，博斯是在海德格尔的明确赞同下去这样做的（尽管博斯所有的著作都没有海德格尔的序言），而这个事实意味着海德格尔不反对博斯的尝试。但是，我还是不能克制这个怀疑：这种对于海德格尔存在论的应用，最终将海德格尔的"向存在（Being）开放"扩展为了"向世界开放"，即向生存（being）开放，而且这似乎忽略了海德格尔在生存与存在之间的最初区分（所谓的"存在论差异"）。对于海德格尔式的纯粹存在论坚持来说，这就像是堕落到了形而上学中。但是，显然精神病学家和心理治疗学家不担心这种需要。然而，那些在形而上学中看到哲学原罪的哲学家必须关注这一点。这不仅是此在之存在模式的生存论（existential）分析，而且是此在的实存分析，即对称之为人的整个生存的分析。

[4] 应用

博斯在很多情境中都使用了这种此在分析学概念，而且这种概念的最重要意义在于性变态、梦和心身疾病领域。这些研究中值得注意的东西是，博斯与通常的看法相反，说明了海德格尔没有忽视法国实存现象学家特别重视的爱和身体等现象，而且海德格尔的思想至少含蓄地包括了对爱和身体等现象及其正常、异常变化的、全面此在分析哲学。

A. 性变态

在性变态这个领域中，博斯首先仔细检查了主要的竞争概念——精神分析中的性变态概念，并聚焦于"现象学人类学"的不充足性（尤其是在冯·葛布萨特尔那里），以及"现象学人类学"对于性变态和成瘾中的破坏或虚无主义要素的强调。在博斯对于海德格尔分析学的新应用中，最值得注意的可能是博斯从海德格尔的基本存在论中提取爱的本质概念和意义的方式。实存（existence）被解释为了出位生存（ek-sistence），即在自身之外存在，包括了与事物以及他人共存，并拥有特殊的协调（Stimmung）。显然，这种协调必须包括爱的协调。[1] 在这种此在解释中，各种变态都被看作是通过限制和焦虑进行的对爱的可能性的干扰。在他的特定案例研究中，博斯尝试具体地说明，诸如盲目崇拜等各种变态可以被理解为爱的协调出位生存发生了"走调"。

B. 梦

精神分析和心理治疗对梦的强调，可能会让人们以为梦的现象学没有得到同等的发展。但是，弗洛伊德对梦的经典解释是以对梦现象结构的不充分理解为前提的（大多数弗洛伊德式

---

[1] Medard Boss, *Sinn und Gehalt der Sexuellen Perversionen*, Bern: Huber, 1947, p. 32. 这一段的翻译来自于：L. L. Abell, Meaning and Context of Sexual Perversisons, New York: Grune and Stratton, 1949, p. 30. 英译与德文原版相比，在内容与形式上都有很大的差异。

的研究都是如此，例如荣格及其学派的研究）。宾斯旺格把梦作为一系列讲座的主题，而这个系列后来成为了一本书；在这本书中，宾斯旺格在用梦来首次阐释他的在世界中存在模式的新理论进路之前（《梦与存在》），主要追溯了梦的历史概念和解释①。但是，宾斯旺格的工作也是梦的应用现象学的最好例证。

　　哲学家们似乎与梦的陌生现象休戚相关，特别是在笛卡尔的著名挑战（我们是否有区分梦与实在的能力）之后。但是，这里也没有现成的现象学答案。对梦的现象学研究开始于舒茨。②有关梦的全面但不是详尽无遗的存在论和现象学研究，我推荐乌塞拉的书。③

　　博斯的《精神分析与此在分析学》受到了宾斯旺格之前著作的刺激，但博斯反对宾斯旺格的观点；博斯打算在海德格尔后期视角的意义上进行完整的现象学研究。早先在这本书中，博斯想要摒弃之前所有的理论。从反面来说，他对梦的研究进路中最重要的方面是，他摒弃了弗洛伊德和荣格的理论——梦是无意识并且通常是压抑愿望和恐惧的符号。博斯不仅挑战作为弗洛伊德和荣格解释基础的假设和理论，而且宣称，有具体甚至实验的证据证明，在通常情况下，不存在干扰压抑愿望实现的梦的监察官。从正面来说，博斯把梦描述为与觉醒状态有

340

---

① Ludwig Binswanger, *Wandlungen in der Auffassung und Deutung des Traumes von den Griechen bis zur Gegenwart*, Berlin: Springer, 1928.

② Alfred Schutz, "On Multiple Realities", In *Collected Papers, Vol.1, The Problem of Social Reality*, ed. Maurice Natanson, The Hague: Nijhoff, 1962, pp. 240ff.

③ Detlev von Uslar, *Der Traum als Welt: Zur Ontologie und Phänomenologie des Traums*, Pfullendorf: Neske, 1964.

同等权力和意义的此在基本方式。对梦现象的解释，在程度上
应该等同于对觉醒生活的解释。在这个基础上，博斯在他治疗
实践中的大量观察的基础上，探索了梦的各种存在维度。因此，
他区分了重复觉醒体验的梦（创伤性震惊的梦）、做积极决定
的梦、反思意志自由的梦、在理性调查中想象某种东西之可能
性的梦（如化学家凯库勒的苯环梦）、错乱的梦、道德评价和
控制的梦、纯宗教信仰的梦。他还考虑了梦中梦的可能性，在
做梦时分析梦的可能性，转变为某种东西（如泥土）或动物梦
的可能性。

　　这不意味着梦的存在结构与觉醒存在结构是一样的。梦是
不连续的；一个梦与另一个梦不相联结；梦不要求连续的生命
史。实际上，在博斯看来，所有梦的解释在本质上都依赖于觉
醒。但是这不排除这个事实：从现象学上来说，梦的世界有权作为
我们必须向它开放的存在的一部分。

341

C. 心身疾病

　　法国实存现象学家指责海德格尔忽视了人类身体，而正如
在爱的例子中那样，博斯试图说明这种指责是不合理的，因为
海德格尔的此在分析学包含了从医学上充分理解心身现象的可
能性。实际上，博斯认为萨特、梅洛－庞蒂、德瓦埃朗和利科
都没有成功地解释心身现象，而心身现象是可以通过海德格尔
此在概念情境中的身体得到理解的。

　　对博斯来说，作为基本的在世界中存在的此在，不是与其
他客体相分离的纯粹主体。此在超越自身而达到世界，包括身体。
此在把身体当作它与世界关系的中介，但此在又超越了包括动

物、植物和荷尔蒙进程的身体。相比之下，萨特没有摆脱笛卡尔式的二元论。实际上，对所有法国身体现象学来说，此在仍然是主体，但又是具身化的主体。

在此基础上，博斯提供了若干案例研究，来说明特定心身现象紊乱可以在此在的特定投射以及通过作为此在本身一部分的身体，而成功或不成功地在与世界相联系的基础上得到理解。博斯认为这种概念得到了主要心身疾病类型的确证，并且最终说明了这种解释可以应用于治疗。

[5] 对心理治疗的意义

博斯没有宣称他的进路提供了新的治疗方法。在他自己的信念中，他仍然坚持基本的弗洛伊德原则，有时候甚至把弗洛伊德的技术作为"长期分析治疗的"基础。[①] 主要的差异在于，博斯移除了弗洛伊德的理论框架，还用作为存在入口的海德格尔式的非自然主义人概念取代了弗洛伊德式的概念。因此，治疗的主要作用是完全释放或"解放"患者的现象体验；而治疗师必须接受现象之本来所是，从患者的梦开始，并且不对梦做任何符号解释。

这种对现象的敬畏[②]不仅让患者接受了治疗师和世界，而且使治疗师以一种和谐的方式与患者说话，甚至以旧或新宗教或

342

---

① Medard Boss. *Psychoanalyse und Daseinsanalytik*. Bern, Huber, 1957, p. 63.

② Medard Boss. "Ehrfurcht vor dem vollen und eigenen, unmittelbar zugänglichen Wesensgehalt aller wahrgenommenen Erscheinung, die uns die Daseinsanalytik zurückgibt", in *Psychoanalyse und Daseinsanalytik*, Bern: Huber, 1957, p. 152.

"魔鬼"的语言与患者说话。显然，这是一种调适治疗，而且是宇宙和存在论级别的调适治疗。因为这种治疗包括了形而上学的乐观主义，而且正如后期海德格尔所说的，在这种乐观状态中，只要人们"任其自然"（Gelassenheit），那么一切都将安好。在这种意义上，我们就能理解为什么博斯像罗杰斯一样，震惊于宾斯旺格对韦斯特自杀所持的宿命论投降态度。

[6] 对博斯的评价

我们在这里不能对博斯的工作做出整体的评价，尤其不能评估这种工作的精神病理学和精神病学充足性。与宾斯旺格此在分析的概念、范围和细节的复杂性相比，博斯所提供的东西是非常简单的，尽管在他工作背景中的海德格尔思想可能神秘到让人摸不着头脑。

在这里值得注意的只是博斯对现象学的新式应用。在博斯手中，现象学成为了克服经典心理学符号主义和建构主义的工具，而且博斯用海德格尔式的简单深奥取代了经典心理学。这种简单性和深奥性是否也在非信仰者可理解的意义上保证了清晰性和真实性，这就是另一个这里不能继续探讨的问题。

第 15 章　弗兰克（1905—1997）： 　意义疗法中的现象学和 实存分析

[1]　一般导向

我们在当前的这个系列研究中收录弗兰克的意图是很清晰的。尽管他精力充沛和热情洋溢地投身于军事与调解的独特的结合工作，但作为他精神疗法基础部分的现象学，是值得我们仔细考察的。作为一个预言家式的心理治疗学者，他最初引起我们兴趣的地方是，他一再慷慨（可能是过于慷慨了）地承认现象学对于他的新式进路的贡献。

在 1961 年第一届列克星敦"纯粹及应用现象学"会议上，弗兰克没有把他的会议论文称为是现象学的，而是称它为"意义疗法（logotherapy）的哲学基础"。在这里，他把他的生命哲学基础概括为三种假设：（1）意志自由；（2）对意义的追求；（3）生命意义（他声称现象学的支撑点是对生命体验的直接数据）。①

---

①　Viktor Frankl, *Psychotherapy and Existentialism*, New York: Clarion Books, 1968. 尤其是第 2、11、14 页。

然而，他自己事业中的主要术语是实存分析（Existenzanalyse）与意义疗法。我们不知道这两个术语是否为同义语。但是很显然，实存分析这个术语更强调要进行治疗的患者（"存在者实存的呈现"），而意义疗法更强调要应用的治疗方法。①

就实存分析而言，弗兰克说他的"分析"与宾斯旺格的此在分析或博斯的此在分析学没有多大联系（如果有联系的话）（第 21 页）。弗兰克的实存分析基本上不是一种在人类学或存在论上理解人的努力，而是在心理治疗上去影响人的努力。在这一方面，弗兰克的主要抱负是用新的实践分析方式取代弗洛伊德与阿德勒的技术。"精神分析的第三代维也纳学派"致力于帮助那些前两代学派所忽视的神经症患者。弗兰克将这种精神的或"心理演化的"神经症，称为无意义性意义上的"实存真空"或"挫败"。

"意义疗法"就是聚焦于这种进路的术语。在这种新的意图与弗兰克的解释中，古希腊术语"逻各斯"指的不是理智或逻辑，而是意义。意义疗法就是想通过帮助存在挫败的受害者，去找到他们实存的新意义，以便治疗无意义性。

因此，在涉及精神病理学与精神病学所不关注的领域而言，弗兰克的工作超越了传统意义上的精神病理学与精神病学。弗兰克通过新式的咨询，涉及了人类实践的生命哲学的失败。这种工作主要是对应用生命哲学的推动，另外适用于正常人（尤其是处于重大压力下的正常人）。作为一个对哲学进行"重大"检验（不只在一种意义上），并且从纳粹集中营（他的家人都

---

① Viktor Frankl, *Theorie und Theorie der Neurosen*, Vienna: Urban & Schwarzenberg, 1957, B, "Logotherapie und Existenzenanalyse", p. 118.

死在那里）幸存下来的精神病学家，弗兰克使意义疗法具有了
其他当代哲学家很少可以提供的确证，而没有使它成为任何清
晰的理论假设。在这种意义上，弗兰克的小册子《人对意义的
追求：一个精神病学家对集中营的体验》，堪称我们这个时代
最伟大的人类文献。三个未经翻译讲座的标题《尽管如此，还
是要对生活说"是"》，表达了这种英雄式的、最具挑战性的"存
在勇气"。①

　　尽管弗兰克的事业在为精神疾病（而非心理疾病）提供首
要与长久帮助的意义上，是最具革新性的，但它仍然根植于理
论的框架（对人、人的需要以及命运的理解）。在这一点上，
弗兰克的事业不仅包括了人及其实存的理论，而且包括了目的
与价值的理论。弗兰克正是出于这些理论目的，在现象学中找
到和发现了依据（如果不是新的基础的话）。

　　弗兰克的两个同事，克尔格（Matthias E. Korger）和波拉
克（Paul Pollak）走得如此之远，以致宣称实存分析不仅是现
象学的纲领，②而且是在现象学视角的土壤中成长起来的，并且
存在分析本身就是现象学方法。另外，"实存分析本身是对现
象学的进一步发展；尤其是在实存理论及概念上，实存分析大
大超越了经典现象学的思想"（第652页）。他们没有为这种
宣称提供清晰的文献支撑。我无法确定弗兰克在多大程度上同
意他们的观点。然而，值得注意的是，弗兰克是《神经症理论

345

---

① "... trotzdem Ja zum leben Sagen"; Ein Psycholog erlebt das Konzentrationslager. Vienna: Jugend und Volk, 1946. 英译本：translation, revised and enlarged, by Ilse Lasch, *Man's Search for Meaning: From Death-Camp to Existentialism*, Bosten: Beacon Press, 1963.

② *Handbuch der Neurosenlehre*, Munich: Urban and Schwarzenberg, 1959, III, p. 639.

与心理治疗手册》的合作者与联合编委,而他没有对克尔格和波拉克的观点进行评论。从弗兰克的发展以及他与现象学相联系的文献与其他信息来看,克尔格和波拉克的观点是值得进一步考察的。

[2] 弗兰克与现象学的关系

346 从弗兰克多产著作的注释数量来看,技术意义上的现象学在他的工作只起到了次要的作用。弗兰克对胡塞尔的引用是很少的;弗兰克认为胡塞尔创立了一种针对直接体验数据的新型经验进路,而且胡塞尔的本质洞见是低于实存知识的。[①] 然而,没有清晰的证据表明弗兰克对心理主义的驳斥源于胡塞尔的先驱性工作。

弗兰克在现象学上主要追随的是舍勒,尽管他们从来没有见过面。事实上,有时候弗兰克将舍勒论伦理学的核心著作(《伦理学中的形式主义与质料的价值伦理学》)奉为哲学的圣经。[②] 在弗兰克著作对所有现象学家的引用中,舍勒出现的次数是最多的,并且得到了非同寻常的赞誉。对弗兰克来说,舍勒不仅是他与"生物主义""心理主义"和"社会学主义"进行斗争时的主要盟友,而且舍勒为他有关价值与意义的新式理论提供了主要的支持。

弗兰克也对海德格尔也有少量引用,但很少是具体的引用。

---

① Viktor Frankl, *Der unbedingte Mensch*, Vienna: Deuticke, 1949, pp. 22ff, 30; Viktor Frankl, *Psychotherapy and Existentialism*, New York: Clarion Books, 1968, p. 2.

② 与弗兰克的通信,1962 年 5 月 26 日。

事实上，在 20 世纪 50 年代，弗兰克与海德格尔之间至少有一次碰面。弗兰克说，这次会面是由海德格尔发起的；当时，海德格尔在弗兰克的会客本上进行了登记，并表示他同情弗兰克"对过去的乐观主义观点"。[①] 但是，这些交往对弗兰克的现象学进路没有产生明显的影响。

然而，弗兰克完全摒弃了萨特的实存主义；他认为萨特的实存主义只是一种新型的虚无主义。显然，他直到发展出他自己实存分析的时候，才知道了萨特。弗兰克对马塞尔有更加友好的评价（马塞尔是当代"基督教实存主义"的接受者）。

对于其他的现象学精神病学家，弗兰克至少对雅斯贝尔斯抱同情态度，因为他们都强调对存在的阐释。弗兰克与宾斯旺格的关系是模棱两可的。尽管他在宾斯旺格的此在分析中看到了理解他人的手段，但他对宾斯旺格此在分析的治疗作用持悲观态度。显然，他与宾斯旺格也没有个人交往。然而，弗兰克与冯·葛布萨特尔之间有很多的个人联系。冯·葛布萨特尔也参加了里程碑性的《神经症理论与心理治疗手册》的编写。还有证据表明冯·葛布萨特尔在其他方面也影响到了弗兰克。弗兰克还反复援引了斯特劳斯，尽管他们两人在二战以后才开始有个人交往。

347

[3] 现象学在意义疗法中的作用

弗兰克在奥地利维尔纳大学读医学专业时，对精神病学有显著的兴趣。他马上发现自己面对着"心理治疗中两个唯一伟

---

① Viktor Frankl. "Existential Dynamics and Neurotic Escapism", in Viktor Frankl, *Psychotherapy and Existentialism*, New York: Clarion Books, 1968, pp. 31ff.

大的体系的"竞争（弗洛伊德与阿德勒的竞争）。他赞扬弗洛伊德取得了"巨大的成就"，因为弗洛伊德揭示了人类性欲中受压抑的方面。但他与后来的宾斯旺格一样认为，弗洛伊德的主要局限在于他的自然主义，即他片面的人类概念。

因此，弗兰克首先加入了阿德勒的阵营。阿德勒特别吸引他的地方是对个体责任的强调。实际上，他为个体心理学杂志写了他的第一篇论文《心理治疗与世界观》。① 在这里，弗兰克直接聚焦到了神经症患者身上（他们的生活态度以某种哲学为基础）。与阿德勒立场一致，弗兰克一直认为，在根本上要通过破坏世界观的心理子结构去削弱世界观的超结构。但弗兰克也相信，在这之前，必须用具有自身根基的反证去面对这种世界观。这只有通过批判神经症患者的价值系统本身才能做到（尤其是在患者有理智的情况下）。无疑，正如弗兰克在当时所看到的："价值不是先天的。事实上，没有价值意志，就没有绝对价值。"我们所能做的就是指出我们无论如何必须接受一些价值，而且我们必须将共同体作为生活的任务。最终，神经症患者要达到的是斯宾诺莎意义上的快乐与价值的生物学统一，而这仍然要在共同体的生活价值意义上来解释。弗兰克很快摒弃了阿德勒对生物与社会价值的专门强调，尤其是对权力意志的专门强调。弗兰克对阿德勒的批判还包括：阿德勒将我们在生活中的所有具体事业解释为"操控"，而且阿德勒怀疑患者表达的严肃性、真实性与直接性。实际上，弗兰克最终是用这种"现象实在的局限性"去反对精神分析与个体心理学。显然，

348

---

① Viktor Frankl, "Psychotherapy und Weltanschauung", *Internationale Zeitschrift für Individualpsychologie*, Ⅲ (1925), pp. 250-252.

据弗兰克自己对我说的，他对阿德勒在 1927 年所坚持的"退出教籍"（excommunication）持批评态度。正是在这个阶段，弗兰克通过他在维也纳大学的老师阿勒斯（Rudolf Allers），读到了舍勒的著作。

　　阿勒斯（1883—1963）是奥地利精神病学家；他后来转向了哲学（尤其是在他于 1938 年移民到美国后）。[①]1913 年前，当阿勒斯在慕尼黑大学医学专业就读以及担任无俸讲师期间，他与慕尼黑的现象学家们（尤其是舍勒）保持着联系。在一战以后，回到维也纳，他作为"天主教阿德勒主义者"加入了阿德勒的圈子。在这期间，他向阿德勒的杂志提交了一篇论共同体概念的文章；在这篇文章中，他特别提到了舍勒的价值现象学。[②]根据弗兰克的说法，阿勒斯在 1927 年左右离开了阿德勒。[③]

　　弗兰克不仅与阿勒斯一样对阿德勒有兴趣，而且从阿勒斯那里吸收了舍勒的现象学，尽管不是舍勒后来的托马斯主义哲学。弗兰克肯定了这个事实：这种与舍勒的间接接触，对他从第一代与第二代维也纳分析学派中摆脱出来有决定性的影响，尽管舍勒的著作没有明确地提到阿德勒与弗洛伊德。就弗兰克之舍勒研究的正面效应来说，他后来的陈述表明，尤其对他有影响的是舍勒的价值现象学、反相对主义与反主观主义，以及舍勒对作为价值知识源泉的价值情感的"意向性"特征的看法

---

① James Collins, "Rudolf Allers", *The New Scholasticism*, XXXVIII (1964), pp. 281-307.

② Rudolf Allers, "Die Gemeinschaft als Idee und Erlebnis", *Internationale Zeitschrift für Individualpsychologie*, II (1924), pp. 7-10.

③ Viktor Frankl, "Rudolf Allers als Philosoph und Psychiater", *Gedenkrede*, 24 March, 1964.

（这一切都帮助弗兰克克服了早期的价值主观主义，并帮助他发展出来了意义疗法的哲学基础）。

在弗兰克 1924 年与 1938 年的著述之间，存在着明显的鸿沟；他的论心理治疗的精神问题的重要论文发表于 1937 年。[①] 这有可能是一个孵化与酝酿的阶段；弗兰克付出了大量的努力，在与同事的关系中去确立自己。在这个阶段，他还吸收了大量哲学与现象学的文献。他在 1937 年批评精神分析与个体心理学的论文，不仅是片面的，而且犯了将现象给予局限到心理实在上的错误。精神分析与个体心理学都需要共同的增补以及弗兰克现在称之为存在分析的补充，在整体上按其"高度"及"深度"去把握人类实存（第 36 页）。这里的高度指的是舍勒意义上的、最高可能的客观价值实现的意义。为人类的责任概念（它是心理治疗的价值理论的核心与基础）提供支撑的是对"人类此在中最深内容的"反思以及对"原初现象数据的"反思。弗兰克依据这些洞见，首先把意义疗法程序，发展为了与他所谓的逻辑主义（Logizismus）相并列的东西。逻辑主义是对哲学心理主义的解答，并且它作为一种疗法，讨论了治疗过程中的世界观。弗兰克在 1939 年的论文《哲学与心理治疗：论实存分析的基础》[②]更为精准地发展了同样的思想，但他在这篇论文中也强调了新式治疗与哲学的关系。他尤其主张要将伦理学纳入精神治疗，因为人类实存包含着性本能（eros）、逻各斯（logos）与伦理

---

① Viktor Frankl, "Zur geistigen Problematik der Psychotherapie", *Zentralblatt für Psychotherapie*, X (1937), pp. 33–45.

② Viktor Frankl, "Philosophie und Psychotherapie: Zur Grundlegung einer Existenzanalyse", *Schweizer Medizinische Wochenschrift*, LXIX (1939), pp. 707–709.

（ethos）的三位一体。但弗兰克反对将任何价值强加于患者，除了作为人类实存本质的责任感。

　　这个概念显然是弗兰克在他论医疗救助的第一本著作中发展出来的；他把这本著作的初稿带到了纳粹集中营。初稿遗失在了集中营当中，而这是弗兰克以及他的意义疗法所经受的许多考验之一；另外，这也提升了他的个人声誉与贡献。在他离开集中营以后，弗兰克不仅担任了维也纳综合医院神经病学系主任，而且开始发表一系列著作与论文。这些著述使他获得了世界性的知名度；其中的第一本著作是他追忆亡妻的《医疗救助》（*Ärztliche Seelsorge*），而他在英文版《医生与灵魂》中又对这本著作进行了修改。这本著作一开始广泛地讨论了通过意义疗法去填补精神分析与个体心理学之间的治疗真空；核心部分讨论的是对生命意义的"一般实存分析"，包括死亡、苦难、工作和爱，并且用新方法简要地分析了各种神经症（焦虑与强迫），甚至还分析了抑郁与精神分裂。现象学第一次出现的地方是：现象学的"意向性"在根本上指的是超验的现实客体（萨特可能会同意，但胡塞尔不会同意），尤其值得注意的是意向情感指的是超验价值。另外，这本著作主张人不是本能的奴隶，而且快乐原则与现象学事实是相冲突的（这是弗兰克最偏爱的以现象学为基础的观点之一）。

　　弗兰克后来的著作与文章，都不适合于任何发展性分析。很多著作与文章都来自他的讲座与论文。总体上，后来的著作与文章只能解释他在各种情境中的立场，以及他在哲学与精神病学中的其他观点。其中一些著作与文章，尝试提出更为理论化的框架。通常，现象学只是与存在分析，尤其是与价值主张

350

紧密关联的手段（参见《同性恋者》[①]）。但是，弗兰克基本上没有修改他的观点。

[4] 行动中的弗兰克现象学：意义疗法及其价值

弗兰克不是方法论主义者。因此，他对现象学理论没有任何兴趣，我们不必感到惊讶的是，他只在 1963 年的列克星敦讲座《意义疗法的哲学基础》中明确提出了他对现象学的理解：

> "我所理解的现象学，使用的是人的前反思自我理解语言，而不是用先入为主的模式去解释被给予的现象。"

这段话显然是对纯粹与应用"现象学"会议的具体回应。与其他语言相比，弗兰克没有表现出对现象学语言的任何特殊兴趣，但这段话表明，弗兰克想要贴近"前反思体验"的"直接数据"。另外，弗兰克关注的只是被给予的现象，而他对现象学中更为技术化的方面没有兴趣。

然而，这不意味着在实践这种进路时，弗兰克没有利用与发展之前现象学家们的一些成果，尤其是舍勒的成果。最明显的例子就是弗兰克用作生命的意义疗法之基础的价值模式，而且这表明他既依赖又不依赖舍勒。[②]弗兰克区分了三种价值模式：

（1）创造价值，即创造活动所实现的价值；

---

① Viktor Frankl, *Homo Patiens*, Vienna: Deuticke, 1950.

② 特别可参见：Viktor Frankl, *The Doctor and the Soul*, 2d ed., trans. Richard and Clara Winston, New York: Knof, 1965, pp. 43ff.

（2）体验价值，即接受所实现的价值（例如在自然与艺术的欣赏中）；

（3）态度价值，或者说是反应价值，即我们对限制我们的创造与体验价值的不可避免的苦难的态度中所表现出来的价值。弗兰克认为态度价值不仅相当于创造与体验价值，而且优越于它们。

这些价值使一切有意识的存在可以去寻找其生命在特定条件下的意义，而在弗兰克看来，这些价值不仅是客观的，而且在某种意义上是绝对的。这些价值甚至属于特殊领域。这不意味着，作为存在意义之根本的价值，在所有时候对所有人一直都是有效的。这些价值是"情境价值"，即适应于特定情境的、独特的与特殊的。但即使如此，这些不是"主观的"。

弗兰克尤其称赞了舍勒的概念，因为它支持了他的价值理论。然而，弗兰克的价值三位一体不只是对舍勒的借鉴。弗兰克把舍勒的现象学伦理学作为他的主要哲学基础，而事实上，352
舍勒的现象学伦理学包含了非常丰富以及让人困惑的价值集合。[①] 但是，舍勒的德语文本中没有"创造价值""体验价值"以及"态度价值"这样的术语以及诸如此类的东西，尽管弗兰克自己的著述中有与舍勒术语相当的术语。舍勒的术语可能是对弗兰克的良好启发。但是，弗兰克这三个术语的事实发展，显然是属于他自己的。在这种意义及程度上，弗兰克的这三个术语不只是对舍勒那里更为全面阐述的简化处理。这三个术语是为了满足"存在"需要；这种需要的基础是人类具体情境中

---

① Max Scheler, *Der Formalismus in der Ethik und die material Wertethik*, Halle: Niemeyer, 1913-1916; in *Gesammelter Werke*, Bern: Francke, 1954, Ⅱ, pp. 120-125.

的各种可达成性,而不是可获得之价值的任何结构差异(美学的、伦理的或宗教的)。人们可能会问:弗兰克宣称态度价值具有最高地位的依据是什么?这种价值等级,可能会引起人们猜疑弗兰克的偏好以愤懑为基础。但是弗兰克的这三种价值显然适合于追求与需要意义的人,尤其是在临终阶段的人。

弗兰克的价值理论与存在意义在多大程度上是现象学的呢?在我们看来,弗兰克从来没有明确关注过方法论问题。尽管他的确将现象学作为他的哲学假设基础,但他没有明确尝试用任何对替换答案的特定描述或讨论去支持现象学论点。显然,弗兰克对现象学本身没有兴趣。他只是想要去应用现象学。他在著述中只说,他在推导结论时咨询了现象学。他让舍勒这样的其他人去为他的价值理论提供系统的支撑。

我们应该认识到的是,尽管舍勒的价值观是客观的,但它在独立于时间与空间的意义上不是绝对的。事实上,所有与意义疗法中的生命意义相关的价值,都是情境价值,只适用于特定情境;在这种意义上,这些价值是时间性的,但仍然是客观的,并且适应于每个特殊的情境。

我们还应该注意到,即使在他的现象学阶段,弗兰克从来没有想要将任何价值强加于他的患者。这样做的理由只是示范性与治疗性的:强加的价值不能为患者提供帮助。然而,弗兰克所提供的东西,不依赖于价值论中客观主义立场的接受。

弗兰克的价值三术语不意味着他意义疗法中的其他部分最终不是以现象学描述为基础的。他的一些原创治疗革新(如"悖论意向",即通过让患者有意制造特定症状去治疗特定症状的技术)具有体验现象学的基础,尽管弗兰克没有说明这一点。

在其他地方，如弗兰克把"意义意志"作为人类存在的基本事实，人们会发现，至少弗兰克对"意志"的革新不是现象学的，而是天才的匹配了作为人之主要本能与需要的"生命意志"或"权力意志"口号的尝试。这样的主题本身对现象学来说更是挑战，而非实际的贡献。

[5] 现象学在弗兰克工作中的地位

上述研究表明，弗兰克不是现象学的主要实践者；弗兰克也没有把现象学作为他工作中的主要部分。弗兰克的工作不仅是"超临床的"，而且是传教士式的。对弗兰克来说，现象学最多只起着辅助性的作用。显然，现象学通过让弗兰克回到对直接体验的简明描述（在受舍勒启发但又仅局限于舍勒的简洁价值理论框架中），而使他摆脱了维也纳分析的两个早期形式（弗洛伊德的精神分析与阿德勒的个体心理学）。

弗兰克在发展意义疗法时对现象学的应用，没有使他的工作成为现象学。他表达洞见的方式显然更多是宣称，而非提供详细分析的描述。他的主要证据是相关的案例史，而且些证据总是不能得到批判解释的检验。

弗兰克对现象学的致敬显然是令人满意的。但这不意味着现象学值得这样的致敬。这也没有必然意味着：弗兰克不仅仅是在一个现象学可以并且应该是比过去更多地支持治疗学家的领域中的先驱者。

第16章 结论性反思

现在，我们该为本书的故事下一个结论了。尽管本书还不能得出结论，并且还不完整，但它需要结束了。因此，为了让读者得出自己的结论，我将会提供一些回顾性与前瞻性的反思。我所提供的东西将包括总结性提示、试验性评价和谨慎的展望。

[1] 回顾

那些本身是患者的读者以及明智的专家一定会注意到，本章不是对前述章节材料的聚焦。对证据的严肃浓缩总是会有局限性，而且对之前重点的单纯总结，也不如在单纯事实信息之上的理解。

我想要回顾性地分析现象学哲学对于心理学以及精神病学的主要历史意义。在这种分析中，我想要总结现象学对于心理学以及精神病学这两个人类科学发生影响的证据。就这种分析的指导方针来说，我不想重复这种故事中主角们的名字（读者们可以看每一节的结语、内容目录与索引），但我想要阐述一下本书导言中的影响模式。

356

我区分了"非亲身"与"主体间"、直接与间接的影响，并把它们的"程度"分为整体与部分影响。

在这里，我主要会阐述最后一种区分，尽管我会从对前两个区分的反思入手：

1. 总体上，我所追溯的影响是在"非亲身"方面的。很少有（如何有的话）主要的哲学现象学家有兴趣或有机会像他们的先行者布伦塔诺与斯图普夫那样，亲自教导心理学家与精神病学家。那些确实参加过胡塞尔、舍勒或普凡德尔课程或研讨班的心理学家及精神病学家，显然没有在研究中受到胡塞尔、舍勒或普凡德尔的具体启发。尽管他们之间后来有更多的亲身交往，但这种交往基本上没有产生什么成果。舍勒与拜坦迪耶克、海德格尔与博斯之间的交往，就是这样的例子。大多数非亲身的影响，源于哲学家们的著作——主要是胡塞尔的《逻辑研究》与海德格尔的《存在与时间》。但哲学思想也能口口相传；早期海德格尔思想的传播就是这样的。我们也不能忽视经常在独立于核心人物而形成的学生与年轻研究者圈子中亲身交往的作用。哥廷根学派的心理学家与格式塔主义者可能就是这种以"大师"思想为基础的小组亲身交往的最典型例子。

2. 就直接与间接交往来说，情况是差不多的。哲学家（甚至是他们的书籍）对于心理学家与精神病学家的直接影响是相当少的。没有哲学家指导，心理学家完成了具体的研究成果或提供了有效的研究领域。但是，哲学家的一些思想确实是有直接影响的，尤其是在哲学家的术语得到接受的时候，例如"意向性"或"在世界中的存在"。宾斯旺格可能就是这方面最明显的例子，尽管他与现象学哲学家的亲身交往是简短与间歇性的。

然而，当间接影响扩散出了封闭的学科与派系圈子时，它显然就不受限制了（间接影响是现象学心理学与精神病学运动的主要基础）。我们没有办法也不需要追溯间接影响是怎么从中心到边缘进行传播的。更为重要的是，我们要注意到在传播本身当中发生的变化、扭曲与稀释。海德格尔的存在论与萨特的实存主义（尤其是它们的大众化形式），最明显地体现了这种广泛但又分散与扭曲的影响。要想获得安慰的话，人们可以想想吉尔森（Etienne Gilson）的格言——哲学史通常是创造性误解的结果。

3. 在这里，我的主要关注点是这种影响的程度与质量。

A. 我想重复一遍，"整体影响"意味着完全的责任，而这种影响不会发生在观念领域中。当然，也有通过借用方式的完全转移。有时候，心理学家与精神病学家完全接受了现象学哲学的一部分，并且把这部分作为其他工作的确切基础。最典型的是博斯与海德格尔的关系。就宾斯旺格来说，人们应该认识到，胡塞尔与海德格尔都不是他所受影响的全部。甚至更为重要的是，宾斯旺格对胡塞尔与海德格尔成分的创造性使用，使得我们不可能只将他的工作解释为整体或部分影响的结果。

B. 真正重要的问题是部分的影响：哲学现象学在何种程度以及通过何种方式，对心理学以及精神病学产生了部分的影响？

（1）我首先想讨论的影响是激励（stimulation）。现象学哲学对于心理学家与精神病学家的所有影响的列表，差不多就是之前章节的重复。我们做一点提醒就可以了。源自布伦塔诺

与斯图普夫工作的主要激励，就是描述先于解释的主张。在胡
塞尔这里，"回到实事本身"的要求，尤其是它在早期现象学
中的版本，反映在了哥廷根心理学家与格式塔主义者的"第二代"
工作中（对新现象的接纳）。另外一个例子是现象学给予萨特
的激励，使他将一切事物（包括他的苦艾酒杯）都现象学化了。
但是，胡塞尔与其他现象学家的哲学思想库中，当然也有更特
殊的激励动机。也许，源于胡塞尔的最大激励是在他去世以后
出版的还不太成熟的"生活世界"概念；精神病学家的工作尤
其表现了这种激励。然而，甚至是在更早的时候，海德格尔在
世界中存在的概念就为宾斯旺格的工作提供了主要的激励。舍
勒可能是最有影响的激励者，正如施奈德、闵可夫斯基以及弗
兰克的工作所证明的那样。萨特对于注视的深刻观察，启发了
查特与库伦坎普夫。

　　在所有这些情况中，现象学至少起到了激发的作用。但是，
这种激励显然没有决定心理学与精神病学中受激励观念的发展，
因此我们不需要夸张或责备最初的哲学激励者。

　　就激励而言，我们绝不能忽视负面的或"辩证的"激励。
胡塞尔的"本我学"促使古尔维什与萨特尝试通过对意识的非
本我解释去摆脱先验本我。海德格尔对操心的强调，促使宾斯
旺格通过抗议发展出了爱的现象学（尽管宾斯旺格误解了海德
格尔）。萨特的社会冲突现象学作为共在的基本形式，引发了
更为平衡的对话与遭遇现象学。

　　（2）哲学影响也会起到强化的作用。在这种作用中，胡塞
尔的观念就对维尔茨堡学派提供了帮助。维尔茨堡学派的无意
象思维，可以回溯到胡塞尔《逻辑研究》中的"范畴直观"（非

358

感性直观）。从更为一般的角度来说，格式塔主义者也对现象学产生了越来越大的兴趣。雅斯贝尔斯（至少在《普通精神病理学》时代）从胡塞尔早期工作中获得了重要的支持。斯特劳斯以及如艾伊（受胡塞尔的影响）与海斯纳德（受梅洛-庞蒂的影响）这样的法国精神病学家，同样受到了哲学的强化影响。相互强化的效应，通常以在某一方案上的积极合作为前提。遗憾的是，现象学缺乏这样的积极合作。古尔维什与格式塔主义者的合作（它改善了胡塞尔的建构分析），可能是最紧密的合作了。

（3）与强化相区别的合作，指的是对某人发现的随后证实与加强。斯耐格的现象学就属于这种情况；罗杰斯的情况与斯耐格相反，因为罗杰斯在提出人格理论时受到了现象学的一些支持。也许，戈尔德斯坦的工作是以迟来的发现与欣喜的承认为基础的最值得注意的成果。本书没有提到皮亚杰对于现象学的证实，尽管有迹象表明皮亚杰可以证实现象学的工作。就目前而言，人们只能发现皮亚杰的工作与现象学是平行的。

哲学纯化论者有时候会否认如现象学心理学与精神病学这样的事业具有合法的哲学地位。显然，对于处在科学心理学与精神病学边缘的、想要以新式的运动名义或不以新式运动的名义而获得益处的时尚攀登者与不速之客来说，现象学与实存主义具有关键的意义。然而，我们要承认那些严肃对待他们工作的哲学基础的科学心理学与精神病学家的宣称。之前的回顾至少应该可以让怀疑主义者们知道：在现象学哲学与诸如心理学及精神病学这样的科学之间，有着显而易见的联系。另外，我

们还应该看到，现象学不只是哲学理论，而且对于人类科学有
着深远的影响。

[2] 评价

我们已经证明，作为哲学的现象学影响到了一些非哲学的
科学，我现在想要追问的是一个更深刻的问题：这种影响对于
科学来说，是"好事"还是"坏事"呢？这个直截了当问题的
答案标准是：现象学促进还是阻碍了这些科学的发展。

我首先想要考察的是现象学。为了抵消自己的偏见，我想
要引用如今的一位主导心理学家关于现象学影响的观点。

在近来的一本书中，① 皮亚杰似乎提醒人们要警惕"哲学心
理学"。在他看来，当代哲学的主要代表是现象学，尤其是萨
特与梅洛 - 庞蒂（他的学术前站是索邦大学）为代表的法国现
象学。皮亚杰认为，哲学的主要危险，在于哲学宣称它能独立
于并且优先于"科学"（即经验心理学）而提供真正的知识（事
实上，哲学基本上是反科学的）。实际上，就胡塞尔而言，皮
亚杰只在 1939 年以后开始阅读胡塞尔的著作，但皮亚杰对胡塞
尔的最终目标抱以非常同情的态度。皮亚杰甚至认为，他自己
的发生认识论与胡塞尔的建构意向性概念是一致的。正如古尔
维什所指出的那样（《发生认识论导言》，第 150、178 页），
他们两个人都强调主体的作用。皮亚杰在他的《发生认识论导

360

---

① Jean Piaget, Sagesse et illusions de la philosophie, Paris: PUF, 1965.
英译本：trans. by Wolfe Mays. *Insights and Illusions of Philosophy*, New York: World,
1971.

言》①当中，就已经表达了他对胡塞尔《逻辑研究》的同情态度。但让他警惕的是胡塞尔的这个观点："本质心理学"优先于使用客观经验方法去考察事实的科学心理学。

如今，有关胡塞尔对于心理学的态度，存在着很多的误解（它们显然是模棱两可的，并且源于对于这个领域近来发展信息的缺乏），除此之外，不幸的是，很多人也同意皮亚杰的这个观点：一些现象学忽略了经验心理学，或者说将经验心理学最小化了。然而，幸运的是，我们没有理由认为反心理主义的现象学会摒弃"科学"，尤其是实验心理学。即使对萨特来说，也存在着只有通过经验研究去探索的"可能"领域。然而，事情有可能是这样的，并且皮亚杰干扰到了这种可能性：对现象学心理学的兴趣，削弱了现象学的先天方法在事实上和根本上不能达到和决定的那些可能事实。

抛开皮亚杰，具体来说，我想指出的是，太多的现象学家在肯定他们的本质洞见时，没有认识到去确定他们所应用的初始现象的必要性。他们也忽视了这个事实：科学进路经常可以丰富这种前科学的体验。日常的生活世界，不仅仅是体验的世界。现象学家也经常对将实验研究简化（胡塞尔不是这样的）感到内疚。现象学家也应该记住，本质洞见宣称必须得到思想实验的确证（胡塞尔使用了想象中的自由变换）。总之，现象学家不应该忘记，斯图普夫、米肖特、戈尔德斯坦和格式塔主义者的经验研究，不仅揭示了新的现象，而且确证了现象学哲学的一些本质洞见。忽视这些经验证实，至少是非常拙劣的策略。

361

---

① Jena Piaget, *Introduction a l'epistemologie genetique*, Paris: PUF, 1950, I, pp. 29ff.

　　除了这些通常可以避免的危险（如果我在这里所提供的证据是正确的话），现象学进路本质当中的根本危险当然也是一个问题。皮亚杰认为，这是由现象学对于内省进路的本质委任造成的。然而，尽管现象学确实从本质的主观现象出发，并且实际上是从整体证据的最初部分出发，但是现象学致力于纯粹个体主观性的做法显然是有问题的。本质进路的作用之一，就是通过系统变换，将单纯的个体视角扩展成主观间性的本质洞见视角。

　　只要人们可以明晰地理解现象学心理学的目标，那么他们就不会怀疑这个事实：现象学心理学有本质的局限性，并且不能而且不必作为"科学"研究的严肃竞争者。现象学心理学的存在价值就是担任科学事业的同盟军。因此，明确现象学心理学与科学之间的互惠关系是更为紧迫的任务。但是，就现象学心理学的本质危险而言，当人们发现现象学也有它自己的"严格科学"标准，并且现象学宣称也像其他知识宣称的那样，要求并且得到了确认时，现象学心理学的本质危险就可以解除了。只是确证的方法是不一样的。

　　然而，在现象学与心理学及精神病学的关系中，什么才是"好事"呢？我想重复一下我的观点：本书提供的材料，是系统反思的基础。我认为，至少有一些我可以追溯到的影响是好事。

　　但即便如此，人们还是会问：如果没有哲学现象学的帮助，这些成果是否还可以达成呢？例如，这就是雅斯贝尔斯在他的回顾中所提的问题。当然，如果我们不能进行历史控制实验，那么这样的问题就得不到答案。但是，至少有一些无可争辩的事实表明，这出戏剧中的主要人物在他们的研究中，证明了现象学启发、确证与合作的重要性。即使现象学不是不可或缺的，但现象学在各个领域中促进了心理学与精神病学的发展。

另外，哲学的渗透不是偶然的。我的导言中已经充分说明，没有接受性的土壤，就不会有影响。大量证据表明，20世纪早期的科学土壤适合于播种新的种子；现象学提供了这样的种子。现象学促进了心理学与精神病学科学的发展，而不是迟滞了它们的发展。但是，只有具体安全研究才能说明，现象学的注入是怎样以及为什么能够满足科学需要的。

然而，如果想要说明现象学带给心理学与精神病学的科学益处，那么我们就还得提供更多的细节。我认为，现象学在若干层面上做出了重要的贡献：通过让人们注意到新的与被忽视的现象，丰富了心理学与精神病学领域；为理解这些现象提供了新的模式以及超越这些现象的假设；说明了确证这些假设的新方式。接下来，我会更具体地说明这些贡献。

1.通过强调描述现象的必要性以及倡导先于描述的直接现象进路，现象学抑制了以对奥卡姆剃刀的误解为基础的、将现象还原为不可或缺的最小要素的科学潮流，而不是仅在必要之外去增加现象。现象学不害怕多样性。就其本身而论，现象学不仅鼓励与支持对忽视现象的探索，而且积极地投身于对这些现象的探索。

2.通过将目标放在本质结构与关系上，现象学提供了理解这些关联现象的新模式。否则，这些关联现象除了"解释性"规则的功能关联之外，就只在时空中并列存在。通过将现象放到"生活世界"鲜活体验的情境中，通过对动机中有意义联系的探索，通过使用有时候称为"阐释学"的解释方法，现象学将这些新的维度，添加到了经验探索中。

3. 通过提供超越体验的模式，现象学促进了提出有意义假设的进程。众所周知，科学方法论的困境在于，科学假设没有出发点，因此科学不得不采用"科学"想象，但这种做法是没有合法性的。甚至有人主张，这是柏格森意义上"直观"的功能。至少在心理学与精神病学的领域中，现象学可以为想象的解释模式提供建议。在这里，我想到了诸如意向性、建构进程与基本选择这样的模式。这些模式听起来好像是推测的建构。差异在于，这些现象学解释模式是以体验为基础的，尽管它们是加宽与加深后的体验。现象学使用了体验的想象变换，但现象学没有用幻想取代严格性。艾伊与宾斯旺格的研究，就表明了这种现象学事业的扩展。

4. 通过扩展确证的可能性，现象学使人们可以用新的与多样的方式去检验假设。人们经常会毫无理由地去怀疑：现象学忽视了确证问题，并且没有检验它的彻底宣称的标准。然而，我们不应该忘记，胡塞尔非常关注最终辩护的问题。而且对他来说，所有的意义都以直观充实为基础。这种充实不一定要通过实际体验，尤其是感觉体验。适用于数学与规范科学的直观证据是不一样的。尽管现象学确证理论仍然需要得到阐释与发展，它至少表明，现象学对于认识论的解放，提供了科学确证的新机会。

因此，在我看来，现象学哲学促进了心理学与精神病学的发展：现象学不是科学的竞争者或者说现象学没有打算取代科学，而是通过其基础以及理解及引导力上的丰富与强化，促进了科学的发展。当现象学为了成为"严格科学"而奋斗时，现象学也想要为其他科学提供支撑，尤其是为那些没有坚实基础的科学提供支撑。现象学的基本功能是打开眼界与扩展眼界。同样地，现象学的目标不只是在突破性的新式基础上，而且是在培育新领域上去帮助心理学与精神病学。现象学还想让心理学与精神病学贴近于直接的直观证据。因此，在与科学的关系中，现象学既是补充性的侦察者与先驱者，又是设计者与监督者。①

[3] 展望

未来会是怎样的呢？在持续发展的情况下，即使是历史学家也会披上预言家的斗篷。但我承认，我不想做一个预言家。预测从来都不比作为预测基础的实际证据更好，而在这里，证据显然还不是决定性的。不管怎么说，对科学的一个讽刺就是它自己的不可预测性。我们只需要回顾一下 19 世纪末时做出的

① 在现象学与科学的这种关系中，我想要提一下行为主义与现象学之间的相关争论。

Nathan Browdy and Paul Oppenheitm, "Tensions in Psychology between the Methods of Behaviorism and Phenomenology", *Psychological Review*, LXXⅢ (1966), pp. 295-305.

Richard M. Zaner, "Criticism of Tensions in Psychology between the Methods of behaviorism and Phenomenology", *Psychological Review*, LXXⅣ (1967), p. 318-324.

Mary Henle and Gertrude Baltimore, "Portraits in Straw", *Psychological Review*, LXXⅣ (1967), pp. 325-329.

Nathan Browdy and Paul Oppenheim, "Methodological differences between behaviorism and phenomenology in psychology", *Psychological Review*, LXXⅣ (1967), pp. 330-334.

预测：20 世纪的物理学会有更大的测量精确性。另外，由于未来部分地取决于我们的作为，所有的有效预测可能根本就是不可能的。有效的预测也是自我充实的，或者说更糟糕的情况是，自我推翻的。

然而，人们可以对所有预测的当前基础做出清晰的评价。人们必须面对现实：现象学在整个心理学与精神病学图景中的角色，尤其是在盎格鲁－美国世界中的角色是次要的，并且在近些年来没有重要的发展（除了在"边缘地带"以外）。只要看一下诸如《当代心理学》这样的流行评论刊物、出版目录或学术会议的议程，我们就可以看出，只有一小部分非主流学者在关注现象学。现象学在主要大学与院系中的学术影响力是不显著的。

我们显然有必要保持清醒。现象学在近十年来所享受的橱窗公开性，仅仅是一种祝福。在展示窗背后所发生的事情（如果有的话），经常是值得质疑的。然而，没有迹象表明学术界在有意识地离开或反对现象学。即使是年轻的学者也仍然有充足的活动，使我们不需要悲观，尽管我们的乐观态度应该是谨慎与有条件的。我们必须去深入探寻的是新的、具体的和有限的方案，而不是更为实存主义的彻底现象学承诺。然而，更为重要的是去发展与应用更为批判性的标准。因此，我预测，现象学在心理学甚至精神病学中，都是有前途的。但是，我无法预测这种前途的形态与规模；我们在很大程度上决定了这种前途的形态与规模。我们没有充分的训练，所以我们很难知道如何去发展心理学与精神病学中的现象学。

但是，我们还有另一种展望方式，即通过纲领，而非预测。

在这本书的结尾处，我很难勾画出现象学在心理学与精神病学中的蓝图，尤其是因为在这本书之后，我不想去做很多这方面的工作。我所能够提供的是去反思在这样关联中有特殊意义的程序。

1923 年 8 月 15 日，胡塞尔访问了宾斯旺格在克洛伊茨林根的疗养院，而他在会客本上留下了以下话语：

> "我们无法进入真正的心理学王国，除非我们变得像孩子一样。我们必须去学习意识的入门知识，因此我们就是学习入门知识的初学者。学习入门知识的方式，以及由此朝向基本语法以及一步一步朝向具体组织的普遍先天的道路，就是确立真正科学与普遍智能的道路。" [①]

我们无须解释宾斯旺格如此热衷的有抱负纲领。尽管这种纲领的出发点是回到前科学生活世界的原初状态，但这种程序很快行进到了裴斯塔洛齐（Johan Heinrich Pestalozzi）教授基础的、更为严格的方法。尽管上述这段话没有明确提到"还原"与"先验建构"，但这种程序显然是胡塞尔当时的目标。

366　　问题在于，这种纲领是否承诺了今天的现象学心理学与精神病学。在某种程度上，宾斯旺格是第一个通过研究患者先于理论的世界，而力争真正的儿童原初性的人。但在最终阶段，

---

① Ludwig Binswanger, "Dank an Husserl. In *Edmund Husserl, 159-1959*", ed. H. L. Van Breda, The Hague: Nijhoff, 1959, p. 65.
同样的 ABC 话语，也出现在了 1925 年 4 月 3 日胡塞尔给卡西尔的一封信中。
Iso Kern, *Husserl und Kant*, The Hague: Nijhoff, 1964, pp. 301ff.

他转而尝试通过胡塞尔的建构现象学去理解患者妄想的发生。

　　胡塞尔与宾斯旺格的纲领都是很重要的。我们还需要有关"生活世界"的更为描述性的工作。[①] 我们还需要研究这些程序在意识（建构）中的典型确立方式。这不意味着对胡塞尔的正统回归。相反，这种进路越能摆脱胡塞尔的语言技术性与假设越好。但是，在这种哲学模式的背景中，甚至技术工作也能得到丰富与深化。

　　我们可以把这样的纲领解释为由哲学回到经验科学的恳求；经验科学可以推动这样的纲领，尽管极为艰难，但有极大的益处。然而，我认为哲学不是壮丽的推测性哲学（它把未经检查的概念与公理应用于经验研究中）。我甚至认为，科学哲学的辅助服务对于任何自我批判的科学来说，不是不可或缺的。真正的问题在于，正如现在已经得到证明的那样，现象学即使不是心理学与精神病学的本质，也是与它们相关的，那么问题在于，现象学是否以及在何种意义上，能够以及必须是哲学的。

　　我认为，通达先于所有事实研究与元科学反思之现象的不是哲学，而是前科学与前哲学。在通达原初现象意义上的描述现象学，不是任何技术意义上的现象学。因此，对这种现象学的恳求，绝不是对"形而上学"的回归。

　　另一方面，现象学在哲学上不像"无前提性"描述要求的那样天真无邪，因此，现象学可能不是无前提的。因为现象学首先也想成为哲学——一种重新检查人类知识及实践的所有前

---

① Herbert Spiegelberg, "The Relevance of Phenomenological Philosophy for Psychology", in *Phenomenology and Existentialism*. ed. E. N. Lee and M. Mandelbaum, Baltimore, Md.: John Hopkins University Press, 1967, pp. 219-241.

367 提的哲学。现象学显然确实达到了这种事业的一些要求（如果不是全部要求的话）。但上述纲领以何种名义，使现象学作为特殊的心理学与精神病学研究，而变得更有意义了呢。

我当然不想把心理学与精神病学中的纲领局限为胡塞尔在克洛伊茨林根疗养院的会客本中提出的建议。我希望研究心理学与精神病学的特殊需要，以便探明现象学阐释与探索可以受到欢迎的地方。在这一点上，我们尤其可以在本我心理学、动机和社会心理学的领域中找到这种对于现象学的需要。无论是在什么主题上，我认为最重要的要求是具体性以及有限的范围，以便使现象学有更大的渗透力与相关性。一旦现象学通过它的具体描述分析的成效性，在特定领域中证明了自己，人们就可以进入更有抱负的事业。如果有机会的话，现象学家也应该更渴望和愿意与特定领域中具有开放头脑的专家共事。只有通过主观性的联合，人们才真正有可能获得主体间性，并驱除内省主观主义的幽灵。

这最后的建议只是一个例子。我不想立法规定现象学的未来。我只想提出建议：现象学的未来是开放的。这种开放性如何实现，绝不是可以先天规定的；这种开放性是由现象本身决定的。现象的自治性与基本性，是现象学的首要与终极启示。

主要参考文献

　　这些有限的参考文献是为了向那些想要在本书以外了解更多的读者提供进一步研究与学习的帮助。读者们在使用这些参考文献时，也可以参考本书相关讨论中的脚注，还可以在人名索引或内容目录中找到特定参考。有时候，这里的参考文献包括了正文中没有提及的作者。

　　需要注意的是，"一手资料"只列出了与心理学及精神病学中的现象学相关的文献；本书没有列出对于一般哲学及其分支来说具有重要性的文献（但我的《现象学运动》一书列出了这些文献）。"二手资料"仍然局限于对理解心理学与精神病学中的现象学来说有所帮助的文献。我所列出的参考文献是在我看来最广泛与最近的文献。

　　至于本书第 2 章"心理学主要流派中的现象学"中所讨论的心理学家，我们不能在诸如波林的《实验心理学史》等标准著作中找到相关信息。《心理学记录》（*Psychological Register*, Vol. Ⅲ, ed. Carl Murchison, Worcester, Mass.: Clark University Press, 1932.）也列出了 1932 年以前的参考文献。对于仍然在世的学者，诸如《美国科学人：社会与行为科学》（*American Men of Science:*

The Social and Behavioral Sciences, New York: Bowker ），《屈尔
施纳德国学术日历》（*Kürschners Deutscher Gelehrtenkalender*,
Berlin: de Gruyter ），以及很多国家的名人录，都能为研究提供帮助。

关于第 4 章 "精神分析中的现象学" 所提到的精神分析，对读者
来说值得一读的可能是一般性的参考书，尤其是《精神分析著作
索引》（*Index of Psychoanalytic Writings*, ed. Alexander Grinstein,
10 vols., New York: International Universities Press, 1956–1966 ）。
其中的主题索引包括了 "现象学"，并且有很多分散的标题——
有些词目没有出现在主要内容中，却很有价值，例如：

15110 Van der Hoop, J. H. "Phénoménologie en Psychoanalyse",
Psychiatry en Neurology, 4–5（1932），pp. 473–482.

61689 Vergote, A. "Psychanalyse et Phénoménologie", in *Prolèmes
de Psychanalyse*, Paris: Fayot, 1927, pp. 125–144.

阿赫（NARZISS ACH, 1871—1946）

I. 参考资料

Psychological Register, p. 772.

路德维希·宾斯旺格（LUDWIG BINSWANGER, 1881—1966）

I. 一手资料

A. 专著

Einführung in die Probleme der Allemeinen Psychologie, Berlin: Springer,
1922.

Über Ideenflucht, Zurich: Orell Fuessli, 1933.

Grundformen und Erkenntnis menschlichen Daseins, Zurich: Niehans, 1942; 3d ed., 1962; 4th ed., Munich: Reinhardt, 1964.

Ausgewählte Vorträge und Aufsätze. 2 vols, Bern: Francke, 1942–1955.

Drei Formen missglückten Daseins, Tübingen: Niemeyer, 1956.

Schizophrenie, Pfullingen: Neske, 1957.

Melancholie und Manie, Pfullingen: Neske, 1960.

Wahn, Pfullingen: Neske, 1965.

B. 翻译为英文的论文（括号中是德语论文的出版时间）

"Dream and Existence" (1930). In *Being-in-the-World*, edited by Jacob Needleman, pp. 222–248, New York: Basic Books, 1963.

"Freud's Conception of Man in the Light of Anthropology" (1936). In *Being-in-the-World*, pp. 149–181. 371

"Freud and the-Magna Charta of Clinical Psychiatry" (1936). In *Being-in-the-World*, pp.182–205.

"On the Manic Mode of Being-in-the World" (1944). In *Phenomenology: Pure and Applied*, edited by E. Straus, pp. 127–141, Pittsburgh, Pa.: Duquesne University Press, 1964.

"The Case of Ellen West" (1944–1945). In *Existence*, edited by Rolloy May, Ernest Angel, Henri F. Ellenberger, pp. 237–364, New York: Basic Books, 1958.

"Insanity as Life-Historical Phenomenon and as Mental Disease: The Case of Ilse" (1945). In *Existence*, pp. 214–236.

"The Existential Analysis School of Thought" (1945). In *Existence*, pp. 191–231.

"The Case of Lola Voss" (1949). In *Being-in-the-World*, pp. 266–301.

"Heidegger's Analytic of Existence and Its Meaning in Psychiatry"

(1949). In *Being-in-the-World*, pp. 206-221.

"Extravagance (Verstiegenheit)" (1949). In *Being-in-the-World*, pp. 343-350.

"Existential Analysis and Psychotherapy" (1954). *Psychoanalytic Review*, XLV(1958-1959), 79-83.

Sigmund Freud: Reminiscences of a Friendship (1956). New York: Grune & Stratton, 1957.

"Introduction to Schizophrenie" (1957). In *Being-in-the-World*, pp. 249-265.

II. 二手资料

Cargnello, Danilo. "Dal Naturalismo Psichoanalitico alla Fenomenologia antropologica della Daseinsanalyse.(Da Freud a Binswanger)". *Archivio di Filosofia* (1961), pp. 127-191.

Edelheit, Henry. "Binswanger and Freud". Psychoanalytic Quarterly, XXXVI (1967), pp. 85-90.

Ellenberger, Henri. "Binswanger's Existential Analysis". In *Existence*, pp. 120-124. 非常扼要的导论，并且强调了布伯在宾斯旺格思想发展中的作用。

Kuhn, Roland. "Daseinsanalyse und Psychiatrie". In *Psychiatrie der Gegenwart*, ed. H. W. Gruhle et al., I/II, pp. 853-902. Berlin: Springer, 1963. 库恩在工作上与宾斯旺格有特别紧密的联系，而且他是宾斯旺格最好的解释者。

Kuhn, Roland. Obituary of Binswanger in *Schweizer Archiv für Neurologie und Psychiatrie*, XCIX (1966), pp. 113-117.

Needleman, Jacob. *Translation of and critical introduction to Binswanger's Being-in-the-World. New York: Basic Books*, 1963. 这本书实际上是尼德

尔曼对宾斯旺格著述的导论以及对宾斯旺格的七个独立文本翻译的组合。这篇导论(它是耶鲁大学的博士论文)显然仅仅试图从康德与海德格尔的角度来理解宾斯旺格,而没有尝试展示宾斯旺格的发展——尤其是胡塞尔在宾斯旺格思想中的作用。尼德尔曼把宾斯旺格与萨特相联系的尝试,显然不符合宾斯旺格自己对萨特的拒斥。尼德尔曼所挑选的宾斯旺格著述,处于1930—1957年之间;个别论文的日期难以确定,而且编排也没有采取按时间顺序。宾斯旺格写作的第一个阶段和最后一个阶段(其中饱含着胡塞尔的影响)没有呈现出来。尼德尔曼的重点是宾斯旺格与弗洛伊德以及海德格尔之间的关系。尼德尔曼的翻译通常是准确的。

III. 参考内容

Cargnello, Danilo. In "Filosopfia della Alienazione e Analisi Existentiale", *Archivio di Filosofia* (1961), pp. 127-191. 包括了 1968 年前的 84 条编年条目,并在最后重复了书目。

Larese, Dino. *Ludwig Binswanger: Versuch einer kleinen Lebensskizze.* Amriswiler Bücherei, 1965, pp. 17-30. 显然是最完整的参考书。

Sneessens, Germaine. In *Revue philosophique de Louvain*, LXIV (1966), pp. 594-602. 基本上与拉列斯 (Dino Larese) 的书一样完整,但编排不同于拉列斯。这篇文章把宾斯旺格一生的著述都进行了分组——开始是专著与选集,然后是论文与手册,最后是未发表的讲演。这篇文章还把不同的语言翻译进行了分组。

博斯(MEDARD BOSS, 1903—1990)

I. 一手资料

Sinn und Gehalt der sexuellen Perversionen. Bern: Huber, 1947;

2d ed., 1952. 英 译 本：Liese Luise Abell. *Meaning and Context of Sexual Perversions: A Daseinsanalytic Approach to the Psychopathology of the Phenomenon of Love*. New York: Grune & Stratton, 1949.

373 *Der Traum und seine Auslegung*. Bern: Huber, 1953. 英译本：Arnold J. Pomerans. *The Analysis of Dreams*. New York: Philosophical Library, 1958.

Einführung in die psychosomatische Medizin. Bern: Huber, 1954.

Psychoanalyse und Daseinsanalytik. Bern: Huber, 1957. 英译本：Ludwig B. Lefebvre. *Psychoanalysis and Daseinsanalysis*. New York: Basic Books, 1963. 英译本是全新的版本，篇幅相当于德文原版的三倍，但遗漏了德语原版中的一些重要部分（我在正文中已经指出来了）。

Grundriss der Medizin: Ansätze zu einer phänomenologischen Physiologie, Psychologie, Therapie und zu einer daseinsgemässen Präventiv-Medizin in der modernen Industriegesellschaft. Bern: Huber, 1971.

布伦塔诺（FRANZ BRENTANO, 1838—1917）

I. 一手资料

Psychologie vom empirischen Standpunkt. Vol. I. Leipzig; Duncker & Humblot, 1874; 2d ed., 1911(包括第五章至第九章以及附录). 这些以及其他之前没有出版的文本，包含在了他死后出版的三卷本著作中：Oskar Kraus. Leipzig: Meiner, 1924-1928. 英译本：Book I, chapter I and Book II, chapter VII by B. D. Terrell in *Realism and the Background of Phenomenology*, edited by R. M. Chisholm, pp. 39-70. Glencoe, III; Free Press, 1960.

Vom Ursprung sittlicher Erkenntnis. Leipzig; Duncker & Humblot, 1889. 英译本：R. M. Chisholm and E. H. Schneewind. New York: Humanities Press, 1969.

Ⅱ. 二手资料

Chisholm, R. M. "Brentano's Descriptive Psychology". In *Akten des XIV-Internationalen Kongresses für Philosophe*, Ⅱ, 164‑174. Vienna: Herder, 1968. 对布伦塔诺未出版的维也纳讲座"精神病人"的讨论 (EL 74).

Gilson, Lucie. *La Psychologie descriptive selon F. Brentano*. Paris: Vrin, 1955. 涉及的主要是原则，较少涉及内容，并且只以发表的文本为基础。包括第 11—17 页的参考内容。

Rancurello, Antos C. *A Study of Franz Brentano: His Psychological Standpoint and His Significance in the History of Psycholgy*. New York: Academic Press, 1968.

Ⅲ. 最全面的参考内容

Rancurello, *Study of Franz Brentano*, pp. 134‑169.

卡尔·布勒（KARL BÜHLER, 1879—1963）

Ⅰ. 一手资料

Wahrnehmungstheorie. Jena: Fischer, 1922.

Die Krise der Psychologie. Jena: Fischer, 1927.

Sprachtheorie. Jena: Fischer, 1934 ; 2d ed., 1965.

Ⅱ. 二手资料

"Symposium on Karl Bühler's Contributions to Psychology". *Journal of General Psychology*, LXXV (1966), pp. 181–219.

Ⅲ. 参考内容

Psychological Register, pp. 587–588.

拜坦迪耶克（F. J. J. BUYTENDIJK, 1887—1974）

Ⅰ. 一手资料

A. 专著

Über das Verstehen der Lebenserscheinungen. Habelschwerdt: Francke, 1925.

Psychologie des animaux. Paris: Payot, 1928.

Wesen und Sinn des Spiels. Berlin: Wolf, 1933.

The Mind of the Dog. London: Allen & Unwin, 1935.

Wege zum Verständnis der Tiere. Zurich: Niehans, 1938.

375 *Pain. Translated by Eda O'Shiel*. Chicago: University of Chicago Press, 1962. 荷文原版：Utrecht: Spectrum 1943.

Phénoménologie de la rencontre. Paris: Desclée de Brouwer, 1952. 德文原版：*Eranos Jahrbuch*, XIX (1951), pp. 431–486.

Allgemeine Theorie der menschlichen Haltung und Bewegung. Heidelberg: Springer, 1956. 荷文原版：*Allgemeine theorie van de menselijke honding und beweging*. Utrecht: Spectrum, 1948. 法文版：*Attitudes et mouvements*. Paris: Desclée de Brouwer, 1957.

Das Menschliche. Stuttgart: Koehler, 1958.

De vrouw. Utrecht: Spectrum, 1958. 英文版：Dennis J. Barret. *Woman*.

Glen Rock, N. J. : Newman Press, 1968.

Prolegomena van een anthropologische fysiologie. Utrecht: Spectrum, 1965.

B. 翻译为英文的论文

"The Phenomenological Approach to the Problems of Feeling and Emotions". In the Second Moosehart Symposium on *Emotions and Feeling* (1948), pp. 127–141. Also in *Psychoanalysis and Existential Philosophy*, edited by H. Ruytenbeck, pp. 155–172. New York: Dutton, 1962.

"Expericed Freedom and Moral Freedom in the Child's Consciousness". *Educational Theory*, III (1953), pp. 1–13.

"Femininity and Existential Psychology". In *Perspectives in Personality Theory*, edited by H. P. David and H. von Bracken, pp. 197–211. New York: Basic Books, 1957.

"The Body in Existential Pholosophy". *Review of Existential Psychology and Psychiatry*, II (1961), pp. 149–172.

II. 二手资料

Grene Marjorie. *Approaches to a Philosophical Biology.* New York: Basic Books, 1968.

III. 参考内容

Rencontre/Encounter/Begegnung : Contributions toward a Human Psycholgoy. Utrecht : Spectrum, 1957. pp. 508–520. 直到 1957 年的完整参考内容。

邓克（KARL DUNCKER, 1903—1940）

I. 一手资料

"Über induzierte Bewegung". *Psychologische Forschung*, XX (1929),
pp. 180-259. 部分英译：Willis D. Ellis. In *A Source Book of Gestalt
Psychology*, pp. 164-172. New York: Humanities Press, 1966.

Zur Psychologie des produktive Denkens. Berlin: Springer, 1935. 英文版：
Lynne J. Lees. "On Problem Solving". In *Psycholgical Monographs*,
LVIII (1956), pp. 1-113.

"Ethical Relativity? An Inquiery into the Psychology of Ethics".
Mind, XLVIII (1939), pp. 39-57.

"On Pleasure, Emotion, and Striving". *Philosophy and Phenomenological
Research*, I (1941), pp. 392-430.

"Phenomenology and Epistemology of Consciousness of Objects".
Philosophy and Phenomenological Research, I (1941), pp. 505-542.

艾伊（HENRI EY 1900—1977）

I. 一手资料

Etudes psychiatriques. Vol. I: *Historique, Méthodologie, Psychopathologie
generale*. Paris: Desclée de Brouwer, 1948; 2d ed., 1952. Vol. II: *Aspects
séméiologiques*. Paris: Desclée de Brouwer, 1950; 2d ed., 1957. Vol.
III: *Structure des psychoses aigües et déstructuration de la conscience*.
Paris: Desclée de Brouwer, 1954; 2d ed., 1960.

La Conscience. Paris: PUF, 1963 ; 2d ed. (enlarged), 1968.

"Esquisse d'une conception organo-dynamique de la structure, de
la nosographie et de l'étiopathogenie des maladies mentales". In

Psychiatrie der Gegenwart. Berlin: Springer, 1963. 英文版：S. L. Kennedy. In *Psychiatry and Philosophy* edited by E. Straus. New York: Springer, 1969.

维克多·弗兰克（VIKTOR FRANKL, 1905—1997）
I. 一手资料

Ärztliche Seelsorge. Vienna: Deuticke, 1948. 英文版：Richard and Clara Winston. *The Doctor and the Soul*. 2d ed. New York: Knopf, 1965. 这个译本的修订本包含了增加的章节。

Ein Psychologie erlebt das Konzentrationslager. Vienna: Jugend und Volk, 1946. 英文版：Ilse Lasch. *Man's Search for Meaning: From Death-Camp to Existentialism*. Boston : Beacon Press, 1963. 这是修订与扩展版。　　　377

Der unbedingte Mensch: Metaklinische Vorlesungen. Vienna : Deuticke, 1949.

Homo patiens: Versuch einer Pathodizee. Vienna : Deuticke, 1950.

Theorie und Therapie der Neurosen: Einführung in die Logotherapie und Existenzanalyse. Vienna: Urban & Schwarzenberg, 1957.

Psychotherapy and Existentialism: Selected Papers on Logotherapy. New York: Clarion Books, 1968.

II. 二手资料

Tweedie, Donald F. *Logotherapy and the Christian Faith: An Evaluation of Frankl's Existential Approach to Psychotherapy*. Grand Rapids, Mich. : Buker Book House, 1961.

Ungersma, Aaron. *The Search for Meaning: A New Approach to*

Psychotherapy. Philadelphia, Pa.: Westminster Press, 1968.

III. 参考内容

Tweedie, Donald F. *Logotherapy and the Christian Faith*, pp. 181-183.

Frankl, Viktor. *Theorie und Therapie der Neurosen*, pp. 201-204.

Frankl, Viktor. *Psychotherapy and Existentialism: Selected Papers on Logotherapy*. New York: Clarion Books, 1968, pp. 223-229.

这些著述是最详细的，但不完整。

葛布萨特尔（VIKTOR VON GEBSATTEL, 1883—1976）

I. 一手资料

A. 专著

Prolegomena zu einer medizinischen Anthropologie. Berlin: Springer, 1954.

Imago Hominis. Schweinfurt: Neues Forum, 1964.

378 **B. 翻译为英文的论文**

"The World of the Compulsive". Translated by Sylvia Koppel and Ernest Angel. In *Existence*, ed. Rollo May, Ernest Angel. In Existence, ed. Rollo May, Ernest Angel, Henri. F. Ellenberger, pp. 170-190. New York: Basic Books, 1958. 删节版最初出现在 *Prolegomena zu einer medizinischen Anthropologie*, pp. 74-127. Berlin: Springer, 1954.

II. 参考内容

Prolegomena zu einer medizinischen Anthropologie, pp. 413-414.

Werden und Handeln. Stuttgart: Hippokrates, 1963-1966. 对 *Prolegomena*

中参考内容的继续；它还包括韦森胡特 (Eckart Wiesenhütter) 提供的参考内容导论，pp. 9-16.

盖格尔（MORITZ GEIGER, 1880—1937）

I. 一手资料

"Beiträge zur Phänomenologie des ästhetischen Genusses". *Jahrbuch für Philosophie und phänomenologische Forschung*, I (1913).

"Das Unbewußte und die psychische Realität". *Jahrbuch für Philosophie und phänomenologische Forschung*, IV (1921).

Zugänge zur Ästhetik. Leipzig: Der neue Geist, 1928.

II. 二手资料

Zeltner, Hermann. "Moritz Geiger zum Gedächtnis". Zeitschrift *für Philosophische Forschung*, XII (1960), pp. 452-466.

III. 参考内容

Psychological Register, pp. 707-708.

戈尔德斯坦（KURT GOLDSTEIN, 1878—1965）

I. 一手资料

Psychologische Analysen hirnpathologischer Fälle (with A. Gelb). Leipzig: Barth, 1920.

Der Aufbau des Organismus: Einführung in die Biologie unter besonderer Berücksichtigung der Erfahrungen am kranken Menschen. The Hague: Nijhoff, 1934. 英文版：*The Organism: A Holistic Approach to Biology*

379

Derived from Pathological Data in Man. New York: American Book, 1939. 前言是由拉什利写的。这个英译本"在材料编排上有一些变化，并且增删了很多内容"（英文版前言）。这些变化尤其体现在第六章以后。新纸质版：Boston: Beacon Press, 1964.

Human Nature in the Light of Psychopathology. William James Lectures. Cambridge, Mass.: Harvard University Press, 1940; 2d ed., New York: Schocken, 1963.

Language and Language Disturbances: Aphasic Symptoms and Their Significance for Medicine and Theory of Language. New York: Grune & Stratton, 1948.

Ⅱ. 二手资料

Grene, Marjorie, *Approaches to a Philosophical Biology*. New York : Basic Books, 1968. 第五章（尤其是第 257 页以下）讨论了戈尔德斯坦工作中的一些现象学方面。

Simmel, Marianne L., ed. *The Reach of Mind : Essays in Memory of Kurt Goldstein*. New York: Springer, 1968.

Ⅲ. 参考内容

Meyer, Joseph. In *The Reach of Mind*, pp. 271-283. 这是有 328 个条目的完整参考内容。

格鲁勒（HANS GRUHLE, 1880—1958）

Ⅰ. 参考内容

Psychological Register, pp. 804-805.

古尔维什（ARON GURWITSCH, 1901—1973）

I. 一手资料

The Field of Consciousness. Pittsburgh, Pa.: Duquesne University Press, 1964.

Studies in Phenomenology and Psychology. Evanston, Ill.: Northwestern University Press, 1966.

380

II. 参考内容

Life-World and Consciousness: Essays for Aron Gurwitsch. Edited by Lester E. Embree. Evanston, Ill.: Northwestern University Press, 1972, pp. 391-400.

尼古拉·哈特曼（NICOLAI HARTMANN, 1882—1950）

I. 一手资料

Das Problem des geistigen Seins. Berlin: de Gruyter, 1933.

II. 最全面的参考内容

Ballauf, Theodeor. In *Nicolai Hartmann: Der Denker und sein Werk,* edited by Heinz Heimsoeth and Robert Heiss, pp. 286-308. Göttingen: Vanderhoeck, 1952.

海德格尔（MARTIN HEIDEGGER, 1889—1976）

I. 一手资料

Sein und Zeit. Halle: Niemeyer, 1927. 英译本：J. Macquarrie and E.

Robinson. *Being and Time*. London: SCM Press, 1962.

Was ist Metaphysik. Bonn: Cohen, 1929. 英译本：E. C. Hull and A. Crick in *Existence and Being*. Chicago: Regnery, 1949.

II. 二手资料

Binswanger, Ludwig. "Die Bedeutung der Daseinsanalytik Matin Heideggers für das Selbstverständnis der Psychiatrie". In *Martin Heideggers Einfluss auf die Wissenschaften*, pp. 58-72. Bern: Francke, 1949.

Boss, Medard. "Matin Heideggers und die Ärzte". In *Martin Heidegger zum siebzigsten Geburtstag*, pp. 276-290. Pfullingen: Neske, 1959.

381 Heiss, Robert. "Psychologismus, Psychologie und Hermeneutic". In *Martin Heideggers Einfluss auf die Wissenschaften*, pp. 9-21.

Kunz, Hans. "Die Bedeutung der Daseinsanalytik Martin Heideggers für die Psychologie und die philosophische Anthropologie". In *Martin Heideggers Einfluss auf die Wissenschaften*, pp. 22-57.

III. 最全面的参考内容

Sass, Han Martin. *Heidegger Bibliographie*. Meisenheim: Hain, 1968.

弗里茨·海德（FRITZ HEIDER, 1896—1988）

I. 一手资料

The Psychology of Interpersonal Relations. New York: Wiley, 1958.

II. 参考内容

Psychological Register, p. 607.

A. 海斯纳德（L. HESNARD, 1886—1969）

I. 一手资料

La Psychanalyse des névroses et des psychoses. Paris: Alcan, 1914.

L'Univers morbide de la faute. Paris: PUF, 1949.

Morale sans péché. Paris: PUF, 1954.

Psychanalyse du lien interhumain. Paris: PUF, 1957.

L'œuvre de Freud et son importance pour le monde moderne. Paris: Payot, 1960.

II. 参考内容

Hesnard, A. L. *De Freud à Lacan.* Paris: Les Editions ESF, 1970, p. iv.

胡塞尔（EDMUND HUSSERL, 1859—1938）

I. 一手资料

382

Über den Begriff der Zahl: Psychologische Analysen. Halle: Heynemann, 1887. 重印于：*Husserliana* XII, pp. 289-339.

Philosophie der Arithemetik. Vol.I. Logische und psychologische Studien. Halle: Pfeffer, 1894. 重印于：*Husserliana* XII, pp. 1-288.

Logische Untersuchungen. 2 vols. Halle: Niemeyer, 1900-1901. 尤 其 是 第 1 卷第三章至第八章和第 2 卷的第一、五、六章。英译本：J. N. Findlay. *Logical Investigations.* New York: Humanties Press, 1970. 除了少数例外，这个译本是可靠的，并且忠实于原文。

"*Philosophie als strenge Wissenschaft*". *Logos* I (1911), pp. 289-341. 英译本：A. Lauer. In *Phenomenology and the Crisis of European Philosophy*. Chicago: Quadrangle Press, 1965. 有一些错误。

Ideen I. Halle: Niemeyer, 1913. 尤其是第三部分。英译本：W. R. Boyce Gibson. *Ideas: General Introduction to Pure Phenomenology*. New York: Collier, 1962. 译者是尽责的，但也有一些错误。

Phänomenologische Psychologie (1925, 1928). 重印于：*Husserliana* IX, pp. 1-263.

"Phenomenology." 14th edition (1929) of the *Encyclopaedia Britannica*. 这个误导性段落的德文原版发表于：*Husserliana* VIII, pp. 278-301. 未删节的英译本：Richard E. Palmer. *Journal of the British Society for Phenomenology*, II (1971), pp. 77-90.

Cartesianische Meditationen (1929)，尤其是第四和五章。首印于法国。Paris: Colin, 1931. 重印于：*Husserliana* I. 英译本：Dorion Cairns. *Cartesian Meditations*. The Hague: Nijhoff, 1960.

Die Krisis der europäschen Wissenschaften und die tranzendentale Phänomenologie (1935-1937)，尤其是第 3B 部分（不完整）。重印于：*Husserliana* VI. 英译本：David Carr. *The Crisis of the European Sciences and Transcendental Phenomenology*. Evanston, Ill.: Northwestern University Press, 1970.

Erfahrung und Urteil. 发现者与编辑者是：L. Landgrebe. Prague: Academia, 1939.

383

II. 二手资料

A. 专著

Drüe, Hermann. Husserls System der phänomenologischen Psychologie. Berlin: de Gruyter & Co., 1963. 这是一个非常好的对胡塞尔心理学思想的系统组织（但不是"体系"）。这本专著没有考虑到 1962 年出版的《现象学心理学》。

Kockelmans, Joseph J., Edmund Husserl's Phenomenological

Psychology: A Historico-Critical Study. Pittsburgh, Pa.: Duquesne University Press, 1967. 这是对作者早期荷兰文本的修改翻译，并且是对迄今为止的胡塞尔现象学心理学发展的最完整研究。它最后的批判是以存在主义假设为基础的。

B. 论文

Buytendijk, F. J. J. "Die Bedeutung der Phänomenologie Husserls für die Psychologie der Gegenwart". *Phaenomenologica* Ⅱ (1959), pp. 78-114. 强调了胡塞尔对于心理学的一般性启发。

Fluckiger, Fritz A., and Sullivan, John J. "Husserl's Conception of a Pure Psychology". *Journal of the History of the Behavioral Studies*, I (1965), pp. 262-277. 只以胡塞尔的《欧洲科学的危机和超验论的现象学》为基础。

Gurwitsch, A. "Husserl's Conception of Phenomenological Psychology". *Review of Metaphysics*, XIX (1965), pp. 689-727. 文末带有批判性问题的解释论文。

Spiegelberg, H. "The Relevance of Phenomenological Philosophy for Psychology". In *Phenomenology and Existentialism*, edited by E. N. Lee and M. Mandelbaum, pp. 219-241. Baltimore, Md.: Johns Hopkins Press, 1967. 尤其可参考：pp. 223-232.

Ⅲ. 最全面的参考内容

A.1959 年前的第一手参考内容

Van Breda, H. L. In *Edmund Husserl 1859-1959, Phaenomenologica* Ⅳ, pp. 288-306. The Hague: Nijhoff, 1959; continued by Gerhard Maschke and Iso Kern in *Revue international de philosophie*, XIX (1965), pp. 156-160.

384 **B. 第二手参考内容**

Patočka, Jan. "Husserl-Bibliographie". *Revue internationale de philosophie*, I (1939), pp. 374-397.

Raes, Jean. "Supplément à la Bibliographie de Husserl". *Revue internationale de philosophie*, IV (1950), pp. 469-475.

Eley, Lothar. "Husserl-Bibliographie, 1945-1959". *Zeitschrift für philosophische Forschung*, XII (1959), pp. 357-367.

Maschke, G., and Kern, I. "Ouvrages et articles sur Husserl de 1951 à 1964". *Revue internationale de philosophie*, XIX (1965), pp. 160-202.

C. 准备中

比利时鲁汶的胡塞尔档案馆正在准备新的全面参考文献。

杨施（ERICH JAENSCH, 1883—1940）

I. 参考内容

Psychological Register, pp. 817-819.

雅斯贝尔斯（KARL JASPERS, 1883—1969）

I. 一手资料

Allgemeine Psychopathologie. Berlin: Springer, 1913; 4th ed., 1946; 7th ed., 1959（有新的序言）。英译本：J. Hoening and Marion W. Hamilton. *General Psychopathology*. Chicago: University of Chicago Press, 1963.
尽管译者宣称这本巨著的所有意图都得到了翻译，但从文字上来说，这个宣称远远没有得到实现，尤其是在现象学与哲学部分；就技术问题而言，这个译本也不总是那么可靠的。

Gesammelte Schriften zur Psychopathologie. Berlin: Springer, 1963.
这个选集收录了雅斯贝尔斯大部头著作出版前的八篇精神病理学
论文，例如他的论文《精神病理学中的现象学进路》。

Ⅱ. 英文的第二手资料

Curran, J. N. "Karl Jaspers (1883–1969)". *Journal of the British
Society for Phenomenology*, I (1970), pp. 81–83.

Havens, Lester L. "Karl Jaspers and American Psychiatry". *American
Journal of Psychiatry*, CXXIV (1967), pp. 66–70.

Kolle, Kurt. "Karl Jaspers as Psychopathologist". In *The Philosophy
of Karl Jaspers*, ed. Paul Schlipp, pp. 437–466. La Salle, Ill.: Open
Court, 1957. German edition, Stuttgart: Kohlhammer, 1957.

Lefebvre, Ludwig B. "The Psychology of Karl Jaspers". In *The
Philosophy of Karl Jaspers*, pp. 467–497.

Schrag, Oswald O. *Existence, Existenz and Transcendece: An
Introduction to the Philosophy of Karl Jaspers*. Pittsburgh, Pa.:
Duquesne University Press. 主要是对雅斯贝尔斯1931年的三卷
本著作《哲学》的解释性概观。

Wallraff, Charles F. *Karl Jaspers : An Introduction to His Philosophy*.
Princeton, N. J. : Princeton University Press, 1970. 呈现了雅斯贝
尔斯哲学中的主要观点，但没有强调他与现象学或他的精神病理
学的关系。

Ⅲ. 参考内容

Rossman, Kurt. Bibliography of the Writings of Karl Jaspers to 1957.
In *The Philosophy of Karl Jaspers*, pp. 871–886.

Saner, Hans. "Bibliographie der Werke und Schriften". In *Karl*

Jaspers, Werk und Wirkung. Munich: Piper, 1963. pp. 169–216 (至 1962 年).

戴维·凯茨（DAVID KATZ, 1889—1953）

I.一手资料

"Die Erscheinungsweisen der Farben und ihre Beeinflussung durch die individuelle Erfahrung". *Zeitschrift für Psychologie* (1911), Erganzungsband 7. 2d ed., *Der Aufbau der Farbwelt*, 1930. 英 译 本 : Robert B. Macleod and G. W. Fox. The World of Colour. London: Kegan Paul, Trench, Trubner, 1935. 麦克里奥德教授对我说，翻译上的削减是凯茨本人在出版商压力之下提出的建议，而且凯茨是不乐意这么做的。不幸的是，英译本没有说明这种削减；结果，英译本的构造与德文本是不一致的。

II.二手资料

Arnheim, Rudolph. "David Katz: 1889–1953". *American Journal of Psychology*, LXVI (1953), pp. 638–644.

MacLeod, Robert B. "David Katz". *Psychological Review*, LXI (1954), pp. 1–4.

III.参考内容

Psychological Register, pp. 821–822.

考夫卡（KURT KOFFKA, 1885—1941）

I.一手资料

"Psychologie". In *Die Philosophie in ihre Einzelgebieten*, edited by

Max Dessoir, pp. 497-608. Berlin: Ullstein, 1924.

The Growth of the Mind. New York: Harcourt, 1925.

Principles of Gestalt Psychology. New York: Harcourt, 1935.

Ⅱ. 二手资料

Heider, Grace. "Kurt Koffka". In *International Encyclopedia of the Social Sciences*, 2d ed., Ⅷ, pp. 435-438.

Ⅲ. 参考内容

Harrower, Molly. "A Note on the Koffka Papers". *Journal of the History of the Behavioral Sciences*, Ⅶ (1971), pp. 141-153.

Psychological Register, pp. 285-287.

科勒（WOLFGANG KÖHLER, 1887—1967）

Ⅰ. 一手资料

Die physischen Gestalten in Ruhe und in stationärem Zustand. Erlangen: Philosophische Akademie, 1924.

Gestalt Psychology. London: Bell, 1929.

The Place of Value in a World of Facts. Philadelphia: Liveright, 1938.　387

Selected Papers. Edited by Mary Henle. Philadelphia: Liveright, 1970.

Ⅱ. 二手资料

Zuckerman, Carl Z., and Wallach, Hans. "Wolfgang Köhler". In *International Encyclopedia of the Social Sciences*, 2d ed., Ⅷ, pp. 438-445.

III. 参考内容

Newman, E. B. In *Selected Papers*, pp. 437-449.

克隆菲尔德（ARTHUR KRONFELD, 1886—1941）

I. 参考内容

Psychological Register, pp. 829-831.

莱恩（R. D. LAING, 1927—1989）

I. 一手资料

The Divided Self: A Study of Sanity and Madness. Chicago: Quadrangle Books, 1960.

Interpersonal Perception: A Theory and a Method of Research (with H. Philipson and A. R. Lee). New York : Springer, 1960.

The Self and Others: Further Studies in Sanity and Madness. Chicago: Quadrangle Books, 1962.

Sanity, Madness, and the Family. Vol. I: *Families of Schizophrenics* (with A. Esterson). New York: Basic Books, 1964.

The Politics of Experience. New York: Pantheon, 1967.

莱文（KURT LEWIN, 1890—1947）

I. 一手资料

A Dynamic Theory of Personality. New York: McGraw-Hill, 1935.

388 *Principles of Topological Psychology*. New York: McGraw-Hill, 1936.

Field Theory in Social Science. New York: Harper, 1951.

II. 二手资料

Heider, Fritz. "On Lewin's Methods and Theory". In *On Perception, Event Structure, and Psychological Environment*, pp. 108-120. New York: International Universities Press, 1959.

Marrow, Alfred J. *The Practical Theorist: The Life and Work of Kurt Lewin*. New York: Basic Books, 1969.

Spiegelberg, H. "The Relevance of Phenomenological Philosophy for Psychology". In *Phenomenology and Existentialism*, edited by E. N. Lee and M. Mandelbaum, pp.219-241. Baltimore, Md.: Johns Hopkins Press, 1967.

III. 参考内容

Marrow, Alfred J. *The Practical Theorist*, pp. 238-243.

麦克里奥德（ROBERT B. MACLEOD, 1907—1972）

I. 一手资料

"The Phenomenological Approach to Social Psychology". *Psychological Review*, LIV (1947), pp. 193-210.

"The Place of Phenomenological Analysis in Social Psychological Theory". In *Social Psychology at the Crossroads*, edited by J. B. Rohrer and M. Sherif, pp. 215-241. New York: Harper, 1951.

马塞尔（GABRIEL MARCEL, 1889—1973）

I. 一手资料

Journal métaphysique. Paris: Gallimard, 1927. 英译本：B. Wall. London:

Rockliff, 1952.

Être et avoir. Paris: Aubier, 1935. 英译本：K. Farrer. *Being and Having*.
London: Collins, 1965.

Homo viator. Paris: Aubier, 1945. 英译本：E. Crawford. Chicago: University
of Chicago Press, 1951.

389 *L'Homme problématique*. Paris: Aubier, 1955. 英译本：B. Thompson.
New York: Herder, 1967.

Ⅱ. 二手资料

Mushuoto, M. A. "Existential Encounter in Gabriel Marcel: Its
Value in Psychotherapy". *Review of Existential Psychology and
Psychiatry*, Ⅰ (1961), pp. 53-62.

Ⅲ. 最全面的参考内容

Troisfontaines R. *De l'existence à l'être*. Louvain: Nauwelaerts. 1952, Ⅱ,
pp. 381-425.

Wenning, Gerald G. "Works by and about Gabriel Marcel". *Southern
Journal of Philosophy*, Ⅳ (1966), pp. 82-96.

梅耶 – 格劳斯（WILLY MAYER-GROSS, 1889—1961）

Ⅰ. 二手资料

Jung, R. "Willy Mayer-Gross". *Zeitschrift für Psychiatrie*, CCⅢ (1962), pp.
123-136. 附参考内容（"Die wichtigsten Arbeiten"）, pp. 134-136.

Ⅱ. 参考内容

Psychological Register, p. 880.

格洛 – 庞蒂（MAURICE MERLEAU-PONTY, 1908—1961）

I. 一手资料

La Structure du comportement. Paris: PUF, 1942. 英译本：Alden L.
Fisher. *The Structure of Behavior*. Boston: Beacon Press, 1963.

Phénoménologie de la perception. Paris: Gallimard, 1945. 英译本：
Colin Smith. New York: Humanities Press, 1962. 有一些错误。

II. 二手资料

390

A. 专著

Bannan, John F. *The Philosophy of Merleau-Ponty*. New York:
Harcourt, Brace, 1967.

Geraets, Theodore F. *Vers une nouvelle philosophie transcendentale: La
Genèse de la philosophie de Merleau-Ponty jusqu'à la Phénoménologie
de la Perception*. The Hague: Nijoff, 1971.

Rabil, Albert. *Merleau-Ponty: Existentialist of the Social World*. New York:
Columbia University Press, 1967.

B. 论文

Kocklemans, Joseph A. "Merleau-Ponty's View on Space-Perception and
Space". *Review of Existential Psychology and Psychiatry*, IV (1964), pp.
69-105.

Kocklemans, Joseph A. "Merleau-Ponty's on Sexuality". *Journal of
Existentialism*, VI (1965), pp. 9-30.

Ⅲ. 参考内容

A. 第一手资料

Geraets, Theodore F. *Vers une nouvelle philosophie transcendentale*, pp. 200-209.

B. 第二手资料

Lapointe, François H. "Bibliography Works on Merleau-Ponty". *Journal of the British Society for Phenomenology*, Ⅱ, no. 3 (1971), pp. 99-112.

迈塞尔（AUGUST MESSER, 1867—1937）

Ⅰ. 参考内容

Schmidt, R., ed. *Die Philosophie der Gegenwart in Selbstdarstellungen.* Leipzig: Meiner, 1922. Ⅲ, pp. 175-176.

391

米肖特（ALBERT MICHOTTE, 1881—1965）

Ⅰ. 参考内容

Miscellanea psychologica. Louvain: Institut supérieur de philosophie, 1948. pp. xxxiii-xxxv.

闵可夫斯基（EUGÈNE MINKOWSKI, 1885—1972）

Ⅰ. 一手资料

A. 专著

La Schizophrénie: Psychopathologie des schizoïdes et des schizophrènes. Paris: Payot, 1927; 2d ed., Paris: Desclée de Brouwer, 1953.

Le Temps vécu: Etudes phénoménologiques et psychopathologiques.
Paris: D'Artrey, 1933; 2d printing, Neuchâtel: Delachaux &
Niestlé, 1968. 英译本：Nancy Metzel. *Lived Time.* Evanstion, Ill.:
Northwestern University Press, 1970.

Vers une cosmologie: Fragments philosophiques. Paris: Aubier, 1936.

Traité de psychopathologie. Paris: PUF, 1968.

B. 翻译为英文的论文

"Findings in a Case of Schizophrenic Depression". In *Existence*, ed. Rollo
May, Ernest Angel, Henri F. Ellenberger, pp.127–138. New York: Basic
Books, 1958.

"Phenomenological Approaches to Existence". *Existential Psychiatry*,
I (1966), pp. 292–315.

II. 二手资料

Laing, R. D. "Minkowski and Schizophrenia". *Review of Existential
Psychology and Psychiatry*, VI (1966), pp. 292–315.

III. 参考内容

Cahiers du Groupe Françoise Minkowska, No. 15 (December, 1965). 这个参考内容
位于："Receuil d'articles 1923-1965"（包含"现象学"标题下末尾的五
篇论文）的末尾。另外，这个参考内容不是十分完整，而且没有英译。

纳坦森（MAURICE NATANSON, 1924—1996）

392

I. 一手资料

"Philosophy and Psychiatry". In *Psychiatry and Philosophy*, edited by M. Natanson, pp. 85-110. New York: Springer, 1969.

普凡德尔（ALEXANDER PFÄNDER, 1870—1941）

I. 一手资料

Phänomenologie des Wollens. Leipzig: Barth, 1900; 2d ed., 1930. 包含论文《动机与动力》(1911)。英译本：Herbert Spiegelberg. *Phenomenology of Willing and Motivation*. Evanston, Ill.: Northwestern University Press, 1967.

Einführung in die Psychologie. Leipzig: Barth, 1904; 2d ed., 1920.

"Zur Psychologie des Gesinnungen". In *Jahrbuch für Philosophie und phänomenologische Forschung*, Ⅰ (1913), and Ⅲ (1916).

"Grundprobleme der Charakterologie". In *Jahrbuch der Charakterologie*, Ⅰ (1924), pp. 289-335.

Die Seele des Menschen: Versuch einer verstehenden Psychologie. Halle: Niemeyer, 1933.

Ⅱ. 二手资料

Büttner, Hans. "Die phänomenologische Psychologie Alexander Pfänders". *Archiv für die gesamte Psychologie*, XCIV (1935), pp. 317-346.

Spiegelberg, Herbert. *Alexander Pfänders Phänomenologie*. The Hague: Nijhoff, 1963. 有参考内容：pp. 69-71.

待出版

Schuhmann, Karl. *Husserl über Pfänder*. The Hague: Nijhoff. 本书会有最全面的参考内容。

莱那（HANS REINER, 1896—1991）

I. 一手资料

Freiheit, Wollen und Aktivitat: Phänomenologische Untersuchungen in Richtung auf das Problem der Willensfreiheit. Halle: Niemeyer, 1927.

Das Phänomene des Glaubens. Halle: Niemeyer, 1934.

II. 二手资料

Spiegelberg, Herbert. *The Phenomenological Movement*, pp. 602, 757.

里夫斯（GÉZA RÉVÉSZ, 1878—1955）

I. 参考内容

Psychological Register, pp. 992-994.

利科（PAUL RICŒUR, 1913—2005）

I. 一手资料

Philosophie de la volonté. I. Le Volontaire et l'involontaire. Paris: Aubier, 1950. 英译本：E. Kohák. *Freedom and Nature.* Evanston, Ill.: Northwestern University Press, 1966.

Philosophie de la volonté. II: *L'Homme fallible.* Paris: Aubier, 1960.

De l'interprétation: Essai sur Freud. Paris: Seuil, 1965. 英译本：Denis Savage. *Freud and Philosophy: On Interpretation.* New Haven, Conn.: Yale University Press, 1970.

II. 二手资料

Ihde, Don. With a foreward by Paul Ricœur. *Hermeneutic Phenomenology: The Philosophy of Paul Ricœur.* Evanston, Ill.: Northwestern University Press, 1971. 这本书想要说明利科由"结构现象学"到解释现象学的发展，并且包含了 1971 年以前最好的英译概览与第二手资料。

394

III. 最全面的参考内容

Vansina, Dirk R. In *Revue philosophique de Louvain*, LX (1962), pp. 395-413; LXVI (1968), pp. 85-101.

罗杰斯（CARL ROGERS, 1902—1987）

I. 参考内容

On Becoming a Person. Boston: Houghton Mifflin, 1961. pp. 403-411.

鲁宾（EDGAR RUBIN, 1886—1951）

I. 参考内容

Psychological Register, pp. 669-670.

鲁梅克（H. C. RÜMKE, 1893—1967）

I. 参考内容

Eine blühende Psychiatrie in Gefahr. Berlin: Springer, 1967. pp. vii-viii.

萨特（JEAN-PAUL SARTRE, 1905—1980）

I. 一手资料

L'Imagination. Paris: Alcan, 1936. 英译本：F. Williams. Ann Arbor: University of Michigan Press, 1962.

Esquisse d'une théorie des émotions. Paris: Herrman, 1939. 英译本：B. Frechtmann. *The Emotions: Outline of Theory*. New York: Philosophical Library, 1948.

L'Imaginaire. Paris: Gallimard, 1940. 英译本：*Psychology of Imagination*. New York: Philosophical Library, 1948.

L'Etre et le néant. Paris: Gallimard, 1943. 英译本：H. Barnes. *Being and Nothingness*. New York: Philosophical Library, 1956. 有一些错误。

Saint Genet: Comédien et martyre. Paris: Gallimard, 1952. 英译本: B. Frechtman. New York: Braziller, 1969.

Critique de la raison dialectique. Vol. I. Paris: Gallimard, 1960.

L'Idiot de la famille: Gustave Flaubert de 1821 à 1857. 2 vols. Paris: Gallimard, 1971.

II. 二手资料

A. 专著

Dempsey, J. R. Peter. *The Psychology of Satre*. Westminster, Md.: Newman Press, 1950.

Fell, Joseph P. *Emotion in the Thought of Satre*. New York: Columbia University Press, 1965. 这是一个发展的、比较的和批判的研究，富有洞察力且思路清晰。

B. 论文

Bannon, John F. "The Psychiatry, Psychology and Phenomenology of Satre". *Journal of Existentialism*, Ⅱ (1960), pp. 176-186.

Elkin, Harry. "Comment on Satre from the Standpoint of Existential Psychotherapy". *Review of Existential Psychology and Psychiatry*, Ⅱ (1961), pp. 189-194.

Olson, Robert G. "The Three Theories of Motivation in the Philosophy of J. P. Sartre". *Ethics*, LXVI (1956), pp. 176-187.

Stern, Günther Anders. "Emotion and Reality." *Philosophy and Phenomenological Research*, X (1951), pp. 553-562.

Ⅲ. 最全面的参考内容

Contat, Michel, and Rybalka, Michel. *Les Ecrits de Sartre. Chronologie, bibliographie annotée*. Paris: Gallimard, 1970.

希尔（MARTIN SCHEERER, 1900—1961）

I. 一手资料

Die Lehre von der Gestalt: Ihre Methode und ihr psychologischer Gegenstand. Berlin: de Gruyter, 1931.

396 *Cognition: Theory, Research, Promise*. Papers edited by Constance Scheerer. New York: Harper, 1964.

舍勒（MAX SCHELER, 1874—1928）

I. 一手资料

Zur Phänomenologie und Theorie der Sympathiegefühle und von

Liebe und Hass. Halle: Niemeyer, 1913; 2d ed., *Wesen und Formen der Sympathie*. Bonn: Cohen, 1923. 英译本：Peter Heath. *The Nature of Sympathy*. New Haven, Conn.: Yale University, 1954. 有时候翻译地很自由，但一般来说是可靠的。

Der Formalismus in der Ethik und die materiale Wertethik. Halle: Niemeyer, 1913–1916; 3d ed., 1926. *Gesammelte Werke*, Vol.Ⅱ.

Abhandlungen und Aufsätze. Leipzig: Der neue Geist, 1915. 重印为：*Vom Umsturz der Werte*. Bern: Francke, 1954. *Gesammelte Werke*, Vol.Ⅲ. 包括论文《道德建构中的怨恨》(1912)，译为独立专著：W. H. Holdheim. *Ressentiment*. New York: Free Press, 1971.

Vom Ewigen im Menschen. Leipzig: Der neue Geist, 1921. *Gesammelte Werke*, Vol.V. 英译本：B. Noble. *On the Eternal in Man*. London: SCM Press, 1960.

Die Stellung des Menschen im Kosmos. Darmstadt: Leuchter, 1928. 英译本：Hans Mayerhoff. *Man's Place in Nature*. Boston: Beacon, 1961.

Ⅱ. 二手资料

Frings, Manfred. *Max Scheler: A Concise Introducton into the World of a Great Thinker*. Pittsburgh, Pa.: Duquesne University Press, 1965.

Lorscheid, Bernhard. *Max Scheler's Phänomenologie des Psychischen*. Bonn: Bouvier, 1957. 主要涉及的是一般意义上的心理存在论与认识论，但不涉及舍勒的的具体贡献。

Ranly, Ernest W. *Scheler's Phenomenology of Community*. The Hague: Nijhoff, 1966.

Rüttishauser, Bruno. *Max Schelers Phänomenologie des Fühlens*. Bern: Francke, 1969.

Ⅲ. 最全面的参考内容
Hartmann, Wilfried. *Scheler Bibliographie*. Stuttgart: Fromman, 1963.

席尔德（PAUL SCHILDER, 1886—1941）
Ⅰ. 一手资料
Selbstbewusstsein und Persönlichkeitsbewusstsein. Berlin: Springer, 1914.

Wahn und Erkenntnis. Berlin: Springer, 1918.

Das Körperschema. Berlin: Springer, 1923.

Seele und Leben. Berlin: Springer, 1923.

Medizinische Psychologie. Berlin: Springer, 1924. 英译本：David Rapaport. *Medical Psychology*. New York: International Universities Press, 1953.

Introduction to a Psychoanalytic Psychiatry. New York: International Universities Press, 1928.

The Image and Appearance of Human Body. New York: International Universities Press, 1935.

Psychotherapy. New York: Norton, 1938; rev. ed., 1951.

Goals and Desire of Man. New York: Columbia University Press, 1942.

Mind: Perception and Thought in Their Constructive Parts. New York: Columbia University Press, 1951.

Psychoanalysis, Man, and Society. Edited by Lauretta Bender. New York: Norton, 1951.

Contributions to Developmental Neuropsychiatry. New York: International Universities Press, 1964.

Ⅱ. 二手资料
Ziferstein, Isidore. "Paul Schilder". In *Psychoanalytic Pioneers*,

edited by Franz Alexander, Samuel Eisenstein, and Martin Grotjahn, pp. 457–468. New York: Basic Books, 1966.

Ⅲ. 参考内容

Journal of Criminal Psychopathology, Ⅱ (1940), pp. 226–234. 直到 1940 年的资料都是完整的。关于后期的主要著作 (席尔德去世以后出版)，参见：*Psychoanalytic Pioneers*.

施奈德（KURT SCHNEIDER, 1887—1963）

Ⅰ. 参考内容

Psychological Register, p. 869.

塞尔茨（OTTO SELZ, 1881—1944）

Ⅰ. 参考内容

Psychological Register, p. 873.

斯派希特（WILHELM SPECHT, 1874—1945）

Ⅰ. 参考内容

Psychological Register, pp. 874–875.

斯塔文哈根（KURT STAVENHAGEN, 1885—1951）

Ⅰ. 一手资料

Absolute Stellungnahmen. Erlangen: Weltkreis, 1925.

Ⅱ. 二手资料

Spiegelberg, H. *The Phenomenological Movement*, pp. 220−221.

斯坦恩（EDITH STEIN, 1891—1942）

Ⅰ. 一手资料

Zum Problem der Einfühlung. Halle: Waisenhaus, 1917. 英译本：Waltrant Stein. *On the Problem of Empathy*. The Hague: Nijhoff, 1964.

"Beiträge zur philosophischen Begründung der Psychologie und der Geisteswissenschaften". *Jahrbuch für Philosophie und phänomenologische Forschung*, V (1922), pp. 1−264.

斯特劳斯（ERWIN STRAUS, 1891—1975）

Ⅰ. 一手资料

Geschenis und Erlebnis. Berlin: Springer, 1924.

Vom Sinn der Sinne. Berlin: Springer, 1935; 2d ed., 1956. 英译本：Jacob Needleman. *The Primary World of Senses: A Vindication*. Glencoe, Ill.: Free Press, 1963.

On Obsession: A Clinical and Methodological Study. New York: Nervous and Mental Disease Monographs # 373, 1948.

Psychologie der menschlichen Welt: Gesammelte Schriften. Berlin: Springer, 1960.

Psychiatrie und Philosophie. In Psychiatrie der Gegenwart Ⅰ/Ⅱ. Berlin: Springer, 1963. 英译本：Erwin Straus, M. Natanson, and H. Ey. *Psychiatry and Philosophy*. New York: Springer, 1969.

Phenomenolgical Psychology: Selected Papers. Translated by Erling

Eng. New York: Basic Books, 1966.

Ⅱ. 二手资料

Grene, Marjorie. *Approaches to a Philosophical Biology*. New York: Basic Books, 1966. pp. 183−218.

Ⅲ. 参考内容

Von Bayer, W., and Griffiths, R., eds. *Condition Humana: Erwin Straus on His 75th Birthday*. Berlin & New York: Springer, 1966. pp. 334−337. 这个参考内容在 1966 年前都是完整的。

斯图普夫〔CARL STUMPF, 1848—1936〕

Ⅰ. 一手资料

Tonpsychologie. 2 vols. Leipzig: Hirzel, 1883−1890.

"Erscheinungen und psychische Funktionen". *Abhandlungen der Berliner Akademie* (1907).

"Zur Einteilung der Wissenschafte". *Abhandlungen der Berliner Akademie* (1907).

"Selbstdarstellung". In *Philosophie der Gegenwart in Selbstdarstellungen*, edited by R. Schmidt. Leipzig: Meiner, 1924. V, pp. 205−265, with bibliography, pp. 262−265. 英译本：in History of Psychology in Autobiography, edited by Carl Murchison. Worcester, Mass.: Clark University Press, 1930. pp. 389−441.

冯·瓦茨塞克
（VIKTOR VON WEIZSÄCKER, 1886—1957）

I. 二手资料

Vogel, P. *Viktor von Weizsäcker*. Berlin: Springer, 1956. Bibliography, pp. 318-326.

韦特海默（MAX WERTHEIMER, 1880—1943）

I. 一手资料

Über Gestalttheorie. Erlangen: Weltkreis, 1925. 英译本：in *A Source Book of Gestalt Psychology*, edited by Willis D. Ellis, pp. 1-11. London: Kegan Paul, 1938.

Drei Abhandlungen zur Gestalttheorie. Erlangen: Weltkreis, 1925.

Productive Thinking. New York: Harper, 1959.

II. 二手资料

Luchins, Abraham S. "Max Wertheimer". In *International Encyclopedia of the Social Sciences*, 2d ed., XVI, pp. 622-627.

人名索引

(索引页码为原书页码，即本书边码)

以下这个索引包括了这本书中的所有学者，但不包括编者与译者。胡塞尔是例外，因为大多数页面都有他的名字，而读者只需要知道那些需要继续讨论之问题所在的页码。斜体页码表示特别重要。

主题索引

(索引页码为原书页码，即本书边码)

　　以下选入索引的条目，只是有可能让心理学家与精神病学家感兴趣的主要现象学知识。其中包含了一些诸如"意向性"之类的重要技术性术语，但没有增加定义；对于有关定义，我建议读者去看我所写的《现象学运动》一书中的术语。

图书在版编目（CIP）数据

心理学和精神病学中的现象学 /（美）赫伯特·斯皮格尔伯格著; 徐献军译. —北京: 商务印书馆, 2021（2022.1 重印）
（当代德国哲学前沿丛书）
ISBN 978-7-100-17716-0

Ⅰ. ①心… Ⅱ. ①赫… ②徐… Ⅲ. ①现象学 Ⅳ. ① B81-06

中国版本图书馆 CIP 数据核字（2021）第 044329 号

当代德国哲学前沿丛书
心理学和精神病学中的现象学
〔美〕赫伯特·斯皮格尔伯格 著
徐献军 译

商 务 印 书 馆 出 版
（北京王府井大街 36 号 邮政编码 100710）
商 务 印 书 馆 发 行
北京艺辉伊航图文有限公司印刷
ISBN 978 - 7 - 100 - 17716 - 0

2021 年 4 月第 1 版 开本 880×1230 1/32
2022 年 1 月北京第 2 次印刷 印张 17 ¼
定价: 86.00 元